CATALOGUE GÉNÉRAL OFFICIEL

TOME CINQUIÈME

GROUPE V.

INDUSTRIES EXTRACTIVES. — PRODUITS BRUTS & OUVRÉS.

CLASSES 41 à 47.

LILLE

IMPRIMERIE L. DANEL

M DCCC LXXXIX

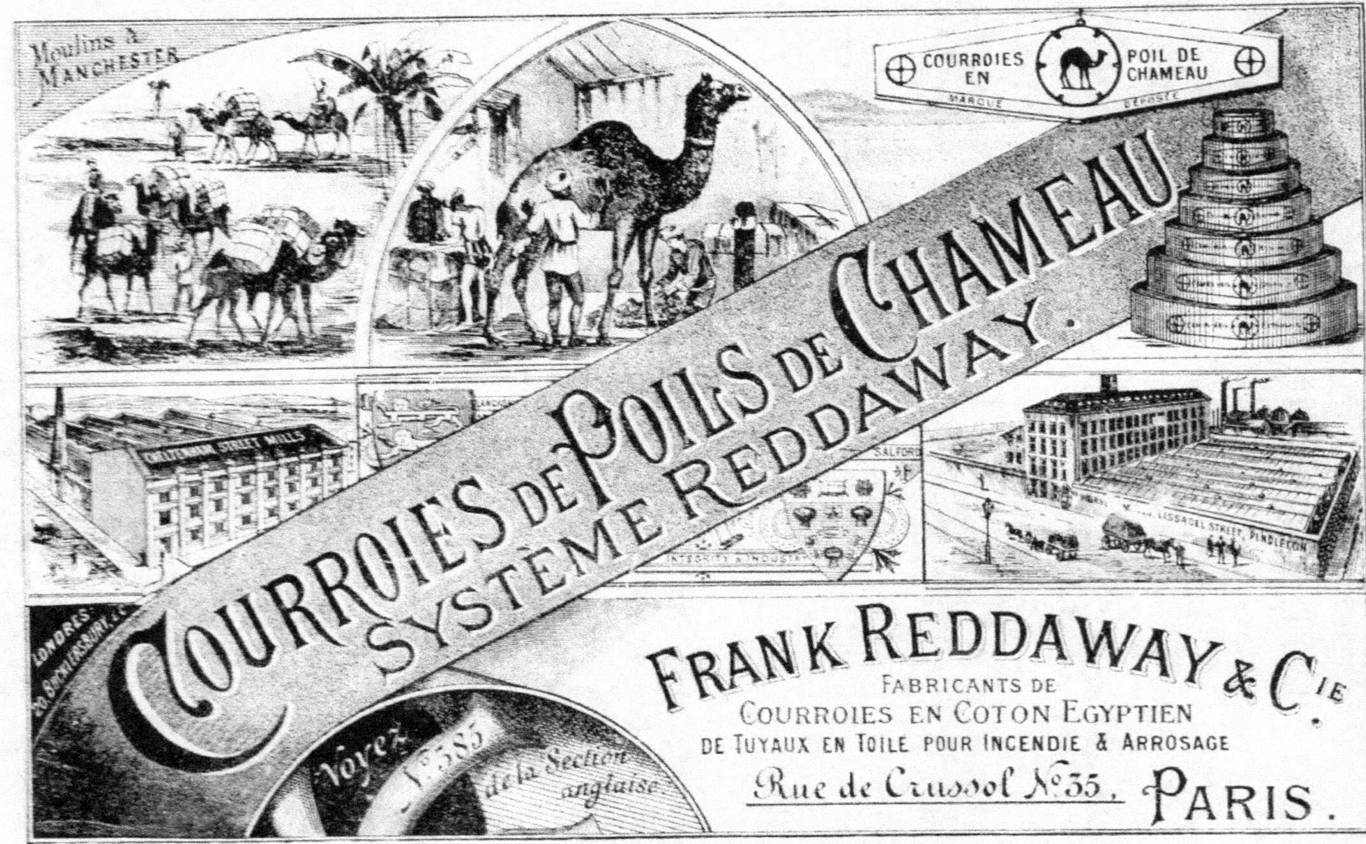
Moulins à MANCHESTER
COURROIES EN
POIL DE CHAMEAU
MARQUE
DÉPOSÉE
COURROIES DE POILS DE CHAMEAU
SYSTÈME REDDAWAY
SALFORD
INTEGRITY & INDUSTRY
LISSADEL STREET, PENDLETON
LONDRES
Voyez N° 385
de la Section anglaise
FRANK REDDAWAY & Cie
FABRICANTS DE
COURROIES EN COTON EGYPTIEN
DE TUYAUX EN TOILE POUR INCENDIE & ARROSAGE
Rue de Crussol N° 35, PARIS.

CATALOGUE OFFICIEL

TOME V

Exposition Universelle Internationale de 1889
A PARIS

CATALOGUE GÉNÉRAL

OFFICIEL

TOME CINQUIÈME.

GROUPE V.

INDUSTRIES EXTRACTIVES.
PRODUITS BRUTS ET OUVRÉS.

CLASSES 41 à 47.

LILLE
IMPRIMERIE L. DANEL

M DCCC LXXXIX

CLASSIFICATION GÉNÉRALE

TOME PREMIER.

Groupe I. — **Œuvres d'art.**

CLASSES.

1. Peintures à l'huile.
2. Peintures diverses et dessins.
3. Sculptures et gravures en médailles.
4. Dessins et modèles d'architecture.
5. Gravures et lithographies.

TOME SECOND.

Groupe II. — **Éducation et Enseignement. Matériel et procédés des Arts libéraux.**

CLASSES.

6. Éducation de l'enfant. Enseignement primaire. Enseignement des adultes.
7. Organisation et matériel de l'enseignement secondaire.
8. Organisation, méthodes et matériel de l'enseignement supérieur.

6. 7. 8. Enseignement technique.

9. Imprimerie et librairie.
10. Papeterie, reliure, matériel des arts, de la peinture et du dessin.
11. Application usuelle des arts, du dessin et de la plastique.
12. Épreuves et appareils de photographie.
13. Instruments de musique.
14. Médecine et chirurgie. — Médecine vétérinaire et comparée.
15. Instruments de précision.
16. Cartes et appareils de géographie et de cosmographie. — Topographie.

TOME TROISIÈME.

Groupe III. — **Mobilier et accessoires.**

CLASSES.

17. Meubles à bon marché et meubles de luxe.
18 Ouvrages du tapissier et du décorateur.

———

TOME QUATRIÈME.

Groupe IV. — **Tissus, vêtements et accessoires.**

———

TOME CINQUIÈME.

Groupe V. — **Industries extractives. Produits bruts et ouvrés.**

43. Produits de la chasse. Produits, engins et instruments de la pêche et des cueillettes.

44. Produits agricoles non alimentaires.

45. Produits chimiques et pharmaceutiques.

46. Procédés chimiques de blanchiment, de teinture, d'impression et d'apprêt.

47. Cuirs et peaux.

———

TOME SIXIÈME.

Groupe VI. — **Outillage et procédés des industries mécaniques. — Électricité.**

48. Matériel et procédés de l'exploitation des mines et de la métallurgie.

49. Matériel et procédés des exploitations rurales et forestières (1).

50. Matériel et procédés des usines agricoles et des industries alimentaires.

51. Matériel des arts chimiques, de la pharmacie et de la tannerie.

52. Machines et appareils de la mécanique générale.

53. Machines-outils.

54. Matériel et procédés de la filature et de la corderie.

55. Matériel et procédés du tissage.

56. Matériel et procédés de la couture et de la confection des vêtements.

57. Matériel et procédés de la confection des objets de mobilier et d'habitation.

58. Matériel et procédés de la papeterie, des teintures et des impressions.

59. Machines, instruments et procédés usités dans divers travaux.

60. Carrosserie et charronnage, bourrelerie et sellerie.

61. Matériel des chemins de fer.

62. Électricité.

63. Matériel et procédés du génie civil, des travaux publics et de l'architecture.

64. Hygiène et assistance publique.

65. Matériel de la navigation et du sauvetage.

66. Matériel et procédés de l'art militaire.

———

(1) La classe 49 est cataloguée avec le Groupe VIII (agriculture, viticulture et pisciculture) et le Groupe IX (horticulture) formant le VIIIe volume.

GROUPE V.

INDUSTRIES EXTRACTIVES. PRODUITS BRUTS ET OUVRÉS.

CLASSE 41.

Produits de l'exploitation des mines et de la métallurgie.

FRANCE.

1. **Acieries et forges de Firminy,** à Firminy (Loire). — Produits bruts et ouvrés, en fontes, fers, aciers, canons, projectiles. **(PALAIS.)**

2. **ALLAINGUILLAUME (P.) et Cie**, à Caen (Calvados), quai de la Londe. — Agglomérés de houille pleins et perforés ; modèle d'un cargot-boat pour l'approvisionnement de l'usine. **(PALAIS.)**

3. **ALLIOT (Henri)**, à Paris, rue de Montreuil, 93. — Fûts, tonnelets, bidons, réservoirs en tôle galvanisée ou étamée pour le transport et le magasinage du pétrole, essence, alcool, huile. **(PALAIS.)**

4. **ANGLADE (Achille)**, à Paris, rue de la Feuillade, 3. — Bouclerie, boutons, cuivreries militaires et tous objets estampés. **(PALAIS.)**

5. **ANSELME (Lucien)**, à Apt (Vaucluse). — Ocres jaunes et rouges en mottes et en poudres. **(PALAIS.)**

6. **ANTHOINE (L. A.)**, à Paris, boulevard Beaumarchais, 84. — Irrigateurs, clysos, seringues, injecteurs, ustensiles d'hôpitaux, marmites américaines pour jus de viande, mesures françaises et étrangères. **(PALAIS.)**

7. **Association des Ouvriers en Limes (Mangin, Masse, Ch. Lamy et Cie)**, à Paris, rue des Gravilliers, 48. — Limes et râpes. **(PALAIS.)**
   Fabrique de limes, râpes, burins, échoppes, rifloirs et limes d'horlogerie. Retaillage et échange. Gros et détail.
   Médailles aux Expositions : Paris 1855. — Londres 1862. — Paris 1867.

8. **AUDOUIN (Paul)**, à Paris, rue Cuvier, 14. — Résultats d'essais de matériaux réfractaires employés en métallurgie. Compositions réfractaires à base d'oxyde de chrôme. Alliages de manganèse, fer, cuivre. **(PALAIS.)**

9. **AUXERRE (Pierre-Benjamin d')**, à Ferrière-Larçon (Indre-et-Loire). — Pierre dure, blanche, calcaire, des faluns de la Touraine. **(PALAIS.)**

10. **BAC (Charles G.)**, à Paris, rue Portefoin, 12. — Œillets et tubes métalliques. **(PALAIS.)**

11. BACOT (F. Émile), à Paris, rue Commines, 13. — Rouge Bacot porphyrisé, boules trochisques, carrés, boudins, tripolis éclair porphyrisé, trochisques au gras et parfumés, ponce porphyrisée. **(PALAIS.)**

12. BAILLET (Edouard), à Viroflay (Seine-et-Oise). — Epingles laiton. Chevilles et pointes cuivre, dés, tire-bouchons. **(PALAIS.)**

13. BAR (J. V.), à Rantigny, Commune de Raucourt (Oise). — Paillons fins et demi-fins, feuilles pour découpures, plaques or et argent, feuilles argent et or fin. **(PALAIS.)**

14. BARRAL (François), à Brides (Savoie). — Produits minéralogiques. **(E. C.) (PALAIS.)**

15. BARREL (Etienne), à Moutiers (Savoie). — Minerais divers. **(PALAIS.)**

16. BASSERIE (Paul), colonel en retraite, au Mans (Sarthe). — Appareil pour drainage hygiénique des écuries et des étables, à sol horizontal. **(QUAI.)**

17. BATELOT (Les enfants de Mme), à Blamont (Meurthe-et-Moselle). — Outils pour agriculture, horticulture et sylviculture. **(PALAIS.)**

18. BAUDRE (Honoré), à Ardentes (Indre). — Silex à l'état natif formant deux gammes chromatiques. **(PALAIS.)**

19. BAUDRY (L. Adolphe), à Doulevant (Haute-Marne).—Burettes à graisser, éclairantes, avec lanternes mobiles ; boîtes à conserves à fermeture hermétique. **(PALAIS.)**

20. BAUMANN (Elie), à Bougival (Seine-et-Oise). — Blanc. **(PALAIS.)**

21. BERGON (Denis), à Luzech (Lot). — Blocs et pierres de phosphate de chaux. **(PALAIS.)**

22. BERL (A.), à Paris, rue des Trois-Bornes, 11. — Lits, chaises et fauteuils en fer. **(PALAIS.)**

23. BERLAN (François G.), à Paris, rue d'Angoulême, 70. — Capsules en en métal anglais pour parfumerie, pharmacie, droguerie, confiserie. **(PALAIS.)**
Fabrique de capsules en métal anglais, plaqué or et argent.
Récompenses à diverses expositions.

24. BERTHOMIEU et Cie, à Paris, rue Saint-Charles, 109 bis. — Aciers fondus en barres, lingots, pièces mécaniques et cémentation graduée. **(PALAIS.)**

25. BERTRAMS (H.), à Paris, rue Saint-Maur, 60. — Coudes plissés en tous métaux, unis en zinc et cuivre, tuyaux et tôlerie. **(PALAIS.)**
Inventeur du coude plissé. Fabrique brevetée. Maisons à Vienne, Siegen et Bruxelles. Coudes plissés en tous métaux, coudes unis en zinc et en cuivre, tuyaux et tôlerie.
Médailles aux Expositions universelles de : Vienne, 1873.
Paris, 1878.
Amsterdam, 1883, et Barcelone 1888.

26. BES (Gaudérique), à Villefranche (Pyrénées-Orientales). — Minerais. **(PALAIS.)**

27. BEURGES (Comte Henri de), à Manois (Haute-Marne). — Minerais de fer, fontes au bois, fers laminés, épreuves de fer. **(PALAIS.)**
Médailles d'argent aux Expositions universelles de 1867 et de 1878 à Paris.

28. BIÈS-ALBERT (Jean), à Paris, rue du Temple, 74. — Soudure jaune, grise, romaine, blanche et au fer, métal blanc, anti-friction, nickel, soudure d'étain, d'argent. **(PALAIS.)**

29. BIRON (Edouard), à Paris, rue Saint-Martin, 237. — Cloches, sonnettes, timbres et grelots. **(PALAIS.)**
Spécialité de la Maison. — Cloches pour usines, chapelles, gares de chemin de fer, timbres, clochettes et grelots pour électriciens ; timbres estampés incassables. Montures de timbres frappant en bout, système perfectionné ; sonnettes à carillons et timbres gongs pour Eglises ; enfin tous articles de sonnerie en général. Ateliers et Fonderie, 35, rue Aumaire, Paris.
Mention honorable Exposition universelle, 1878 et Médaille de vermeil en 1887.

30. BIRON (Georges) & Cie, à Paris, boulevard Richard-Lenoir, 36. — Cubes en pierres des mines de l'Echaillon.   **(PALAIS.)**

> Livre d'or des Carrières de l'Echaillon.

31. BLANCHET (Georges), à Paris, rue Saint-Maur, 224. — Ferblanterie, boîtes en tous genres, bidons et estagnons.   **(PALAIS.)**

> Boîtes métalliques en tous genres et tous systèmes pour :
> Biscuits, confiserie, parfumerie, produits chimiques et pharmaceutiques, vaselines et graisses, couleurs et vernis, cafés, thés, cacaos en poudre, vanilles, etc. Bidons et estagnons. Articles fer blanc pour équipements militaires, hôpitaux militaires et administrations.
> Spécialité de boîtes en fer blanc imprimé (impression riche).

32. BLAZIOSKI (Émile), à Paris, rue Galande, 51. — Robinets pour eaux et vapeur ; pièces diverses pour matériel de secours contre l'incendie. Appareils inodores.   **(PALAIS.)**

33. BOAS (A.) & Cie. (maison Chavagnat), à Paris, boulevard de Charonne, 67. — Ustensiles de ménage en fer blanc, zinc, cuivre; lanternes de voitures, tissus métalliques.   **(PALAIS.)**

> Hydrothérapie. Lanternes de voitures. Tissus métalliques. Médaille or, Paris 1878.

34. BOHIN Fils, à Saint-Sulpice-sur-Tille, près Laigle (Orne). — Aiguilles à coudre, à tricoter, épingles diverses.   **(PALAIS.)**

35. BONIS (Maison), **Houry, Aboilard & Cie,** successeurs, à Paris, rue Montmartre, 18. — Fils électriques.   **(PALAIS.)**

36. BORREL (E. L.), à Moutiers (Savoie). — Échantillons de roches, minéraux, marbres, sel gemme et anthracites de l'arrondissement de Moutiers. **(E. C.) (PALAIS.)**

37. BOSQUET (Charles), Successeur de **J. Vavon,** à Paris, boulevard du Temple, 14. — Limes et râpes.   **(PALAIS.)**

38. BOSQUET ET PARUIT, à Arreux (Ardennes). — Boulons.   **(PALAIS.)**

39. BOUCHACOURT, MAGNARD & Cie, à Fourchambault (Nièvre). — Boulons, écrous, rivets, ferronnerie, clous à cheval, clous diamants.   **(PALAIS.)**

> Boulons, écrous, rivets, pour la mécanique, le bâtiment, la chaudronnerie, la carrosserie, les chemins de fer, les ministères de la Guerre et de la Marine.
> Boulons d'éclisses, crampons, tirefonds, chevillettes pour rails.
> Petit matériel de la voie pour chemins de fer et tramways.
> Vis à bois et à métaux.
> Brides, rondelles, clefs forgées, etc.
> Pièces de forge et de tour.
> Clous à cheval, polis, finis, prêts à poser, qualité garantie. Fabrication brevetée S. G. D. G.
> Médailles aux Expositions universelles : Paris 1867 et 1878, 2 Médailles d'argent. — Anvers 1885.

40. BOUCHÉ (Jacques), à Reims (Marne). — Ustensiles de cuisine le Parragratin, machine tire-bouchon mécanique.   **(PALAIS.)**

41. BOUCHER (E.) et Cie, à Fumay (Ardennes). — Boutons de portes en fonte émaillée et en céramique, poterie en fonte étamée et en fonte émaillée. **(PALAIS.)**

42. BOULENGER (A.) & Cie, à Paris, rue du Vert-Bois, 4. — Nickel couleur argent, maillechort blanc, métaux alliés fondus, laminés, façonnés, argentés et dorés par les procédés électro-chimiques.   **(PALAIS.)**

43. BOURDILLAT Fils et PANNET, à Paris, rue de Charonne, 152. — Roulettes pour meubles.   **(PALAIS.)**

44. BOURETTE (Henri F. L.), à Paris, rue de Poitou, 36. — Lettres en relief pour inscriptions.   **(PALAIS.)**

45. BOUVET (Albert), à Montsegur, par Lavelaner (Ariége). — Talc en poudre et blocs de talc.   **(PALAIS.)**

46. BOUVIER Fils Aîné, à Lyon (Rhône), Grande-Rue de la Guillotière, 139. — Toiles mécaniques pour le lavage du charbon et du minerais, le blutage de la chaux hydraulique, etc.   **(PALAIS.)**

47. BREUZIN (Alfred), à Paris, rue Morand, 28. — Cafetières, lampes à souder, réchauds à esprit de vin pour le voyage, burettes à graisser.   **(PALAIS.)**

48. BRICARD Frères, (Successeurs de **Sterlin**), à Woincourt (Somme). — Serrures, crémones, paumelles, pivots.   **(PALAIS.)**

49. BRUN-COTTAN Frères (Ancienne Maison **R. Garnier**), à Paris, boulevard Contrescarpe, 30. — Crémones serrures. Cuivrerie et bronze d'art pour bâtiment.
                                                                   (PALAIS.)

50. BRUNON Frères, à Rive-de-Gier (Loire). — Pièces de forge, roues Brunon pour chemins de fer, agriculture etc., obus emboutis en tôle.   **(PALAIS.)**

51. BRUNON (Bmy.), à Rive-de-Gier (Loire). — Roues métalliques pour affûts, obus.   **(E. C.) (PALAIS.)**

Forges à la presse hydraulique et ateliers de construction. Fabrication spéciale de roues, de wagons en fer à rayons simples et doubles, type Brunon, de roues entièrement métalliques avec rais en acier et moyeu en fer pour voitures, chariots et affûts d'artillerie, de projectiles emboutis en tôle d'acier fondu et de fourrures embouties de toutes sortes pour affûts, flasques, flèches et plaques de recouvrement. Embases de dôme de chaudières de locomotives, embases et pavillons de cheminées, boîtes et boisseaux en fer forgé sans soudure, pour tampons de wagons et de locomotives.

Traverses métalliques avec attaches spéciales.

Récompenses : 1873 Vienne, 1876 Philadelphie, 1878 Paris, 1885 Anvers.

52. BULTOT (Louis), à Beuvrages-lez-Valenciennes (Nord). — Ustensiles de ménage émaillés, objets de toilette, de chauffage, d'éclairage, plaques décoratives en tôle émaillée et décorée.   **(PALAIS.)**

53. BURON (Alcide), à Paris, boulevard Saint-Martin, 8. — Filtres et fontaines.
                                                                   (PALAIS.)

54. CAPITAIN-GENY (E). et Cie, à Bussy, près Joinville (Haute-Marne).— Fontes moulées et d'ornements en tous genres.   **(PALAIS.)**

Fontes d'art. Fontes émaillées. Spécialités d'appareils et de canalisations pour usines à gaz. Fontes pour travaux publics. Fontes moulées pour chauffage, poterie et poêlerie. Pièces sur modèles. Grues, plaques tournantes, chariots roulants, disques, etc. pour compagnies de chemins de fer. Ponts et charpentes métalliques.

Représentant à Paris : M. Bricaire, 26, boulevard Magenta.

55. CARNAUD Successeur de **A. Paillard & Cie,** à Paris, rue Montmartre, 74. — Boîtes et étiquettes métalliques en tous genres.
                                                                   (PALAIS.)

56. CARPENTIER (Henri), à Paris, boulevard Soult, 73. — Bidon, tonneau réservoir pour alcool, etc.   **(PALAIS.)**

57. CAUX (Hippolyte), à Paris, Rue du Faubourg-du-Temple, 137. — Pièces pour instruments de précision.   **(PALAIS.)**

58. CHACHOIN Fils (Paul), à Paris, rue Saint-Gilles, 12. — Bronzes et cuivreries pour ameublements. Garnitures de foyers.   **(PALAIS.)**

Fabricant de bronzes, genres de Foyers. — Galeries, Chenets, Feux, Ecrans, Eventails, Pincettes et petites Pincettes, Rinceaux et Glands pour ameublements.

Médaille Bronze 1878.

59. CHAMBAZ (Jacques), à Lovagny, près Annecy, (Haute-Savoie).— Roche, poudre, pains, mastic, asphalte et bitume raffiné.   **(PALAIS.)**

Marque des pains : Bassin de Seyssel, Bourbonges et M. Chambaz, à Lovagny.

60.   Chambre syndicale des ouvriers cloutiers, à Gespunsart (Ardennes).
— Clous divers pour souliers, à ferrer, crochets de tondeurs, écrous, etc.   **(PALAIS.)**

61.   CHAMUSSY (Daniel) & Cie, Mines de manganèse de Saône-et-Loire,
Rhône et Allier, à Romanèche (Saône-et-Loire). — Minerais de manganèse. Échantillons de roches et minéraux.   **(PALAIS.)**

62.   CHAPPÉE (Armand), au Mans (Sarthe). — Fontes moulées, tuyaux et appareils divers pour installations d'eau et de gaz.   **(PALAIS.)**

   Usine à Antoigne (Sarthe). — Usine à Port Brillet. — Exposition universelle d'Amsterdam
1883, Diplôme d'honneur. — Exposition universelle d'Anvers 1885. Diplôme d'honneur.

63.   CHARPENTIER-PAGE (Georges), (Successeur de **Michel Page),**
à Valdoie (Territoire de Belfort). — Laiton pour horlogerie et décolletage, fils télégraphiques et téléphoniques.   **(PALAIS.)**

   M. Michel-Page avait déjà obtenu à l'Exposition universelle de 1878, une médaille d'argent,
groupe V, classe 43. — M. Charpentier-Page exporte le 1/3 de sa fabrication en concurrence
avec les produits allemands de même nature.
   Fournisseur des ministères de la Guerre et de la Marine.

64.   CHAUMETTE (E. Arthur), à Paris, rue Pasteur. 14 — Irrigateurs, injecteurs, orfévrerie d'étain pour églises.   **(PALAIS.)**

65.   CHAUVEL (Emile), Usines de Navarre à Evreux (Eure). — Dés à coudre en
cuivre et en acier. Verges pour tailleurs et pour militaires. Anneaux en laiton pour
merciers, quincailliers, tapissiers et selliers.   **(PALAIS)**

   Boucles en cuivre pour pantalons et gilets.
   Charnières en cuivre pour meubles et pour pianos, charnières et cosses en cuivre pour la marine.
   Œillets métalliques pour bâches, voiles, tentes et sacs. Œillets à dents (brevet Wilcox).
   Entrées de serrures en cuivre, bouches de chaleur pour chaufferettes.
   Bouts de cannes en fer, en cuivre et soudés ; plaques pour parapluies, anneaux pour noix et
pour coulants de parapluies, etc.— Voir aussi classe 59.

66.   CHAVARIBER (Paul), à Clichy-la-Garenne (Seine), boulevard National, 60.
— Boîtes fer blanc, et imprimées. Impressions sur métaux.   **(PALAIS.)**

67.   CHEVRIER (Louis), à Paris, rue du Vertbois, 4. — Cafetières, théières,
bouilloires à thé, samovars, réchauds de table etc.   **(PALAIS.)**

68.   CHOQUET, à Paris, rue Corbeau, 19. — Taillanderie, quincaillerie.   **(PALAIS.)**

69.   CHRÉTIEN-LABONDE, à Conches-les-Mines (Saône-et-Loire). — Articles en fer blanc, tôle et cuivre.   **(PALAIS.)**

70.   CHRISTOFLE et Cie, à Paris, rue de Bondy, 56. — Nickel pur et allié,
anodes, oxyde et sels de nickel.   **(PALAIS.)**

71.   CLAUDE & CLAUDEL, à Darney (Vosges). — Couverts en fer battu et
acier, étamés.   **(PALAIS.)**

72.   Compagnie anonyme des Forges de Châtillon et Commentry,
à Paris, rue La Rochefoucault, 19. — Blindages, obus, canons, frettes, moulages d'acier,
tôles de fer et d'acier.   **(PALAIS.)**

73.   Compagnie de fabrication française du Nickel (L'EPINE,
& Cie), à Paris, rue de Turenne, 64. — Nickel pur, massif et plaqué sur acier laminé,
tréfilé et ouvré.   **(PALAIS.)**

74.   Compagnie des Fonderies, Forges et Aciéries de St-Etienne
Administrateur délégué : **Ch. Cholat,** à Saint-Etienne (Loire). — Blindages, canons,
tubes et frettes, grandes tôles, etc.   **(E. C.) (PALAIS.)**

75. Compagnie des Fonderies, Forges et Aciéries de Saint-Etienne, administrateur délégué : **Ch. Cholat,** à Saint-Etienne (Loire). — Produits, bruts et ouvrés en fonte, fer, acier.   **(PALAIS.)**

Essieux, bandages, fers et aciers, tôles minces, aciers coulés.
Pièces de forges, obus, canons de fusils, tôle spéciale de protection.
Hors Concours à l'Exposition de 1878, le Directeur des usines ayant fait partie du Jury de l'Exposition.

76. Compagnie des Fonderies et Forges de l'Horme (Chantiers de la Buire), à Lyon (Rhône). — Fers laminés et profilés.   **(PALAIS.)**

Minerais de fer des mines de Privas (Ardèche). Fontes ordinaires, fontes supérieures pour fonderie en 2ᵉ fusion, Fontes fines pour fabrication de fers de qualités. Fers laminés et spéciaux. Grosses pièces de fontes moulées pouvant aller à 129 tonnes, pour pièces mécaniques, colonnes, gros pilons. Pièces moyennes et pièces de petites dimensions pour tous les besoins de la mécanique générale. Petites pièces de sablerie pour tous usages.

77. Compagnie des Forges de Champagne et du Canal de Saint-Dizier à Vassy, à Saint-Dizier (Haute-Marne). — Acier Martin, fers fins, fers marchands, fers spéciaux, feuillards, etc.   **(PALAIS.)**

Acier Martin, machine, fontes de moulage et d'affinage.

78. Compagnie Française des Mines de Cuivre d'Aguas Teñidas (Espagne), à Paris, rue Taitbout, 47. — Pyrites de fer. Minerai de fer, (oxyde). Résidus du grillage de pyrites de fer.   **(PALAIS.)**

Exploitation de mines. Pyrites de fer très pures avec 53 °/₀ de soufre. Minerai de fer (oxyde) très riche. Résidus du grillage de pyrites de fer, très purs et très riches avec 68 °/₀ de fer. Palais des sections industrielles.

79. Compagnie Générale des Asphaltes de France, à Paris, quai — Asphaltes en roche et en mastic, minerais, bitumes.   **(PALAIS.)**

Propriétaire unique de la Concession des mines de Seyssel, reconstituée par décret du 8 mai 1888. Usine à Pyrimont (Ain).
Mines de Chavaroche, Forens-Sud, Bastennes, Ragusa (Sicile).
Adjudicataire des travaux des Villes de Paris, Lyon, etc.
Succursale à Lyon, 29, rue Bât-d'Argent.
Adresse télégraphique : Delano-Asphaltes, Paris.

80. Compagnie Genevoise de l'Industrie du Gaz, Briqueterie de Draguignan (Var). — Briques et pièces alumineuses en bauxite, hautement réfractaires.   **(PALAIS.)**

81. Compagnie des Hauts-Fourneaux et Fonderies de Givors-de-la-Rochette, Prénat & Cie, à Givors (Rhône). — Fontes moulées diverses pour constructions, etc.   **(E. C.) (PALAIS.)**

82. Compagnie des Hauts-Fourneaux, Forges et Aciéries de la Marine et des Chemins de fer, à Saint-Chamond (Loire). — Produits bruts et ouvrés en fer et en acier. Canons, projectiles, blindages.   **(PALAIS.)**

Société anonyme. Directeur général : M. A. de Montgolfier.
Etablissements métallurgiques à St-Chamond, Assailly et Rive-de-Gier (Loire).
Givors (Rhône) et Boucau (Basses-Pyrénées).
Artillerie de campagne et de siège, artillerie de marine, canons de tous calibres, affûts, projectiles, tourelles cuirassées pour la défense des côtes et des places, blindages en fer, mixtes et en acier, blindages en fonte dure, rails, essieux, bandages, roues et ressorts, roues montées, tôles, profilés en fer et en acier, fils d'acier, pièces de forge, roues de locomotives, moulages en fonte et en acier, fontes spéciales, aciers au creuset pour outils, ferro-chromes.
Grande Médaille d'honneur, Grands Prix et Médailles d'or, Paris 1855, 1867 et 1878.

83. Compagnie des Mines, Fonderies et Forges d'Alais, Directeur : **M. le baron de Villiers,** à Paris, rue de la Chaussée d'Antin, 58 bis. — Houille, coke, agglomérés, minerais.   **(PALAIS.)**

84. Compagnie des Mines de Maurienne, Directeur : **J. Guillon,** à Saint-Michel-de-Maurienne (Savoie). — Bloc d'anthracite des mines du Pont de la Saussaz.   **(PALAIS.)**

85. Compagnie des Mines de la Villeder, à Paris, rue de Londres, 19. — Echantillons de minerais d'étain.   **(PALAIS.)**

86. Compagnie de quatre Mines réunies de Graissessac, à Montpellier (Hérault). — Charbons, briquettes, cokes.   **(PALAIS.)**

87. Compagnie Royale Asturienne des Mines, à Paris, rue de Malte, 50 ter. — Collections de minerais, lingots de zinc, plomb et argent, zinc et plomb laminés et façonnés.   **(PALAIS.)**

88. CONTE (J.), à Paris, boulevard Saint-Martin, 23. — Presse-jus, presse-fruits.   **(PALAIS.)**

89. COSSARDEAUX (F.), à Guignicourt-sur-Vence (Ardennes). — Ferrure de bâtiments, paumelle acier, laminage spécial.   **(PALAIS.)**

90. COURVOISIER (L. P.), à Fontainebleau (Seine-et-Marne), rue de France, 28. — Clous-crampons pour ferrures à glace, modèle Courvoisier, ferrures s'y rapportant, fers pour ferrures courantes.   **(PALAIS.)**

   Clous-crampons mobiles pour ferrures à glace.
   Modèle Courvoisier, breveté S. G. D. G.

91. COUTANT, à Ivry-sur-Seine (Seine), rue Nationale, 16. — Fers profilés, laminés.   **(PALAIS.)**

92. COUTHIER (Gustave), à Paris, rue Vignon, 8. — Poterie d'étain. **(PALAIS.)**

93. COUTHIER Fils (G.), à Paris, rue Vignon, 8. — Orfévrerie, articles pour voyages et articles pour toilettes.   **(PALAIS.)**

94. CRUDENAIRE, PILLOT Père et Cie, à Ornans (Doubs). — Clous à tiges découpées pour chaussures.   **(PALAIS.)**

95. DABAN (Michel) & ses Fils, à Nay (Basses-Pyrénées). — Sonnailles pour troupeaux.   **(PALAIS.)**

96. DAGINCOURT (Emmanuel), à Paris, rue de Tournon, 15. — Amblygonite, étain, roches feldspathiques pour produits céramiques et verreries.   **(PALAIS.)**

   Exploitation des mines et carrières de Montebras (Creuse). — Sources d'eaux lithinées pour le traitement de la goutte, du diabète, de la gravelle et des rhumatismes.

97. DAGUIN et Cie, à Paris, rue de Château-Landon, 44. — Sels gemmes en blocs et égrogés ; sels raffinés.   **(PALAIS.)**

98. DALIFOL (M.) et Cie, à Paris, quai Jemmapes, 172. — Fonte malléable. Pièces en acier coulé. Pièces de forge en fer et acier. Trempes et cimentations. Fontes et minerais.   **(PALAIS.)**

99. DALLEMAGNE (Charles), à Paris, rue Grange-aux-Belles, 59. — Fils de fer et d'acier. Tringles. Rivets. Elastiques et roulettes pour meubles. Fourchettes de parapluies.   **(PALAIS.)**

   Médailles : Bronze 1867. Argent, 1878.

100. DANDOY-MAILLIARD, LUCQ & Cie, à Maubeuge (Nord). — Etaux, essieux, quincaillerie, petites machines et pièces pour filatures.   **PALAIS.)**

101. DEFLASSIEUX Frères, à Rive-de-Gier (Loire). — Roues Deflassieux pour chemins de fer, agriculture, artillerie.   **(PALAIS.)**

102. DELMAS (Firmin), à Paris, rue de la Roquette, 5. — Cafetière parisienne et bain-marie, pot en grès anglais à l'usage des bars et limonadiers.   **(PALAIS.)**

103. DEMEULLE (Constant A.), au Val-David (Eure). — Collection de fers à cheval.   **(PALAIS.)**

104. DENONVILLIERS (Maurice), à Paris, rue Lafayette, 174. — Fonte de fer d'art et de bâtiments, statues en bronze. Balustrades et candélabres du Dôme Central. **(PALAIS.)**

Haut fourneau, fonderies et ateliers de construction à Sermaize-sur-Saulx (Marne).

105. DÉPLATRE (Maurice), à Lyon (Rhône), rue Claude-Joseph-Bonnet, 7. — Batteuses pour faire les crèmes. Pièges métalliques. **(PALAIS.)**

106. DEPOILLY (J.) & FLEURY, à Escarbotin (Somme). — Serrures modèles françaises et étrangères pour le bâtiment et le meuble. Paumelles estampées, coffrets, cuivrerie. **(PALAIS.)**

Marque J. D. admise au tarif de la ville de Paris. — Spécialités pour marine, chemins de fer, postes, prisons, collèges, — cadenas, des, targettes, verrous, etc. Exposition universelle, Paris 1867, Médaille d'argent ; 1878, Médaille d'or ; Barcelone 1888, Médaille d'or.

107. DÉRIAUD (M. J. P.), à Paris, rue Pont-aux-Choux, 17. — Papiers et toiles verrés, silexés, émerisés ; bois d'émeri et cabrons de peau, poudres à polir tous métaux **(PALAIS.)**

108. DEROSSELLE (Henri), à Paris, rue des Prouvaires, 3. — Outillage complet pour bouchers, charcutiers, pâtissiers, rôtisseurs, cuisiniers. Installations. **(PALAIS.)**

Fabrique d'outils pour bouchers et charcutiers, scies, fusils, étiquettes, machines à pousser et à hacher, allonges, couteaux, couperets, étaux, tables marbre.

109. DERVAUX-IBLED (Ernest), à Vieux-Condé (Nord). — Boulons, rivets, brides et ferrures diverses. **(PALAIS.)**

110. DESAILLY (Paul), à Paris, rue du Faubourg-Montmartre, 17. — Phosphates de chaux fossiles. **(PALAIS.)**

Médailles aux expositions universelles de Paris 1867, 1878.
Usines dans les Ardennes, la Côte d'Or, la Marne et la Meuse.
Établissements dans le Pas-de-Calais et dans la Somme.

111. DESCHAMPS (Philippe J.), Anciens établissements **Fauréal,** à Paris, quai de Jemmapes, 86. — Limes et râpes de toutes sortes en acier fondu. **(PALAIS.)**

Usine au Chambon. Aciers fondus, cémentés, corroyés et naturels. Acier spécial pour ressorts de voitures d'enfants. Fils d'acier tréfilés. Outils divers et pièces de forges en tous genres d'après modèle. — Marque de fabrique : Le Tigre et la Cigogne, pour aciers et limes.

112. DÉSIR (Jean), à la Fourcherie, Commune de Sarroux (Corrèze). — Soufflet de cuisine. **(PALAIS.)**

113. DESMOUTIS (F.), LEMAIRE & Cie, Ancienne Maison **Desmoutis-Quennessen & Le Brun,** à Paris, rue Montmartre, 56. — Minerais et métaux de la série du platine. **(PALAIS.)**

Succursale 1, Long Acre, Londres W. C.
Iridium, osmium, palladium, rhodium, rhuthemium à leurs divers états : mousse, lingots, plaques, fils de toutes épaisseurs.
Spécialité de fils extra-fins pour l'électricité. Toiles métalliques diverses, alliages spéciaux. Appareils pour la grande industrie chimique et les laboratoires.

114. DESPRET Frères, à Milourd-sur-Anor (Nord). — Aciers en barres, fondus et corroyés pour outils, fabriqués avec les fers de Suède. Limes et râpes. Marteaux et outils. **(PALAIS.)**

Marteaux et outils pour constructeurs, mécaniciens, chaudronniers, ferblantiers, carriers, etc.
Spécialité de marteaux à battre les meules de moulins.
Marque de fabrique : MILOURD.
Représentés à Paris par M. J.-M. Perret, 18, rue Daval.

115. DEVILLE (Alexandre), à Moutiers (Savoie). — Marbres bruts et ouvrés. **(E. C.) (PALAIS.)**

116. DEVILLE, PAILLIETTE et Cie, à Charleville (Ardennes).— Appareils de chauffage bruts et émaillés. Poêles et cheminées mobiles. Pompes. Articles de jardins, de ménage et de bâtiment. Fontes d'ornements.   **(PALAIS.)**

117. DEVILLERS (Alphonse), à Paris, rue Doudeauville, 81. — Coupe-légumes, trusquin de précision, pièces tournées.   **(PALAIS.)**

118. DONDEL (Henri), à Paris, rue Saint-Maur, 99.— Objets en toile métallique.   **(PALAIS.)**

Maison fondée en 1856 (Palais). Garde-feu, choix nombreux de modèles riches et ordinaires en tous genres et de tous styles. Garde-manger carré et rond, dôme toile, carré long, dessus tôle, couvre-plats unis et à côtes, couvre-assiettes dessus-verre, pièges à mouches. Boules à riz et à thé, passe-thé, lunettes diverses, masques à abeilles, bonbons et de bal, etc. Toiles en pièces de toutes sortes. (Voir cl. 27. Gr. 3). Récompenses : 1867, Paris, Médaille et Mention. 1876, Philadelphie. 1878, Paris, 2 Médailles.

119. DORÉMIEUX Fils & Cie, à Saint-Amand-les-Eaux (Nord). — Fers laminés et chaînes en fer de toutes dimensions.   **(E. C.) (PALAIS.)**

Exposition universelle de Paris 1867, Médaille d'argent ; Exposition Universelle de Paris 1878, Médaille d'or ; Exposition universelle d'Amsterdam 1883, 2 Médailles d'or.

120. DORIAN, HOLTZER, JACKSON & Cie, à Pont-Salomon (Haute-Loire). — Faulx, faucilles, serpes.   **(PALAIS.)**

121. DORIZON Père et Fils, à Paris, rue Saint-Sabin, 58, allée Verte, 2. — Pièces tournées pour la mécanique, la télégraphie, équipements militaires et autres. Vis cylindriques et filetage.   **(PALAIS.)**

Récompense : Exposition universelle, Paris, 1878.

122. DROUARD (Jules), à Paris, rue Oberkampf, 125. — Garnitures pour ferblantiers. Râpes à sucre, montées sur châssis fer. Boîtes-râpes.   **(PALAIS.)**

Anses, cuivre, zinc, fer blanc pour brocs, arrosoirs ronds et ovales, gorges ; zinc repoussé pour bains de pieds ronds et ovales, poignées zinc fondu. — Gorges, accotoirs, poignées cintrées, fonds repoussés pour bains de siège, couvercles de seaux, boutons zinc et porcelaine. Chapiteaux d'arrosoirs ronds ; grilles cuivre, fer blanc pour pommes d'arrosoirs zinc repoussé, grilles de filtre. Agrafe-fruits J. D. déposés.

123. DUBOIS (Charles), à Marseille (Bouches-du-Rhône), rue de la République, 9. — Minerais sulfurés.   **(PALAIS.)**

124. DUBOUSSET (Antoine), à Beauvoir, par Louroux-de-Bouble (Allier). — Kaolin naturel et lavé.   **(PALAIS.)**

125. DUCOIN (Dominique), à Saint-Pol-de-Léon (Finistère).— Feldspaths pour émailler la porcelaine, la verrerie et les métaux, feldspaths pour boutons et dents artificielles.   **(PALAIS.)**

126. DUCREY (M. Emmanuel), à Moutiers (Savoie).— Anthracite de Champ-Dernier, près Brides-les-Bains (Savoie).   **(E. C.) (PALAIS.)**

127. DUGOUJON Aîné (Maison) **Paul Hug & Cie,** Successeurs, à Paris, rue de Lyon, 37. — Scies en tous genres.   **(PALAIS.)**

128. DUMILATRE (Ernest) et FAUBERT (Georges), à Paris, rue du faubourg du Temple, 22. — Or, argent et platine en feuilles, en poudre et en coquilles.   **(PALAIS.)**

Maison fondée en 1774.
Or en feuilles de toutes couleurs et de tous formats pour la dorure à l'eau ou à la mixtion.
Inventeurs de l'or sur feuillets mobiles, breveté S. G. D. G. pour la dorure à l'extérieur sans baune.
Spécialité d'or en poudre jaune, rouge, vert, citron, pour peinture sur porcelaine.
Médaille de bronze en 1878. Médaille d'argent, Barcelone 1888.

129. DUMONT (Gustave) & Cie, à Louvroil (Nord).— Echantillons de tôles et larges plats. **(E. C.) (PALAIS.)**

130. DUPAIN (Antoine), à Paris, rue du Temple, 79. — Égrugeoir à sel gris et autres matières cristallisées. **(PALAIS.)**

131. DUPUCH (Gustave), à Paris, rue Claude-Vellefaux, 10. — Robinetterie pour l'eau, la vapeur et le gaz. Fonderie de tous objets en métal. **(PALAIS.)**

Fonderie de cuivre et de bronze. — Bronze phosphoreux. — Robinet-vanne à tige brisée et à passage libre. — Niveau Dupuch à clapets de sûreté automatiques. — Indicateur à flotteur à glace en verre incassable. — Clapet-obturateur L. Labeyrie. — Robinets à vis pour eau. — Siphons français en plomb pur. — Borne-fontaine ingélive. — Robinetterie complète pour bains et hydrothérapie. Robinets auto-graisseurs pour le gaz. Méd. Exp. un. 1855, 1862, 1867, 1878.

132. DURAND-BOSSIN & BRARD, à Paris, rue de Saintonge, 21.—Tubes sans soudure en divers métaux. **(PALAIS.)**

Spécialité de tubes pour vapeur, presses hydrauliques, petite mécanique, manomètres, appareils à gaz, lampes et suspensions. Instruments de musique, d'optique et de chirurgie, Appareils de physique et chimie. Bronzes artistiques et pour toutes industries. Tubes de grande longueur.

133. EBSTEIN Frères, à Farville (Meurthe-et-Moselle). — Limes, râpes, aciers et outils. **(PALAIS.)**

134. ELLIOTT (A. W.), à Bornel (Oise). — Grillages mécaniques galvanisés. **(PALAIS.)**

Maison à Paris, 59, boulevard Richard-Lenoir, 7 ; allée Verte.

135. ESCHGER, GHESQUIÈRE & Cie, à Paris, rue St-Paul, 28, Fonderies et Laminoirs de Biache-Saint-Vaast (Pas-de-Calais). — Cuivre, Zinc, Plomb, Étain, Antimoine, Or et Argent sous toutes formes. **(PALAIS.)**

Cuivres, Laitons, maillechorts bruts, laminés et étirés. Fils de cuivre pour électricité et autres emplois. — Cuivre en tuyaux sans soudure et soudés. Cuivres martelés de toutes formes. Foyers de locomotives, appareils de stéarineries et de sucreries. Calottes de bouilleurs. Tubulures pour chaudronnerie. Ceintures d'obus et barrettes. Obturateurs et grains de lumière pour canons. Tubes sans soudure pour locomotives et chaudières tubulaires. Zinc brut, laminé, étiré. Zinc pour piles. Plomb brut, laminé et en tuyaux. Emboutis en tous métaux ou alliages. Fabrication des enveloppes d'obus à mitraille et des corps d'obus en acier pour la Guerre et la Marine. Procédés spéciaux d'extraction des métaux de leurs minerais ou produits les contenant. Traitement des cendres d'orfèvres. Fabrication des monnaies, médailles, jetons en tous métaux ou alliages. Outillages monétaires des systèmes les plus nouveaux.

136. ESTABLIE Frères, à Paris, quai Valmy, 11 et 13. — Poêles, fourneaux, filtres, ventilateurs, tonneaux, tinettes, et pièces diverses en tôle et fer ouvrés. **(PALAIS.)**

137. FAUGIER (A.) & Cie, à Lyon (Rhône), place Perrache, 11. — Boulons divers, rivets, écrous forgés mécaniquement, tiges, tendeurs, brides pour joints, tire-fonds. **(PALAIS.)**

138. FAURE & GAUTIER Fils (J.-B.), à Marseille (Bouches-du-Rhône), rue Grignan, 82. — Plomb de chasse, plomb en tuyaux, feuilles, fils, balles, chevrottines, plombs à sacs, à filets, litharge, minium, céruse. **(PALAIS.)**

139. FAURE Père et Fils, à Revin (Ardennes). — Fontes moulées diverses, articles divers en fonte bronzée, émaillée ou nickelée, poterie, vases, boutons de portes, émaux, céramique. **(PALAIS.)**

140. FERRÉOL (M. A.), Successeur de **Réocreux Fils,** à Saint-Étienne (Loire), rue de la Rivière, 4. — Sabres manchettes, couperets et haches pour les colonies. **(PALAIS.)**

141. " FERRO-NICKEL " Société Anonyme, à Paris, rue Pont-aux-Choux, 17. — Nickel et cuivre et leurs alliages, en lingots, fonte moulée, planches laminées, barres, fils, tubes.   **(PALAIS.)**

Fonderies, laminoirs et tréfileries de Lizy-sur-Ourcq (S.-et-Marne). — Nickel pur malléable, ferro-nickel, acier-nickel, ferro-maillechort, cupro-fer, ferro-cuivre, maillechort spécial et alliages spéciaux, brevetés S. G. D. G. Laminés, tréfilés, moulés, etc. (lingots et anodes). Maillechorts en bandes, fils, tubes, cannelé. Bronze blanc de nickel moulé, cuivre, laiton, demi-rouge, similor, tombac, criscal, cuivrerie militaire, etc. — Médaille d'argent : Anvers 1885.

142. FERRY CURICQUE et Cie, Société en commandite par actions, à Micheville-Villerupt (Meurthe-et-Moselle). — Colonnes de la galerie des machines.   **(PALAIS.)**

Hauts-Fourneaux, Fonderies et ateliers de construction de Micheville.
Forges de Laval-Dieu (Ardennes). — Forges de Crespin (Nord).
Minerais de fer ; Fontes brutes de moulage et d'affinage ; Pièces de fontes moulées ; Fers laminés ; Tôles fines et moyennes ; Fer et acier ; Fil d'acier et fil de fer, dits machine.
Une médaille d'argent à l'Exposition universelle 1878.

143. FISCHER & Cie, à Chailvet, par Urcel (Aisne). — Alun épuré, calcaire, couperoses diverses.   **(PALAIS.)**

144. FLEURY-AUBERY, J. Bar, Gendre et Successeur, à Rantigny (Oise). — Paillons fins et demi-fins ; feuilles pour découpures or, argent et couleurs. Paillons estampés pour boutons.   **(PALAIS.)**

145. FOIN (Félix), à Paris, rue Chapon, 38. — Chaînes et colliers.   **(PALAIS.)**

146. Forges et Aciéries du Breil, (Limouzin & Fils), à Firminy (Loire). — Produits en fer et acier bruts et ouvrés de toutes natures.   **(PALAIS.)**

147. Forges de la Basse-Loire, Heusschen (Fernand) et Cie, à Montjean (Maine-et-Loire). — Pièces de forge. Ferrures. Bagues et viroles pour tubes de chaudière.   **(PALAIS.)**

148. Forges de Couzon, Lucien Arbel, A. & P. Arbel, ses Fils et Cie, Successeurs, à Rive-de-Gier (Loire). — Roues pour locomotives, tenders, wagons, wagonnets, roues pleines ordinaires et à nervures.   **(PALAIS.)**

Roues en fer forgé pour locomotives, tenders, wagons, wagonnets, tramways, roues pleines ordinaires, roues pleines à nervures brevetées S. G. D. G., roues mixtes fer et bois pour tombereaux, camions, voitures, affûts d'artillerie, essieux montés de machines, tenders, wagons, wagonnets ; pièces de forge en matrices.

149. Forges d'Hennebont, à Hennebont (Morbihan). — Massiaux d'acier et fer fondu, tôles, fer blanc.   **(PALAIS.)**

Massiaux de fer fondu déphosphoré sur sole magnésienne (procédé Muller) fers noirs, fers blancs, fers imprimés.
Médaille d'or, Exposition universelle de Paris, 1878. — Diplôme d'honneur, Exposition universelle d'Amsterdam, 1883. — Diplôme d'honneur, Exposition universelle d'Anvers, 1885.
Dépôt à Paris, 11, rue Beaurepaire.

150. Forges de la Loire et du Midi, Marrel Frères, à Rive-de-Gier (Loire). — Produits bruts et ouvrés en fer et acier, canons projectiles, blindages.   **(PALAIS.)**

151. FORTIN (Paul), à Paris, rue Sedaine, 34. — Emeris, rouges à polir. **(PALAIS.)**

Ancienne Maison P. Villette et P. Fortin, successeurs de Vincent, fondée en 1828 par Bordier occupant trois usines à Paris, 32-34-36, rue Sedaine, avec sortie 51, rue de la Roquette.
Emeri de Naxos et Smyrne purs pulvérisés tous N°ˢ. Potée d'étain. Rouge et crocus à polir l'optique, la glace, l'or, l'argent, l'acier, le cuivre et la chaudronnerie.
Papiers et toiles à polir les métaux et les bois. Ponce, Tripoli, Mine de plomb, Talc, Terre diverses. Sanguine. Pierre du Levant, d'Amérique, de Lorraine, à rasoirs, à faux. Pierres et meules en emeri, meules de Langres. Brosses à polir. Grands ateliers pour la pulvérisation à façon des minerais les plus durs.
Fours à l'usage de la calcination à façon des terres les plus réfractaires.
Récompenses : Exposition universelle de Paris 1878, Médaille de Bronze.

152. FOULD-DUPONT, à Pompey (Meurthe-et-Moselle) et à Apremont (Ardennes). — Porte monumentale à l'entrée de la galerie, construite à Pompey et composée des différents produits des usines.   **(PALAIS.)**

Mines de fer. Fours à coke. Hauts-fourneaux. Fontes d'affinage et de moulage. Aciérie. Fours à sole basique, lingots. Tôles et profilés. Puddlage. Fers bruts. Laminoirs, gros et petits fers marchands et spéciaux. Tôlerie, larges-plats. Grosse forge, arbres, tampons, pièces de wagonnage, etc. Fonderie, cylindres de laminoirs, roues, boîtes à graisse, à huile et garnitures de wagons de toutes les Compagnies de chemins de fer, pièces diverses.

Caisse de secours, caisse de récompenses, caisse de retraites. Cités ouvrières. Économat.

Fonderie de fer, essieux, socs et pièces de charrues, à Apremont (Ardennes).

Récompenses :

Paris 1855, Médaille 1re classe ; Londres 1862, Grande Médaille ; Paris 1867, Médaille d'or ; Paris 1878, Médaille d'or.

153. GADOT (Henri), à Paris, rue des Gravilliers, 24.— Peignes de tour, tarauds de filières, fraises, brunissoirs.   **(PALAIS.)**

154. GAILLY Fils Aîné, à Charleville (Ardennes). — Clous en fil de fer et en tôle.   **(PALAIS.)**

155. GARÇON, à Maine-de-Bozel (Savoie). — Produits minéralogiques.
                    (E. C.) (PALAIS.)

156. GARIEL (Raymond D.), à Paris, quai de la Mégisserie, 2 ter.— Grillages à triple torsion, à simple torsion, à double torsion.   **(PALAIS.)**

157. GAUPILLAT (Jenny), à Paris, rue de la Boétie, 23. — Plaques de porphyre (vert d'Oriza corse).   **(PALAIS.)**

158. GENOT (Auguste), à Nouzon (Ardennes).— Pièces de forge brutes et ajustées, roues d'artillerie, système Gérard ; freins complets, crochets de traction.
                    (PALAIS.)

159. GIRODON MONTET et Cie, à Villeurbanne (Rhône), rue Germain, 39.— Chaufferettes et combustibles Stoker, galeries, chenets et tous articles de feu. **(PALAIS.)**

160. GLAAS (Guillaume), à Paris, rue Méchain, 10.— Iéo-brillant d'or, poudre inséparable.   **(PALAIS.)**

161. GLISE, à Pralognan (Savoie). — Produits minéralogiques.   **(E. C.) (PALAIS.)**

162. GOGUEL (Charles), à Montbéliard (Doubs).— Traits d'or et d'argent faux, fils, rivets et pointe de cuivre.   **(PALAIS.)**

163. GOSTEAU Fils (Achille), à Paris, rue de l'Entrepôt, 28.— Grils et grils-rôtissoires Gosteau, chauffe-assiettes, foyers et grilles pour cheminées, cage démontable.   **(PALAIS.)**

Exposition universelle, Paris 1878, méd. de bronze et 2 Mentions honorables.

164. GOURDIN et LEFEVRE, (Maison). **Ernest LEFEVRE,** successeur, à Paris, rue Bichat, 15.— Brûloirs et moulins à café, ustensiles d'épicerie, articles de cave, réservoirs et bidons à huile.   **(PALAIS.)**

165. GOURJU (Alphonse), à Bonpertuis (Isère). — Minerai de fer spathique, fonte aciéreuse au bois, aciers naturels corroyés et fondus en massiaux et barres.
                    (PALAIS.)

166. GOUVY et Cie, à Dieulouard (Meurthe-et-Moselle).— Aciers raffinés pour outils fins. Aciers naturels et corroyés, socs, versoirs. Ressorts de carrosserie et de chemins de fer.   **(PALAIS.)**

Ressorts de carrosserie et de chemins de fer, pelles, bêches, louchets à douille brevetée, en acier raffiné, trempés, houes, essades, serfouettes, haches, couperets de boucher et de cuisine, serpes, etc. etc... — Maison fondée en 1752 par Pierre Gouvy à Goffontaine. — Usines à Hombourg-Haut (Lorraine). — Récompenses : Médailles d'or à Paris 1867, 1878. — Diplôme d'honneur et Médaille d'or à Amsterdam 1883.

167. GRENOUILLEAU (Aimé), à Cholet (Maine-et-Loire). — Serrure d'art.
                    (PALAIS.)

168. GRESSIEN & Cie, à Toucy (Yonne).— Ocres jaunes et rouges de Prusse, en poudre et lavés.   **(PALAIS.)**

169. GRIGNÉ (Jules), à Paris, rue de Malte, 12. — Fonte malléable et fonte d'acier perfectionnée, pièces de toutes sortes.   **(PALAIS.)**

170. GRISET et SCHMIDT, à Paris, rue Oberkampf, 123.— Métaux en bandes et en feuilles polis au laminoir. Laminage de précision.   **(PALAIS.)**

171. GROUARD (Alfred), à Paris, rue Morand, 6.— Cafetières pour limonadiers et bains-marie, porcelaine, maillechort, cuivre.   **(PALAIS.)**

172. GUAY-SAVIER (Ancienne Maison), **Enjabal** Successeur, à Paris, rue du Vert-Bois, 14. — Chaudronnerie et moules.   **(PALAIS.)**

173. GUELDRY, GRIMAULT et TILLIER, à Paris, rue Amelot, 64. — Étirage de tous métaux, tubes sans soudure, acier, fer, cuivre, pièces pour armes, filatures, chaînes Galle.   **(PALAIS.)**

    Guerre : Enveloppes d'obus en acier, ceintures d'obus en cuivre. — Leviers de manœuvres. — Brancards ; essieux en fer creux garni de bois. — Pelles Pirard à manche extensible.

    Marine : Pièces diverses. — Chaînes Galle pour manœuvres de gouvernails ou de tourelles de cuirassés.

174. GUILLET-FAGOT (Eugéne), à Vivier-Aucourt (Ardennes).— Ferrures de bâtiments. Crémones. Fiches. Paumelles. Charnières. Articles de ménage. **(PALAIS.)**

175. GUILLON, à Saint-Michel-de-Maurienne (Savoie). — Anthracite.
                                                   (E. C.) (PALAIS.)

176. GUINIER (Vuillot, Successeur), à Paris, rue Jean-Jacques-Rousseau, 23. — Robinetterie pour eau.   **(PALAIS.)**

177. GUITEL (Fernand), à Paris, rue Saint-Martin, 308. — Ferrures de stores-bannes.   **(PALAIS.)**

178. HARDY-CAPITAINE & Cie, à Nouzon (Ardennes). — Pièces fonte malléable et acier fondu au creuset.   **(PALAIS.)**

179. Hauts-Fourneaux et Forges d'Allevard (A. PINAT & Cie), à Allevard (Isère). — Fontes, fers et aciers spathiques. Ressorts pour chemins de fer et carrosserie, outils aratoires, aimants.   **(PALAIS.)**

180. HÉDIN (Marcel), à L'Aune, commune de Montreuil-le-Chétif (Sarthe). — Cuivre jaune et planches laminées.   **(PALAIS.)**

181. HEMERDINGER (Emile M.), à Paris, rue d'Anjou, 17. — Bandes, planches et barres laiton, fil laiton, similor, rosette et maillechort.   **(PALAIS.)**

182. HENNAU (Th. de), à Creil (Oise). — Machine d'acier, fils d'acier clairs recuits, cuivrés et galvanisés. Pointes de Paris en acier, pointes fines, chevilles rondes en acier et en laiton.   **(PALAIS.)**

    Clouterie mécanique, conduits et crampillons d'acier, rivets à froid.

183. HOLTZER (Jacob) & Cie, à Unieux (Loire). — Acier fondu au creuset. Acier corroyé. Acier naturel.   **(E. C.) (PALAIS.)**

    Mines de fer et Hauts-fourneaux au bois à Ria (Pyr.-Or.).

    Dépôts, à Paris, 43, rue des Marais et à Lyon, 7, rue du Plat.

    Acier fondu au creuset : pour outils à travailler les métaux (au chrôme et au tungstène), pour limes, outils de mine et de carrière, taillanderie, quincaillerie, coutellerie, ressorts, armes blanches et à feu, etc, etc. Marteaux et outils divers, moulages en acier, pièces de machines brutes de forge ou finies. Tubes et frettes pour canons, projectiles de rupture, tôles et plaques en acier chrômé. Acier corroyé pour taillanderie, coutellerie, ressorts de voitures, fleurets et barres à mine, ressorts divers, acier corroyé sur fer et entre fer, etc. Acier naturel pour: coutellerie, taillanderie, ressorts de voitures, limes et râpes, fleurets et barres à mine, outils d'agriculture. Réc.: Paris 1867, Médaille or; Paris 1878, Grand Prix, Barcelone 1888, Médaille d'or.

184. HOLTZER (Jacob) et Cie, à Ria (Pyrénées Orientales). — Colonnes, cheminées, balustres en marbre, griotte et autres. **(PALAIS.)**

Marbres ouvrés, sciés, ébauchés, polis.
Récompense : Barcelone, 1888, médaille d'or.

185. HOURY ABOILARD & Cie (Maison **BONIS**), à Paris, rue Montmartre, 18. — Tréfilerie. **(PALAIS.)**

Maison fondée en 1857. — Médaille d'argent, Paris 1867. — Médaille de mérite, Vienne 1873.
— 2 Médailles bronze et 1 argent, Paris 1878. — Médaille d'or, Anvers 1885.

186. HOYON (Joseph), à Paris, boulevard Ornano, 29. — Clefs (dites anglaises),
valets mécaniques pour menuisiers. **(PALAIS.)**

187. HUBIN (Félix), à Paris, rue de Turenne, 14. — Cuivre, plomb, étain, zinc
bruts, laminés, martelés, en tuyaux, en fils, en barres, plaques et lingots, tubes en
laiton et en cuivre rouge sans soudure, tubes en cuivre rouge soudés. **(PALAIS.)**

Récompenses : Exposition universelle, Paris 1867, médaille d'argent.
Exposition universelle, Paris 1878, médaille d'or.
Exposition universelle, Anvers 1885, Diplôme d'honneur et Chevalier du Cambodge.

188. HURLOT (Gustave), successeur de **Eberlin (Ph.)** à Paris, rue du Château-Landon, 10. — Or, argent, platine et aluminium en feuilles, en poudre, en
coquilles et en godets, or et platine pour dentistes. **(PALAIS.)**

Ancienne maison Auguste Favrel, batteur d'or, ci-devant, 43, rue du Caire. — Or, argent,
platine, aluminium en feuilles pour la décoration, le cadre et la miroiterie ; or extra-fort pour
la dorure sous verre ; ors spéciaux pour la reliure ; or, argent, platine, aluminium en poudre,
en coquilles et godets pour la peinture sur porcelaine et sur vélin. Or et platine en feuilles préparées spécialement pour la céramique d'art. Or et platine pour dentistes.
Récompenses : 1878, Paris, Médaille d'argent ; 1867, Paris, Médaille d'argent ; 1855, Paris,
2 Médailles de première classe.

189. JACQUEMART (Veuve Jules), à Charleville (Ardennes) — Fonte ordinaire et malléable, clouterie forgée et mécanique, ferronnerie, galvanisation. **(PALAIS.)**

190. JACQUESSON (Xavier), à Paris, rue Charlot, 7. — Or, argent, platine en
feuilles, en poudre et en coquilles. **(PALAIS.)**

191. JAMELIN (Charles), à Paris, rue St-Maur, 99. — Spécimens de profils
obtenus à froid sur fer, acier et cuivre, tubes côniques avec ou sans soudure. **(PALAIS.)**

192. JEUNEHOMME (A.) & LEPAULT (E.), à Nouzon (Ardennes). —
Ferronnerie de bâtiment, pelles et pincettes. **(PALAIS.)**

193. JOESNIN MAZOYER & CADOT, à Romanèche-Thorins (Saône-et-
Loire). — Minerais de manganèse. **(PALAIS)**

194. JONTE (E.), Successeur de **Charquillon Jeune,** à Paris, rue Sedaine, 42.
— Tréfilerie, clouterie, fers, aciers et cuivres. **(PALAIS.)**

Tréfilerie, pointerie, galvanisation et étamage des fils de fer, de cuivre et d'acier, breveté
S. G. D. G.
Étirage et tréfilage de précision et de tous profils, fers, aciers et cuivres dressés mécani-
quement, sciés et centrés, pour axes de machines à coudre, électricité, petite mécanique, mé-
tiers Jacquart, etc.
Ressorts et élastiques pour meubles, clouterie et accessoires pour tapissiers et ameublements.
Pointes de Paris, fabrication E. Rabeau. Pointes d'acier, pointes fines, clouterie de toutes sortes.
Fils de fer et d'acier, galvanisés, étamés et cuivrés. Spécialité pour fleurs artificielles,
couronnes mortuaires, passementerie.
Raidisseurs et accessoires pour clôtures, horticulture, viticulture.

195. JUIN (A.) & CESBRON (P.), à Paris, rue du Faubourg-Poissonnière, 137.
— Plaques, étiquettes, numéros et lettres, etc., sur tôle et cuivre émaillés.   **(PALAIS.)**

196. KIEFFER (Félix), à Paris, rue du Faubourg-du-Temple, 108. — Robinet et
clavette en cuivre.   **(PALAIS.)**

197. LA BOUGLISE (Georges de), à Paris, rue de la Victoire, 63. — Collection de minerais d'or.   **(PALAIS.)**

198. LAFFITTE (J. J.) et Cie, à Paris, avenue Parmentier, 102. — Pièces de
forges soudées au moyen des plaques et poudres.   **(PALAIS.)**

199. LAMBERT (S.) et Fils, à Paris, rue Volta, 33. — Étain laminé. **(PALAIS.)**
    Usine à vapeur, rue Saint-Maur, 16 et 18. — Feuilles d'étain pur pour chocolats, comesti
bles, confiserie, tabacs, parfumerie, cartonnage, etc. Étain brillant en feuilles, garanti pur.
Étain laminé à toutes épaisseurs. Étain doré, colorié, gaufré, pailleté, etc., etc. Papier métallique contre l'humidité des murs. Paillons d'étain bruni et colorié. Capsulateur breveté s. g. d. g.
pour fixer les feuilles d'étain et les capsules sur les bouteilles. Cuivre verni pour étiquettes de
boîtes de conserves. — Récompenses : Paris, 1855, 1867, 1878, médailles de bronze, Londres,
1851, 1862, Vienne, 1873, médaille de mérite.

200. LANGLOIS (Charles), (Ancienne Maison) **Vve L. Romaire,**
successeur, à Darney (Vosges). — Couverts en fer battu étamé.   **(PALAIS.)**

201. LANUSSE, BLANCHARD et Cie, à St-Ouen l'Aumône (Seine-et-
Oise). — Lanternes de camion, de voitures, et d'écurie en tôle rivée.   **(PALAIS.)**

202. LAURENT-COLAS, à Bogny-sur-Meuse (Ardennes). — Brides de ressorts,
menottes brisées, menottes de camion, jumelles, charnières de portières, compas de
capottes, etc.   **(PALAIS.)**
    Ferrures diverses pour voitures, machines agricoles, pompes et wagons. — Récompenses :
bronze, Paris, 1878 ; argent, Anvers, 1885 ; argent, Barcelone 1888.

203. LAURENTY (François) & Cie (Forges de la Jonquette), à Douzy
(Ardennes). — Pelles, pioches, outils, bassines à friture, article de ménage.   **(PALAIS.)**

204. LE BLANC, GEORGI & Cie, (Usines métallurgiques de **Marquise,**
Pas-de-Calais), à Paris, rue du Rendez-Vous, 52. — Minerais, cokes, fontes brutes et
moulées.   **(PALAIS.)**
    Tuyaux de canalisations coulés debout, moulés mécaniquement.
    N. B. Voir aux galeries des Beaux-Arts et arts libéraux, les colonnes en fonte faites aux
Usines de Marquise. — Médaille d'or à Amsterdam 1883.

205. LEBLANC-HALLOT (Auguste L.), à Paris, boulevard St-Germain,
9. — Outillage spécial pour distillateurs et négociants en vins.   **(PALAIS.)**

206. LEBLANC Oncle et Neveu, à Paris, rue Chapon, 35. — Découpage sur
métaux, articles de quincaillerie et gravure.   **(PALAIS.)**

207. LE CERF (Charles L.), à Paris, rue Pajol, 27 et 29. — Boulons bruts et
tournés, écrous, tirefonds, brides, rondelles, tarauds, filières, clefs, pièces détachées
pour chemins de fer.   **(PALAIS.)**

208. LEFÉVRE (Edmond), à Paris, quai de Javel, 3. — Briquettes perforées
pour appartements, briquettes pleines pour calorifères, fours spéciaux, générateurs, etc.
                                                                                (PALAIS.)

209. LEFORT (G), à Paris, rue Caumartin, 62. — Sables et grès pour verreries et
cristalleries.   **(PALAIS.)**

210. LEGÉNISEL (Eugéne J.), à Paris, passage Vaucouleurs, 28. — Pièces en
fonte malléable et acier moulé.   **(PALAIS.)**

211. LEGRAND (Pierre), à Paris, boulevard Picpus, 53. — Fûts et tonneaux en fer et acier.   **(PALAIS.)**

212. LELIÈVRE (A.) & MULEUR Frères, à Sens (Yonne). — Capsules métalliques pour surbouchage et papiers métalliques.   **(PALAIS.)**

213. LEMERLE (L.), Maison **Fremy,** à Paris, rue Beautreillis, 23. — Papiers verrés, silexés sur huiles et goudrons spéciaux, émerisés sur bleus et bleutés, toiles émerisées et verrées.   **(PALAIS)**

 Maison fondée en 1814.
 Papiers, toiles et produits à polir.
 Emeris en grains, poudres et potées. Importation directe des minerais d'émeri de Naxos (Grèce) et des meilleures provenances d'Orient.
 Produits divers servant au polissage pour cordonnerie, taillanderie, constructions mécaniques et en général pour travail du bois, de l'ivoire ou des métaux.
 Usine de trente chevaux à Ivry-sur-Seine.
 Récompenses 1855, Paris, mention honorable ; 1867, Paris, mention honorable.
 1878, Paris, médaille d'argent ; 1883, Amsterdam, médaille d'argent.
 1885, Anvers, médaille d'or.

214. LE MONNIER-LENICOLAIS (F.), à Sourdeval-la-Barre (Manche). — Serrures, crampons, chandeliers, ciseaux à épines et objets de quincaillerie.   **(PALAIS.)**

215. LEROY (Noël), à Orléans (Loiret), rue Sous-les-Saints, 10. — Epingles pour la coiffure par procédés mécaniques.   **(PALAIS.)**

 Fabrique spéciale. — Médailles de bronze, Paris 1855 et 1867. — Médaille d'argent, Paris 1878.

216. LÉTRANGE (L.) & Cie, à Paris, rue des Haudriettes, 1. — Plomb, zinc, cuivre et laiton, minerais.   **(PALAIS.)**

217· LETROTEUR & BOUVARD, à Paris, boulevard de Charonne, 83. — Boulons, rivets, écrous, brides, petite ferronnerie, outillage.   **(PALAIS.)**

218. LEUDET Fils (A. F. C.), à Dieppedalle, près Rouen, (Seine-Inférieure).— Craie brute, blanc de craie lavé, moulé, concassé, pulvérisé, tamisé, résidus et silex.
                                                                                                     (PALAIS.)

219. LHOSTE (F. Benjamin), à Paris, rue des Noye s, 33. — Burettes, bidons, filtres à café, entonnoirs, bouteilles en cuivre doublées d'étain, casseroles.   **(PALAIS.)**

220. LIMET (P. H.), à Cosne (Nièvre). — Limes, hachepaille, coupe-racines.
                                                                                                     (PALAIS.)

221. LIMOUZIN & Fils (Forges et aciéries du Breuil), à Firminy (Loire). — Aciers et outils d'agriculture, de chemin de fer, de mines et travaux publics.
                                                                                       (E. C.) (PALAIS.)

222. LODIE (François), à Paris, passage Grenelle, 4. — Systèmes de tamis, de cribles, vannettes, blutoirs, garde-manger et grillages.   **(PALAIS.)**

223. LOIRE (Exposition collective des forges de la).   **(PALAIS.)**

Brunon (B.).	Compagnie des Hauts-Fourneaux & Fonderies de Givors.	Peyron & Paulet.
Compagnie des Fonderies, Forges & Aciéries de Saint-Étienne.	Deflassieux Frères.	Schwab (M.).
Compagnie des Hauts-Fourneaux, Forges & Aciéries de la marine & des Chemins de fer.	Ferréol (M.-A.).	Société anonyme des Aciéries & Forges de Firminy.
	Holtzer (J.) & Cie.	
	Limouzin & Fils.	
	Marrel Frères.	

224. LONGUEMARE (Veuve Léon), à Paris, rue du Buisson–St–Louis, 12.
—Tubes coniques et cylindriques en fer et cuivre. Lampes et fers à souder pour gaziers
et peintres.   **(PALAIS.)**

225. LORIN (Ernest A.), au Gros–Noyer–St–Prix (Seine–et–Oise) — Chaînes
forgées, calibrées et éprouvées pour tout appareil de levage sur plan ou sur modèle.
                                                                        (PALAIS.)

    Manufacture de chaînes et poulies différentielles.
    Usine à vapeur au Gros–Noyer–St–Prix (Seine–et–Oise).
    Chaînes étampées, calibrées et éprouvées. Chaînes de Marine de 5 $^m/_m$ au plus haut.
    Chaînes pour roues différentielles.
    Chaînes pour grues ; Chaînes de fermeture ; Chaînes d'entourage ; Chaînes pour monte-
charge.
    Fournisseur de la ville de Paris, des ponts et chaussées, de la marine, de compagnies de
chemin de fer, des usines à gaz de Paris.
    Maison d'assortiment et de réparations, 50, rue Bichat, à Paris.
    Adresses, commandes et télégrammes à E. Lorin, St–Prix (Seine-et-Oise).

226. LOUIS (Henry), à Paris, rue de la Goutte–d'Or, 51. — Instruments et outils
de formes spéciales.   **(PALAIS.)**

227. LUCOTTE à Paris, rue des Saints–Pères, 37 ter. — Vaisselle, fontaines artistiques, sustenteurs étain et porcelaine, bassins pour malades.   **(PALAIS.)**

228. LYON-ALEMAND (Comptoir), (Société anonyme), à Paris, rue Montmorency, 13. — Nitrate d'argent, chlorure d'or, chlorure de platine, sulfate de cuivre,
affinage et fonte de métaux précieux.

    Change de Monnaies. — Opérations de banque. — escompte, recouvrement, encaissement
de coupons. — Tréfilerie : Traits et lames, or, argent fin, bas-titres mi-fin, jause pour passemen-
teries, broderies, tissus, chapelets, cordes harmoniques, etc., trait métal blanc argent. —
Feuilles d'argent vierge pour plaqueurs d'articles de sellerie, carosserie, boutonnerie, etc. —
Plaque d'argent pour fabricant de lanternes, de voitures, réflecteurs de chemins de fer et de
marine.— Méd. d'or, Exposition universelle de Paris, 1878.
    Succursales à Besançon, Lyon, Marseille.

229. MAIN & Fils, à Cerdon (Ain). — Bassins de balances, alambic de laboratoire, cafetières, théières, bols, coupes, plats, aiguières, bouillottes, marabouts, plateaux.
                                                                        (PALAIS.)

230. MAKEPEACE (Georges), à Paris, boulevard Voltaire, 127. — Calibres à
coulisse, palmers, niveaux d'eau, décamètres, jauges en acier.   **(PALAIS.)**

231. MALEN (Louis), à Paris, rue Oberkampf, 10. — Cafetières de table à simple
et double circulation. Culinaires fixes et portatifs. Fourneau réchaud « Le Pratique » à
combustions diverses.   **(PALAIS)**

    Ateliers et usine à vapeur, Passage Saint Sébastien, 11. Fournisseur de l'Armée et de la
Marine. Nouvelles cafetières à circulation ininterrompue à double direction, dites Cafetières à
Double Circulation, brevetées S.G.D.G. Percolateurs, modèle 1888. Cafetières de table cuivre,
fer blanc, cristal, bronzées, nickelées, argentées, modèles riches. Chocolatières. Réchauds régulateurs. Nouveau fourneau. Réchaud, dit le Pratique, breveté S.G.D.G. au charbon, à
l'alcool, etc. Appareils culinaires portatifs à repas variés, brevetés S.G.D.G. Appareils
spéciaux (cafetières, cuisines) brevetés pour tous grands établissements : pensions, hôpitaux,
prisons, grandes industries, grands magasins, communautés, restaurants, limonadiers, cercles,
etc. — Voir expositions du Ministère de la Guerre, classe 66, groupe 6 et chauffage, classe 27,
groupe 3.

232. MANGIN, MASSE & Cie, à Paris, rue des Gravilliers, 48. — Limes et
râpes.   **(PALAIS.)**

233. MANNHEIM (Martin) & Cie, à Paris, impasse des Primevères, 2. —
Articles en maillechort et cuivre poli pour limonadiers et charcutiers. **(PALAIS.)**

234. MARCELLOT (J). et Cie, à Eurville (Haute-Marne).— Petits fers, feuillards,
fils d'acier, chaînes, clous, pointes, ronce, minerai de fer.   **(PALAIS.)**

235. MARÉCHAL (Jules), A la Flotte d'Angleterre, à Paris, boulevard Sébastopol, 24. — Quincaillerie industrielle, outils pour mécaniciens-ajusteurs.

(PALAIS.)

236. MARGUERON (Jules), à Transières sur-Risle, par Rugles (Eure). — Chevilles cuivre, chevilles fer, clous et pointes, crampons.   **(PALAIS.)**

237. MARQUIS (Lucien), à Rugles (Eure). — Epingles, agrafes, dés, anneaux de rideaux, pointes et chevilles pour chaussures, quincaillerie pour sellerie et bourrèlerie.

(PALAIS.)

Maison fondée en 1842. — Quatre Usines, plusieurs brevets.

238. MARREL Frères, Forges de la Loire et du Midi, à Rive-de-Gier (Loire). — Produits métallurgiques bruts et ouvrés en fer et acier.   **(E. C.) (PALAIS.)**

Usines : à Rive-de-Gier ; aux Etaings, près Rive-de-Gier ; à La Capelette, près Marseille.
Fabrications : Plaques de blindage pour navires et fortifications, tubes, frettes et accessoires. pour canons ; obus de toutes espèces ; pièces de forges des plus grosses dimensions, en fer ou en acier ; ancres et chaînes marine ; tôles, cornières et profilés divers en fer ou en acier.
Récompenses :
Médaille d'or, Paris, 1867.
Grand Prix, Paris 1878.
Trois Croix de la Légion d'honneur et deux Croix de S. Maurice et de S. Lazare d'Italie.

249. MARTIN (Charles) & Cie, à Paris, rue Bleue, 7. — Chaudronnerie cuivre et argent.   **(PALAIS.)**

240. MARTINE Fils Aîné (Eugène), à Fontenay-aux-Roses (Seine), rue de Chatenay, 16. — Sable à moules pour fonderies de cuivre, bronze, fer et fonte malléable.   **(PALAIS.)**

241. MATHELIN & GARNIER, à Paris, rue Boursault, 26. — Bronzes phosphoreux, métal Roma.   **(PALAIS.)**

Voir Exposition principale, cl. 63.

242. MAUGIN (V.) & AUBRY (A.), à Paris, rue Basfroi, 30. — Articles de ménage en tôle brute, vernie, galvanisée et émaillée, bidons et réservoirs, tubes de sondage pour mines.   **(PALAIS.)**

Ingénieurs. — Constructeurs brevetés S. G. D. G. — Etude d'appareils sur commande. — (Voir classes 27 et 51).

243. MAURETTE (Louis) et CUVELIER, à Paris, rue des Capucines, 18. — Articles en cuivre, fer, zinc, pour la cuisine, moules à pâtisserie, etc.   **(PALAIS.)**

244. MAZET (Germain), à Paris, rue de Bièvre, 6. — Grille mécanique pour boucherie.   **(PALAIS.)**

Grille mécanique et à contre poids pour boucherie se logeant sous le tableau d'enseigne, ouverte en une minute.
Fabricant de fermetures en fer.

245. MELINGE (Emilien), à Paris, passage Notre-Dame-de-la-Croix, 6. — Boutons et poignées de portes en buffle, ivoire, bois et cuivre.   **(PALAIS.)**

246. MENNESSIER (J. Edouard), à Paris, rue du Chemin-Vert, 46. — Scies et outils en acier.   **(PALAIS.)**

247. MERMIER, à Saint-Etienne (Loire), rue Désirée. — Clous à cheval. **(PALAIS.)**

248 MIGNON, ROUART & DELINIÈRES, à Paris, quai Jemmapes, 66. — Tubes en fer et tubes en acier de toutes formes et dimensions.   **(PALAIS.)**

249. MINDER (Albert), à Paris, boulevard Arago, 2. — Échantillons de marbres de toute nature.   **(PALAIS.)**

250. Mines d'Anthracite de Bully et Fragny-sur-Loire, Concessionnaire: **Michaud,** à Bully-sur-Loire (Loire). — Anthracite, couche supérieure ou première couche.   **(PALAIS.)**

251. Mines d'argent et de plomb de Châteauneuf, à Paris, rue Taitbout, 39. — Produit naturel et lavé.   **(PALAIS.)**

252. MINEUR (F. J.) ses Fils et WILMOT, à Vireux-Molhain (Ardennes). — Fonte d'affinage, fonte de moulage, fontes moulées, minerais. **(PALAIS.)**

253. Ministère de l'Agriculture (Administration des Forêts), Directeur : **M. Daubrée.** — Inspecteur, chef du service des aménagements : **M. Daubrée René**, à Paris. — Collection des produits des carrières ouvertes dans les forêts domaniales et communales, bois fossiles et préhistoriques. **(TROCADERO.)**

254. MOCAER et Cie, Successeurs de M. Kahn, à Paris, rue du Temple, 175. — Chaudronnerie, articles de ménage en cuivre. **(PALAIS.)**

255. MOLLY, à Perrière (Savoie). — Produits minéralogiques. **(E. C.) (PALAIS.)**

256. MONIER (F.) CURTIT et Cie, à Paris, rue St-Maur, 44. — Fers, aciers, cuivres jaunes et rouges étirés au banc, toutes formes et tous profils, tubes sans soudure, chaînes Galle. **(PALAIS.)**

Étirage au banc de tous les métaux et sur tous profils.

Étirage de fers, aciers, cuivre ronds, plats, carrés, six pans, triangulaires, ovales, etc.

Poinçons en acier fondu ronds, plats, carrés et de tous profils.

Moulures en fer, acier, cuivre, etc. de toutes formes pour serrurerie d'art, meubles, vitrines, bibliothèques, coffres-forts. — *Clavettes* en fer et acier, plates et à gorges. Pièces détachées pour petite mécanique, pour l'électricité et pour instruments de précision.

Emboutissage de toutes espèces de métaux, tubes sans soudure en cuivre, acier, fer, etc. de toutes formes et de toutes dimensions.

Étirage à façon de métaux précieux, or, argent, platine, aluminium, etc., en tube ou sur profil.

Chaînes Galle, système perfectionné.

257. MOREAUX (Pierre A.), à Paris, rue de l'Église, 68. — Cafetières ardennaises. **(PALAIS.)**

258. MOUCHEL (Jules O.), à Paris, rue Commines, 10. — Planches et fils de laiton pour toutes les industries. **(PALAIS.)**

259. MOUTON (J. J.), à Paris, rue Amelot, 44. — Grillages mécaniques galvanisés. **(PALAIS.)**

Grillages mécaniques à trois torsions, galvanisés après fabrication. — Grillages mécaniques à simple torsion. — Grillages à la main à deux torsions. — Raidisseurs, système Collignon. — Raidisseurs spéciaux pour barrages. — Fils de fer galvanisés.

Tondeuse à gazon dite la « Française ». Clôtures artificielles, Bordures dites « Parisiennes ». Tuteurs à ailettes, système Cayeux, Brevetés S. G. D. G.

260. MOYSE (Alfred), à Paris, rue de la Mare, 23. — Décolletage, visserie, bouchonnerie fine, pièces de précision, palans, hausses, quincaillerie, tréfilerie de précision, cuivreries-ferrures. **(PALAIS.)**

261. MULATIER & SILVENT (L.), à Lyon (Rhône), rue Créqui, 32. — Toiles métalliques fer, acier, cuivre et laiton pour tous usages, tamiseries, grillages à la main. **(PALAIS.)**

262. MUGNIER (Jules), à St-Bon (Savoie). — Produits minéralogiques. **(E. C.) (PALAIS.)**

263. MULLER ET ROGER à Paris, avenue Philippe-Auguste, 108. — Bronzes et laitons bruts. **(PALAIS.)**

264. NORD (Exposition collective des forges du). — Fers et aciers. **(PALAIS.)**

Dorémieux Fils & Cie.	Société Anonyme des Forges de l'Espérance.	Société Anonyme des Hauts Fourneaux, Forges & Aciéries de Denain & d'Anzin.
Dumont (G.) & Cie.	Société Anonyme des Forges & Aciéries du Nord & de l'Est.	
Société Anonyme de la Fabrique de Fer de Maubeuge.		Société Anonyme des Laminoirs a tubes & Fonderies d'Hautmont.
Société Anonyme de Vezin-Aulnoye.	Société Anonyme des Forges & Fonderies de Montataire.	
Société Anonyme des Laminoirs, Hauts-Fourneaux, Forges, Fonderies, Usines & Aciéries de la Providence.	Société Anonyme des Hauts-Fourneaux de Maubeuge.	Société des Établissements Métallurgiques de Ferrière-la-Grande

265. OLLIVET (H. Albert), à Mouzon (Ardennes). — Tôles de fer et d'acier noires et décapées.   (PALAIS.)

266. ONFRAY, LANDRY & Félix BÉNARD, à Gravigny, (Eure). — Épingles en tous genres, pointes et chevilles pour chaussures en fer et en cuivre.
(PALAIS.)

267. PARANT (Veuve N.) et Fils et LEFRANÇOIS, à Saumont-la-Poterie, par Forges-les-Eaux (Seine-Inférieure). — Briques et pièces réfractaires de toutes formes et dimensions. Terres réfractaires.   (PALAIS.)

268. PELÉ (F. J. René), Exploitation des carrières et sablières de Nemours (Seine-et-Marne), à Paris, rue Caumartin, 52. — Sable et grès tendres pour cristalleries, verreries, glaceries et métallurgie.   (PALAIS.)

Propriétaire-Exploitant. — Agence à Rouen, pour l'exportation des sables spéciaux pour la cristallerie et la verrerie, dits sables de Fontainebleau.

269. PELLETIER (Georges), à Paris, rue Bailly, 5. — Timbres, sonnettes, flambeaux, bougeoirs.   (PALAIS.)

270. PELLETIER (L. Edouard S.), à Conneré (Sarthe). — Echantillons toiles métalliques.   (PALAIS.)

271. PÉRET (F. M. N.), à Paris, rue des Boulets, passage Alexandrine, 23. — Ustensiles de ménage, chaufferettes à eau et à briquettes pour voitures et bureaux, voyages, appartements.   (PALAIS.)

Fabricant d'ustensiles de ménage en fer battu et galvanisé. — Chaufferettes pour voitures, bureaux, voyages, appartements, tramways et chemins de fer (de 0,20 à 1,30 c. de longueur).

272. PETITJEAN (Eugène) Fils, à Paris, quai Valmy, 17. — Articles de ménage, de bains et de toilette en fer blanc, zinc, cuivre et nickel.   (PALAIS.)

273. PETRÉMENT (Veuve Frédéric), à Paris, rue Neuve-Popincourt, 10. — Calibres à mesurer les fils de fer.   (PALAIS.)

274. PEUGEOT Frères (Les Fils de), à Valentigny (Doubs). — Aciers laminés, articles de ménage, outils, scies, vélocipèdes.   (PALAIS.)

Dépôt à Paris, 2, rue Béranger.
Maison de vente à Paris, 32, avenue de la Grande Armée.
Usines à Valentigny, Hérimoncourt et Beaulieu, scies et outils divers pour menuisiers, charpentiers, charrons, serruriers, maréchaux etc ; spécialité de scies sans fin pour bois et métaux, grosse quincaillerie, aciers laminés pour horlogerie, tournures, etc. Buses et ressorts de corsets. Ressorts de pendules, de télégraphes, de musiques, de tourne-broches, etc. Ressorts pour filatures, tissages etc. Articles divers laminés. Lames pour machines. Râcles pour impressions, rabots et couteaux mécaniques, couteaux pour papeteries, tondeuses pour chevaux et pour cheveux. Limes, tenailles, moulins pour café, grains, poivre, etc. Fourches françaises en acier, clefs à écrous, étaux à main, aciers tréfilés. Vélocipèdes, tricycles, bicycles et bicyclettes.

275. PEYRON & PAULET, au Chambon-Feugerolles (Loire). — Boulons, écrous, rivets, tire-fonds, petites pièces de forge estampées.   (**E. C.**) (PALAIS.)

276. PICARD Frères, à Paris, rue Saint-Sauveur, 4. — Serrurerie de bâtiment. Serrurie de luxe. Outillage de constructeur. Poinçonneuse.   (PALAIS.)

277. PIERRE-DUMAS (Louis), à St-Nazaire (Loire-Inférieure), rue Thiers. — Croisées en fer.   (PALAIS.)

Croisées en fer, 1re Récompense obtenue à l'Exposition universelle de Paris 1878.

278. PLASSON (Henri), à Paris, avenue de Breteuil, 68. — Supports métalliques, cadres, dessous de plats, chevalets, porte éventails pour musées, le tout en métal.
(PALAIS.)

Mention honorable, Paris 1878. Inventeur du support métallique pour faïences et diverses montures pour musées et collectionneurs.

279. PLUYAUD, à Paris, rue des Vinaigriers, 36.— Robinets en métal blanc. **(PALAIS.)**

Mention honorable, Paris 1878, inventeur du support métallique pour faïences et diverses montures pour musées et collectionneurs.

280. POTTECHER (B. et P.), à Bussang (Vosges). — Couverts en fer battu étamés et polis et en acier estampé. **(PALAIS.)**

Maison fondée en 1840, par leur père.
Couverts en fer battu, spécialité de couverts en acier estampés, étamés et polis. Production : 1.500 douzaines par jour.
Créateurs des couverts à rosace (brevetés), couverts tige-ronde et couverts en acier.
Récompenses : Paris, 1855-1867. — Londres, 1862. — Paris, 1878, Médaille d'argent.

281. POYARD (Charles C.), à Paris, rue des Cendriers, 48. — Bronze de foyer, garde-feu, éventail et toile métallique, objets de ménage en cuivre, nickel, zinc, tôle, ferblanc. **(PALAIS.)**

282. PRIQUELER Frères, à Plancher-les-Mines (Haute-Saône). — Boulons, écrous, rivets, tire-fonds, vis à métaux, vis de lits, boulons pour courroies. **(PALAIS)**

283. RADIUS (E.), Successeur de **Fiez et Cie,** à Paris, rue Amelot, 62.—Fournitures pour gainiers, cartonniers, petite ébénisterie, petite mécanique, outils à découper. **(PALAIS.)**

284. RATIER (Georges), à Saint-Benoît-du-Sault (Indre). — Minerais de fer : oligiste, hématite, minerais de manganèse. Granits. Fluorine. **(PALAIS.)**

285. RAULY (Jean), à Paris, rue de Nemours, 7.— Clous d'ameublement. Œillets métalliques. Outils divers. Crépins. **(PALAIS.)**

286. RAVENEL (Albert), à Paris, rue Saint Martin, 347.— Étalages pour installations de magasins, articles fantaisie, vitrines, montures, cadres-miroirs, « La curieuse ». **(PALAIS.)**

Fabrique spéciale d'étalages en tous genres, pour installations de magasins. Grand choix d'articles de fantaisie pour tous commerces. Spécialité de vitrines, modèles déposés. Fabrique de montures cadres-miroirs : « La Curieuse », brevetée S. G. D. G.

287. RÉMAURY (H.) & VALTON (F.), à Paris, rue Saint-Lazare, 81. — Fers fondus et aciers, obtenus sur sole neutre. **(PALAIS.)**

288. RÉMOND (Saint-Edme) et Fils, à Paris, rue St-Maur, 138. — Limes, râpes et outils, aciers fondu et corroyé. **(PALAIS.)**

Maison fondée en 1792.
Médailles, Expositions universelles : Paris, 2ᵉ classe, 1855, 1ʳᵉ classe, 1867, 1878.
Spécialité pour chemins de fer, mécaniciens, scieries.

289. REMONGIN (Hector), à Vicq (Haute-Marne). — Outils en tous genres pour la sylviculture, l'agriculture, la viticulture et l'horticulture. **(PALAIS.)**

290. REVERCHON et Cie, à Closmortier (Haute-Marne). — Fers et aciers laminés, fers spéciaux, fers machine, feuillards, fils de fer et d'acier, clairs, recuits, galvanisés, cuivrés, pointes, ressorts de sommiers, clous à cheval. **(PALAIS.)**

291. RHEINART-CRÉPEL, à Charleville (Ardennes). — Clouterie mécanique pour chaussures. **(PALAIS.)**

292. RIX (Jean), à Paris, rue de Jessaint, 16. — Goupilles doubles en fer, acier, cuivre rouge et laiton. **(PALAIS.)**

Usine à vapeur. Fournisseur des Compagnies de chemins de fer, de la Marine et de l'Artillerie.

293. RODET et BERNARD, à Paris, rue Montgolfier, 16. — Pièces tournées, vis cylindriques en fer, cuivre et acier. **(PALAIS.)**

294. ROSEAUX (Charles), à Paris, rue Saint-Denis, 218 bis. — Garde-feu, écrans, éventails pour foyers. Couvre-plats, garde-manger, etc **(PALAIS.)**

295. ROSSET Fils et Cie, à Voiron (Isère). — Terres réfractaires.   **(PALAIS.)**

Terres réfractaires pour convertisseurs Bessemer, pour fours à puddler. Fours à réchauffer et bubillot et pour verreries.

296. ROUSSEL (P. Edmond), à Paris, rue Popincourt, 14. — Burins, échoppes, brunissoirs, grattoirs, râpes, rifloirs, écouennes, grêles, équarrissoirs, alésoirs. **(PALAIS.)**

297. SAINT-ANDRÉ (Jean), à Laprugne (Allier). — Cuivre aurifère, argentifère et étain, cristaux, fer manganèse. Plomb argentifère.   **(PALAIS.)**

298. SAINTE-MARIE-DUPRÉ Fils, à Arcueil (Seine). — Capsules métalliques pour le bouchage des bouteilles.   **(PALAIS.)**

399. SALARNIER, (Anciens Établissements), à Paris, rue Sedaine, 37. — Coupes de rivures à la presse hydraulique, détails de construction de générateurs à vapeur et de charpentes en fer.   **(PALAIS.)**

300. SAVOIE (Exposition collective de l'industrie minière, organisée par le comité départemental de la). — Produits minéralogiques.   **(PALAIS.)**

BARRAL (F.).	GARÇON.	MUGNIER (J.).
BORREL (E. L.).	GLISE.	RUFFIER.
DEVILLE (A.).	GUILLON.	TARDY (Z.).
DUCREY (E.).	JACQUIER.	
DURAZ (V.).	MOLLY.	

301. SCHAUFFELBERGER (Edmond), à Paris, rue Clignancourt, 73. — Moulins à poivre en métal nickelé, argenté, argent, bois, porcelaine et cristal, ronds et carrés, ronds de serviettes.   **(PALAIS.)**

302. SCHMIDT (Ch.), à Paris, rue Popincourt, 39. — Moulures, bâtes, galeries et objets tournés pour l'ébénisterie, les bronzes, les appareils de chauffage et d'éclairage.   **(PALAIS.)**

303. SCHRYVER (I. de) et Cie, à Hautmont (Nord). — Pièces de forge, roues, essieux, tôles embouties galvanisées.   **(PALAIS.)**

Classe 63. Partie métallique du Théâtre des Folies-Parisiennes, construction en acier, système Danly, breveté.
Pavillon métallique de l'Exposition des forges du Nord de la France (Jardins).
Pont démontable en acier, système De Schryver, breveté (Quai d'Orsay).
Exposition universelle d'Anvers 1885. — Diplôme d'honneur, classe 38.

304. SCHWAB (Maurice), à Paris, rue Turenne, 80. — Plateaux, corbeilles à pain, boîtes à lettres, brocs et seaux vernis.   **(PALAIS.)**

305. SCULFORT-MALLIAR et MEURICE, à Maubeuge (Nord). — Étaux, clefs diverses, filières, tarauds, alésoirs, forets à hélice, moufles, marteaux, équerres, crics, vérins.   **(PALAIS.)**

Machines-outils ; tours, foreries, poinçonneuses, cisailleuses, étaux-limeurs, machines à raboter, à tarauder, à cintrer, à refouler. Essieux patent. et essieux ordinaires.
Expositions universelles de Paris : 1855, médaille de bronze ; 1867, médaille d'argent ; 1878, médailles d'or et d'argent. (A. Meurice, H. Sculfort, H. Fockedey, associés).

306. SENET (Z. Victor), à Paris, rue des Gravilliers, 7. — Cafetières, boîtes à lait, lanternes, réchauds à l'esprit de vin.   **(PALAIS.)**

307. SIMON (Eugène L.), à Paris, passage des Fourneaux, 12. — Alliages d'étain, plomb, antimoine, cuivre.   **(PALAIS.)**

308. Société des Aciéries de Longwy, à Mont-St-Martin (Meurthe-et-Moselle). — Pièces de moulage en fonte, acier, cuivre.   **(PALAIS.)**

Hauts-Fourneaux, Aciéries et Ateliers de Construction.
Fontes de moulage, d'affinage et Thomas.
Aciers, Lingots, Blooms, Billettes, Tôles, Rails, Machine, Carrés, Ronds, Cornières, Moulage en acier et en fonte. Pièces de forge, Charpente, etc.

309. Société anonyme des Aciéries et Forges de Firminy, à Firminy (Loire). — Produits d'aciers et fers de toute nature.   **(E. C.) (PALAIS.)**

310. Société Anonyme des Aciéries de France, Directeur : **De Dorlodot,** à Paris, quai de Grenelle, 29. — Houille et briquettes, diverses qualités et dimensions, fontes, fers, aciers.   **(PALAIS.)**

311. Société Anonyme de Charbonnages des Bouches-du-Rhône, à Paris, rue d'Antin, 14. — Diverses qualités de charbon et agglomérés.   **(PALAIS.)**

312. Société Anonyme de Commentry-Fourchambault, à Paris, place Vendôme, 16. — Spécimens de produits des établissements de la Société.   **(PALAIS.)**

Houillères de Commentry et de Montvicq, hauts-fourneaux, forges, aciéries et ateliers de construction de Montluçon, Fourchambault, Imphy et La Pique.

Récompenses aux Expositions universelles de Paris : 1855, Médaille d'argent ; 1867, 2 Médailles d'or et 2 d'argent ; Grand prix, quatre médailles d'or, deux d'argent.

Voir autres expositions .e la Société, groupe VI, cl. 48. Exploitation des mines de houille, et cl. 63. Modèles et dessins de travaux métalliques.

313. Société anonyme de l'Eclairage au gaz et des Hauts-Fourneaux et Fonderies de Marseille et des Mines de Portes et Sénéchas, à Paris, rue Le Pelletier, 6. — Fontes.   **(PALAIS.)**

Siège Social, 6, rue Le Pelletier, Paris.
Adresse : St-Louis, Marseille (Bouches-du-Rhône).
Fontes spéciales.
Fontes de moulages résistantes.
Fontes fines pour affinage. Fontes fines pour acier.
Fontes fines pour fontes malléables.
Spiegeleisen et Ferromanganèsés.
Ferrosilicium. Silicospiegel. Fontes chromées. Ferrochromes.
Médaille à l'Exposition de Philadelphie 1876.
Hors concours à l'Exposition universelle, Paris 1878.

314. Société anonyme des Emeris de l'Ouest, à Redon (Ille-et-Vilaine). — Produits à polir.   **(PALAIS.)**

315. Société anonyme de la Fabrique de fer de Maubeuge, à Louvroil (Nord). — Administrateur délégué : **V. Gillieaux;** Directeur : **L. Dufer.** — Tôles   **(E. C.) (PALAIS.)**

Tôles fortes, tôles moyennes, tôles minces de toutes espèces en fer et en acier.
Larges plats en fer et en acier.
Pièces forgées.

316. Société anonyme des Forges de l'Espérance. Administrateur-délégué : **Victor Dumont,** à Louvroil (Nord). — Fers marchands spéciaux. Feuillards. Fers à cheval.   **(E. C.) (PALAIS.)**

317. Société anonyme des Forges de Franche-Comté, à Besançon (Doubs). — Fers et aciers en barres et en couronnes, tôles en fer et en acier, fils de fer et d'acier, fers blancs.   **(PALAIS.)**

Pointes dites de Paris, becquets et clous forgés pour chaussures
Rivets, chaînes en fer, en acier sans soudures.
Essieux, ressorts pour sommiers, roues en fer, ronces artificielles.
Travaux métalliques, ponts, charpentes, planchers, etc.

318. Société anonyme des Forges de la Providence, à Hautmont (Nord). — Minerais de fer, fontes de moulage et d'affinage, fers et aciers en barres.   **(PALAIS.)**

Echantillons, marchands, plats, demi-plats, gros ronds jusque 200 $^{m/m}$, et carrés jusque 160 $^{m/m}$ de hauteur, fers spéciaux, cornières égales et inégales, vitrages, fers en croix, barreaux de grilles T simples et gros I jusque 515 $^{m/m}$ de hauteur, fers à barreaux avec ou sans patins pour constructions navales, tôles jusque 2 mètres 50 de largeur, et larges plats jusque 700 $^{m/m}$ de largeur, centres de roues pleines, tôles striées, panneaux emboutis, tôles cintrées, le tout en fer et en acier Martin ; pièces moulées en fonte jusque 60 tonnes l'une. Lingots d'acier Martin.

319. Société anonyme des Forges et Aciéries du Nord et de l'Est
à Valenciennes (Nord). — Fontes, fers et aciers. (Pavillon des Forges du Nord).
(PALAIS.)

Fers laminés de toutes qualités et catégories pour chemins de fer, artillerie, marine, etc. ,
Spécialités de feuillard et de fer maréchal : Carrés, plats, ronds, demi-ronds pleins, demi-ronds
creux, vitrages, rails, éclisses, profilés divers. Aciers Martin-Siemens, Bessemer déphosphoré :
Laminés : carrés, plats, ronds, profilés divers, brancards de wagons, rails, éclisses. Aciers pour
ressorts, billettes, blooms, largets. Martelés: essieux, lopins pour pièces mécaniques.
Médaille d'or à l'Exposition de Barcelone 1888.

320. Société anonyme des Forges et Fonderies de Montataire,
à Paris, rue Béranger, 21. — Fers et aciers laminés. Tôles de fer et d'acier. Ardoises
métalliques. Fers-blancs.   **(E. C.) (PALAIS.)**

Fers et aciers laminés, marchands et spéciaux. Tôles de fer et d'acier ; tôles de fumisterie ;
tôles décapées ; tôles plombées et tôles galvanisées ; tôles ondulées galvanisées, pour couvertures et clôtures. Ardoises métalliques en tôle galvanisée. Tuyaux, gouttières, faîtages en tôle
galvanisée et autres accessoires pour couvertures, tôles étamées. Fers-blancs brillants, de
commerce et pour fabrication de boîtes à conserves ; fers-blancs ternes ordinaires et pour
caisses d'emballage ; fers-blancs imprimés ; fers noirs. Feuillards étamés et galvanisés. Couperose pour la teinture et pour l'agriculture. Pieux en fer pour clôtures d'herbages. Minerais de fer de la Meurthe ; minerais d'Espagne ; minerais manganésifères de Nassau. Fontes
d'affinage et de moulage. Récompenses : Médailles de 1ʳᵉ classe, à l'Exposition universelle de
1855 ; d'or, aux Expositions universelles de 1867 et 1878.

**321. Société anonyme des Forges et Fonderies et Laminoirs de
St-Roch-lez-Amiens (Somme).** — Essieux tournés, corroyés pour le commerce,
l'artillerie, cintrés, coudés avec ou sans patins, en deux bouts, façon Paris. — Boîtes
alésées.   **(PALAIS.)**

Fers laminés de ferrailles, fins, corroyés, martelés pour la carrosserie, maréchalerie. Rivets.
— Pièces de forge. — Socs et versoirs en acier, toutes pièces de Brabant. — Battants de
cloches. — Vis de pressoirs.
Récompenses : Paris 1855, Exposition universelle. — Paris 1867, Médaille d'argent. —
1868, Légion d'honneur. — Paris 1878, Exposition Universelle, Médaille d'argent.

322. Société anonyme des Hauts-Fourneaux de Marseille, à Paris,
rue Le Peletier, 6. — Fontes fines de moulage, manganésées, siliciées, etc.   **(PALAIS.)**

**323. Société anonyme des Hauts-Fourneaux, Fonderies, Forges
et Laminoirs de Stenay,** à Stenay (Meuse). — Fers fins, fondus, et aciers en
barres laminées ou forgées, pièces de forge. Boulonnerie. Moulages en acier. **(PALAIS.)**

Fabrication spéciale pour agriculture, travaux publics, constructions mécaniques, mines,
artillerie, marine, chemins de fer et toutes industries.

**324. Société anonyme des Hauts-Fourneaux et Fonderies de
Brousseval,** Administrateur : **de Joanis,** à Brousseval (Haute-Marne). —
Fonte artistique, appareils d'hygiène, d'éclairage et de chauffage, distribution d'eau et
canalisation.   **(PALAIS.)**

**325. Société anonyme des Hauts-Fourneaux, Forges et Aciéries
de Denain et d'Anzin,** à Paris, rue Mogador prolongée, 4. — Produits finis de
toute nature en fonte, fer et acier.   **(E. C.) (PALAIS.)**

**326. Société anonyme des Hauts-Fourneaux, Forges et Aciéries
du Saut-du-Tarn,** à Paris, rue d'Athènes, 19. — Minerais de fer, fontes, fers,
aciers.   **(PALAIS.)**

327. Société anonyme des Hauts-Fourneaux de Maubeuge, (Directeur-Gérant : **L. Jambille),** à Maubeuge (Nord). — Aciers et fers marchands en I
et en U, longerons, rails, etc.   **(E. C.) (PALAIS.)**

328. Société anonyme des Hauts-Fourneaux et Fonderies de Pont-à-Mousson (Meurthe-et-Moselle), Administrateur : **Roger.** — Tuyaux en fonte pour canalisations, tuyaux de descente, coussinets de chemins de fer, trappes de regard.
(**PALAIS.**)

> Mines de fer, hauts-fourneaux, fonderies, ateliers de constructions.
> Fabrication des tuyaux de conduites d'eau et de gaz.
> Tuyaux à emboîtement et cordon, type de la ville de Paris.
> Tuyaux à joints de caoutchouc.
> Tous les tuyaux sont coulés verticalement et essayés à la presse hydraulique à serrage automatique, système Baudouin, à une pression de 15 atmosphères.
> Tuyaux de descente, coussinets, regards pour chaussées et trottoirs, trappes de fosses, plaques foyères coulées à découvert et coulées entre deux sables, Colonnes pleines et colonnes creuses, barreaux de grilles, etc., etc.
> Récompenses : 1873, Vienne, Méd. de mérite et diplôme de mérite. 1878, Paris, Méd. d'or.

329. Société anonyme des Hauts-Fourneaux et Fonderies du Val-d'Osne, Anciennes Maisons **J. P. V. André et J. J. Ducel et Fils,** à Paris, boulevard Voltaire, 58. — Fonte de fer moulée.
(**PALAIS.**)

330. Société Anonyme L'Industrie, à Paris, rue Saint-Florentin, 11. — Kaolins. Produits céramiques. Craie et blancs minéraux.
(**PALAIS.**)

> Médaille de bronze, Exp. univ. de Paris 1867 et 1878. — Méd. d'argent, Amsterdam 1883.

331. Société anonyme des Laminoirs, Hauts-Fourneaux, Forges, Fonderies, Usines et Aciéries de la Providence, à Hautmont (Nord). — Minerais de fer. Fers et aciers en barres.
(**E. C.**) (**PALAIS.**)

332. Société anonyme des Laminoirs à tubes et Fonderies d'Hautmont, à Hautmont (Nord). — Tubes en fer et en acier. Serpentins. Fontes moulées.
(**E. C.**) (**PALAIS.**)

333. Société anonyme des Laminoirs à tubes et fonderies d'Hautmont, à Hautmont (Nord). — Tubes en fer et en acier, serpentins, fontes moulées.
(**PALAIS.**)

> Agent général pour la France, L. Joubert, 115, boulevard Magenta, Paris.

334. Société anonyme des Marbreries de Laruns et Gère-Bélesten (Vallée d'Ossau, Basses-Pyrénées), à Paris, rue Richer, 20. — Blocs et marbres ouvrés, provenant des carrières de la Société.
(**PALAIS.**)

> Voir : Parc central du Champ-de-Mars (Groupe VI. Classe 63), le Pavillon artistique exposé par la Société.

335. Société anonyme du métal Delta et des alliages métalliques, à Paris, rue de la Victoire, 56. Lingots, billettes, planches, barres, fils, pièces fondues, forgées, estampées, martelées, tubes, pièces ouvrées, etc.
(**PALAIS.**)

336. Société anonyme des Mines de Carmaux, à Paris, avenue de l'Opéra, 11. — Produits d'extraction.
(**PALAIS.**)

337. Société anonyme des Mines de Fer de la Manche, à Paris, rue de Provence, 63. — Minerais de fer.
(**PALAIS.**)

338. Société anonyme des Mines et Fonderies de Pontgibaud, à Paris, rue de Grammont, 17. — Minerais, métaux bruts et ouvrés.
(**PALAIS.**)

> Mines et fonderies à Pontgibaud (Puy-de-Dôme).
> Galères argentifères, — Argent et plomb bruts. — Fonderies et laminoirs à Couëon (Loire-Inférieure). — Argent brut, zincs, plomb, cuivres, laitons, nickels, maillechorts et bronzes bruts, laminés et étirés. Plomb de chasse, minium, litharge, céruse.

339. Société anonyme de Vezin-Aulnoye, à Maubeuge (Nord). — Fonte d'affinage, fers marchands et profilés.
(**E C.**) (**PALAIS.**)

340. Société anonyme électro-métallurgique française, à Paris, rue Saint-Georges, 43. — Alliages d'aluminium en lingots. Barres, tôles, etc.
(**PALAIS.**)

341. Société des Blancs minéraux de la Marne, Ottmann et Muller-Collard (L.) et Cie, à Châlons-sur-Marne (Marne). — Craie en blocs, blanc de différentes qualités en pains, pulvérisé et tamisé.
(**PALAIS.**)

> Dépôts Strasbourg. — Malstatt-Sarrebruck. — Huningue, près Bâle.

342. Société des Chaines en acier sans soudure, à Paris, rue de la Victoire, 69. — Chaines en acier.   **(PALAIS.)**

343. Société Civile du Grand Filon Joesnin Mazoyer et Cadot, à Romanèche-Thorins (Saône-et-Loire). — Diverses qualités de minérais de manganèse, titrant de 15 à 55 % de manganèse métal.   **(PALAIS.)**

344. Société Civile des Mines de Bitume et d'Asphalte du Centre, à Paris, cité Cardinal-Lemoine, 5. — Minérais asphaltiques ; bitumes naturels et raffinés.   **(PALAIS.)**

> Maison fondée en 1884.
> Pavés et carreaux d'asphalte.
> Vernis japon tirés du bitume de Malintrat.
> Récompenses aux Expositions Internationales universelles. Médaille d'argent à Bruxelles 1888 ; Hors concours, Barcelone 1888.

345. Société Corse des mines d'Antimoine de Méria, Administrateur : **Pierangeli,** à Bastia (Corse). — Minérais d'antimoine à l'état de nature, bloc, cristallisations, poussière de sulfure.   **(PALAIS.)**

346. Société d'Escaut & Meuse, à Paris, rue de la Verrerie, 58. — Tubes en fer et acier.   **(PALAIS.)**

347. Société des Etablissements métallurgiques de Ferrière-la-Grande (Nord), Administrateur : **Lesaffre,** à Ferrière-la-Grande (Nord). — Fers marchands de toutes dimensions et qualités.   **(PALAIS.)**

> Fers à planchers, fers à vitrages. — Profils divers en I T U V X et fers rustiques.

348. Société Générale des Cirages Français, à Paris, rue Beaurepaire, 111. — Boîtes à conserves, boîtes en fer blanc, unies, nacrées, vernies ou imprimées en une ou plusieurs couleurs.   **(PALAIS.)**

> Boîtes à conserves de toutes sortes.
> Boîtes en fer-blanc diverses, unis, nacrées, vernis ou imprimées en une ou plusieurs couleurs.
> Impression sur métaux en toutes couleurs.
> Usines à Paris (St-Ouen), Lyon, Santander, Stettin, Odessa et Moscou.
> Maisons à Paris, 168, rue St-Denis. — Lyon, 9, place de la Platière. — Marseille, 6, boulevard du Nord.
> Récompenses : Diplôme d'honneur, Amsterdam 1883. — Diplôme d'honneur, Anvers 1885. — Hors Concours, Barcelone 1888.

349. Société des Houillères de Ronchamps, Directeur : **de Goumoëns,** à Ronchamp (Haute-Saône). — Bloc de charbon.   **(PALAIS.)**

350. Société Industrielle et Commerciale des Métaux, à Paris, rue Volney, 10. — Cuivre et tous ses alliages, laiton, maillechort, étain, plomb, antimoine, zinc, tubes sans soudure.   **(PALAIS.)**

> Anciens Établissements J. J. Laveissière et Fils et E. Secrétan.
> Usines à Givet (Ardennes) ; Castelsarrasin (Tarn-et-Garonne) ; Saint-Denis (Seine) ; Déville-lez-Rouen (Seine-Inférieure) ; rue Vieille-du-Temple, Paris ; Serifontaine (Oise) ; Bornel (Oise).
> Métaux bruts et ouvrés. — Spécialité de tubes sans soudure de toutes formes, de toutes matières et toutes dimensions.
> Récompenses :
> Paris 1867, médaille d'or.
> Vienne (Autriche) 1873, grand diplôme d'honneur.
> Paris 1878, grand diplôme d'honneur.
> Anvers (Belgique) 1885, grand diplôme d'honneur.

351. Société Lyonnaise des Schistes Bitumineux à Autun, (Saône-et-Loire), Président du Conseil d'Administration : **Deseilligny,** à Paris, 6, rue Lepeletier. — Huiles diverses de schistes.   **(PALAIS.)**

> Huiles de schistes dérivés, graisses et boghead. Réduction d'une usine à schistes. Boghead pour usines à gaz. Huiles diverses de schistes. Pétrole français. Pétrole soudan. Schiste lourd pour éclairage. Huiles de graissage. Graisses pour voitures blondes ou noires en barils de toutes contenances et en caisses de 1 à 10 kilogrammes.
> Graisses et huiles noires pour mines, carrières, usines. Huile pour démoulage de baguettes. briques carreaux. Huiles spéciales pour la fabrication du gaz riche. Goudron pour la fabrication des asphaltes et des graisses industrielles.

352. Société des Manufactures des Glaces et Produits Chimiques de Saint-Gobain, Chauny et Cirey, à Paris, rue Sainte-Cécile, 9. — Pyrites de fer de Sain-Bel (Rhône). **(PALAIS.)**

La Compagnie exploite depuis 1872.

Production portée, depuis 1878, de 120.000 à 180.000 tonnes par an. Minerai pur 50 0/0 de soufre. Résidus de grillage utilisés comme minerais de fer de choix.

Depuis 1887, la Compagnie vend, sous le nom de terre de Sain-Bel, un produit résiduaire, qui sert à l'épuration du gaz d'éclairage. — Médaille d'or, Exposition universelle 1878.

353. Société Métallurgique de l'Ariège, à Pamiers (Ariège). — Fontes, fers fins, aciers fondus au creuset et Martin, aciers naturels et puddlés. **(PALAIS.)**

Matériel de chemins de fer : Essieux, bandages, roues, ressorts, tampons, ferrures, etc.

Matériel d'artillerie : Canons, obus, aciers pour fusils, essieux, ferrures, etc.

Pièces de grosse et petite forge : Ressorts et fers de carrosserie, moulages d'aciers.

Agence à Paris : 18, avenue de l'Opéra. — Dépositaire : M. Martinet, 155, rue de Courcelles et 5, rue du Grand-Prieuré, pour acier à outils.

Médaille d'argent en 1867 et médaille d'or en 1878.

354. Société Métallurgique de Gorcy, à Gorcy, par Longwy (Meurthe-et-Moselle). — Minerais, fontes brutes, fers et leurs dérivés. **(PALAIS.)**

Moulages en fonte. Ferrures pour télégraphe et téléphone. — Éclisses, platines, boulons de construction et autres, tirefonds, crampons, rivets pour ponts, chaudières et locomotives, et tous accessoires de chemins de fer. — Plaques tournantes, grues, signaux et tous appareils des chemins de fer. — Machine en fer et en acier, fils tréfilés, pointes, rivets, chaînes, ressorts, etc.

355. Société Métallurgique du Périgord, à Paris, rue de la Victoire, 65. — Tuyaux de conduite en fonte, plaques tournantes, grues de chargement, coussinets, moulages divers. **(PALAIS.)**

La Société possède les Hauts-Fourneaux, Fonderies et Ateliers de Construction de Fume (Lot-et-Garonne).

Fabrication spéciale de tuyaux de fonte de tous diamètres jusqu'à 1 m. 10, pour conduites d'eau et de gaz, joints au plomb, type ville de Paris, et au caoutchouc.

Accessoires de canalisation, vannes, bornes-fontaines, etc.

Matériel fixe de chemins de fer. Matériel pour usines à gaz.

Fontes moulées et ajustées : Colonnes, candélabres, etc.

Médaille d'argent, Paris 1878.

356. Société des Mines de Sériphos et de Spiliazeza, au Laurium, à Paris, rue Taitbout, 23. — Minerais de fer, hématites, fer magnétique, fer manganisé, **(PALAIS.)**

357. Société des Mines et Fonderies de Zinc de la Vieille-Montagne, Administrateur-Directeur général : **St-Paul de Sinçay,** à Paris, rue Richer, 19. — Minerais de zinc ; zincs, blancs de zinc. **(PALAIS.)**

Zincs : brut, laminé, cannelé, façonné, clous, fils ; blancs de zinc.

358. Société Minière du Lot, Directeur : **Austruy Fils (Emile),** à Cuzorn (Lot-et-Garonne). — Minerais de fer de la concession de Sals (Lot), près la gare de Castelfranc. **(PALAIS.)**

359. Société Minière du Sud-Ouest, Directeur : **Austruy Fils,** à Cuzorn (Lot-et-Garonne). — Ocres et terres brutes et préparées pour peinture et papiers peints. Minerais de fer de Cuzorn. **(PALAIS.)**

360. Société le Nickel, à Paris, rue Lafayette, 13. — Minerais de nickel, cobalt, fontes et mattes de nickel et cobalt, sels et oxydes. **(PALAIS.)**

Le Nickel, Société anonyme : Siège Social à Paris, 13, rue Lafayette.

Agences à Londres, à Birmingham et à New-York.

Succursales à Iserlohn, (Westphalie), (ancienne maison Flistmann et Witte) et à Nouméa (Nouvelle Calédonie).

Usines à :

Kirkintilloch (Ecosse).

Erdington (Angleterre).

Iserlohn (Allemagne).

Le Hàvre (France).

Thio (Nouvelle Calédonie).

361. Société de Pavage et des Asphaltes de Paris, à Paris, place Vendôme, 16. — Echantillons d'asphalte. Applications diverses. **(PALAIS.)**

362. SOHIER Georges), à Paris, rue de Lafayette, 121. — Grillages à la mécanique. **(PALAIS.)**

363. SOMMET (Emile), à Paris, rue Payenne, 15. — Moules en fer blanc pour pâtissiers, cuisiniers, glaciers, chocolatiers, confiseurs, fabricants de biscuits, etc. Articles pour laboratoires, cuisines et comptoirs. **(PALAIS.)**
> Récompenses aux Expositions de Vienne 1873 et Paris 1878.

364. SPORRY (A.), à Moiscourt-Gisors (Eure). — Cafetières cuivre poli ou nickelé, cafetière menage porcelaine à feu, copettes porcelaine, bouts pour queues de billard. **(PALAIS.)**

365. SUDRIE (Jean dit Edouard), à Thiviers (Dordogne). — Marbres, serpentines, agathes, minéraux. **(PALAIS.)**

366. Syndicat des Sables de France, Lefort (Gustave), à Paris, rue Caumartin, 62. — Sables et grès pour la cristallerie, la verrerie et la taille des cristaux, marbre, pierre. **(PALAIS.)**

367. TAHL & BAUMANN, à Bougival (Seine-et-Oise).— Blancs minéraux en pains et en poudre, craie brute et pulvérisée. **(PALAIS.)**

368. TANALIAS (H.), à Paris, rue Saint-Sabin (impasse des Primevères). Bidons en zinc et tôle. **(PALAIS.)**

369. TARDY (Zacharie), à Saint-Julien-de-Maurienne (Savoie). — Ardoises pour toitures des carrières de Saint-Colomban-des-Villards et des carrières de Saint-Julien-de-Maurienne. **(E. C.) (PALAIS.)**

370. TARPIN (Jules M.), à Paris, rue du Temple, 189. — Ressorts en tous genres. **(PALAIS.)**

371. TESSIER (Louis), à Etréchy (Seine-et-Oise). — Marteaux à rhabiller et pioches à rayonner les meules de moulins. **(PALAIS.)**

372. TEISSIER & DELMAS, à Paris, rue du Chalet, 8. — Presse-jus et purées, petite machine à découper les pommes de terre, différents outils pour la cuisine et le ménage. **(PALAIS.)**

373. TESTE (A) Fils, PICHAT, MORET et Cie, à Lyon-Vaise (Rhône). — Aiguillerie, tréfilerie, câblerie. **(PALAIS.)**
> Maison fondée en 1832.
> Montures d'acier pour parapluies ; Câbles métalliques ; Câble excelsior à surface lisse ; Cordes de piano ; Fils d'acier à grande résistance ; Galvanisation des fils d'acier ou de fer ; Aciers plats trempés en rouleaux ; Aciers trempés pour buses de corsets ; Aiguilles à tricoter ; Epingles acier tête émail ; Ressorts de sommiers. — Médaille d'or, Paris 1878.

374. THEVENIN Frères. Siége social à Lyon, rue Dunoir, 3. — Cuivrerie de Mâcon. Robinetterie en bronze et fonte, petite robinetterie, bornes-fontaines, pompes, etc. **(PALAIS.)**
> *Fonderies de cuivre de Mâcon.* Anciens établissements : *Gardon-Renard,* fondé en 1798, *Fortout-Thévenin* et ex-société *Voituret, et Fonderies de cuivre et de fonte de Lyon,* fondées par *Thevenin père* en 1820. *Dépôt à Paris,* 34, faubourg St-Martin. — *Usines de Mâcon :* Cuivrerie de Mâcon, comprenant la robinetterie de cave et les articles de menage tels que : chandeliers, bougeoirs, lampes fondues à huile et à essence, etc... — *Usine de Lyon :* Robinetterie et appareils en cuivre, bronze et fonte : 1° Pour la vapeur, rob. de vapeur à boisseau et à soupape, niveaux d'eau, sifflets, graisseurs, soupapes, injecteurs, purgeurs automatiques ; 2° Pour l'eau : pompes, bornes-fontaines, bouches d'eaux-vannes. Robinetterie spéciale pour la marine et les chemins de fer, garnitures de locomobile, bronzes ordinaires et spéciaux, bronzes titrés ; antifriction, bronze phosphoreux. — Distinctions : Médailles d'argent, Paris 1867, 1878.

375. THOULIEUX (Jeune), à St-Chamond (Loire). — Fourches américaines. **(PALAIS.)**

376.   TOLLAY Fils et LEBLANC (J.), à Paris, rue Cadet, 7. — Irrigateurs et poterie d'étain.   **(PALAIS.)**

Maison de l'inventeur. Récompenses aux Expositions Universelles 1867-1878.

377.   TOURNEUR (Charles), à Paris, rue Notre-Dame de Nazareth, 11. — Dés à coudre, acier et cuivre.   **(PALAIS.)**

378.   TRANCHAUD (Alexandre), à La Rochelle (Charente-Inférieure), rue Thiers, 32. — Vergettes articulées pour petits et grands rideaux.   **(PALAIS.)**

379.   ULMO (Isidore), à Rimaucourt (Haute-Marne). — Fers laminés, spéciaux et feuillards, essieux, battants de cloches, tampons de wagons, pièces diverses de forges.   **(PALAIS.)**

380.   VADELORGE (G. F.), à Paris, rue Bellefond, 8. — Écriteaux mobiles pour locations ; indicateurs mobiles d'heure et de destination pour chemins de fer, et hôtels. Tables guéridon avec jeux.   **(PALAIS.)**

381.   VAILLANT, (H. et E.) FONTAINE & QUINTART, à Paris, rue Saint-Honoré, 181. — Bronzes de bâtiment et serrurerie d'art.   **(PALAIS.)**

Modèles de serrurerie d'art de tous styles. Brevets d'invention. Marque des produits : F. T. Récompenses aux Expositions universelles : Paris 1867, bronze ; 1878, or.

382.   VANDEL Ainé et Cie, à la Ferrière-sous-Jougne (Doubs). — Fils de fer, pointes, clouterie pour chaussures, rivets.   **(PALAIS.)**

383.   VARENNE (F.), & Cie, à Paris, rue des Vinaigriers, 29. — Grillages galvanisés.   **(PALAIS.)**

384.   VARROT (Hyppolite, V.), à Paris, rue Pastourelle, 10. — Boutons de portes en bois durci.   **(PALAIS.)**

385.   VERSCHAVE (E.) & Fils, à Paris, rue Pavée, 17 bis. — Fils de fer et fils d'acier, élastiques et roulettes pour meubles, articles et ornements pour tapissiers.   **(PALAIS.)**

386.   VIET (A.), à Vincennes (Seine), rue du Levant, 18. — Mécanique, barattes, tailles légumes.   **(PALAIS.)**

387.   VIVILLE (J. A.), à Paris, avenue Parmentier, 16. — Lessiveuses, laveuses, essoreuses, rôtissoires, arroseuses.   **(PALAIS.)**

388.   VOLANT (Charles), à Tours (Indre-et-Loire), rue des Cordeliers, 5. — Patins et coussinets protecteurs en caoutchouc pour la ferrure des chevaux. Pieds de chevaux ferrés.   **(PALAIS.)**

389.   VUARCHEX (César), à Scionzier (Haute-Savoie). — Décoltages pour penduleries, articles d'électricité et optique, vis cylindriques de tous genres.   **(PALAIS.)**

390.   VUILLAUME (Nicolas), à Paris, boulevard de la Villette, 50. — Boulons, rivets, écrous, brides, rondelles, vis à chapeaux, tirefonds, clés, goupilles, tiges à souder, outillage pour taraudage.   **(PALAIS.)**

391.   VUILLOT (Paul), Successeur de **Guinier,** à Paris, rue Jean-Jacques-Rousseau, 23. — Robinetterie pour eau, ordinaire à vis et à repoussoir.   **(PALAIS.)**

392.   WEILL (Achille) et DREYFUS (L.), à Montrouge (Seine), rue Barbès, 5 bis. — Toiles métalliques pour papeteries, féculeries, raffineries.   **(PALAIS)**

COLONIES.

ALGÉRIE.

1. ABDESSELAM ben el Hassi, aux Brarcha-Tébessa, (Constantine). — Gypse du djebel Houg.   **(ESPLANADE.)**

2. ALLEGRE & FOUCART, à Relizane (Oran). — Sel gris et blanc.   **(ESPLANADE.)**

3. ARNAUD (Marius), à Batna (Constantine). — Sel gemme, blocs d'albâtre brut, poli.   **(ESPLANADE.)**

4. ARNAULD de Calavon (d'), à Cherchell (Alger). — Echantillons de fer, plomb, cuivre, ardoise, plâtre gris, blanc et marbre.   **(ESPLANADE.)**

5. BAILLS (Jean), à Oran. — Echantillons et collections de roches, minéraux, minerais, etc.   **(ESPLANADE.)**

6. BARBER & SARTOR, à Oran, boulevard Malakoff. — Minerais de fer manganèse, de plomb, de cuivre, marbres rose et jaune.   **(ESPLANADE.)**

7. BASTIDE (Ernest), à Nemours (Oran). — Phosphate de chaux.   **(ESPLANADE.)**

8. BATNA (La subdivision de), à Batna (Constantine). — Echantillons de terrains et d'eau rencontrés dans les sondages artésiens du sud. Animaux rejetés par les nappes jaillissantes.   **(ESPLANADE.)**

9. BAYOT (Jean), à Collo (Constantine). — Pyrites de fer de Sidi-Achour.   **(ESPLANADE.)**

10. BOUREAU (Veuve Madeleine), à l'Oued Amizour, (Constantine). — Minerai de cuivre gris argentifère de l'Oued Amizour.   **(ESPLANADE.)**

11. BRENOT, à Herbillon, (Constantine). — Collection de minéraux.   **(ESPLANADE.)**

12. CASSAR (M. A.), à Bône (Constantine). — Minerais d'antimoine et de mercure des gîtes du Taya et autres.   **(ESPLANADE.)**

13. CAYROL (Maire de Dellys), à Dellys (Alger). — Produits des carrières du pays.   **(ESPLANADE.)**

14. CERNER (Philippe de), à Bône (Constantine). — Minerai en morceau de Moktha El Hadid. Plans et photographies.   **(ESPLANADE.)**

15. CERRONI (Constantinio), à Alger, rue Michelet. — Guéridon en marbre mosaïque.   **(ESPLANADE.)**

16. CHABASSIÈRE (J. A.), à El Guerra, (Constantine). — Cuivre pyriteux des achèches d'El Milia.   **(ESPLANADE.)**

17. CHATILLON & COMMENTRY (Cie), à Montenotte, (Alger).—Échantillons de minerais de fer.   **(ESPLANADE.)**

18. CHAUVAIN Fils et Cie, à Collo, (Constantine). — Minerai de plomb de Dar el Hanout.   **(ESPLANADE.)**

19. Comice agricole de Bougie, à Bougie, (Constantine). — Minerais.   **(ESPLANADE.)**

20. Comice agricole d'Orléansville, à Alger. — Minerais de zinc, de fer, de soufre, marbres.   **(ESPLANADE.)**

21. Comice agricole de Sidi bel Abbès, à Bel Abbès, (Oran). — Collection de pierres. **(ESPLANADE.)**

22. Comice agricole de Souk-Ahras, à Souk-Ahras, (Constantine). — Minerais divers. **(ESPLANADE.)**

23. Compagnie des mines de Kef Oum Teboul, à Marseille, rue Grignan, 62. — Echantillons de minerais. Motte provenant de la fusion des minerais cuivreux. **(ESPLANADE.)**

24. Compagnie de Mokta, à Oran. — Minerai de fer en blocs. **(ESPLANADE.)**

25. CURTET (A. A.), à Oran, quartier du Lycée. — Minerai de fer des minières dites de l'Orous. **(ESPLANADE.)**

26. DELAMARE (Charles), à Sakamody (commune de l'Arba-Alger).— Bloc de minerai brut. Echantillons bruts et fabriqués. **(ESPLANADE.)**

27. DELMONTE, à Oran, rue d'Orléans. — Marbres bruts et façonnés. **(ESPLANADE.)**

28. DERVIEU (G. H. et Cie,) à Paris, rue du Faubourg St-Honoré, 221. — Pétrole brut, huiles minérales, brai asphaltique. **(ESPLANADE.)**

29. DJELFA. (La commune indigène de) à Djelfa (Alger).— Sel gemme, sel marin. Argile plastique d'Oum-el-Adham. **(ESPLANADE.)**

30. DJURDJURA (La commune mixte du), à Michelet (Alger). — Ferronnerie indigène. **(ESPLANADE.)**

31. DOLCINO (Jean), à Ziama (Commune mixte de l'Oued Marsa), (Constantine). — Gypse brut, plâtre blanc, gris, tuiles, briques et autres objets en plâtre. **(ESPLANADE.)**

32. DOLICKY, à Sétif, (Constantine). — Minerai de plomb argentifère. Maison en fer de 6 mètres sur 3 mètres. **(ESPLANADE.)**

33. FABRIÉS (Louis), à Oran, boulevard Séguin. — Collection de terres arables du département. **(ESPLANADE.)**

34. FENINGRE (Alexandre), à Oran, rue de Tlemcen, 13. — Roche d'Algérie et vestiges préhistoriques. **(ESPLANADE.)**

35. FOURRET, à Saint-Leu (Oran). — Albâtre gypseux. **(ESPLANADE.)**

36. GACHET (Paul), à Oran, boulevard Malakoff. — Marbres. Echantillons en tranches polies. **(ESPLANADE.)**

37. GARNIER (Raoul), à Arzew. — Diverses qualités de sel. **(ESPLANADE.)**

38. GEAUD (Jules), à Berrouaghia, (Alger). — Échantillon de plâtre. **(ESPLANADE.)**

39. GERMON (Adolphe), à Constantine, rue Rohault de Fleury, 6. — Minerai d'oxyde d'antimoine. Echantillons de minerais d'oxyde de zinc. **(ESPLANADE.)**

40. Ghardaïa, (Commune indigène de), à Ghardaïa, (Alger). — Système de fermeture des portes au M'Zab. **(ESPLANADE.)**

41. GIRAUD Frères, à Oran. — Minerais de fer des minières de Miliana. **(ESPLANADE.)**

42. GOMEZ (Les héritiers de) à Oran, rue Hamelin. — Minerais de fer du Boukourdan. **(ESPLANADE.)**

43. GONOSOLIN (Édouard), à Bône (Constantine), cours National, 1. — Marbre blanc. **(ESPLANADE.)**

44. GUÉRAUD (Joseph), aux Béni Guichat (Constantine). — Calcaires pour ciment et chaux hydraulique. **(ESPLANADE.)**

45. HACINE BEN AHMED BEN NACEUR, à Khonga sidi Nadji, cercle de Khenchela (Constantine). — Goudron.   **(ESPLANADE.)**

46. HARLANT (Eugène), au Ruisseau, près Alger. — Échantillons de minerai de fer manganésifère.   **(ESPLANADE.)**

47. JACQUAND (Antoine), à Lyon, quai Tilsitt, 12. — Minerai de fer.   **(ESPLANADE.)**

48. JOHNER & BURGART, à Oran, rue d'Arzew, 72. — Pièces de machines en fer et fonte.   **(ESPLANADE.)**

49. KERMABON, (M. M.,) à Hussein-Dey (Alger). — Travaux divers de serrurerie d'art. Meubles de jardin en fer. Articles d'écurie.   **(ESPLANADE.)**

50. LESUEUR (Georges), à Philippeville, (Constantine). — Collection de blocs de minerais de fer, de soufre, de cuivre provenant des mines du Filfila.   **(ESPLANADE.)**

51. LIPPI, à Alger, rue de Tanger, 11. — Échantillons de marbres ouvrés.   **(ESPLANADE.)**

52. MARTEL (H.), à Alger, rue d'Isly, 44. — Produits divers de l'usine à plâtre de Rovigo.   **(ESPLANADE.)**

53. MARTINOT (Valère), à Jemmapes (Constantine). — Morceau de minerai de fer des environs de Jemmapes, forge en forme de pioche avec manche.   **(ESPLANADE.)**

54. MAS (Ernest), à Médéah (Alger).— Plâtre blanc et gris-gypse blanc et gris.   **(ESPLANADE.)**

55. MEISSONNIER, (Henri), à Nédroma (Oran). — Onyx de la carrière de Si Brahim.   **(ESPLANADE.)**

56. MELLAN (Antoine), à Aïn Merané (Alger). — Échantillons de gypse.   **(ESPLANADE.)**

57. MONTENOTTE (Commune de) à Montenotte, (Alger). — Minerais de fer, des mines du djebel bel Hadid (Compagnie de Châtillon et Commentry). **(ESPLANADE.)**

58. MOUTENET, à Aïn Témouchent (Oran). — Pierre à plâtre de Bou-Thélis   **(ESPLANADE.)**

59. MUNOZ- MIQUEL, à Gar-Rouban (Oran). — Minerai de plomb argentifère.   **(ESPLANADE.)**

60. PADOVANI (P.), à Inkermann (Oran). — Minerai de soufre.   **(ESPLANADE.)**

61. PALLU Étienne, à Paris, rue Taitbout, 63. — Marbres. Onyx. Marbres bruts et polis.   **(ESPLANADE.)**

62. PÉQUIGNOT, à Saint-Leu (Oran). — Différentes qualités de sel.   **(ESPLANADE.)**

63. PIERSON (L. F.), à Paris, rue Vivienne, 13. — Minerais de plomb argentifère. Pyrite de cuivre.   **(ESPLANADE.)**

64. ROBERT (Achille), à Aumale (Alger). — Échantillons de pierres calcaires, diorite, porphyre, gypses.   **(ESPLANADE.)**

65. ROBIN (Joseph), à Guelma (Constantine). — Échantillons de minéraux. Marbre de la Mahouna présenté sous forme de garniture de cheminée, colonne et vases.   **(ESPLANADE.)**

66. ROCH-VERDU, à Alger, rue Dumont-Durville. — Échantillons de marbres du pays.   **(ESPLANADE.)**

67. ROUSSIN (Charles), à Bône (Constantine). — Échantillons de carbonate de chaux du fort Génois.   **(ESPLANADE.)**

68. ROUX (Laurent), à Constantine, Faubourg. — Sels naturels et sels fabriqués.
(ESPLANADE.)

69. Service des mines de l'Algérie, à Alger. — Collection minéralogique.
(ESPLANADE.)

70. SI BOUZIAN ben Dédé, à Tlemcen. — Goudron liquide.   **(ESPLANADE.)**

71. Si El Hadj ben bou Ali bou Chakor, aux Beni-Lassen, Commune mixte de l'Ouarsenis (Alger). — Pilon à café, mortier.   **(ESPLANADE.)**

72. Société agricole et industrielle de Batna et du Sud-Algérien, à Paris, rue St Lazare, 7. — Échantillons minéralogiques de l'Oued R'hir, sondages, eaux, terres, etc.   **(ESPLANADE.)**

73. Société du Fendeck, à Jemmapes (Constantine). — Minerai oligiste et minerai hématite rouge du Filfila.   **(ESPLANADE.)**

74. Société anonyme des mines de Guérouma, à Anvers (Belgique. — Minerais bruts et finis de plomb et de zinc oxydé et sulfuré provenant des mines de Palestro.   **(ESPLANADE.)**

75. Société des mines de Sidi Yahia, à Sebdou (Oran). — Minerai de plomb argentifère.   **(ESPLANADE.)**

76. Société miniere de la Vieille-Montagne, à l'Ouarsenis (Alger). — Échantillons de minerais.   **(ESPLANADE.)**

77. Société de la Vieille-Montagne, à Bône (Constantine). — Minerais divers, Calamine, Cuivre oxydulé, plomb.   **(ESPLANADE.)**

78. SOLDATI FRUMÉRE, à Batna (Constantine). — Pierre lithographique du ravin bleu-blanc de Batna pour le polissage des métaux et pour la fabrication du mastic.   **(ESPLANADE.)**

79. TEISSIER (Henri), à Philippeville (Constantine). — Minerai de plomb argentifère de l'Oued Oudina, Pyrite de fer d'Aïn Sedma, près Calla.   **(ESPLANADE.)**

80. TOUMI ben El Ayat, aux Roumana, commune indigène de Bousââda (Alger). — Gypse d'El Allig. Gypse du Djebel Messad. Sel d'Aïn Melah.   **(ESPLANADE.)**

81. VAQUÉ (Joseph), à Constantine, boulevard Victor Hugo. — Échantillons d'onyx de Sidi M'cid.   **(ESPLANADE.)**

82. WETTERLÉ (George), à Souk-Ahras (Constantine). — Minerais divers.
(ESPLANADE.)

COCHINCHINE.

1. Exposition permanente des Colonies, à Paris. — Quincaillerie, tengs, brûle-parfums en cuivre.

2. Service local, à Saïgon. — Objets divers en fer, cuivre, étain.   **(ESPLANADE.)**

GABON CONGO.

1. PECQUEUR (Léona), au Gabon. — Outils de cuisine, pierre, minerai.
(ESPLANADE.)

GUADELOUPE.

1. BEAUPERTHUY (Les héritiers de), au quartier d'Orléans (Saint-Martin). — Sel.   **(ESPLANADE.)**

GUYANE FRANÇAISE.

1. Société de Saint-Élie, à Paris, place Vendôme, 15. — Échantillons de minerais d'or.   **(ESPLANADE.)**

INDE FRANÇAISE.

1. **Comité d'Exposition.** — Grès coquillier de Sedrapeti, minerais, granet, morceau d'arbre pétrifié, pierre calcaire, psammite, assiette en cuivre de Mahé, chaudière bouilloire en cuivre de Chandernagor, crachoirs, cuillers, panelles, pelles, plats, porte-bétel, pots, tasses, vases. **(ESPLANADE.)**

2. **Exposition permanente des Colonies**, à Paris.—Plats et objets en cuivre. **(ESPLANADE.)**

MARTINIQUE.

1. **Service local de la Martinique.** — Fragments de pétrification de pierres siliceuses. **(ESPLANADE.)**

NOUVELLE-CALÉDONIE.

1. **Affaires indigènes (Service des),** à Nouméa. — Chaux faite avec des madrépores et préparée par les indigènes des Loyalty, aiguilles de toiture, Bulimes (fer à repasser indigène). **(ESPLANADE.)**

2. **BALLANDE (L.) & Fils,** à Nouméa. — Nickel (mine de Méré). Chrôme de fer. **(ESPLANADE.)**

3. **BEAUMONT (Lucien),** à Moindou. — Charbon de terre. **(ESPLANADE.)**

4. **BOUTEILLER,** à Nakety. — Chrôme, cobalt, minerai de nickel. **(ESPLANADE.)**

5. **CREUGNET,** à Nouméa. — Charbon de terre. **(ESPLANADE.)**

6. **CROISER,** à Nouméa. — Charbon de terre (mine des Bruyères.) **(ESPLANADE.)**

7. **DESCOT,** à Thio. — Échantillon de cobalt, terre rouge, chrôme, minerai et roche. **(ESPLANADE.)**

8. **DESMAZURES (A.),** à Nouméa. — Fer chrômé, lavé, natif, non lavé, cobalt. **(ESPLANADE.)**

9. **DUTHEL (Vve),** à Thio. — Fer chrômé, bloc brillant. **(ESPLANADE.)**

10. **HAYÉS & JEANNENEY,** à Fonwhary.— Bourre d'amiante, amiante. **(ESPLANADE.)**

11. **HIGGINSON,** à Paris, rue de la Paix, 8. — Blocs de nickel. **(ESPLANADE.)**

12. **HOFF,** à Dumbéa. — Collection géologique. **(ESPLANADE.)**

13. **LEVAT (Société anonyme du Nickel),** à Paris, rue Lafayette, 13. — Minerais de nickel et de cobalt. **(ESPLANADE.)**

14. **L'ÉPINE & Cie,** à Paris, rue de Turenne, 64. — Objets divers fabriqués en nickel, provenant de la Nouvelle-Calédonie.

15. **LUPIN,** à Canala. — Cobalt et fer chrômé. **(ESPLANADE.)**

16. **MASQUILLIER,** à Wagap. — Minerai de cobalt. **(ESPLANADE.)**

17. **PELATAN,** à la Minon-Pilon.— Sulfure de cuivre. **(ESPLANADE.)**

18. **PELATAN,** à Mine-Mérétria. — Lingot de cuivre fondu à la mine Pilan, cuivre natif, minerai de cuivre, de plomb ; galène. **(ESPLANADE.)**

19. **Pénitencier de Fonwhary.** — Collection de roches du bassin d'Uaraï. **(ESPLANADE.)**

20. **Pénitencier de l'Ile Nou.** — Pierre lithographique. **(ESPLANADE.)**

21. **Pénitencier de Prony.** — Serpentine. **(ESPLANADE.)**

22. PORTE, à Toulon (Var), rue Neuve, 16. — Échantillons de charbons de la Nouvelle-Calédonie.   (ESPLANADE.)

23. Société du Nickel, à Nouméa. — Minerais de nickel et divers, antimoine cobalt.   (ESPLANADE.)

24. Société des Mines du Nord de la Nouvelle-Calédonie, à Paris, rue de la Victoire, 63. — Échantillons de minerais.   (ESPLANADE.)

25. VEDEL, à Bouloupari. — Marbres en cubes.   (ESPLANADE.)

RÉUNION.

1. BABET Frères & Cie, à Saint-Pierre. — Lave de l'Ile de la Réunion.
(ESPLANADE.)

2. BRUNIQUEL (Jules), à Saint-Gilles. — Pierre molle.   (ESPLANADE.)

3. Comité central d'Exposition, à Saint-Denis. — Morceaux de lave de l'Ile de la Réunion.   (ESPLANADE.)

4. GENSE (Octave), à Saint-Leu. — Sel du pays.   (ESPLANADE.)

5. JULLIDIÈRE, à Saint-Denis. — Minerai de fer.   (ESPLANADE.)

6. LANIEL, à Saint-Benoît. — Lave de l'Ile de la Réunion.   (ESPLANADE.)

SÉNÉGAL.

1. AMADY NATAGO, Lam Toro, Chef du **Toro,** (protectorat du Toro). — Taparka.   (ESPLANADE.)

2. NOIROT (Ernest), administrateur colonial. — Sable, pierres, terres diverses, graviers.   (ESPLANADE.)

PAYS DE PROTECTORAT.

ANNAM-TONKIN.

1. Exposition permanente des Colonies, à Paris. — Plats et objets en cuivre.   (ESPLANADE.)

2. Protectorat de l'Annam et du Tonkin. — Chaîne en fer, ciseaux à froid, bassine à anses, fer à repasser, haches, jarres, marteaux, marmites, pelles, pincettes et vases.   (ESPLANADE.)

3. Protectorat du Tonkin. — Minerai de cuivre.   (ESPLANADE.)

4. Province de Hanoï. — Cafetières, chaudrons (diverses grandeurs), cuvette en cuivre, marmites en cuivre (diverses grandeurs).   (ESPLANADE.)

5. Province de Sontay. — Coupe-racines, objets du culte en étain (réduction).
(ESPLANADE.)

6. VEZIN & Cie, Usine de Houe-Chay, à Houe-Chay. — Minerai.   ESPLANADE.)

CAMBODGE.

1. PLANTÉ, à Phnom-Penh. — Chaux à bétel, minerai de fer.   (ESPLANADE.)

PAYS ÉTRANGERS.

ALLEMAGNE.

1. GOLDENBERG et Cie, au Zornhoff, près Saverne (Alsace). — Produits
métallurgiques, limes, scies, outils pour l'armée et la marine. (PALAIS.)

Taillanderie. — Outils pour tonneliers, tanneurs, bouchers, jardins et chemins de fer. Pelles
et bêches ; fers et lames pour le travail du bois, du papier ; moulins à café, articles de ménage,
etc. Représentés à Paris, par E. Letouzey, 6, rue Beaurepaire. — Pavillon spécial ; avenue de La
Bourdonnais, en face la galerie des machines.

RÉPUBLIQUE ARGENTINE.

1. BARANDEGUY Frères, à Gualeguaz (Entre-Rios). — Terre noire.
(PARC.)

2. Commission auxiliaire, à Cordoba (Anejos-Norte). — Marbres. (PARC.)

3. Commission directive Argentine, à Buenos-Ayres. — Collection minéralogique de la République Argentine. (PARC.)

4. DUGGAN Frères, à Canuelas. — Terre. (PARC.)

5. ERRAMOUSPI, à Henijo (Buenos-Ayres). — Terre noire. (PARC.)

6. ERRAMOUSPI, à Olavarria. — Terre noire. (PARC.)

7. HOSSKOLD (Henri), à Buenos-Ayres. — Collection de minéraux de la
République. (PARC.)

8. ORTELLI (Joseph), à Buenos-Ayres. — Tuyaux en plomb, tôle de plomb.
(PARC.)

9. OTTONELLO (Joseph) & Cie, à Buenos-Ayres. — Vis. (PARC.)

10. RATTI, à Lobos. — Terre noire. (PARC.)

11. TELLO (Alfred), à San-Juan. — Collection de minéraux. (PARC.)

12. Université, à Cordoba. — Collection de minéraux. (PARC.)

13. VILLACIAN (Santiago), 9 de Julio (Mendoza). — Filtre en pierre
naturelle. (PARC.)

AUTRICHE-HONGRIE.

1. BOROS (S.), à Budapest, VI, Haris-Bazar. — Baignoire. (PALAIS.)

2. KRAUTSCHNEIDER (Joseph), à Budapest, VII, Jorsef-Körut, 43. —
Lanternes de voiture pour carrosses. (PALAIS.)

BELGIQUE.

1. AUBECQ-CORNET, à Gosselies. — Ustensiles de ménage en fer battu, émaillés, étamés et décorés.   **(PALAIS.)**

2. AUBRY (Adrien) & Fils, à Gosselies. — Produits émaillés en fonte et fer battu.   **(PALAIS.)**

> Récompenses :
> Médailles d'or et d'argent, Bruxelles 1888.
> Médaille d'or (la plus haute récompense), Barcelone 1888.

3. BAICHEZ (Paul), à Jette-Saint-Pierre. — Échantillons et modèles d'objets en fonte malléable.   **(PALAIS.)**

4. BAILLOT Frères, à Embourg (station de Chênée). — Aubette.   **(PALAIS.)**

5. BALIEUX (H. E.), à Marchienne-au-Pont. — Fers ronds et carrés de 4 à 12 m/m. Fers tréfilés droits, fers machines et bobines en rouleaux, fils de fers.   **(PALAIS.)**

6. BAUDOUX (Alexandre), à Fontaine-l'Évêque. — Clous mécaniques de toutes formes, espèces et dimensions.   **(PALAIS.)**

7. BISTER (Jules), à Namur, rue Godefroid, 6. — Campanile avec lucarnes et épis en zinc.   **(PALAIS.)**

8. BLONDET (J.), à Natoye. — Terres réfractaires, crues et calcinées, en blocs.   **(PALAIS.)**

9. BOUCNEAU (Léon), à Schaerbeck, rue Verte, 140. — Bloc marbre, brèche de Waulsort.   **(PALAIS.)**

10. CAMBIER Frères, à Boussu-lez-Mons. — Briques réfractaires ; briques silico-alumineuses, en bauxite et en dolomie.   **(PALAIS.)**

11. CARAMIN & Cie, à Thy-le-Château (Belgique).   **(PALAIS.)**

> Fonte d'affinage, de moulage ordinaire et spéciale. Hématite. Rails et accessoires en fer et en acier de tous les profils, pour voies à grande section, voies étroites, voies portatives et tramways ; voies entièrement métalliques brevetées. Traverses diverses en fer et en acier. Poutrelles en fer et en acier. Fer U et ⊢⊣ pour la construction de wagons. Fers et aciers divers. Méd. d'arg. Paris 1867 ; Méd. d'or, Paris 1878 ; Dipl. d'honneur, Amsterdam 1883 ; Méd. d'or, Anvers 1885.

12. CAUSARD (F. & A.), à Tellin. — Cloches.   **(PALAIS.)**

13. Compagnie belge du Lignite comprimé (Administrateur : **Van den Dale**), à Bruxelles, rue Liedekerke, 87. — Lignite brut, en poudre et comprimé en briquettes.   **(PALAIS.)**

14. Compagnie de Charbonnages belges (Exploitation des Charbonnages de l'Agrappe et Grisœuil et de l'Escouffiaux), à Frameries. — Charbons classés, lavés, broyés, cokes.   **(PALAIS.)**

15. Compagnie du Charbonnage de Boubier (Président : **C. Hennecart**), à Paris, rue Caumartin, 60. — Charbons.   **(PALAIS.)**

16. DECROLIÈRE (Émile), à Montigny-le-Tilleul. — Tranche marbre, dit brèche des Pêches.   **(PALAIS.)**

17. D'HEUR (Louis), à Herstal, rue de la Chapelle, 378. — Produits de quincaillerie pour diverses applications, pièces mécaniques, boulons.   **(PALAIS.)**

18. DUBAY GROSJEAN (F.) & Fils, à Isnes-lez-Golzinnes. — Marbre en plaque polie et ouvrée ; carrelages, etc.   **(PALAIS.)**

19. DUMONT (G.) & Frères, à Liège, rue Sœurs de-Hasque, 17. — Lingots de plomb, de zinc et d'argent.   **(PALAIS.)**

20. DURIEU-DARDENNE, à Solre-sur-Sambre. — Lames de scies. (**PALAIS.**)

21. ESCOYEZ (Louis), à Tertre (Hainaut), rue de Chièvres. — Produits réfractaires, matières premières brutes, cornues à gaz, pièces et briques pour verreries, aciéries, etc., carreaux de pavement.   (**PALAIS.**)

22. FONDU (J.-B.), à Vilvorde. — Boulons et rivets ; serrures, fermetures et produits divers de quincaillerie, pour voitures de chemins de fer, de tramways et pour la carrosserie.   (**PALAIS.**)

23. FON_AINE (Eugène), au Château de Ressaix-lez-Binche. — Creusets divers. (**PALAIS.**)

24. Forges de Clabecq (Josse Goffin), à Bruxelles, rue des Drapiers, 30. — Tôles de fer et d'acier ; échantillons de fers.   (**PALAIS.**)

25. GILLET (L.) & Cie, à Andenne. — Terre plastique, crue, cuite ou calcinée ; briques réfractaires, pavés et briques en grès cérame.   (**PALAIS.**)

26. GLIBERT (A.) & Cie, à Laeken, chaussée d'Anvers, 203. — Ustensiles de ménage en fer émaillé, étamé, décoré.   (**PALAIS.**)

> Usines à Bruxelles (Belgique), à Aulnoye, près Maubeuge (France). — Médailles de bronze, argent et or, et diplôme d'honneur aux Expositions de Paris 1855, 1867 et 1878. — Londres 1862. — Vienne 1873. — Sydney 1879-1880. — Anvers 1885 et Bruxelles 1888.

27. GUILLAUME (F.-J.-B.), à Gedinne. — Minéraux cristallisés.   (**PALAIS.**)

28. HENROZ (Camille), à Floreffe. — Produits réfractaires et grès artificiels ; terres cuites et crues, briques, carreaux, dalles, pavés, etc., pierres à étendre le verre.   (**PALAIS.**)

29. HUET (Victor), à Spa. — Lessiveuses, berceuses sur rails et passoires mécaniques.   (**PALAIS.**)

30. JACQUES (G.) & Cie, à Vielsalm. — Coticule de Vielsalm ; pierres à rasoir et à aiguiser en coticule de Vielsalm.   (**PALAIS.**)

31. JASPAR (Joseph), à Liége, rue Jonfosse, 12. — Tôles de cuivre, laiton, nickel, fer et zinc, perforées.   (**PALAIS.**)

> Atelier de constructions mécaniques et électriques, et de perforation de métaux.
> Récompenses obtenues aux Expositions de Londres, Paris, Vienne, Bruxelles, Anvers et Barcelone : 1 diplôme d'honneur. 4 médailles d'or, 4 médailles d'argent, 7 médailles de bronze, 1 médaille de mérite, 2 mentions honorables.
> Eclairage électrique, ascenseurs, monte-charges, machines-outils pour armes, paratonnerres

32 JOWA (J.-F.), à Liége, rue de l'Usine, 1. — Tôles galvanisées, ondulées de différents profils.   (**PALAIS.**)

> Médailles : Paris 1867. — Vienne 1873. — Mention honorable : Paris 1878. — Anvers, 1885.

33. LAMBERT (Guillaume), à Bruxelles, boulevard Bischoffsheim, 50. — Blocs de minerai de manganèse de Moët-Fontaine à Rahier.   (**PALAIS.**)

34. MABILLE (Valère), à Mariemon. Collection de pièces de forge. (**PALAIS.**)

> Récompenses : Vienne 1873 ; Philadelphie 1876 ; Paris 1878 ; Melbourne 1880 ; Amsterdam, 1883 ; Anvers, 1885 ; Barcelone 1888 ; grand concours de Bruxelles 1888.

35. MATISSEN (Isidore), à Couillet. — Foyer de chaudière locomobile, et pièces détachées, accessoires de générateurs à vapeur.   (**PALAIS.**)

36. Mitis Belge (Société anonyme), à Huy. — Objets divers de quincaillerie, ferronnerie et pièces de machines, fondues en fer Mitis.   (**PALAIS.**)

37. MOLL (Théophile), à Gosselies. — Produits divers en fer émaillé et étamé, en fonte brute et émaillée, etc. Emaux artistiques.   (**PALAIS.**)

38. PAS (Gérard), à Malines. — Ustensiles en cuivre pour ménages, hôtels, agriculture et industries diverses.   **(PALAIS.)**

Lanternes réflecteurs pour chemins de fer, tramways, marine et villes, robinetterie.

39. PIRE (Joseph), à Marchienne-au-Pont. — Produits céramiques et réfractaires.   **(PALAIS.)**

40. POULET (Victor) & Sœurs, à Forges-lez-Chimay. — Briques réfractaires ; cornues et fours à gaz ; carreaux et pavés céramiques.   **(PALAIS.)**

41. PUGH (G.), directeur de la Société des Hauts-Fourneaux et Mines, à Halanzy. — Minerais de fer, calcaires ferrugineux, fontes brutes de moulage et fontes spéciales pour mélanges.   **(PALAIS.)**

42. RICHALD (Émile), à Ciney, château de St-Quentin. — Roches calcareuses, roches taillées, polies et marbres de diverses nuances.   **(PALAIS.)**

43. ROUARD, COLLARD, CARLIER & Cie (Directeur : **Mathot J.**), à Champion, près Natoye. — Briques réfractaires, terres crues et calcinées.   **(PALAIS.)**

44. Société anonyme des Agglomérés de Houille (Administrateur : **F. Hénin**), à Châtelineau — Briquettes, boulets ovoïdes et charbons.   **(PALAIS.)**

45. Société anonyme des Charbonnages de Fontaine-l'Evêque (Directeur : **A. Grosfils**), à Fontaine-l'Evêque. — Charbons gras pour la métallurgie, la verrerie, la brasserie et tous usages industriels, cokes.   **(PALAIS.)**

46. Société anonyme des Charbonnages de Mariemont & Société charbonnière de Bascoup (Administration : **L. Guinotte & G. Warocque**). — Charbons divers.   **(PALAIS.)**

Pavillon spécial près du commissariat général de Belgique. Diplômes d'honneur aux Expositions de Vienne, 1873 ; d'Amsterdam, 1883 ; d'Anvers, 1885.

47. Société anonyme des Charbonnages de Noël-Sart-Culpart (Directeur : **Lambert**), à Gilly. — Charbons divers produits par la décomposition.   **(PALAIS.)**

48. Société anonyme des Charbonnages, Hauts-Fourneaux et Usines (Directeur : **Sothiaux**), à Strépy-Bracquegnies. — Cokes ordinaires et épurés.   **(PALAIS.)**

49. Société anonyme du Charbonnage de Sacré-Madame (Directeur : **Stoesser**), à Dampremy-Charleroi. — Agglomérés de houille.   **(PALAIS.)**

50. Société anonyme des Charbonnages de Werister, à Beyne-Heusay (Directeur : **V. Leduc**). — Charbons demi-gras, briquettes, boulets ovoïdes.   **(PALAIS.)**

51. Société anonyme de la fabrique de fer de Charleroi, (Administrateur : **Victor Gillieaux**), à Marchienne-Est. — Larges plats, tôles embouties et forgées ; chaudières système Rowan.   **(PALAIS.)**

52. Société anonyme des Forges d'Acoz, à Acoz. — Fers marchands profilés, etc.   **(PALAIS.)**

53. Société anonyme des forges, laminoirs et tréfileries de la Belle-Vue, à Marchienne-au-Pont. — Fil de fer.   **(PALAIS.)**

54. Société anonyme franco-belge du Charbonnage de Forte-Taille (Directeur : **Delmelle**), à Montigny-le-Tilleul. — Boulets ovoïdes de charbon tendre.   **(PALAIS.)**

55. Société anonyme des Hauts-Fourneaux et fonderies de La Louvière, (Administrateur délégué : **Cambier-Leroux**), à La Louvière. — Tuyaux et appareils de distribution d'eau et de gaz.   **(PALAIS.)**

56. Société anonyme des Hauts-Fourneaux de Monceau-sur-Sambre, à Monceau-sur-Sambre. — Echantillons de fontes, de poutrelles et de fer profilés.   **(PALAIS.)**

57. Société anonyme des Houillères unies (Directeur : **Clercx**), à Charleroi, rue des Chaudronniers, 30. — Houilles en roches; houilles lavées; agglomérés de houille. **(PALAIS.)**

58. Société anonyme des Laminoirs de Chatelet, (Directeur-Gérant : **L. Rémont),** à Chatelet. — Fers, rails de mines, lames de scie et poutrelles de clôture dites « Varillas. » **(PALAIS.)**

59. Société anonyme des Laminoirs, Hauts-Fourneaux, Forges, Fonderies & Usines de la Providence, à Marchienne-au-Pont. — Poutrelles, fers, etc. **(PALAIS.)**

60. Société anonyme des Laminoirs de l'Ourthe, (Administrateur-Gérant: **N. Fossoul),** à Sanheid-lez-Chênée. — Fers corroyés. Tôles fines polies et non polies. **(PALAIS.)**

61. Société anonyme des laminoirs du Ruau (ancienne firme **E. Constant Bonehill),** Directeur : **Isidore Piret**, à Monceau-sur-Sambre. — Fers, accessoires de chemins de fer, de charpentes, etc. **(PALAIS.)**

62. Société anonyme de Marcinelle et Couillet, à Couillet. — Minerais, fonte, fers laminés, et cassures. **(PALAIS.)**

63. Société anonyme de Merbes-le-Château (Administrateur : **Puissant A.),** à Merbes-le-Château. — Marbres noir fin, Sainte-Anne, Cousolre, rouges divers, bleu belge et Florence. **(PALAIS.)**

64. Société anonyme métallurgique d'Espérance-Longdoz, à Liége, quai d'Orban, 68. — Minerais divers, fontes, tôles et larges plats. **(PALAIS.)**

65. Société anonyme « Mitis Belge », rue des Fossés, à Huy. — Objets divers de quincaillerie, ferronnerie et pièces de machines fondues en fer « Mitis ». **(PALAIS.)**

66. Société anonyme de la Nouvelle Montagne, à Engis. — Minerais de zinc et de plomb. Gravier pour jardins, cimentage, pavés et bétons. **(PALAIS.)**

67. Société anonyme de produits réfractaires (Directeur : **H. Van Vreckom),** à Quaregnon. — Produits réfractaires : cornues à gaz, briques, pièces, tuyaux, etc. **(PALAIS.)**

68. Société anonyme des produits réfractaires et terres plastiques (Directeur : **de Lattre),** à Selles-lez-Andennes et Bouffioulx. — Produits réfractaires. **(PALAIS.)**

69. Société anonyme des terres plastiques et produits réfractaires d'Andenne (Directeur : **Bertrand),** à Andenne. — Terres réfractaires, etc. **(PALAIS.)**

70. Société des Carrières, à Lessines. — Porphyre : pavés, bordures, macadam, grenailles et poussier. **(PALAIS.)**

71. Société des Charbonnages du Canal de Fond-Piquette, Directeur : **A. Hallet,** à Vaux-sous-Chèvremont. — Charbons demi-gras, pour machines, locomotives, foyers domestiques, sucreries, etc. **(PALAIS.)**

72. Société civile du Charbonnage d'Aiseau-Presle (Directeur : **Henin),** à Farciennes. — Charbons. **(PALAIS.)**

73. Société Cockerill, à Seraing. — Produits métallurgiques. **(PALAIS.)**
   Établissement fondé en 1817. Agent à Paris, M. Ch. Noël, ingénieur, rue de Londres, 60.
   Mines de fer en Belgique, Luxembourg et Espagne. Charbonnages, hauts-fourneaux, Fonderies de fer, d'acier et de cuivre, forges, chaudronneries, ateliers de construction, fabrique de roues forgées à Seraing. Chantier naval à Hoboken, près Anvers. Produits : Minerais de fer, charbons, cokes, fontes d'affinage, de moulage et d'acier, tôles et fers profilés, lingots, blooms, billettes, etc., rails et accessoires ; tôles pour chaudières et navires ; poutrelles et profilés de toute espèce en acier Bessemer, Siemens-Martin ou fer homogène. Pièces coulées en fonte, en acier, au creuset et en bronze. Grosses pièces de forge. Chaudières, charpentes, ponts. Machines motrices pour fabriques, mines, usines métallurgiques, pour la navigation, etc. Locomotives de toute grandeur. Canons en acier, Martin et au creuset. Navires.

74. Société des laminoirs, forges et fonderies de Jemappes (V. De-merbe et Cie), à Jemappes. — Fers marchands et fers profilés.   **(PALAIS.)**

75. Société des mines et fonderies de zinc de la Vieille-Montagne, (Directeur : **St-Paul de Sincay**), à Angleur. — Minerais de zinc, lingots et plaques de zinc. Modèles de toitures, lucarnes, etc.   **(PALAIS.)**

76. Société minière de Landenne-sur-Meuse (Directeur : **L. Jeune-homme**), à Selaigneaux, par Vezin. — Minerais oligistes.   **(PALAIS.)**

77. Société nouvelle des Produits Émaillés et Étamés, (Administrateur délégué : **P. Bouquié**), à St-Servais-lez-Namur. — Ustensiles de cuisine, de ménage et d'appartement, en fer battu émaillé.   **(PALAIS.)**

   Récompenses : Anvers, 1885 et Bruxelles 1888. Médaille de bronze. Médaille d'argent, Trois Médailles d'or et un Diplôme d'Honneur.

78. Syndicat des tôles fines belges (Exposition collective du), Administrateur-Gérant : **A. J. FOSSOUL,** président du syndicat). **(E. C.) (PALAIS.)**

   Société Anonyme de Régissa, Directeur-Gérant : A. Gille, à Huy.
   Société Delloy, Dufrenoye et Cie, Directeur-Gérant : Charles Dufrenoy, à Huy.
   Société d'Espérance Longdoz, Directeur-Gérant : A. Stouls, à Liége.
   Société des Forges de Clabecq, Directeur-Gérant : A. Simont, à Clabecq.
   Société des Forges et Tôleries Liégeoises, Directeur-Gérant : Herpeignies, à Jemeppe-sur-Meuse.
   Société des Laminoirs de l'Ourthe, Administrateur-Gérant : A. J. Fossoul, à Sauheid-lez-Chênée.

79. TACQUENIER-WINCQZ (Alexandre), à Lessines. — Sable pour verreries, fonderies, etc.   **(PALAIS.)**

80. The Belgian and Colonial flexible metallic tubing Co Ld, à Herstal, rue Kayeneux, 82. — Tuyaux métalliques flexibles.   **(PALAIS.)**

81. THIÉBAUD (Fernand) & Cie, à Marchienne-au-Pont. — Fers en bottes, fers bobinés. Fils tréfilés clairs, fils huilés et goudronnés.   **(PALAIS.)**

82. Union des charbonnages, mines et usines métallurgiques de la Province de Liége (Exposition collective de l') à Liége, rue Paul-Devaux, 8. — Produits divers.   **(E. C.) (PALAIS.)**

Société de Bonnefin, à Liége.
Société des Charbonnages du Canal de Fond-Piquette, à Vaux-sous-Chèvremont.
Société des Charbonnages de la Concorde, à Jemeppe.
Société des Charbonnages du Horloz, à Tilleur.
Société des Charbonnages de Patience et Beaujonc, à Glain.
Société des Charbonnages de Wéristes, à Beyne.
Société de l'Espérance et Bonne-Fortune, à Montegnée.
Société de la Grande-Bacnure, à Liége-Coronmeuse.
Société des Mines d'Ans, à Ans.

83. VAN AERSCHODT (Séverin), à Louvain, rue de la Station, 90. — Cloches et clochettes en bronze.   **(PALAIS.)**

84. VAN DEN ABEELE (William) & Cie, à Anvers, avenue des Arts, 147. — Produits de quincaillerie; outils.   **(PALAIS.)**

   Médaille, Amsterdam 1883 ; Deux Médailles d'argent et une de bronze, Anvers 1885.

85. VAN DEN KIEBOOM & Fils, à Huy. — Ustensiles de ménage, en fer battu, émaillé et étamé.   **(PALAIS.)**

86. VAN WYLICK (Félix) & Cie, à Liége. — Pierres brutes, blochets pour monuments en granit.   **(PALAIS.)**

87. VISSERIE BELGE (Société anonyme), à Laeken. quai des Usines, 9. — Vis à bois, pitons, gonds, crochets, vis à métaux, boulons, rondelles, goupilles. rivets, limes et divers autres articles.   **(PALAIS.)**

88. VLAMINX (Florent) & Cie, à Vilvorde, rue d'Aubremie, 28. — Aciers ronds et creux et accessoires pour le montage des parapluies.   **(PALAIS.)**

Fabrique belge d'aciers pour parapluies. Usine, rue de la Woluve. Aciers ronds et creux à l'état brut et terminés pour montures de parapluies. Montures ordinaires et de différents systèmes automatiques perfectionnés. Fournitures métalliques diverses.

89. VORMANS (C. & J.) Frères & Sœurs, à Gosselies. — Boulons, vis, rivets et ferrures diverses.   **(PALAIS.)**

RÉPUBLIQUE DE BOLIVIE.

1. AILLOU (Jacob), à Sucre. — Collection minéralogique.   **(PARC.)**

2. ARAMAYO (Carlos V.), à Paris, rue Meissonnier, 2. — Minerais de bismuth.   **(PARC.)**

3. ARCE (Carlos), à Sucre. — Collection minéralogique.   **(PARC.)**

4. ARGANDOÑA (Manuel), à Paris, avenue des Champs-Élysées, 44. — Collection minéralogique.   **(PARC.)**

5. ARTOLA (Comte Daniel de), à Paris, rue de l'Échiquier, 27. — Minerais argent et cuivre.   **(PARC.)**

6. ARTOLA Frères, à Paris, rue de l'Échiquier, 27. — Minerais : cuivre, argent bismuth, or, étain, fer. Cristallisations diverses.   **(PARC.)**

7. BERTHIN (Noël), à la-Paz. — Minerais de cuivre. Cuivres natifs.   **(PARC.)**

8. BRESSON (André), à Paris, rue Lafayette, 1. — Collection des minerais du désert d'Atacama.   **(PARC.)**

9. BRESSON (George), à Paris, rue Antoine-Vramaut, 5.—Minerais et métaux.   **(PARC.)**

10. CABRUJA (Ramon), à Oruro. — Collection de minerais d'argent, plomb et étain.   **(PARC.)**

11. CAHEN (Lazare), à Paris, rue Saint-Georges, 5. — Collection minéralogique.   **(PARC.)**

12. Compagnie Andacaba, à Potosi. — Minerais d'argent.   **(PARC.)**

13. Compagnie Colquechaca, à Colquechaca. — Collection de minerais d'argent.   **(PARC.)**

14. Compagnie Guadalupe, à Guadalupe. — Minerais d'argent.   **(PARC.)**

15. Compagnie Huauchaca, à Sucre. — Minerais argentifères et barres d'argent.   **(PARC.)**

16. Compagnie Ramirez, à Potosi. — Minerais.   **(PARC.)**

17. Compagnie Royal Socabon, à Potosi. — Minerais argentifères.   **(PARC.)**

18. DESPREZ (Auguste), à Paris, rue de l'Échiquier, 17. — Minerais divers.   **(PARC.)**

19. DEVÉS Frères, à Paris, rue Sainte-Anne, 10. — Minerais du Royal Socaban de Potosi. (Argent).   **(PARC.)**

20. DIAZ (Alejandro), à Paris, rue Lafayette, 56. — Échantillons minerais argentifères.   **(PARC.)**

21. DORADO (Joaquin), à Paris, rue de la Bienfaisance, 19. — Minerais de cuivre, salpêtres.   **(PARC.)**

22. DROUIN (Alexis), à Paris, rue Charlot, 33. — Minéraux et métaux extraits
Tourbes. (Combustibles).   **(PARC.)**

23. FARFAU (Mme Cristina), à Paris, rue de Phalsbourg, 13. — Table et
échantillon de marbre précieux.   **(PARC.)**

24. FARFAU (Ventura), à la-Paz. — Minerais : cuivre, argent, étain, or.
                                                                (PARC.)

25. GUINAULT (Eugéne), à la-Paz. — Minerais : or natif, argent. **(PARC.)**

26. MORENO (Aristides), à Potosi. — Collection minéralogique.   **(PARC.)**

27. Municipalité de Cinti. — Matières premières.   **(PARC.)**

28. Municipalité de Cochabamba. — Matières premières.   **(PARC.)**

29. Municipalité de la-Paz. — Matières premières.   **(PARC.)**

30. Municipalité de Oruro. — Matières premières.   **(PARC.)**

31. Municipalité de Potosi. — Matières premières.   **(PARC.)**

32. Municipalité de Santa-Cruz. — Matières premières.   **(PARC.)**

33. Municipalité de Sucre. — Matières premières.   **(PARC.)**

34. Municipalité de Tarija. — Matières premières.   **(PARC.)**

35. Municipalité de Trinidad. — Matières premières.   **(PARC.)**

36. ORTIZ (Nicolas), à Paris, avenue Carnot, 21. — Collection minéralogique.
                                                                (PARC.)

37. PERO (José), à Paris, rue de la Bienfaisance, 19. — Minerais argentifères.
                                                                (PARC.)

38. Préfecture du Beni. — Matières premières.   **(PARC.)**

39. Préfecture de Chuquisaca. — Matières premières.   **(PARC.)**

40. Préfecture de Cochabamba. — Matières premières.   **(PARC.)**

41. Préfecture de la-Paz. — Matières premières.   **(PARC.)**

42. Préfecture de Potosi. — Matières premières.   **(PARC.)**

43. Préfecture de Oruro. — Matières premières.   **(PARC.)**

44. Préfecture de Santa-Cruz. — Matières premières.   **(PARC.)**

45. Préfecture de Tarija. — Matières premières.   **(PARC.)**

46. QUEREJAZU (Camito), à Sucre. — Matières premières.   **(PARC.)**

47. ROSENBLÜTH (Enrique), à Potosi. — Minerais d'étain et de bismuth.
— Métaux.   **(PARC.)**

BRÉSIL.

(Voir son Catalogue spécial.)

COLONIE DU CAP.

1. Mines de Diamants, à Kimberley. — Travail complet d'une mine, lavage de
la terre diamantifère, triage, taille du diamant, modèles divers, échantillons de minerais.   **(PARC.)**

CHILI.

1. Commissariat de l'Exposition du Chili, à Santiago.— Collection de 4,000 échantillons de minerais d'or, argent, cuivre, zinc, plomb, divisés par régions et échantillons des dépôts de nitrates, guano, iode, charbons, etc. **(PARC.)**

2. Commissariat provincial de Tarapaca. — Collection de nitrates de soude naturels. **(PARC.)**

3. Compagnie d'exploitation de Lota et Coronel, à Lota. — Charbon. **(PARC.)**

4. CORBEAUX & Cie, à Santiago. — Cloches en bronze et cuivre. **(PARC.)**

5. PRUD'HON (L.), à Valparaiso. — Tuyaux de cuivre, batterie de cuisine. **(PARC.)**

6. STREKLER KUPFER, à Santiago. — Collection de limes repiquées. **(PARC.)**

RÉPUBLIQUE DOMINICAINE.

1. BOYTEL (Andrés), à Porto-Plata. — Minerais. **(PARC.)**

2. Commission provinciale de Azua. — Pétrole brut. **(PARC.)**

3. Commission provinciale de Barahona. — Cristaux de sel gemme. **(PARC.)**

4. Commission provinciale de Santiago. — Sables aurifères, minéraux divers. Eaux minérales. **(PARC.)**

5. Commission provinciale de Santo-Domingo. — Pépites d'or, pierres meulières, talc. **(PARC.)**

6. Commission provinciale de Seïbo. — Minéraux divers. **(PARC.)**

7. Commission provinciale de la Véga. — Minerais, pyrites, sables aurifères. **(PARC.)**

8. HATTON (I. E.)& CASTILLO (I. M.). — Charbon minéral, lignite. **(PARC.)**

9. RIVAS (Grégorio), à Sanchey. — Minerai de fer. **(PARC.)**

10. TÉJERA (Emiliano), à Santo-Domingo. — Minerai de fer. **(PARC.)**

11. THOMAASSET (Enrique). — Minerais pyrites, quartz, etc. **(PARC.)**

12. West Indian, à Santo-Domingo. — Minerais. **(PARC.)**

ÉGYPTE.

1. LONGEVILLE (E. P. de), à Constantinople. — Kaolins des gisements d'Arnaout-Kieuy. **(PALAIS.)**

ÉQUATEUR.

1. CAAMAÑO (José, Maria B.), à Guayaquil. — Soufre. **(PARC.)**

2. Commission coopérative, à Quito. — Cristal de roche, Or brut. **(PARC.)**

3. Commission coopérative d'Esmeraldas, à Esmeraldas. — Goudron, or.   **(PARC.)**

4. MADRID (Carlos F.), à Quito. — Soufre, alun, cristal de roche.   **(PARC.)**

5. YÉROVI (Augustin L.), à Guayaquil. — Quartz et minerais aurifères, extraits à différentes profondeurs et dans différents filons parallèles, provenant des mines d'or de la province « del Oro ».   **(PARC.)**

ESPAGNE.

1. ALVAREZ PERALTA (Antonio), à Castellon de-la-Plana. — Minerais de mercure.   **(PALAIS.)**

2. BARBERI, à Olot (Gerona). — Cloches.   **(PALAIS.)**

3. BAUTISTA ADOLFO GOUPEL (Juan), à Grenade. — Sable naturel et sable lavé.   **(PALAIS.)**

4. BENCERLADA Y PINEDO, à Marmolezo (Jaen). — Charbon minéral.   **(PALAIS.)**

5. EGUIAZU (Léon), à Madrid. — Quincaillerie.   **(PALAIS.)**

6. ELEZALDE (Herrasti) & Cie, à Bilbao. — Fer et acier nickelés.   **(PALAIS.)**

7. FERNANDEZ DE CASTRO (Manuel), à Madrid. — Échantillons minéralogiques.   **(PALAIS.)**

8. LAMA ESCANDON & Cie, à Saja (Santander). — Bloc et diverses pièces en marbre noir.   **(PALAIS.)**

9. « La Progresiva », à Bilbao. — Échantillons de mosaïques hydrauliques.   **(PALAIS.)**

10. MAÑAR (Vicente), à Barcelone. — Serrurerie.   **(PALAIS.)**

11. MARIÑO (Miguel), à Areyns-de-Mar (Barcelone). — Aimant.   **(PALAIS.)**

12. MARQUES (Isidro), à Barcelone. — Minéralogie.   **(PALAIS.)**

13. MARTI PORTA (Manuel), à Barcelone. — Minerais.   **(PALAIS.)**

14. POLO (Leoncio), à Valladolid. — Minéraux de fer (Léon).   **(PALAIS.)**

15. RIVIÈRE (Francisco), à Barcelone. — Étoffes métalliques.   **(PALAIS.)**

16. Société anonyme des Mines à Patites de Jumillas, à la Calia. — Échantillons de minerais.   **(PALAIS.)**

17. Société de Biscaye, à Bilbao. — Matières premières et produits métallurgiques.   **(PALAIS.)**

18. Société générale des Cirages français, à Santander. — Caisses métalliques de plusieurs espèces.   **(PALAIS.)**

19. Société générale des Phosphates de Cacérès, à Aldea-Moret. — Phosphate et acide phosphorique.   **(PALAIS.)**

20. TOMAS (Antonio), à Valence. — Boîtes en fer blanc.   **(PALAIS.)**

21. VALZA Y TARAJANAR (Félix), à El Pedroso (Sevilla). — Minerais de fer.   **(PALAIS.)**

ÉTATS-UNIS.

1. ABEL (Lindley), à Bayard, Arizona. — Pyrites de cuivre et pyrites aurifères.   **(E. C.) (PALAIS.)**

2. ADAM (J. S.) & Co, à Canaan, Conn. — Calcaire magnésique pour la manufacture de la chaux. **(E. C.) (PALAIS.)**

3. Adirondack Pulp Co (The), à Troy, N. Y. — Talc. Pulpe minérale, article dérivé du talc. **(PALAIS.)**

4. Alice Gold & Silver, Mining Co, (W. E. Hall, Director), à Wakerville, Montana. — Minerais d'or et d'argent de « Alice Mine ». **(E. C.) (PALAIS.)**

5. American Bit-Brace Co, (A. D. White, Président), à Buffalo, N. Y., Washington street, 122. — Outils pour charpentiers et autres ouvriers. **(PALAIS.)**

6. Anaconda Mining Co, (J.-B. Haggin, Pres't), à Anaconda et Butte City, Montana. — Minerais de cuivre. **(PALAIS.)**

7. Ausable Harse Nail Co. (A. Bussing, Président), à New-York, N. Y., 4, Warren street. — Clous pour fers à cheval. **(PALAIS.)**

8. BAILEY (George M.), à Buffalo, N. Y. Chapin-Block, 47. — Articles de quincaillerie et ustensiles de ménage. **(PALAIS.)**

9. BENSON (Egbert), à Raritan, N. J. — Cultivateur avec siége. **(PALAIS.)**

10. BILLINGS & SPENCER Co, à Hartford, Conn. — Outils pour machinistes. **(PALAIS.)**

11. Blanchard State Co, (Augustus C. Hamlin, Pres't), à Bangor-Me. — Dalles d'ardoise. **(PALAIS.)**

12. Boaz Mining Company, à Minnehaha, Arizona. — Minerais d'or. **(E. C.) (PALAIS.)**

13. Brainerd Quarry Co, à Portland, Conn. — Grès brun du Connecticut. **(PALAIS.)**

14. Bunker Hill Mining & Concentrating Co, (S. G. Reed, Pres't), à Wardner, Idaho. — Minerais de plomb argentifère provenant des mines de Coeur d'Alène, Idaho. **(E. C.) (PALAIS.)**

15. Capitol Manuf. Co, à Chicago, Ill. — Clefs anglaises. **(PALAIS.)**

16. Carlisle Gold Mining Co, (Limited) J. H. Longmaid, Agent général, à Carlisle, New Mexico. — Quartz aurifère et concentrations provenant des mines de Carlisle. **(E. C.) (PALAIS.)**

17. CASTLE (William H.), à Geneva, Ohio. — Brosses à tapis. Piéges à animaux. Porte-taie d'oreiller. **(PALAIS.)**

18. CHAPIN'S (H.) Sons, à Pine Meadow, Conn. — Règles, rabots, etc. **(PALAIS.)**

19. Cleveland Tin Mining Co, à New-York, N. Y. Broadway, 35. — Minerais d'étain provenant des mines de la Compagnie à Sigger Hill, Dakota. **(E. C.) (PALAIS.)**

20. Congress Mining (Co, P. W. Murphy, supt.), à Pescot, Arizona. — Pyrites aurifères de la mine du « Congress ». **(E. C.) (PALAIS.)**

21. Copper Basin Mining Co, Copper Bazin, à Pescott, Arizona. — Minerais de cuivre : malachite, azurite. **(E. C.) (PALAIS.)**

22. DAY (Fred. W.), à Murray, Idaho. — Sulfure d'antimoine de Prospect-Creek, Montana, sulfate de chaux et quartz aurifère. **(E. C.) (PALAIS.)**

23. Deadhorse Claim, (A. Hayward, contributor), à Deadhorse, Cal. — Quartz aurifère. **(E. C.) (PALAIS.)**

24. Delaware & Hudson Canal Co, à New-York, N. Y., Coal & Iron Exchange. — Série d'échantillons de charbon de terre. Anthracite scié et poli. **(PALAIS.)**

25. Delhi Mine, (A. Hayward, contributor), à Delhi, Nevada Country, Cal. —
Quartz aurifère.   (**E. C.**) (**PALAIS.**)

26. Dickerson Suchasumy Mining Co,(F. A. Canfield), à Dover, N. Y.,
— Minerais de fer magnétique.   (**E. C.**) (**PALAIS.**)

27. Drake Co, (James H. Drake, Pres't.), à Saint-Paul, Minn-Drake Block.
— Roches dures, d'ornement. Pétrification d'arbre.   (**PALAIS.**)

28. Drake Quarries, à Sioux Falls, Dakota. — Granit et quartz dépolis.
                                                                (**E. C.**) (**PALAIS.**)

29. Drum Lammon Mine, (J. E. Cloyton, collector), à Marysville, Montana.
— Minerais d'or et d'argent.   (**E. C.**) (**PALAIS.**)

30. Enterprise Manuf. Co, à Philadelphie, Pa, 3rd & Dauphin street. — Spécialités de quincaillerie.   (**PALAIS.**)

31. FOOTE, (A. E.) à Philadelphie, Pa, Belmont avenue, 1223. — Exposition complète de minéraux.   (**PALAIS.**)

32. FRANK (F. A.) and Co, à New-York East, 82nd street, 316. — Appareil pharmaceutique pour l'émulsion et le mélange des poudres, etc.   (**PALAIS.**)

33. Grey Eagle Mine, à Bayard, Arizona. — Minerais d'or sulfurés et oxydés.
                                                                (**E. C.**) (**PALAIS.**)

34. HAMLIN (D\u02b3 Aug. C.), à Banger, Maine. — Minéraux divers du Mont Maie
et d'autres localités.   (**E. C.**) (**PALAIS.**)

35. HAMMOND (John H.), à San-Francisco, Cal. — Minerais d'or de Gran-
Vally, Californie.   (**E. C.**) (**PALAIS.**)

36. Hartman Manuf. Co, à New-York, N. Y. Chambers, street, 105. — Clôtures
à piquets d'acier galvanisé, bronzé. Porte avec piquets d'acier.   (**PALAIS.**)

37. International Specialty Co, à Buffalo, N. Y. W. Seneca street, 16. —
Porte-ficelle automatique pour être suspendu au-dessus des comptoirs et des vitrines.
                                                                (**PALAIS.**)

38. JEWETT (John C.) Manufacturing Co, à Buffalo, N. Y., North
Division street, 51. — Filtre et réfrigérateur.   (**PALAIS.**)

39. KNAPP (J. D. C.), à Minneapolis, Miso. — Vaporisateurs pour vaporisation
et inhalation de médicament.   (**PALAIS.**)

40. KNOWD (John J.), à Philadelphie, Pa, 25th and South street. — Fers
d'acier pour chevaux de chasse, pour trotteurs et pour chevaux de courses plates.
                                                                (**PALAIS.**)

41. KOCH (A. B.) & Co, à Peoria, Illinois. — Supports en fonte pour étagères.
(Modèles de fantaisie).   (**PALAIS.**)

42. KUNZ (Geo F.), à Hoboken, N. Y. — Minéraux : Spath-Fluor de N. Y. ; gado-
linite du Texas.   (**E. C.**) (**PALAIS.**)

43. Lady of the Hills Claim, (Thos. Sweency, proprietor), à Rapid City,
Dakota. — Antimoine sulfuré.   (**E. C.**) (**PALAIS.**)

44. LAURENCE (R. F.), à Buffalo, N. Y. Pearl street, 196. — Porte-bouquets.
                                                                (**PALAIS.**)

45. Maine Red Granite (Co, O. S. Iarbox, supt), à Calais, Me., Red
Beach. — Urne et socle de granit rouge.   (**PALAIS.**)

46. Maris Machine Co, à Philadelphie, Pa. Broad street, 146. — Élévateur portatif.   (**PALAIS.**)

47. Miller Lock Compagny, à Frankfort, Pa. — Échantillons de serrures sans
clefs et autres.   (**PALAIS.**)

48. MITCHELL LAZAR & Co, à Philadelphie, Pa. — Bloc de charbon semi-bitumineux de « Columbia. »   **(PALAIS.)**

49. New England Brown Stone Co. à Cromwell, Conn. — Grès bruns du Connecticut.   **(PALAIS.)**

50. NEWHALL (H. M.) & Co, à San-Francisco, California.— Cinabre, borax, fabrique des borates provenant de Teel's Marsh.   **(PALAIS.)**

51. New-York & Georgia Manganese & Iron Co, (J. C. Chew, contributor, à New-York, N. Y, Broad street, 37. — Minerais de manganèse de la Géorgie.   **(PALAIS.)**

52. Occident Claim, à Murray, Idaho. — Quartz aurifère, interstratifiés avec de l'ardoise.   **(E. C.) (PALAIS.)**

53. Oregon Iron & Steel Co, (S. G. Read, Pres't). à Oswego, Oregon. — Minerais de fer, fer brut.   **(E. C.) (PALAIS.)**

54. Ores & Minerals of the United States, with Statistical Tables (Exposition collective) : Special agent : **W. P. Blake.** — Minerais et minéraux.   **(E. C.) (PALAIS.)**

ABEL (Lindley).	DELHI MINE.	ORO BELLA GOLD MINING Cᵒ
ADAM (J. S.) & Cᵒ.	DICKERSON SUCHASUMY MINING Cᵒ.	PLYMOUTH MINE.
ALICE GOLD & SILVER MINING Cᵒ.	DRAKE QUARRIES.	PRICE (Thomas).
ANACONDA MINING Cᵒ.	DRUM LAMMON Cᵒ.	PUGET SOUND IRON Cᵒ.
BOAZ MINING Cᵒ.	GREY EAGLE MINE.	RANDOL (J. B.).
BUNKER HILL MINING & CONCENTRATING Cᵒ.	HAMLIN (Dʳ A. C.).	SENATOR MINE.
CARLISLE GOLD MINING Cᵒ (LIMITED).	HAMMOND (John H.	SILVER KING MINING Cᵒ.
	KUNZ (Geo. F.).	SOCIÉTÉ ANONYME DES MINES DE LEXINGTON.
CLEVELAND TIN MINING Cᵒ.	LADY OF THE HILLS CLAIM.	STONEWALL GOLD CLAIM.
CONGRESS MINING Cᵒ.	NEWHALL (H. M. & Cᵒ.	SUMMER MINES.
COPPER BASIN MINING Cᵒ.	NEW-YORK & GEORGIA MANGANESE & IRON Cᵒ.	TUTTLETOWN CLAIM.
DAY (Fred. W.).	OCCIDENT CLAIM.	UNITED VERDE COPPER Cᵒ.
DEADHORSE CLAIM.	OREGON IRON & STEEL Cᵒ.	

55. Oro Bella Gold Mining Co, à Bayard, Arizona. — Minerais d'or sulfurés.   **(E. C.) (PALAIS.)**

56. PECK (A. G.) & Co, à Cohoes, N. Y. — Haches et instruments tranchants.   **(PALAIS.)**

57. Philadelphia Novelty Manuf. Co, à Philadelphia, Pa. — Hachoirs, etc.   **(PALAIS.)**

58. Plymouth Mine (A. Hayward, contributor), à Plymouth, Cal. — Quartz aurifère.   **(E. C.) (PALAIS.)**

59. PRICE (Thomas), à San-Francisco, Cal. — Plomb argentifère, quartz aurifère, minerais de cuivre.   **(E. C.) (PARC.)**

60. Puget Sound Iron Co. (A. Halsey, sec'y), à San Francisco, Cal. — Fer brut fabriqué à Port Tormsend, Washington Territory.   **(E. C.) (PALAIS.)**

61. RANDOL (J. B.) à San Francisco, Cal. — Minerais de mercure provenant de la mine de New-Almaden (Californie).   **(E. C.) (PALAIS.)**

62. REID (A. H.), à Philadelphie, Pa. 30th and Market street. — Fixeurs pour paratonnerres.   **(PALAIS.)**

63. Senator Mine (T. W. Mac Gowan, supt), à Prescott, Arizona. — Minerais d'or sulfurés.   **(E. C.) (PALAIS.)**

64. Shaler & Hall Quarry Co, à Portland, Conn. — Grès brun du Connecticut   **(PALAIS.)**

65. SHEPHARD (Sydney), & Co, à Buffalo, N. Y. Seneca street, 145 . — Clef pour réglementer le tirant des poêles. Appareil pour pocher les œufs à la vapeur. **(PALAIS.)**

66. Silver King Mining Co, à San-Francisco, Cal., Montgomery street. — Minerais d'argent de la mine « Silver King » Arizona. **(E. C.) (PALAIS.)**

67. SIRRETT Scate Co, à Cuyahoga, Falls, Ohio.— Balances. **(PALAIS.)**

68. SMITH (John E.) & Sons, à Buffalo, N. Y. Broadway, 50. — Coupoir pour viande et hachoir. Machine à saucisses. **(PALAIS.)**

69. Société anonyme des Mines de Lexington (Chas. Rueger supt.), à Butte-City, Montana. — Minerais d'argent. **(E. C.) (PALAIS.)**

70. STANDARD SARGET Co, à Cleveland, Ohio, 124. Superior street. — Cibles, trappes pour cibles. **(PALAIS.)**

71. Stanley Rule & Level Co, Chas. (L. Mead, treasurer), à New Britain, Conn. — Assortiment de rabots et autres outils pour travailler le bois. **(PALAIS.)**

72. Stonewall Gold Claim, (Lindlay Abel owner), à Bayard, Arizona. Minerais d'or. **(E. C.) (PALAIS.)**

73. Summer Mines, (Prof. Thomas Price, contributor), à San Francisco, Cal. — Minerais d'or de « Great Blue Lode », California, **(E. C.) (PALAIS.)**

74. TIFFANY & Co, à New-York, Union square. — Minéraux et minerais. Pierres demi-précieuses d'Amérique, taillées et non taillées. **(PALAIS.)**

   Récompenses :
   Exposition universelle Paris 1878, médaille d'or. — Aux collaborateurs, 1 médaille d'or, 2 médailles d'argent, 2 médailles de bronze et 2 mentions honorables.

75. Tuttletown Claim, (A. Hayward, contributor), à Tuttletown, Cal. — Quartz aurifères. **(E. C.) (PALAIS.)**

76. United Verde Copper Co, (F. Murray, supt), à Jerome, Arizona. — Minerais de cuivre. **(E. C.) (PALAIS.)**

77. WALKER (J. R.), à Salt-Lake-City, Utah. — Spécimens de Uintahite des monts Uintah (Utah). **(PALAIS.)**

78. WHITE (L. & I. J.) à Buffalo, N. Y. Exchange street, 340. — Instruments tranchants et couteaux pour machines. **(PALAIS.)**

79. Yale & Manuf. Co, (Schuyler Merritt, General Manager), à Stamford, Conn. — Spécimens de quincaillerie et de serrures. **(PALAIS.)**

GRANDE-BRETAGNE.

1. Abercarn Coal Co (Limited), à Cardiff, Mount Stuart square, 59. — Charbon du pays de Galles. **(PALAIS.)**

2. ALLEN (N. B.) & Co, à Londres, Cannon street, 110. — Briques réfractaires, blocs et ciment de silice (Dinas). **(PALAIS.)**

3. Alliance Aluminium Co,(Limited), à Londres, Tokenhouse buildings, 1. — Aluminium et ses alliages. **(PALAIS.)**

4. Aluminium Co, (Limited), à Londres, Cannon street. 115. — Aluminium, magnésie, sodium et leurs alliages. **(PALAIS.)**

5. Anglo-American Tin Stamping Co. (Limited), à West-Bromwich, Stourport.— Enseignes réflecteurs en fer forgé, creux, émaillé et autres objets étamés sans couture, vernissés et cristallisés. **(PALAIS.)**

6. AVERY (William) & Son, à Redditch, Headless cross. — Aiguilles et épingles de tous genres, étuis à aiguilles, machine pour enfoncer les épingles dans le papier. **(PALAIS.)**

7. BARTLEET (W.) & Sons, à Redditch, Abbey mills — Aiguilles, étuis à aiguilles, aiguilles pour machines à coudre, crochets, hameçons et articles de pêche. **(PALAIS.)**

Fabricants d'aiguilles de tous genres.
Nouvelles aiguilles avec trous perfectionnés.
Aiguilles s'enfilant sans enfiler à ressort.
Aiguilles spéciales pour les personnes ayant la vue faible.
Articles de pêche.
Manches de ligne.
Récompenses :
2 médailles d'or, Paris 1878 ; la seule médaille d'or pour les aiguilles.
Maison principale pour la vente en gros de leurs produits en France.
Les fils de F. Charpentier 36, boulevard Sébastopol, à Paris.

8. British Stone & Marble Co. (Limited), à Londres, Yeoman street, Rotherhithe. — Pierres et marbres artificiels. **(PALAIS.)**

9. BROOKE (Edward) & Sons, à Huddersfield, Fieldhouse, Fire Clay works. — Matériaux réfractaires. **(PALAIS.)**

10. BURYS & Co., (Limited), à Sheffield — Acier sous toutes formes et pour tous usages. **(PALAIS.)**

11. Clayton Aniline Co., (Limited), à Manchester, Portland street, 111. — Goudron, naphte, huile légère et produits du goudron minéral depuis les premiers éléments jusqu'aux teintures. **(PALAIS.)**

12. COCKER Brothers (Limited), à Sheffield. — Acier et fil d'acier fondu, en barre, anneaux et morceaux. **(PALAIS.)**

13. Consett Iron Co., à Blackhill, Durham, et à Glasgow, Buchanan street, 166. — Combustible et minéraux employés dans la fonte, avec échantillons de tôle, lingots, etc. **(PALAIS.)**

14. Continental Diamond Rock Boring Co., (Limited), à Londres, The Sanctuary Westminster, 4. — Minerais de plomb, bruts et apprêtés des mines de Wohlfahrt. **(PALAIS.)**

15. COOKE Brothers, à Birmingham, Constitution hill, 135 A. — Épingles de sûreté, agrafes et porte-agrafes, chaudronnerie. **(PALAIS.)**

16. Credenda Seamless Steel Tube Co., (Limited), à Birmingham, Ledsam street, — Tubes Patent Credenda d'acier sans jointure. **(PALAIS.)**

Fabricants brevetés des tubes en acier sans soudure tirés à froid pour :
Locomotives, chaudières de marine et autres,
Viroles, entretoises et serpentins,
Presses hydrauliques,
Réservoirs d'air, tringles de forage,
Broches, moyeux, accouples, arbres de couche,
Colliers, crapaudines, bobines, cylindres, fusées,
Carcasse, fourche et tour de roue des bicycles,
Monture des tricycles.
Torpilles et autres usages.

17. CROWLEY & (John) Co., à Sheffield. — Échantillons de fonte de fer malléable. **(PALAIS.)**

18. DAVIS & TIMMINS (Limited), à Londres, Charles street, 24, Hatton garden. — Vis en métal et ouvrages en acier fer et cuivre tournés par la mécanique automatique, ouvrages en cuivre finis. **(PALAIS.)**

19. Ebbw Vale Steel & Iron Co. (Limited), à Ebbw Vale, Monmouthshire. — Fers bruts et métaux ouvrés divers. **(PALAIS.)**

20. Farnley Iron Co., (Limited), à Leeds. — Briques réfractaires. Spécimens de minerais, de fer de Farnley (genre Lowmoor). Objets en fer Farnley, genre Lowmoor.
(**PALAIS.**)

21. GIELGUD (Henry), à Londres, Gracechurch street, 65. — Fers et aciers de toute espèce. Spécialité de profilés ; poutrelles U. cornières, tés, barres, tôles, rails et accessoires.
(**PALAIS.**)

22. Glamorgan Coal Co., (Limited), à Cardiff, Bute Crescent. — Charbon et coke.
(**PALAIS.**)

23 Glenboig Union Fire Clay Co., (Limited), à Coalbridge et Glasgow, West Regent street, 4. — Briques réfractaires.
(**PALAIS.**)

24. GUÉRET (L. & H.), à Londres, Great St-Helens street, 30, et à Paris, rue de Turin, 8. — Briquettes, charbons.
(**PALAIS.**)

25. GUEST & Son, à Walsall, Wolverhampton road. — Fontes de fers malléables, fontes pour la serrurerie.
(**PALAIS.**)

26. Gwaun Cae Gurwen Colliery Co., (Limited), Llanelly et Swansea, South Wales. — Charbon anthracite pour tous usages.
(**PALAIS.**)

27. HADLEY (Félix) & Co, (Limited), à Birmingham, Mitre Nail works. — Clous d'acier, de fer, de fil de fer, broquettes de fil de fer et autres objets de clouterie.
(**PALAIS.**)

28. HUNTSMAN (B.), à Sheffield, Attercliff. — Acier fondu en barres et en bandes pour instruments d'ingénieurs.
(**PALAIS.**)

29. JESSOP (William) & Sons (Limited), à Sheffield. — Acier pour instruments d'ingénieurs, scies, plumes, limes, coutellerie.
(**PALAIS.**)

30. JOHNSON MATTHEY & Co., à Londres, Hatton garden. — Métaux.
(**PALAIS.**)

Paris 1878, grand prix pour progrès accomplis dans la métallurgie, de ses métaux alliés dans la production de l'iridio-platine et autres alliages.

Paris 1867, grand prix pour leur exposition d'appareils en platine, de métaux rares et précieux et de préparations chimiques.

31. Juston (C. J. & A. J.) Adjustable Horse Shoe Syndicate, à Londres, Budge row, Cannon street, 20. — Fer à cheval se posant sans clous.
(**PALAIS.**)

32. KENRICK (Archibald) & Sons, (Limited) à West Bromwich. — Batterie de cuisine, ferronnerie pour usages domestiques et autres; fers et cuivres pour meubles.
(**PALAIS.**)

33. KIRBY BEARD & Co., à Londres, Newgate street, 115. — Aiguilles pour les aveugles.
(**PALAIS.**)

34. LONDONDERRY, (Marquis of), (Seaham) Harbour, Durham. — Charbons.
(**PALAIS.**)

35. London & South Wales Co., (Limited), à Cardiff, Mount Stuart square, 59. — Charbon du pays de Galles.
(**PALAIS.**)

36. LOWOOD, (J. GRAYSON) & Co, à Sheffield, Attercliff road. — Briques et terres réfractaires.
(**PALAIS.**)

Divers échantillons de briques en silice Lowood. Briques pour les usines d'acier, de cuivre, et de verrerie, également pour la construction des fourneaux, système Siemens-Martin et autres.

Briques spéciales de Ganister, pour les chaleurs hautes et intermittentes.

Ganister moulé pour toutes espèces de fourneaux.

Composition spéciale pour la fabrication des moules à l'usage des fondeurs d'acier.

Briques réfractaires.

Différentes briques de variétés diverses suivant l'emploi qu'on veut en faire et spécimens de briques qui ont servi pour un travail.

Première récompense à l'Exposition d'Anvers 1885. Liverpool 1886, Newcastle 1867. Bruxelles 1888.

Classe 41.   3*

37. MILWARD (Henry) & Sons, à Redditch, Washford mills. — Aiguilles.
Aiguilles Calyx, s'enfilant suivant un nouveau procédé.   **(PALAIS.)**

38. Namaqua Copper Co. (Limited), à Namaqualand, Cap de Bonne-Espérance et à Londres, Leadenhall buildings, 34. — Echantillons de minerais de cuivre
bruts et apprêtés.   **(PALAIS.)**

39. National Steam Co. (Limited), à Cardiff, Mount Stuart square, 59 —
Charbon du pays de Galles.   **(PALAIS.)**

40. Palmer's Shipbuilding Co. (Limited), à Jarrow-on-Tyne. — Spécimens
de fer et d'acier.   **(PALAIS.)**

1. Patent Nut & Bolt Co. (Limited), à Birmingham, London works, et
à West Bromwich, Stour Valley works. — Boulons, écrous et toutes sortes d'attaches
en métal.   **(PALAIS.)**

42. PATHAM & ELLIS, à Ilkeston, Derbyshire, Kensington, Needle works.
— Aiguilles de toutes sortes.   **(PALAIS.)**

43. Percy Gilchrist Dephosphorizing and Basic Patents Co. (Limited), à Londres, Bridge street, 9, Westminster. — Matériaux pour la démonstration du procédé « Basic ».   **(PALAIS.)**

44. QUICK BARTON Co., à Londres, Gracechurch street, 61. — Fonte de plomb.
                    (PALAIS.)

45. South Derwent Colliery, à Newcastle-on-Tyne, Lombard street, 8. — Coke
métallurgique.   **(PALAIS.)**

46. Tharsis Sulphur & Copper Co. (Limited), à Glasgow, West George
street, 136. — Modèle des mines, échantillons de minéraux.   **(PALAIS.)**

47. THOMAS (S.) & Sons, à Redditch, British mills. — Aiguilles et hameçons
de toutes espèces.   **(PALAIS.)**

48. WADDELL (John) & Son, à Llanelly, South Wales, Great Mountain
colliery. — Anthracite du Pays de Galles.   **(PALAIS.)**

49. WATTS, WARD & Co, à Cardiff, Mount Stuart square, 59. — Charbon
à vapeur.   **(PALAIS.)**

Exportateurs de charbons à vapeur et de cokes, Importateurs de bois de mines, Armateurs,
Courtiers maritimes, etc. Maisons à Cardiff, Newport, Barry, Londres, Newcastle-on-Tyne
et Blyth. Seuls Agents pour « The National Steam Coal Co. Ld. » — Charbon à vapeur National
Merthyr, sans fumée, placé sur la liste de l'Amirauté, pour : The London et South Wales Coal
Co. Ld. : — Charbons à vapeur Risca Black Vein ; Atlantic Merthyr, sans fumée ; North Dunraven Merthyr, sans fumée ; pour : The American Coal Co. Ld. : — Charbon à vapeur Abercarn
Black Vein ; Charbon domestique Abercarn Elled, Ports d'embarquement : Cardiff, Newport,
Barry-Dock, London, Birkenhead et Liverpool. Dépôts de charbon à Hambourg, Bilbao, Lisbonne,
Gibraltar, Malaga, Gênes, Savone, Malte, Venise, Salonique, au Pirée, à Constantinople, Sulina,
Galatz et Alexandrie.

50. WIGGIN (Henry) & Co. (Thos. Adkins & Co), à Birmingham. —
Minium, nickel, cobalt, etc.   **(PALAIS.)**

51. WOODFIELD & Sons, à Redditch, Easemore works et Victoria mills,
Easemore. — Aiguilles pour machines et autres, étuis à aiguilles.   **(PALAIS.)**

GRÈCE.

1. APOSTOLIDÈS (Periclès Ch.), à Volo (Larisse). — Chrôme (minerai).
                    (PALAIS.)

2. Commission des Olympies, à Athènes. — Collection des marbres de la
Grèce. Terres colorées diverses.   **(PALAIS.)**

3. **Compagnie française des mines du Laurium,** à Paris. — Collection de ses produits.   **(PALAIS.)**

4. **CORDÉLA (André).** — Collection de roches et publications minéralogiques diverses.   **(PALAIS.)**

5. **ELIOPOULO (Assimaki),** à Athènes. — Marbres.   **(PALAIS.)**

6. **Établissements Iris,** à Patras (Achaïe et Élide). — Pointes et clous. **(PALAIS.)**

7. **GROHMANN (Émile),** à Seriphos (Cyclades). — Collection de minerais et carte géologique.   **(PALAIS.)**

8. **MELLAS (B. & M.),** à Athènes. — Minerai de soufre (plan de la mine).
                                                                   (PALAIS.)

9. **Ministère des Finances,** à Athènes. — Meulières et émeri de Naxos. **(PALAIS.)**

10. **PAPPADACHI,** au Pirée. — Pointes.   **(PALAIS.)**

11. **SCOUFFA (Théodore),** à Athènes. — Collection de roches et carte géologique de l'île de Paros.   **(PALAIS.)**

12. **SCYROS (Commune de)** (Eubée). — Amiante.   **(PALAIS.)**

13. **SERIPHOS (Commune de),** (Cyclades). — Minerai de fer.   **(PALAIS.)**

14. **SIMOULOULIA (Epaminondas),** à Lamie (Phtiotide et Phocide). — Minerais de cuivre.   **(PALAIS.)**

15. **Société des mines Seriphos,** à Paris. — Collection de minerais. **(PALAIS.)**

16. **Société de travaux publics et communaux,** à Athènes. — Magnésite provenant des mines d'Eubée, à Mantoudi.   **(PALAIS.)**

17. **Société hellénique des usines de Laurium,** à Athènes. — Plans, collections, produits, etc.   **(PALAIS**

18. **STEPHANOPOLI (Jean),** à Athènes. — Collection de fossiles.   **(PALAIS.)**

19. **TORINIS (Georges),** à Corfou. — Bitume.   **(PALAIS.)**

GUATEMALA.

1. **CERVANTES (S.),** à Chiquimula. — Minerais.   **(PARC.)**

2. **CHACAP (José),** à Soloal. — Minerais.   **(PARC.)**

3. **CONDE & Cie,** à Mataquescuintla. — Minerais argentifères de Santiago.
                                                                   (PARC.)

4. **GARCIA (Fⁱ.),** à Baja-Verapaz. — Minerais.   **(PARC.)**

5. **GUTIERRES (Marcos),** à Chiquimula (Montares agua heladas). — Minerais.   **(PARC.)**

6. **HAZERA (Y) & Cie,** à Mita. — Minerais   **(PARC.)**

7. **KLÉ (J.),** à Chiquimula. — Minerais.   **(PARC.)**

8. **LEMUS (Manuel),** à Guatemala. — Minerais.   **(PARC.)**

9. **LEMUS (Manuel),** à Zacapa. — Minerais aurifères et travaux sur les mines
                                                                   (PARC.)

10. **LEWIN (John),** à Muyal. — Minerais.   **(PARC.)**

11. **MANZANO TORRES (Téofllo),** à Chiquimula. — Minerais.   **(PARC.)**

12. **Minas de San-Fernando**, à Chiquimula. — Pyrites de fer.   (PARC.)

13. **Municipalité de Guadalupe**, Département de Guatemala. — Minerais, or et argent, marbres.   (PARC.)

14. **Municipalité de Mataquescuintla**, Département de Santa-Rosa. — Minerais.   (PARC.)

15. **Municipalité de San José Poaquil**, Département de Chimaltenango. — Chaux.   (PARC.)

16. **PACHECO (Coronel J.)**, à Antigua. — Minerais.   (PARC.)

17. **PORTILLO (Tomas)**, à Chiquimula (Mortanas Chaguar).— Minerais.   (PARC.)

18. **Préfet de Chimaltenango**, à Chimaltenango. — Minerais.   (PARC.)

19. **Préfet de Guatemala**, à Guatemala. — Échantillons de plâtre.   (PARC.)

20. **Préfet d'Izabal**, à Izabal. — Or en poudre provenant des placers de « Las Quebradas. »   (PARC.)

21. **Préfet de Jutiapa**, à Jutiapa. — Échantillons de charbon de terre.   (PARC.)

22. **ROJAS (José Maria)**, à Placencia. — Minerais.   (PARC.)

23. **ROJAS (Leopoldo)**, à Placencia.— Minerais.   (PARC.)

24. **SOLARES (Dr J. C.)**, à Guatemala. — Minerais.   (PARC.)

25. **Sociedad Exploradora**, à Chiquimula. — Minerais de San-Fernando, la Valencia, Margarita, etc.   (PARC.)

26. **TALLIEN de CABARRUS et Cie**, à Guatemala.— Minerais argentifères.   (PARC.)

27. **TRIGUEROS (Saturnino)**, à Finca-el-Brujo (Chiquimula). — Minerais.   (PARC.)

28. **TRIGUROS (Encarnacion)**, à Chiquimula. — Minerais.   (PARC.)

29. **VELAZQUEZ (Alejo)**, à Chiquimula. — Minerais concepcion.   (PARC.)

HAWAI.

1. **Gouvernement hawaïen**, à Hawai. — Échantillons de laves. Échantillons de roches volcaniques.   (PARC.)

ITALIE.

1. **BENDER & MARTINI**, à Turin. — Amiante, gomme et gutta-percha.   (PALAIS.)

2. **CIRLA (Antoine)**, à Milan, ripa Ticinese, 63. — Granits et marbres en bloc.   (PALAIS.)

3. **CERUTI (Laurent)**, à Varallo. — Blocs de marbre, statuaire.   (PALAIS.)

4. **Chambre de Commerce**, à Rome. — Pierres de construction des diverses carrières de la Campagne romaine (Latium).   (PALAIS.)

5. **DEVALLE & PELLI**, à Turin, via Alfieri, 11.—Amiante naturel, papiers, carton, cordes, fils et tissus en amiante.   (PALAIS.)

6. FURTE (E. H.) Directeur de **l'Impresa Mineraria Italiana**, à Rome, via Napoli, 79. — Amiante grège et travaillé. Ocre colorant et tripoli. Talc et stéatité grèges, moulus et travaillés.   **(PALAIS.)**

7. GREGORINI (G. André), à Lovere (Bergame). — Produits sidérurgiques.   **(PALAIS.)**

8. LODOVICI (Egiste), à Carrare, via Cavour. — Plaques de marbre en couleur.   **(PALAIS.)**

9. MASCITELLI (Titus), à Naples, via Madonna delle Grazie, borgo Loreto. — Charbon artificiel à l'usage domestique.   **(PALAIS.)**

10. Minières de Montecatini, à Florence. — Échantillons des produits de minières.   **(PALAIS.)**

11. Société anonyme des Mines de Malfidano, à Paris, rue Lafayette, 12. — Échantillons de minéraux de Calamine et Galène. Section en relief de la galerie. Dessins et photographies.   **(PALAIS.)**

12. WAGENER (George), à Pietra-Santa. — Sulfate de baryte naturel et en poudre. — Poudre de marbre pour la fabrication des boissons gazeuses.   **(PALAIS.)**

JAPON.

1. HATAKEYAMA (Seijiro), Iwate-Ken, Higenuki-Kori. — Minerais de cuivre.   **(PALAIS.)**

2. KAWAGUCHI (Hidetoshi), Iwate-Ken, Minami-Iwate-Kori. — Minerais, charbon de terre, soufre, pierre à chaux.   **(PALAIS.)**

3. KONDO (Kihachiro), Tottori-Ken Hino-Kori. — Fer en barre. Fer pour couteaux. Aciers.   **(PALAIS.)**

4 TAKAHASHI (Komezo), Iwate-Ken, Hiyenuki-Kori. — Or en poudre.   **(PALAIS.)**

5. TAKAKI (Kambei), Tokio-fu, Kanda-Ku. — Échantillons de différents minerais   **(PALAIS.)**

6. YAMATO (Hiakutaro), Iwate-Ken, Minami-Iwate-Kori. — Minerais de cuivre   **(PALAIS.)**

GRAND-DUCHÉ DE LUXEMBOURG.

1. Administration royale-grand-ducale des Mines, à Luxembourg. — Collection des roches et minéraux, échantillons de minerais de fontes et d'aciers, cartes et coupes des bassins miniers du Grand-Duché.   **(QUAI.)**

2. KUHNEN et Cie, à Luxembourg. — Encriers, cadres de photographies, pupitres et objets divers de quincaillerie.   **(QUAI.)**

3. MEYER (Jean), à Luxembourg. — Collection de fers à cheval, ouvrés à la main.   **(QUAI.)**

NORVEGE.

1. ANKER (Christian), à Fredrikshald. — Marbres norvégiens.   **(PALAIS.)**

2. Clouterie norvégienne à l'Étoile (Christiania Hesteskosömfabrik), à Christiania. — Clous à ferrer les chevaux, les bœufs et les ânes.

> Fabrique de clous à cheval.
> Société anonyme au capital de 2 millions de francs.
> Siège social à Christiania (Norvège).
> Dépôt général et Bureau à Paris, 17, rue Jacquemont.
> La plus ancienne fabrique scandinave de clous blancs à ferrer les chevaux.
> Dépôts à Bordeaux, Marseille, Londres, Hambourg, Buenos-Ayres, Melbourne, etc.
> Médailles : Amsterdam 1883, Anvers 1885, Barcelone 1888.
> Médaille d'or à l'Exposition internationale d'Anvers 1885, pour clous à cheval.
> Production annuelle : plus de 3 millions de kilog.

4. Clouterie norvégienne (Den norske Hesteskosoemfabrik), à Christiania. — Clous à ferrer. **(PALAIS.)**

3. Fabrique de clous à cheval de Christophersen (Chr.), (Victoria Hesteskosoemfabrik), à Christiania. — Clous de fer à cheval. **(PALAIS.)**

> Fabrique fondée en 1884.
> Récompenses : Médaille d'argent, Anvers, 1885 ; Médaille d'or, Bruxelles, 1888 ; Médaille d'or, Barcelone, 1888.
> Représentants : à Paris, M. E. Remy, rue des Marais, 46 ; à Bordeaux, MM. Barkey et Houillon.

(PALAIS.)

5. Fabrique de pierres à aiguiser et de produits d'émeri d'Eidsborg, à Porsgrund. — Pierres à aiguiser. **(PALAIS.)**

6. Fabrique de pierres à aiguiser de Narnte, à Fredrikshald. — Pierres à aiguiser et polissoirs en émeri. **(PALAIS.)**

7. Fabrique de pierres à aiguiser de Vaerdalen, à Vaerdalen (Nordre Trondhjem). — Pierres à aiguiser. **(PALAIS.)**

8. GUDE (Erik A.), à Christiania. — Granits et syénites. **(PALAIS.)**

9. GUNDERSEN & PEDERSEN, à Christiania. — Fers à cheval forgés à la main. **(PALAIS.)**

10. HAGA (Edvard), à Eidsberg. — Feldspath et quartz. **(PALAIS.)**

11. HASLE (Lars), à Sandager, près Rakkestad Station, Smaalenene. — Feldspath. **(PALAIS.)**

12. HIORTH (Olaf), à Christiania. — Minéraux. **(PALAIS.)**

13. ISDAHL & Cie, à Bergen. — Fûts entiers et demi-fûts en fer blanc avec étuis. **(PALAIS.)**

14. MERAKER BRUG, à Meraker (Nordre Trondhjem). — Minerais de cuivre, pyrite, masses de cuivre, cuivre en rosettes. **(PALAIS.)**

15. Mines d'argent de Kongsberg, à Kongsberg. — Argent en barres et en grains, filons contenant de l'argent cristallisé et non cristallisé. **(PALAIS.)**

16. Mines de Foldal, à Lilleelvedalen. — Pyrite. **(PALAIS.)**

17. Mines de Nickel de Ringerike, à Nakkerud, Hole. — Pyrite magnétique nickelifère, 2 1/2 à 4 1/2 %, Ni. et Co., 30%. S. Minerai de nickel. 48%, Ni. 2 %, o . et 20 % Cu. **(PALAIS.)**

18. REINERT (H. A.), à Moss. — Minéraux. **(PALAIS.)**

19. SANNEM (J. A.), à Bergen. — Estagnons à huile de foie de morue, en fer blanc, avec étuis. **(PALAIS.)**

PARAGUAY.

1. Gouvernement de la République du Paraguay, à Assomption —
Pierres calcaires, marbres blancs, minéraux divers, argiles du Grand Chaco, de la cordillière d'Altos, d'Ita ; terre rouge de la cordillière d'Altos, de Tabaty; sable salinaire,
sel brut, sel demi-raffiné de Limpio et de Lambaré, échantillons de marbres blancs et
de différentes nuances venant des carrières d'Ita–pucu–mi et de l'Apa. Pierres, sables
d'Emboscada, d'Aregua, de Lambaré, stalactites des casernes de l'Apa.   **(PARC.)**

PAYS-BAS.

1. BIERMAN (J.-A.), à Amsterdam. — Ustensiles de ménage en gres et en
blanc.   **(PALAIS.)**

2. LANDWEER et SOMER, à Stadskanaal. — Poussière de tourbe com-
primée.   **(PALAIS.)**

3. PASMAN TER KLOOSTER, WINKEL, à Hoogeween. — Poussière
de tourbe.   **(PALAIS.)**

4. RAHDER (J.-C.), à Nieuweroord. — Tourbes comprimées pour machines à
vapeur.   **(PALAIS.)**

**5. Société anonyme pour l'exploitation des Mines de Batve-
Panggal** (île de Bornéo), à Amsterdam. — Houille.   **(PALAIS.)**

6. VOGEL (Lambertus), à Middelbourg. — Coffres-forts.   **(PALAIS.)**
    Fournisseur de Sa Majesté le roi des Pays-Bas.

PORTUGAL.

1. ALCOBIA (João Thomé). — Métaux ouvrés.   **(PALAIS.)**

2. ALLEGRO (H. C.). — Tôles.   **(PALAIS.)**

3. BASTOS (Antonio Pinto) & Ca. — Tubes métalliques.   **(PALAIS.)**

4. CARDOZO (Gualdemiro). — Produits d'or et d'argent.   **(PALAIS.)**

5. CARDOZO (Ramiro Martins). — Métaux ouvrés.   **(PALAIS.)**

6. Companhia Previdente. — Tréfilerie.   **(PALAIS.)**

7. COSTA (Manoel Francisco da) & Ca. — Métaux ouvrés.   **(PALAIS.)**

8. Empreza Industrial Portugueza. — Produits métallurgiques.   **(PALAIS.)**

9. Empreza Progresso Industrial. — Métaux ouvrés.   **(PALAIS.)**

10. ENCARNAÇAO (A. C.) & Ca. — Métaux ouvrés divers.   **(PALAIS.)**

11. FERRAO (Duarte Augusto). — Métaux ouvrés.   **(PALAIS.)**

12. FONSECA (Francisco Henriques da). — Métaux ouvrés.   **(PALAIS.)**

13. RATTO (Antonio Moreira) & Fos. — Roches d'ornement.   **(PALAIS.)**

14. RIBEIRO (Joaquim Rufino). — Métaux ouvrés   **(PALAIS.)**

15. ROCHA CARVALHO (Onofre José da). — Métaux ouvrés.   **(PALAIS.)**

16. SANTOS (Joaquim Antunes dos). — Métaux ouvrés.   **(PALAIS.)**

17. SANTOS (Manoel Francisco dos) & Ca. — Métaux ouvrés. **(PALAIS.)**

18. SHALCK (H.). — Métaux ouvrés. **(PALAIS.)**

19. SILVA (Albino da). — Métaux ouvrés divers. **(PALAIS.)**

20. SILVEIRA MACHADO (Ulysses Eugenio da). — Métaux ouvrés. **(PALAIS.)**

21. TAVARES & Irmao. — Métaux ouvrés. **(PALAIS.)**

COLONIES PORTUGAISES.

1. Assotiation Portugaise, à Lisbonne (Ile Brava, Cap-Vert). — Chaux. **(PALAIS.)**

2. Musée des Colonies, à Lisbonne. — Collection de minéraux, minerais et produits minéralogiques des provinces de Cap-Vert, Saint-Thomas et Prince, Angola, Mozambique, Guinée portugaise ; Macao et Timor, et Inde portugaise. **(PALAIS.)**

ROUMANIE.

1. ANINOSEANU (P.), à Campu-Lung. — Pierre de taille. **(PALAIS.)**

2. AXERIO (Giovanni & Pietro), à Bucharest, strada Academiei, 37. — Colonnes, balustrades, socles, corniches et diverses plaques de marbre artificiel, plâtre. **(PALAIS.)**

3. BURBURE DE WESEMBECK (H. de), à Dersca (Mihaileni). — Grès bleu, 1re qualité. **(PALAIS.)**

4. DRAGHICEANU (Matéi M.), à Bucharest, rue Smardan, 16. — Échantillons de minéraux, du district de Turn-Séverin. Documents divers. **(PALAIS.)**

5. DUMITRASCO (Jon G.), à Boteni (Muscel). — Charbon de terre. **(PALAIS.)**

6. École communale des Arts et Métiers, à Iassy. — Ferblanterie, cuivrerie. **(PALAIS.)**

7. FERMO Fils (Menachem), à Bucharest, rue Covaci, 13. — Divers objets de ménage en cuivre. **(PALAIS.)**

8. FURCA (Nicolae N.), à Campu-Lung. — Pierres calcaires des carrières de Namaésti et de Dimboviciora. **(PALAIS.)**

9. GOROVEANU (Julie J.), à Ploesci. — Fers ouvrés en miniature. **(PALAIS.)**

10. GRADISTEANU (Ed.), à Bucharest. — Charbon de terre. **(PALAIS.)**

11. GRIGORESCU (Ion), à Targoviste. — Pétrole naturel, benzine, benzine raffinée, pétrole clarifié, pétrole de salon, pétrole normal, huile minérale brute, huile minérale raffinée, résidus, goudron. **(PALAIS.)**

12. MATAONU (Badea), à Boteni (Muscel). — Charbon de terre. **(PALAIS.)**

13. NEGROPONTES (Ulysse G.), à Onesci. — Chaux hydraulique. **(PALAIS.)**

14. OFFENHEIM & SINGER, à Ploesti. — Pétrole brut et ses dérivés. **(PALAIS.)**

15. THEILER (Josef), à Moinesti (Bacau). — Couche de terre jaune (ozoherit), parafine et parafine brute **(PALAIS.)**

16. WORTMANN (David), à Iassy, rue Véchia, 24. — Pétrole raffiné, pétrole extrait des résidus de goudron naturel ; pétrole naturel du monastère de Casinu.
(PALAIS.)

17. ZWIRMANN (Moritz), à Crayova. — Boîte en cuivre avec secret sans serrure.
(PALAIS.)

RUSSIE.

1. ALAVIANICHNIKOFF, à Iaroslav. — Cloches.
(PALAIS.)

2. AUERBACH & Cie, (District Bakhmouth). (Gouvernement de Ekatérinoslav). — Mercure et collection de minerais.
(PALAIS.)

3. BATACHEFF (N.) & Cie, à Toula. — Articles en cuivre.
(PALAIS.)

4. BOULFROY (E.) et Cie, à Bakou. — Huiles de naphte et graisses.
(QUAI.)

5. Compagnie de l'exploitation des Mines d'Alexievsk, (District Slavianoserbsk, Ekaterinoslaw). — Houilles, coke, minerais de fer.
(PALAIS.)

6. DENISSOFF (Alexis), à St-Pétersbourg. — Grotte de minéraux de l'Oural. Presse-papier de jaspe, presse-papier de malachite, tableau et table en jaspe. **(PALAIS.)**

7. GAIEVSKY Fréres, à Kirjatch (Moscou). — Articles en cuivre.
(PALAIS.)

8. IZENBEK (J. R.), à Bakou. — Pétroles.
(QUAI.)

9. KOCHKIN, à Rostov-sur-Don. — Anthracite.
(PALAIS.)

10. KOTLIAREVSKY (A. G.), Gouvernement des Cosaques du Don, district de Taganrok. — Collection de pierres. Minerais de manganèse.
(PALAIS.)

11. KRICHTOFOVITCH (P. E.) & Cie, à Borovitchy (Gouvernement de Novogorod). — Granit artificiel.
(PALAIS.)

  Collaborateur : Prince Basile Dinitvievitch Galitzin.
  Directeur : P. E. Christofowitch.

12. MARÉ (A.), à Saint-Pétersbourg. — Fers ouvrés.
(PALAIS.)

  Novaïa Sivkovskaïa. Usine de boulons, écrous, rivets, rondelles, etc. dépendant des boulonneries de Bogny Braux (Ardennes). Anciens établissements Joseph Maré et Gérard père. Récompenses : 1867 Paris, médaille d'argent ; Paris 1878, médaille de bronze et médaille d'or. Sydney 1879, médaille d'or ; Melbourne 1880, médaille d'or ; Anvers 1885, médaille d'or.

13. MARTINOVSKY (B.), à Ananievsk (Gouvernement de Kherson). — Granit et kaoline.
(PALAIS.)

14. NOBEL (S.) Frères, à Bakou. — Huiles minérales, pétrole.
(PALAIS.)

15. OVTCHINIKOFF, à P. Ujakovo (district de Werkhotoursk, Gouvernement de Perm. — Minéraux.
(PALAIS.)

16. OZOL (J. O.), à Moscou. — Fers à cheval et clous.
(QUAI.)

17. PACHKOFF (B. A.), Werkhotoursk, Gouvernement d'Oufa. — Cuivre brut. Fonderie de cuivre.
(PALAIS.)

18. RUDZKI & Cie, (Société de construction de Machines), à Varsovie. — Tuyaux en fer.
(PALAIS.)

  Fabrique de machines et fonderies à Varsovie.
  Usine fondée en 1857.
  Tuyaux de fonte coulés debout, avec emboîtement en bas.
  Système breveté en Russie.

19. SALISTCHEFF (I. B.), à Toula. — Samovars.
(PALAIS.)

20. SAMOILOFF (B. B.), à Saint-Pétersbourg. — Minerais.
(PALAIS.)

21. SCARJINSKY (J.), à Miguëi (District Elisabethgrad) et à Bourgone Majary (Stavropol). — Granit et kaoline. **(PALAIS.)**

22. SCHLOSSBERG (M.), à Moscou. — Huile de naphte raffinée. **(QUAI.)**

23. Société américaine-russe des produits du Naphte, Gouvernement de Nijni-Novgorod. — Produits du naphte. **(QUAI.)**

24. Société Chibaeff (J. M.), à Bakou et à Moscou. — Huiles minérales et pétrole. **(PALAIS.)**

> Société fondée en 1880.
> Entrepôts dans les principaux ports de France, Italie, Espagne, Pays-Bas, Allemagne, Autriche et Scandinavie.
> Représentant général : M. Ernest Bruntsch, Moscou et Lyon.

25. Société Générale des Cirages, à Moscou et à Odessa. — Boîtes à conserves de toutes sortes, boîtes métalliques pour la guerre. **(PALAIS.)**

26. Société Huta-Bankova, à Dombrovo. — Huile minérale et pétrole. **(PALAIS.)**

27. Société Industrielle des Naphtes de la Caspienne et de la mer Noire. — Naphte et ses dérivés, procédés d'exploitation et de raffinage, objets manufacturés d'emballage, modes d'exportation. **(QUAI.)**

28. Société métallurgique d'Alexandrowsk, à Saint-Pétersbourg. — Aciers et fers fondus. **(PALAIS.)**

29. Société métallurgique de Moscou, P. Goujon, à Moscou et à Kolpino (Gouvernement de Wladimir). — Fers, fils de fer et clous. **(PALAIS.)**

> L'usine a été fondée en 1861.
> Récompense à Paris 1878, Médaille de bronze.

30. Société métallurgique du Sud de la Russie, (Cockerill), à Kamenekaïa Gouvernement d'Ekaterinoslaw. — Echantillons, minerais de fer, charbons, coke, fonte, fers, aciers, rails, essieux, etc. **(PALAIS.)**

31. Société V. J. Ragozine, Usine à Balakna, Gouvernement de Nijni-Novgorod et Gouvernement de Laraslaw. — Huiles minérales, pétrole. **(QUAI.)**

32. Société des usines de ciment et de l'huilerie de C. Schmidt, à Riga. — Ciment. **(PALAIS.)**

33. SVISTCHNIKOFF (A. B.), à Ekaterinbourg. — Articles en pierre. **(PALAIS.)**

34. TEPLOVA (Mme B.), à Toula. — Appareils de serrurerie. **(PALAIS.)**

35. THRZANOVSKY (E.), à Varsovie. — Tissus métalliques. **(PALAIS.)**

36. VEINSTEIN (D. A.), à Odessa. — Huiles minérales. **(QUAI.)**

37. WORONTZOFF Frères, à Toula. — Samovars. **(PALAIS.)**

38. ZOLOTAREFF (Th.) & Cie, (Gouvernement de Coutaïs, Caucase). — Minerais. **(PALAIS.)**

GRAND-DUCHÉ DE FINLANDE.

1. AHLSTRAND (Fredr.), à Helsingfors. — Monument. **(PARC.)**

2. Amis touristes (Les), à Helsingfors. — Collection de minéraux. **(PARC.)**

3. BERGMANN (K. V.), à Helsingfors. — Monument de granit. **(PARC.)**

4. Forges de Billnaes, à Karis. — Outils et instruments en acier pour l'agriculture et l'exploitation de forêts. **(PARC.)**

5. **Forges de Varesjoki,** à Salo. — Ressorts et haches. **(PARC.)**

6. **Forges et Fonderies d'Aminnefors,** à Karis. — Tôles, aciers, outils. **(PARC.)**

7. **GRANIT CARRIÈRES,** à Hangoe. — Colonnes, monolithes, monuments et pavés. **(PARC.)**

8. **STIGELL (H. J.),** à Helsingfors. — Monument en granit noir. **(PARC.)**

SAINT-MARIN.

1. **CASALI (Matteo),** à Saint-Marin. — Chaînes à anneaux en pierres du Mont-Titan. **(PALAIS.)**

2. **Commission du Gouvernement.** — Cheminée en pierre du Mont Titan, et divers échantillons de la même pierre, échantillons de plâtre à mouler de Faetano. **(PALAIS.)**

3. **MANZONI (Comte Angelo),** à Saint-Marin. — Collection géologique des fossiles du territoire de Saint-Marin. **(PALAIS.)**

4. **VITO (Serafini),** à Saint-Marin. — Spécimens de diverses qualités de tripoli, poudre à polir. **(PALAIS.)**

SALVADOR.

1. **ARBIZU (Enrique),** à San-Salvador. — Minerais de fer, argent et cuivre. **(PARC.)**

2. **Compagnie Minière de Loma Larga.** — Minerais d'argent. **(PARC.)**

3. **Compagnie Minière de San Sébastian.** — Minerais or et argent. **(PARC.)**

4. **Compagnie Minière de Santa-Rosa.** — Minerais d'or et d'argent. **(PARC.)**

5. **Département de Cabanas.** — Opale mère. **(PARC.)**

6. **Département de Chalatenango.** — Calcaires variés. Pierres calcaires cristallisées. Terres glaises ferrugineuses. **(PARC.)**

7. **Département de San-Miguel.** — Lignites. **(PARC.)**

8. **Département de Santa-Ana.** — Plombagine. Labradorita. Lignite. Marbre noir taillé. **(PARC.)**

9. **Département de San-Vicente.** — Sels del ansol de Saint-Vincent. Sulfure de fer cristallisé. **(PARC.)**

10. **Département de Usulutan.** — Arbre pétrifié (chaux). **(PARC.)**

11. **GIRARLT (Alejandro)** à Loma Larga. — Minerais d'argent. **(PARC.)**

12. **HERRADOR (Aparicio),** à San-Salvador. — Serrures communes et fines. Haches communes, Hachettes et serpettes. **(PARC.)**

13. **HUGUET (J.)** à San-Salvador. — Collection d'échantillons, divers, minerais, or, argent, cuivre. **(PARC.)**

14. **MACAY (José Miguel),** à Divisadero. — Minerais d'argent. **(PARC.)**

15. **PEÑA (Rafael R.),** à San-Salvador. — Minerais d'or et d'argent. **(PARC.)**

16. PEREZ (J.), à Santa-Ana. — Porphyre.   (PARC.)

17. Village de Aguas Calientes. — Calcaire ferrugineux. Ocres basaltiques.
Ocres rouges.   (PARC.)

18. Village de Chinameca. — Sulfure de fer.   (PARC.)

19. Village de Coatepeque. — Carbonate de fer.   (PARC.)

20. Village de Divisadero. — Or et argent natifs.   (PARC.)

21. Village de Dulce Nombre. — Savons aurifères. Sulfures de zinc. (PARC.)

22. Village de Encuentros. — Argent en poudre.   (PARC.)

23. Village de Gorjila. — Marbre blanc.   (PARC.)

24. Village de Gotero. — Pierre lithographique.   (PARC.)

25. Village de Jocoro. — Sulfure de zinc flamand.   (PARC.)

26. Village d'Izalco. — Arbres silicatilisés. Exportation.   (PARC.)

27. Village de Loma Larga. — Plomb argentifère. Argent natif. Cristal de
roche.   (PARC.)

28. Village de Métapan. — Sulfure double d'antimoine et d'argent. Silicate de
chaux, alumine et fer. Carbonate de fer. Platine de fer fondu.   (PARC.)

29. Village d'Olocuilta. — Marbre noir pour construction. Lignites ferrugineuses
pour fonte. Graphite pour industrie.   (PARC.)

30. Village de Potonico. — Plâtre. Pyrites de fer cristallisées, en poudre. (PARC.)

31. Village de San Fernando. — Fer hématite. Plomb argentifère. Carbonate
et sulfate de cuivre. Mica ferrugineux et sulfure de fer.   (PARC.)

32. Village de San-Francisco Mercédès. — Fer pyroxénique. Sulfure de
zinc. Pyrite de fer. Albâtre colepta. Quartz et or natif.   (PARC.)

33. Village de San-Isidor. — Fer oligiste. Carbonate de chaux pur.   (PARC.)

34. Village de S. J. Lempa. — Lignites compactes.   (PARC.)

35. Village de Tejutla. — Sulfure de fer. Calcaire désagrégé.   (PARC.)

36. Village de Texistepeque. — Pierres de jaspe.   (PARC.)

37. Village de Torola. — Lignites compactes   (PARC.)

38. Village de Victoria. — Pyrite de fer en poudre. Jaspe jaune.   (PARC.)

39. Village de Virginia. — Sulfure de mercure.   (PARC.)

40. Village de Volcan. — Plâtres.   (PARC.)

41. Ville de Métapan. — Hématite rouge. Sulfate et carbonate cuivre et plomb.
Sulfure d'argent. Marbre noir. Albâtre. Carbonate de chaux opaque, etc.   (PARC.)

42. Ville de San-Vicente. — Silicate de soude ferrugineux.   (PARC.)

43. Ville de Sensuntepeque. — Savons aurifères. Argiles, ocres divers. (PARC.)

44. Ville de Suchito. — Lignites compactes.   (PARC.)

SERBIE.

1. ANDJELKOWITCH (A.), à Valiévo. — Pierres meulières.   (PALAIS.)

2. APEL & DIMITRIEWITCH, à Kraliévo. — Lignite brune, schiste bitumineux.   (PALAIS.)

3. BELI-MARKOV (Général), à Vraci. — Cube de marbre blanc.   **(PALAIS.)**

4. BOCHKOWITCH (B.), à Sisevatz-Vrtchitch. — Houille.   **(PALAIS.)**

5. CHAUDOIR & Cie, Maïdanpék. — Minerais de cuivre, de manganèse, pyrolisite, roches calcaires, trachyte, motte et scories de cuivre, sulfure de nickel, carte géologique.   **(PALAIS.)**

6. Compagnie industrielle Serbe, à Wrchka-Tchulla, près Zaïtchar. — Houille.   **(PALAIS.)**

7. Concession de Belo-Berdo, à Tchéperska-Livada. — Collection de minerais divers.   **(PALAIS.)**

8. GEORGEVITCH (M.), à Podiviss. — Lignite, schiste bitumineux.   **(PALAIS.)**

9. GLIGOROVITCH (J.), à Ripagne. — Ciment hydraulique.   **(PALAIS.)**

10. HOFMAN (S.), à Koutchaïna. — Minerais de zinc, pyrolisite, minerais argentifères et aurifères, terres réfractaires, dolomie, roches ; carte géologique.   **(PALAIS.)**

11. JACOWLIÉVITCH (J.), à Béli-Potok. — Galène, (plomb sulfuré).   **(PALAIS.)**

12. JACOWOLIÉVITCH (T.), à Missatcha. — Lignite.   **(PALAIS.)**

13. Manufacture royale d'armes et fonderie de canons, à Kragouyevatz. — Crochet d'avant-train brut de forge (modèle 85); un autre terminé, pièce brute de machines en fonte.   **(PALAIS.)**

14. MILOVANOVITCH (N.), à Kostaïnik. — Minerai de fer de Mitrow-rid, minerai de plomb, antimonite.   **(PALAIS.)**

15. Ministère du Commerce et de l'Agriculture, à Belgrade. — Plomb sulfuré, minerais de plomb, céruse, minerais de zinc, sphalérite, calamine, antimonite, minerais d'arsenic, pyrite de fer, minerais de manganèse, plomb, houilles, lignite, schiste bitumineux, bois fossile, gypse, magnésie, roches éruptives, calcaires, barytes, grès, agate, ardoises, hachytes, marbre, pierres meulières, marbre blanc, pierres lithographiques, amiante, minerais de chrôme et de molybdène, minéraux divers, produits des fouilles, minerais d'or, de fer, de cuivre, cinabre. Carte des travaux miniers des Anciens en Serbie, carte des minéraux utiles.   **(PALAIS.)**

16. OZEROWITCH (A.), à Dobra. — Houille, plans et photographies des gisements.   **(PALAIS.)**

17. POPOWITCH (J. Z.), à Raïkovo. — Lignite.   **(PALAIS.)**

18. SAVITCH (A.), à Kopotchévo. — Marbres.   **(PALAIS.)**

19. SAVITCH (A.), à Ripagne. — Galène (plomb sulfuré).   **(PALAIS.)**

20. SIBINOWITCH à Winna. — Lignite, schiste bitumineux.   **(PALAIS.)**

21. Société d'exploitation des mines d'argent et de mercure, à Ripagne — Cinabre.   **(PALAIS.)**

22. SOKOLOWITCH, à Aloksar. — Lignite brune.   **(PALAIS.)**

23. WAIFERT (J.), à Nisch. — Galène, minerai de manganèse de Zweni-Breg ; mercure d'Avala.   **(PALAIS.)**

RÉPUBLIQUE SUD-AFRICAINE.

1. Albert-Mine Company (Limited), à Pretoria. — Échantillons de minerai de cuivre argentifère.   **(ESPLANADE.)**

2. CHARLTON & MEYER, à Johannesburg. — Échantillon d'une tonne et demie de minerai aurifère.   **(ESPLANADE.)**

3. DAWSON (W. E.), à Pretoria. — Collection d'échantillons de roches, minerais et minéraux.   **(ESPLANADE.)**

4. Département des Mines de la République Sud-Africaine (Le), à Pretoria. — Collection d'échantillons de roches, minerais et minéraux, combustibles minéraux.   **(ESPLANADE.)**

5. HUGO (H.), à Roos-Senekal. — Minerai de fer magnétique.   **(ESPLANADE.)**

6. STRAUSS (R.), à Pretoria. — Minerai de zinc (Blende).   **(ESPLANADE.)**

SUÈDE.

1. SORENSEN (N. G.), à Stockolm. — Serrures automatiques à gravité.
                                                                     (PALAIS.)

SUISSE.

1. BANNWART & BRUNNER, à Zurich. — Clous à cheval, clouterie de souliers, fiches et fers à repasser à braise.   **(PALAIS.)**

> Maison fondée en 1845 par M. Freymann-Alder, beau-père de M. Bannwart.
> Fabrique de ferronnerie, fiches, charnières, fers à repasser, outils divers, fabriqués à chaud avec des machines spéciales brevetées, machines pour la charcuterie (Groupe VI) et importation d'articles américains.

2. BRUGGER (Samuel), à Kien (Berne). — Houille de la vallée de Kander, pierre à l'huile, pierre à four et granits divers, pierre métallique d'Uschinen, Oschenen et d'Adelboden.   **(PALAIS.)**

3. BURGIN Freres, à Schaffhouse. — Clous dorés, nickelés, argentés, jaunes, blancs, clous de tenture, de style et de décoration.   **(PALAIS.)**

4. Commune bourgeoise de Saicourt, à Saicourt (Berne). — Sable vitrifiable.
                                                                     (PALAIS.)

5. EICHENBERGER (Frédéric), à Berne. — Collection de fers à cheval.
                                                                     (PALAIS.)

6. HANSELMANN (Jacob), à Riedtwyl (Berne). — Vis pour chars et vis pour vases, en laiton et en fer, garnitures de harnais en laiton et en palladium, cloches, etc.
                                                                     (PALAIS.)

7. HAUSER (E.), à Morell (Valais). — Talc, steatite (speckstein) pour industries diverses, graissage des machines préservant du tartre dans les chaudières à vapeur.
                                                                     (PALAIS.)

8. HUBER (Paul), à Wattwil (Saint-Gall). — Appareil à pression pour débits de bière, au moyen de l'acide carbonique liquide, appareil à lessive, tuyau conique en cuivre renforcé et bombé.   **(PALAIS.)**

9. MATHIAS Jeune (Jules), à Paris, rue Saint-Lazare, 56. — Minerai de manganèse, provenant de la mine de l'Alpplatz, près Roffna (Grisons suisses).
                                                                     (PALAIS.)

10. MIGNIOT & BARMAN, à Paris, boulevard Saint-Germain, 50. — Minerai de plomb, provenant de la mine de plomb argentifère de Loetschen (Valais, Suisse).
                                                                     (PALAIS.)

11. NICOLA, à Berthoud (Berne). — Feuilles d'étain laminé, brillantes et colorées et capsules à boucher.   **(PALAIS.)**

12. PAVID (Louis), à Neuchâtel. — Collection de divers modèles. **(PALAIS.)**

13. PERRET (Le Lieutenant-Colonel **David),** à Neuchâtel. — Ferrure à glace. **(PALAIS.)**

14. Société anonyme pour l'Industrie de l'Aluminium, à Neuhausen (Schaffhouse). — Aluminium, bronze d'aluminium, ferro-aluminium, cuivre silicieux. **(PALAIS.)**

15. VIGLINO (Charles), à Chavornay (Vaud). — Cloches et clochettes. **(PALAIS.)**

URUGUAY.

1. DUPUY (Enrique), à Montevideo. — Boîte de minéraux. **(PARC.)**

2. HUGUES (Conrado), à Paysandu. — Terre plastique. **(PARC.)**

3. PIROVANO & VESASCHINI, à Montevideo. — Granit. **(PARC.)**

4. POSADAS (C. Barrial), à Montevideo. — Échantillons minéraux. **(PARC.)**

5. VIDAL (Francisco A.), à Minas. — Échantillons de marbres. **(PARC.)**

6. VOLMY-LABAURE, à Montevideo. — Colonne en marbre. **(PARC.)**

VÉNÉZUÉLA.

1. Commission de Baruta. — Cristal de roche. **(PARC.)**

2. Commission de Caucagua. — Schistes, argiles, calcaires divers, fer oligiste, marne schisteuse, serpentine, stéatite. **(PARC.)**

3. Commission de Chacao. — Kaolin, quartz, guanos divers, diabase, (pierre verte). **(PARC.)**

4. Commission de Ciudad de Cura. — Schiste novaculaire, gypse, calcaire compact, micaschiste. **(PARC.)**

5. Commission de l'État des Andes. — Urao de Lagunillas (sesquicarbonate de soude). **(PARC.)**

6. Commission de l'État de Bolivar. — Pierres météoriques, pierre de alcornoque (pétrification du tondichia virgilioïdes), jaspe. **(PARC.)**

7. Commission de l'État Zulia. — Produits de l'exploitation des mines : quartz aurifère, minerai de cuivre, minerai de fer, asphalte, bitume, pétrole brut, houille, lignite, argile, sables, gypse, talc, ocre, ocre rouge. **(PARC.)**

8. Commission de la Ville de Cumana. — Divers échantillons de terres de couleur, échantillons de gypse. **(PARC.)**

9. Commission de l'Ile d'Orchila. — Quartz. Schiste argileux avec des pyrites de fer, et schiste argileux noir. Guano, chaux. Phosphate d'alumine ferrifère. **(PARC.)**

10. Commission de Nirgua. — Carbonate de cuivre ferrifère, calcaire, argile, kaolin, lignite, pyrite de fer, mica. **(PARC.)**

11. Compagnie des Mines d'Aroa. — Minerais de cuivre. **(PARC.)**

12. État Bermudes. — Grès et argile compacte de Cumana. Argile de Carupano. Asphalte de Guariquen. **(PARC.)**

13. État de Carabobo. — Gneiss avec des pyrites. Roche amphibologique, avec des infiltrations de carbonate de cuivre.   **(PARC.)**

14. État Guzman-Blanco. — Molasse, espèce de grès rouge. Argile aurifère. Molasse blanchâtre. Argile rouge, aurifère et argentifère. Carbonate de cuivre (bleu). Ocre rouge de Orituco.   **(PARC.)**

15. État Zulia. — Asphalte de Maracaïbo.   **(PARC.)**

16. Gouvernement de Vénézuéla. — Charbon minéral d'Orituco, de Tagua et de Curamichate. Guano de Barrancos et de Mucura. Craie, marne, gypse, pyrite de fer de Taguai.   **(PARC.)**

17. MUNCH (J.-B.) et Cie. à Maracaïbo. — Asphalte. Lagato (substance bitumineuse).   **(PARC.)**

GROUPE V.

INDUSTRIES EXTRACTIVES. PRODUITS BRUTS ET OUVRÉS.

Classe 42.

Produits des exploitations et des industries forestières.

FRANCE.

1. **BALETON (Octave) Jeune et Cie,** à Mézin (Lot-et-Garonne). — Liéges ouvrés, lieges à polir, lieges pour couvertures. **(PALAIS.)**

2. **BARIGNY (Alfred),** à Paris, rue Sainte-Croix-de-la-Bretonnerie, 48. — Liéges et bouchons. **(PALAIS.)**

3. **BARRAT,** à Paris, avenue Daumesnil, 62. — Lot de bois d'ébénisterie. **(PALAIS.)**

   Maison d'achat à Aigueperse (Puy-de-Dôme). Bois debités pour l'ébénisterie et la menuiserie. Spécialités de noyer noir d'Auvergne et vernis de tous autres pays. Placages de toutes sortes, scies et tranchés de toutes epaisseurs. Madriers de toutes dimensions pour la sculpture.

4. **BARONNET-BURET,** à Dammartin-en-Serve (Seine-et-Oise). — Tapis-brosse et paillassons en coco. Tapis gratte-pied. Tapis d'aloès et hamacs. **(PALAIS.)**

5. **BÉLIARD (Charles-E.),** à Cholet (Maine-et-Loire). — Chaussures pour hommes, femmes et enfants. **(PALAIS.)**

6. **BONNEFOUS (Pierre),** à Moissac (Tarn-et-Garonne). — Viroles et rondelles pour bouchage hermétique des flasks. **(PALAIS.)**

7. **BOURBON (P.-Adolphe),** à Corbeil (Seine-et-Oise), quai de la Pêcherie, 31. — Sabotines, socques, fourrés, bois plats, mules. **(PALAIS.)**

   Semelles de galoches. Maison fondée en 1840. Bois d'ébénisterie, panneaux, et plateaux en noyer, bois de charronnage débités. Moyeux, rais, jantes.

8. **BRIOT de la MALLERIE (Gustave),** à Penhars, près Quimper (Finistère), au Manoir de Kerlagatu. — Bois de châtaignier sans gélivures. **(PALAIS.)**

   Bois de châtaigniers traités par la méthode inventée par l'Exposant.
   Chevalier de la Légion d'honneur et du Mérite agricole.

9. **BRUEL et Fils,** à Souillac (Lot). — Écorces de chêne. Écorçons. Tan. **(PALAIS.)**

10. BRUN (Vve J.-P.) & Fils, à Paris, rue des Halles, 19. — Liége brut et ouvré, bouchons pour brasseurs, distillateurs, négociants en eaux minérales, vins et épiceries.   (PALAIS.)

> Fabrique de bouchons. — Bouchons garantis ne donnant aucun goût aux vins, liqueurs, bières, eaux minérales et autres liquides. Barcelone 1888, Médaille de mérite pour éponges.

11. CAPGRAND-MOTHES, Château de Saint-Pau, par Sos (Lot-et-Garonne). — Ecorce de chênes-liéges, culture ordinaire; Ecorce de chênes-liéges, culture nouvelle.   (PALAIS.)

> Procédé Capgrand-Mothes faisant obtenir les écorces sans croûte, san crevasses et sans piqûres. — Spécimens de bois d'œuvre du Sud-Ouest. Médaille d'or à Barcelone, 1888.

12. CARPENTIER (Henri), à Noyon (Oise). — Semelles en bois pour chaussures.   (PALAIS.)

13. CAVENNE (Alexandre), à Clamecy (Nièvre). — Formes pour chaussures et embauchoirs.   (PALAIS.)

14. CHAMBRELENT (Jules), à Paris, rue du Four, 57. — Poteaux télégraphiques. Poteaux de mines. Pavés de bois, traverses de chemins de fer et autres produits des forêts des Landes.   (PALAIS.)

15. CHAUCHOT, à Paris, rue Traversière, 57. — Placages de bois des îles et indigènes.   (PALAIS.)

16. COSTE-TOLCHER (Jean-Baptiste), à Paris, rue du Faubourg-Saint-Denis, 87. — Articles de vannerie.   (PALAIS.)

17. DELAYGUE Fils & Cie, à Marseille (Bouches-du-Rhône), rue des Convalescents, 10. — Gommes arabiques et résines.   (PALAIS.)

> Médaille de bronze à l'Exposition universelle de Paris 1878.

18. DELBECK (L.-G.), à Autruche (Ardennes). — Osiers blancs, gris et rouges.   (PALAIS.)

19. DELIQUE Frères (Joanny et Francisque), à Paris, rue des Boulets, 45. — Placages teints pour marqueterie et ébénisterie, épaisseurs noires pour moulures de meubles, teinture noire superficielle pour les bois.   (PALAIS.)

20. DERNIER (René), à Voussac (Allier). — Sabots de différents genres. (PALAIS.)

21. DESOUCHES (Ch.) & BRUYER, Entrepôt d'Ivry, à Paris, rue Geoffroy-Lasnier, 30. — Charbons de bois, tous charbons de cuisine, agglomérés et provisions ménagères.   (PALAIS.)

22. DROUILLET (J.) & Fils, à Paris, rue Tiquetonne, 44. — Liéges bruts et ouvrés sous toute forme et pour toute industrie.   (PALAIS.)

> Bouchons semelles, planches à insectes ; moules pour passementiers et tous articles de tours. Viroles, rondelles perforées. Loupes pour horlogers, polissoirs pour bijoutiers, roues pour tailleurs de cristaux. — Maison fondée en 1830.

23. GILBARD, P. MONNET & CARTIER, à Paris, rue Beaurepaire, 24. — Extraits de toutes matières tannantes.   (PALAIS.)

24. GIRARDOT (V.-E.), à Paris, rue Saint-Nicolas, 10. — Bois de placage et exotiques en billes.   (PALAIS.)

25. GIRAUD-PINE (Jacques), à Olmet, par Augerolles (Puy-de-Dôme). — Produits de bois résineux.   (PALAIS.)

26. GIRAULT (Louis), à Morogues, canton des Aix (Cher). — Outils en bois.   (PALAIS)

27. GONDOLO (Vve Paul), à Courbevoie (Seine), rue de la Garenne, 22. — Extraits de chêne et de châtaignier décolorés.   (PALAIS.)

28. GRANDPIERRE (Arthur), à Paris, rue du Faubourg-Saint-Antoine, 60. — Échantillons de bois.   **(PALAIS.)**

29. HALLET (Joseph-M.) & Cie, à Paris, rue de Javel, 61. — Tapis brosses en coco, tapis en sparterie, grilles à carreaux en soie végétale, tissus en coco, en sparte, en jute et en aloès.   **(PALAIS.)**

  Sacs à charbon en coco ou sparte. Balais en soies de porc, balais en piassava, balais en coco, en tempico, lave-place de brosses et tous modèles.

30. HAUT (Marc de), à Signy, par Bonnemarie (Seine-et-Marne). — Échantillons de bois, avec poids spécifiques.   **(PALAIS.)**

31. HUANT-HOURDEAUX (Albin-L.), à Vouziers (Ardennes). — Grosse vannerie, paniers à fruits et à vin, osiers fendus pour tonnellerie, osiers blancs, gris et rouges.   **(PALAIS.)**

32. JOUANIQUE et Cie, à Mussy-sur-Seine (Aube). — Briquettes, charbon universel. Noir pour peintres. Poêles économiques.   **(PALAIS.)**

33. KAHN (Gustave), à Paris, rue Pigalle, 39. — Charbons de bois. Allume-feux « Le Télépire ».   **(PALAIS.)**

  Allume-feu économique, pour cheminées, poêles, fourneaux de cuisine, machines à vapeur, calorifères d'hôtels, d'églises, etc. Fournisseur des principales administrations de la Ville et de l'État. — Anthracite, bois, charbons de terre, cokes, briquettes. Boulets Bernot.

34. LA BAYLE (Édouard), à Benquet (Landes). — Modèle d'usine pour l'exploitation des bois de pins des Landes, résine, essence, bois ouvrés divers, buchettes landaises.   **(PALAIS.)**

35. LACOUR Frères (George et Jules), à Bordeaux (Gironde), rue Poirier, 43. — Enveloppes en paille et joncs pour emballage de bouteilles ; nattes, paillassons, etc.   **(PALAIS.)**

36. LANCELIN (Ulysse), à Chamoy (Aube). — Bobines pour filatures. **(PALAIS.)**

37. LAURENT-JOURDHEUILLE (G.-E.), aux Riceys (Aube). — Plaques et rondelles de pins et autres bois résineux.   **(PALAIS.)**

38. LE BOURGEOIS (Raoul), à Dieppe (Seine-Inférieure). — Bois à moulures, menuiserie, charpente, couverture. Parquets, pavés créosotés ou non. Fibres de bois.   **(PALAIS.)**

  Bois débités pour caisses. Douvelles. Rondins pour pâte de bois. Chêne pitchpin.

39. LE CŒUR & Cie, à Paris, rue Humboldt, 23. — Bois travaillés et bois en grumes formant la décoration du pavillon des forêts et provenant des forêts de l'État.   **(PALAIS.)**

40. LIMARE (Charles) et ses Fils, à Fécamp (Seine-Inférieure), rue Charles Leborgne. — Bois de pitchpin et autres, parquets, moulures et découpures, parquets sur bitume, pavages en bois, étuvage des bois et tissus par procédé Audouard. **(PALAIS.)**

  Menuiserie mécanique, machines agricoles. Concessionnaires des étuves Audouard et des hamac-chair Maertens, brevetés s. g. d. g. Mobilier scolaire.

41. MARCHAL (J.) & BORIES (L.), à Maurs (Cantal). — Extraits tanniques de châtaignier et de chêne raffinés.   **(PALAIS.)**

  Brevetés S. G. D. G.

42. MARTIN (Société française de tranchage des bois), à Paris, passage Charles-Dallery, 16. — Bois des îles et de France.   **(PALAIS.)**

43. Ministère de l'Agriculture (Administration des forêts), Directeur : **M. Daubré** ; Conservateur des forêts, à Amiens, **M. de Gaiffier** ; Administrateur : **M. Sée**, à Paris. — Chalet en bois sans écorce, renfermant les collections de l'Administration des forêts. Collection de bois bruts et ouvrés, technologie, entomologie, myrologie forestière, statistiques, etc.   **(PALAIS.)**

44. MONCARRÉ (Joseph), à Paris, rue de Flandre, 55. — Caisses et boîtes d'emballage. **(PALAIS.)**

> Médaille d'argent et mention honorable, Exposition Universelle et internationale, Paris 1878.

45. MOUGENOT (Louis), à Paris, rue de Charonne, 34. — Bois de placage tranchés circulairement, demi-circulairement et horizontalement. **(PALAIS.)**

46. NAZARIAN Frères, à Paris, rue de Reuilly, 41. — Placages, de bois des îles et autres, noyers de Turquie, loupes de noyers, de frêne, de peoplar, de tchicodjia, amboine de Turquie, en grumes. **(PALAIS.)**

> Exploitations de bois en Asie : Turquie, Russie, Perse, etc., etc.
> Spécialité de Loupes de Noyer et de Noyers veinés.
> Maison d'Importation à Constantinople. — Comptoirs en Orient.

47. NORMAND (Alexandre), à Benest (Charente). — Sabots en bois de noyers. **(PALAIS.)**

48. PANCHÈVRE (Louis-H.), à Paris, rue de Vaugirard, 235. — Écorces de chêne taillis des forêts de Château-Renault et de Château-la-Vallière. Charbons de bois fabriqués sur place en plein air. **(PALAIS.)**

49. PIERSON (Émile), à Nogent-sur-Marne, au Perreux (Seine), rue de Nancy, 2. — Surtout, cache-pots, jardinières et corbeilles à fleurs, tables-nécessaires et corbeilles à ouvrage. Panniers et boîtes à bonbons. **(PALAIS.)**

50. RICHARD-BERTRAND (E.-A.-Rodolphe), à Olivet (Loiret). — Balais de bruyère et de bouleau. **(PALAIS.)**

51. ROBERT & Cie, à Aisy-sur-Armançon (Yonne). — Barils, seaux, baquets pour emballage de beurre, margarine, moutarde, etc. **(PALAIS.)**

52. ROQUET (F.) & PAPIN, à Rouen, rue de la Vicomté, 34. — Tapis végétaux et paillassons en tous genres. **(PALAIS.)**

53. SALVADOR (Gabriel), Colonel à la Commanderie de Ballan (Indre-et-Loire). — Bois de pins et chênes, cèdres, taxodiums, conifères exotiques. **(PALAIS.)**

> Commandeur de la Légion d'honneur. — Chevalier du Mérite Agricole.
> Lauréat de la Société Nationale d'Agriculture de France pour plantation et aménagement de la forêt de Lugos (Gironde) contenant 800 hectares.
> Lauréat des concours régionaux de Tours et de Bordeaux.

54. SAVOIE (H.-Charles), à Paris, rue Claude-Pouillet, 3. — Grosse vannerie en rotin. **(PALAIS.)**

55. Société Anonyme des liéges appliqués à l'industrie, à Paris, rue du Delta, 13. — Liéges manufacturés. **(PALAIS.)**

56. Société Anonyme des liéges de l'Edoug (Algérie), à Paris, rue de Berlin, 38. — Liéges bruts et préparés. **(PALAIS.)**

57. Société anonyme « La Subérine », à Paris, rue Guersant, 36. — Liéges pulvérisés. **(PALAIS.)**

58. SPILLEMAECKERS (Constant), à Paris, boulevard Voltaire, 238. — Bois d'ébénisterie, placages. **(PALAIS.)**

59. TAILLADE (Georges), à Gourdon (Lot). — Bois de noyer de France dans toutes ses applications. **(PALAIS.)**

60. THÉVENET ASCONOBITE, à Paris, boulevard Saint-Germain, 169. — Liéges et bouchons. **(PALAIS.)**

61. VAN OYE (Albert) & Cie, à Vez (Oise). — Produits du rotin et du bambou appliqués aux meubles, aux chemins de fer, à l'artillerie, aux télégraphes de campagne.   **(PALAIS.)**

   Paris 1867, Médaille d'argent. — Vienne 1873, Médaille d'or, Diplôme d'honneur. — Paris 1878, Médaille d'or. — Amsterdam 1883, Diplôme d'honneur, Médaille d'or. — Anvers 1885, 2 Diplômes d'honneur. — Barcelone 1888, 2 Médailles d'or.

62. VIGUÉS Fils (A.-G.), à Paris, rue du Faubourg-Saint-Antoine, 59. — Tableaux de placages divers, bois d'ébénisterie. Bois en grume bruts et façonnés. Collection des bois servant à l'ébénisterie et à la menuiserie.   **(PALAIS.)**

63. VILLETELLE (Pierre), à Saint-Bérain-sur-Dheune (Saône-et-Loire). — Sabots de toutes variétés.   **(PALAIS.)**

COLONIES.

ALGÉRIE.

1. BARRIS (José), à la Calle (Constantine). — Planches de liège.   **(ESPLANADE.)**

2. BASTIDE (Léon), à Bel Abbès (Oran). — Morceau de loupe de thuya taillé et verni, autres produits des industries forestières.   **(ESPLANADE.)**

3. BELKACEM ben Ali, aux Béni bel Aïd, Commune mixte d'El Milia (Constantine). — Couffins pour cueillette des olives.   **(ESPLANADE.)**

4. BORGEAUD (Jules), à Alger, rue Waisse, 4. — Liège de la province d'Alger, sparterie alfa et ses applications.   **(ESPLANADE.)**

5. BOURLIER (Charles), à Réghaïa (Alger). — Liège brut et ouvré.   **(ESPLANADE.)**

6. BROUSSAIS (Henri), à Beni Khalfoun, Commune de Palestro (Alger). — Liège et planches.   **(ESPLANADE.)**

7. BURE (Adrien), à l'Ouider (Constantine). — Bois, tannins, liège, ensemble de produits forestiers.   **(ESPLANADE.)**

8. CANTON (Alexandre), à Toulouse (Haute-Garonne). — Bouchons et balles liège des forêts de M'Silah.   **(ESPLANADE.)**

9. CARPENTIER (Édouard), à Djidjelli (Constantine). — Lièges en balles, en planches, en carrés et en bouchons, écorces à tan de chêne-liège, bois de chêne zéen.   **(ESPLANADE.)**

10. CAYROL, (Maire de Dellys), à Dellys (Alger). — Bois du pays.   **(ESPLANADE.)**

11. CAZAUBAN (J. B.), à Bougie (Constantine). — Lièges bruts et lièges ouvrés.   **(ESPLANADE.)**

12. CHABERT (Hubert), à Alger. — Écorces à tan de toutes les essences existant en Algérie et des bois de toutes qualités.   **(ESPLANADE.)**

13. CHEVALLIER, à Alger, rue d'Isly, 47. — Lièges bruts et ouvrés, écorces diverses de chênes-lièges et de chênes verts, chêne vert.   **(ESPLANADE.)**

14. CHIRIS (Antoine), à Boufarik (Alger). — Bois d'eucalyptus, d'acacia, aléophila, brins pour cannes.   **(ESPLANADE.)**

15. Comice agricole de Bougie, à Bougie (Constantine). — Bois, liège, écorces à tan.   **(ESPLANADE.)**

16. Comice agricole de Souk-Ahras, à Souk-Ahras (Constantine). — Bois de différentes essences, goudron.　　　　　**(ESPLANADE.)**

17. Comice agricole d'Orléansville, à Orléansville (Alger). — Bois bruts.　　　　　**(ESPLANADE.)**

18. Comice agricole de Médéah, (Alger). — Bois, liége.　　　　　**(ESPLANADE.)**

19. CONDORET et TERRADAS, à Alger, rue Mahon, 8. — Liége brut, liéges préparés, bouchons en liége, barres en liége, sciure de liége et travaux divers en liége.　　　　　**(ESPLANADE.)**

20. COSTERIZAN (Henri), à Oran, village St-Pierre. — Tannin extrait de plantes d'Algérie.　　　　　**(ESPLANADE.)**

21. COUSIN (Adolphe), à Oran. — Rapports sur les travaux de la société de reboisement.　　　　　**(ESPLANADE.)**

22. CRUVÈS (Eugène), à Alger-Agha. — Liége de diverses qualités, noix de galle.　　　　　**(ESPLANADE.)**

23. CUREL (Antoine), à Souk-Ahras (Constantine). — Liége de la forêt des Sidi-Mekla.　　　　　**(ESPLANADE.)**

24. DEBARD (Florentin), à l'Arba (Alger). — Cannes de grenadie , d'oranger, de caroubier et d'olivier.　　　　　**(ESPLANADE.)**

25. DJELFA (La Commune indigène de), à Djelfa (Alger). — Bois de pin pour construction.　　　　　**(ESPLANADE.)**

26. DOLFUS (Gustave), à El Haunser, commune mixte d'El Milia (Constantine). — Liéges et planches, liéges classés, carrés à bouchons.　　　　　**(ESPLANADE.)**

27. DUBAR (Charles), à Bougie (Constantine). — Liége de reproduction et écorces à tan de chêne-liége.　　　　　**(ESPLANADE.)**

28. DUPRAT & BERTRAND, à Lambèse (Constantine). — Produits de l'alfa en sparterie.　　　　　**(ESPLANADE.)**

29. EL AHOUEL ben Aslonne, au Djebel Messad, Commune indigène de Bou Sââda (Alger). — Echantillons de pin d'Alep, de chêne vert et de genèvrier.　　　　　**(ESPLANADE.)**

30. Forêts (Le service des), à Alger. — Échantillons de bois d'œuvre d'essences indigènes, collection des bois exotiques acclimatés en Algérie, échantillons divers.　　　　　**(ESPLANADE.)**

31. GAUCHER (D' Louis), à Témouchent (Oran). — Bois et écorces d'acacias d'Australie.　　　　　**(ESPLANADE.)**

32. GAUTIER (C.-F.), à Alger, galerie Malakoff, 9. — Échantillons divers de vannerie.　　　　　**(ESPLANADE.)**

33. Ghardaïa (La Commune indigène de), à Ghardaïa (Alger). — Assiettes et plats faits en djerids de palmier. El néchix fait en djérids.　　　　　**(ESPLANADE.)**

34. GIRAUD (Fils aîné), à Blidah (Algérie). — Liége.　　　　　**(ESPLANADE.)**

35. GOBEL (Jacques), à Reghaïa Alger. — Liége et écorces d'arbres.　　　　　**(ESPLANADE.)**

36. Gouvernement général de l'Algérie (le), à Alger. — Collection botanique des essences de bois indigènes de l'Algérie.　　　　　**(ESPLANADE.)**

37. Hamma (Le jardin d'essai du), à Mustapha (Alger). — Collection de bois cultivés au jardin d'essai.　　　　　**(ESPLANADE.)**

38. LAHITEAU Fils et BROCHE, à Constantine. — Menuiserie en bois du pays.　　　　　**(ESPLANADE.)**

39. LAMBERT DE ROISSY (Mmes), à Roissy-aux-Bois (Constantine). — Liége en planches et bouchons. Echalas. **(ESPLANADE.)**

40. LEFÈVRE (Gérant : **Chatellain**), à Jemmapes (Constantine). — Liége en balles. Écorces à tan. Charbons de bois et de sous-bois. **(ESPLANADE.)**

41 MARDOCHÉE SULTAN, à Tlemcen (Oran). — Écorce à tan. **(ESPLANADE.)**

42. MARÈS (Paul), à Douèra (Alger). — Plateaux de bois d'essences du pays. Plateaux de bois d'essences australiennes. **(ESPLANADE.)**

43. MARILL & LAVERNY, à Alger. — Liége brut et préparé. Bouchons, sciure de liége. **(ESPLANADE.)**

44. MOHAMMED Ould Boumédine Caïd, à Tiflilès — Mekerra (Oran). — Écorce à tan. **(ESPLANADE.)**

45. NICOLAS (Charles), à Duvivier (Constantine). — Échantillons de bois d'œuvre, de chauffage, de charronnage. Écorces et matières tannantes. Bois torréfiés, charbons, etc. **(ESPLANADE.)**

46. Orléansville (La commune d'), à Orléansville (Alger). — Bois de diverses essences. **(ESPLANADE.)**

47. PAILLÉ, à Chekfa (Constantine). — Échantillons de bois algériens bruts et ouvrés. **(ESPLANADE.)**

48. PIANETTI (Barthélemy), à Lambèse (Constantine). — Charbon de bois de chêne vert. **(ESPLANADE.)**

49. PRAX & Cie, à Philippeville (Constantine). — Liége du Zeramna. Liége du Kef-Djemel. **(ESPLANADE.)**

50. PY, à Oran. — Liéges de M'Silah. **(ESPLANADE)**

51. REBATTU (Amédée), à Paris, avenue de Wagram, 84. — Liéges en planches et ouvrés. Écorce de liége-mâle. Merrains de chênes. Fûts, barils en chêne zéen, écorces à tan de chêne-liége. **(ESPLANADE.)**

52. RICARD (Ernest), à Oran, rue d'Arzew. — Liéges de M'Sabia. **(ESPLANADE.)**

53. RUSSO & Cie, à Collo (Constantine). — Liéges, carrés, bouchons et divers objets fabriqués avec le liége. **(ESPLANADE.)**

54. SALVAT (Étienne), à Boufarik (Alger). — Tableau, échantillons de bois algériens. **(ESPLANADE.)**

55. SCHNEIDER (Frédéric), à Philippeville, (Constantine). — Écorce à tan de chênes-liéges. **(ESPLANADE.)**

56. SIDER (Frédéric), à Philippeville (Constantine). — Liége en planches. Bouchons de diverses qualités. **(ESPLANADE.)**

57. Société des Liéges de l'Édough, à Paris, rue de Berlin, 30. — Liéges bruts et préparés. **(ESPLANADE.)**

58. Société des Liéges des Hamendas et de la petite Kabylie, à Paris, rue du Rocher, 60. — Liége tout venant, exempt de mince et de rebut, et liége classé. **(ESPLANADE.)**

59. Société Agricole et Industrielle de Batna et du Sud Algérien, à Paris, rue Saint-Lazare, 7.— Matières tinctoriales, provenant de la culture des oasis. **(ESPLANADE.)**

60. TEISSIER (Henri), à Philippeville (Constantine). — Liége et écorces à tan de chênes-liéges de l'Oued Oudina. **(ESPLANADE.)**

61. TOUSSEAU (Gustave), à Philippeville (Constantine). — Liéges ouvrés par procédés mécaniques. **(ESPLANADE.)**

62. TRENQUE (Jean), à Philippeville (Constantine) — Souches d'olivier prêtes
à être sciées pour plaquage.   (ESPLANADE.

63. TROTTIER (François), à Hussein Dey (Alger). — Plateaux d'eucalyptus
globulus, red-gum et viminalis.   (ESPLANADE.)

64. WAROT Frères, à Alger, rue d'Isly, 40. — Moyeux de voitures et tours
pour voitures (en bois du pays).   (ESPLANADE.)

COCHINCHINE.

1. MARQUIS (M.-G.), à Giadinh. — Planches en bois de Gô pour lit de camp.
                                                                (ESPLANADE.)

2. Service local, à Saïgon. — Seaux en feuilles de cocotier.   (ESPLANADE.)

GABON CONGO.

1. AVINENC, au Gabon. — Claies (séchoirs) du Como et du Rhamboë.
                                                                (ESPLANADE.)

2. Exposition permanente des Colonies, à Paris. — Bois.   (ESPLANADE.)

3. LE BERRE, (Évêque de Guinée), au Gabon. — Bois de menuiserie du pays.
                                                                (ESPLANADE.)

4. PECQUEUR (Léona), au Gabon. — Séchoir, panneaux, lianes, bambous.

GUADELOUPE.

1. LAURIOL, aux Trois Rivières, habitation Sapotille. — Coprah.   (ESPLANADE.)

2. TURENNE (J.-B.), à la Pointe-à-Pitre. — Planches d'acajou du pays (cedrela
odorata).   (ESPLANADE.)

3. Sous Comité d'Exposition de la Basse-Terre. — Échantillons de bois.
Arbres et troncs de fougères.   (ESPLANADE.)

4. Sous Comité d'Exposition de la Pointe-à-Pitre. — Billes de mance-
nillier (hippomane mancinella) ; plateaux de cachiman de montagne (magnolia plu-
mieri), graines de sapote.   (ESPLANADE.)

GUYANE FRANÇAISE.

1. Administration pénitentiaire, à la Guyane. — Collection d'échantillons de
bois de diverses essences, bois travaillé. Arbalétriers, jambes de force, lames de revêtement, linteaux, planches et lames de parquet, poteaux, balustrade, socles, tirants,
sablières, barreaux.   (ESPLANADE.)

2. Exposition permanente des Colonies, à Paris. — Bois.   (ESPLANADE.)

3. LAURENGE (Marcel), à Lille, rue Marais, 3. — Collections de bois.
                                                                (ESPLANADE.)

INDE FRANÇAISE.

1. CHARETTE-CHANGARIN, Inde. — Morceaux de bois de Mahé.
                                                                (ESPLANADE.)

2. Comité d'Exposition de l'Inde. — Morceaux de bois, diverses corbeilles,
cuillers, damiers en feuilles de palmier, fauteuils en rohis, paniers, plateaux, porte-
verres, suspension, trépieds en rohis, corne de cerf de Mahé.   (ESPLANADE.)

3. THIRANT. — Branches et tiges de gui.   (ESPLANADE.)

MADAGASCAR.

1. Service local, à Sainte-Marie-de-Madagascar. — Bonnets et petits paniers en paille.   (**ESPLANADE.**)

MARTINIQUE.

1. BALTAZAR (C.-J.-O.), à Rivière-Salée, habitation Dufresne. — Bois du pays, planches, écorces.   (**ESPLANADE.**)

NOSSI-BÉ.

1. Service local. — Billes d'ébène.   (**ESPLANADE.**)

NOUVELLE-CALÉDONIE.

1. Administration pénitentiaire de la Nouvelle-Calédonie. — Collection de bois recueillie sur le territoire d'Uaraï, collection de Prony, recueillie par M. Jeanneney.   (**ESPLANADE.**)

2. Affaires indigènes (Service des), à Nouméa. — Lianes pathos, pour construction de cases. Gaulettes. Peaux de niaouli.   (**ESPLANADE**)

3. DUPUY, à Nouméa. — Lézards et geckos, serpent venimeux, Chauve-souris.   (**ESPLANADE.**)

4. Exposition permanente des Colonies, à Paris. — Bois.   (**ESPLANADE.**)

5. GRESLAN (de), à Dumbéa. — Planche en milnéa et planchettes en chêne-tigré. Billes de santal.   (**ESPLANADE.**)

6. HAYÈS & JEANNENEY, à Fonwhary. — Écorce de morenda. Sève alcoolisée du bananier, du poema, du rhus, du coleus, de phyllanthus, etc. Barils en bois, bois divers, bois de fer. Fougères arborescentes, etc.   (**ESPLANADE.**)

7. HOUETTE, Directeur du pénitencier, à Prony. — Sabots de divers bois et de diverses formes.   (**ESPLANADE.**)

8. LAURIE, à Canala. — Planches en tamanou, en acacia, etc.   (**ESPLANADE.**)

9. PAILLOT, à la Foa. — Écorce de palétuvier, servant de tan.   (**ESPLANADE.**)

10. Pénitencier à Bourail. — Rouleau de cordes d'agave.   (**ESPLANADE.**)

11. Pénitencier de Fonwhary. — Tronc de fougère arborescente. (**ESPLANADE.**)

12. Pénitencier de Montravel. — 97 pièces de charpente numérotées.   (**ESPLANADE.**)

13. Pénitencier de Prony. — Bois.   (**ESPLANADE.**)

14. Société des Nouvelles-Hébrides, à Nouméa. — Branches de bois de rose venant de Port-Villa (Ohespesia populnea, malvacées.)   (**ESPLANADE.**)

15. THOUO (Arrondissement de), à Thoao. — Peau de niaouli.   (**ESPLANADE.**)

16. BAUDONIN (Alfred), à Paris. — Collection de bois.   (**ESPLANADE.**)

RÉUNION.

1. Comité central d'Exposition, à Saint-Denis. — Vases Médicis, dits fanjans en racines de fougères. Moret de véritable bois amer.   (**ESPLANADE.**)

2. DOLABARATZ (A.), Directeur de l'agence du Crédit Foncier Colonial, à Saint-Denis. — Écorces à tan.   (ESPLANADE.)

3. DUPONT (Josselin), à Saint-Denis. — Plantes de fougères de la Réunion.   (ESPLANADE.)

4. GEVIN-MASSÉAUX, à Saint-Paul. — Fleurs de jonc.   (ESPLANADE.)

5. GOIZET (Georges), à Saint-Denis. — Cubes de bois. Échantillons des essences du pays.   (ESPLANADE.)

6. LACROIX (Charles de), à Saint-Denis. — Bois d'olives noir. Tamarin (plancher).   (ESPLANADE.)

7. LESCOUBLE (Léon de), à Saint-Denis. — Bois noir. Acaua leblek de 300 ans.   (ESPLANADE.)

SÉNÉGAL.

1. AMADY NATAGO, Lam Toro, Chef du **Toro,** (protectorat du Toro). — Taparka (fer à repasser).   (ESPLANADE.)

2. NOIROT (Ernest), administrateur colonial. — Moringa, euphorbe, ricin, bilor, feuilles de baobab, etc.   (ESPLANADE.)

TAHITI.

1. POROI (Adolphe), à Papeete. — Bois.   (ESPLANADE.)

PAYS DE PROTECTORAT.

ANNAM-TONKIN.

1. Province de Bac-Ninh. — Échantillons de bois.   (ESPLANADE.)

2. Province de Quang-Yen. — Échantillons de bois.   (ESPLANADE)

3. Province de Quinhon. — Échantillons de bois.   (ESPLANADE.)

4. Province de Sontay. — Échantillons de bois.   (ESPLANADE.)

5. Province de Thanh-Hoâ. — Échantillons de bois.   (ESPLANADE.)

6. Protectorat de l'Annam et du Tonkin. — Encres. Mortiers en bois.   (ESPLANADE)

7. Province de Lang-Son. — Échantillons de bois.   (ESPLANADE.)

8. Province de Phüong-Lam. — Échantillons de bois.   (ESPLANADE.)

9. Province de Sontay. — Bois (collection de).   (ESPLANADE.)

10. Province de Hanoï. — Panneaux en bambou tressé. Panier à provisions en bambou tressé. Paravent en bambou tressé. Échantillons de bois.   (ESPLANADE.)

CAMBODGE.

1. PLANTÉ, à Phnom-Penh. — Bois de s'beng, de thlé, rotins, choin, kreck, courbes de baraque, rotins, traverses pour bateaux, écorce de kdol, de pra-phnon, de prehnot, de smach, charbon de bois.   (**ESPLANADE.**)

2. PLANTÉ, à Phnom-Penh. — Noix de palmier.   (**ESPLANADE.**)

TUNISIE.

1. Direction des Forêts de la Régence, à Tunis — Produits de l'industrie forestière, plans, etc.   (**ESPLANADE.**)

PAYS ÉTRANGERS.

RÉPUBLIQUE ARGENTINE.

1. **ALVAREZ (Antoine),** (Pampa Centrale). — Échantillons de bois.   **(PARC.)**

2. **ARAGON & VIRGILIO,** Colonie Helvecia, Santa-Fé. — Collection de 7 espèces de bois différents et travaillés.   **(PARC.)**

3. **BENEGAS (Tiburcio),** à Belgrano (Mendoza). — Échantillons de bois.   **(PARC.)**

4. **CAPDEVILA (A.),** à Guaimallen (Mendoza). — Échantillons de bois. **(PARC.)**

5. **CHRISTIERSON (Charles),** à Chaço. — Collection de bois.   **(PARC.)**

6. **COGORNO Frères (Jean-M.),** à Santa-Fé. — Collection de 91 espèces différentes de bois.   **(PARC.)**

7. **Commission auxiliaire,** à Catamarca. — Herbier. Échantillons de bebil et de quebracho. Graines de pacara et de guayacan. Collection de plantes médicinales, de bois.   **(PARC.)**

8. **Commission auxiliaire,** à Cordoba. — Chaguar.   **(PARC.)**

9. **Commission auxiliaire,** à Corrientes. — Collection de bois.   **(PARC.)**

10. **Commission auxiliaire,** à Formosa. — Filaments de ivira, caraguata. Collection de bois de la région. Herbier.   **(PARC.)**

11. **Commission auxiliaire,** à Jujuy. — Collection de 93 échantillons de bois. Papier de Queno ; écorce de pastilla. Collection de 80 plantes médicinales. Bois de soconde (pour teindre).

12. **Commission auxiliaire,** (Mendoza). — Échantillons de bois.   **(PARC.)**

13. **Commission auxiliaire,** à Misiones. — Collections de 185 espèces de bois de 98 espèces de plantes médicinales, de 16 espèces de plantes pour tannage, de 9 espèces de plantes textiles et de 19 espèces de plantes pour teinture. Herbier. **(PARC.)**

14. **Commission auxiliaire,** (Pampa Centrale). — Échantillons de bois. **PARC.)**

15. **Commission auxiliaire, à San-Carlos** (Salta). — Houzeaux en cuir, en laine.   **(PARC.)**

16. **Commission auxiliaire,** (Salta). — Collection de bois, bois travaillés et bois médicinaux.   **(PARC.)**

17. **Commission auxiliaire,** à San-Luis. — Collections de 9 espèces de plantes pour tannage et de 25 espèces de plantes médicinales, de 21 espèces de bois. **(PARC.)**

18. **Commission auxiliaire,** à Santiago-del-Estero. — Collection de bois.   **(PARC.)**

19. **Commission auxiliaire,** à Tucuman. — Collection de bois. Plantes pour teindre et tanner. Collection de plantes médicinales.   **(PARC.)**

20. **CRESPO (A.),** à Cruz-del-Eje (Cordoba). — Collection de plantes médicinales.   **(PARC.)**

21. DELLAVALLE & NERVOS, à Buenos-Ayres. — Échantillons de bois
moulurés.   (**PARC.**)

22. DIAZ CAMPO (Vicente), à Tunuyan (Mendoza). — Échantillons de bois.
(**PARC.**)

23. ESCUDERO (Isidro), à Mendoza. — Dix espèces de bois.   (**PARC.**)

24. GALARZA (Gregoire), à Paclin (Catamarca). — Différents échantillons.
Échantillon de Palo Borracho.   (**PARC.**)

25. Gouvernement (Le), de l'Isla de los Estados (Tierra del Fuego). — Chêne
(Fagus antarctica) ; Magnolia (Drymis Winterü).   (**PARC.**)

26. Gouvernement (Le), de l'Ushuaia (Tierra del Fuego). — Chêne (Fagus betu-
loides), collection de plantes. Herbier.   (**PARC.**)

27. JUAREZ (B.), à Rio-Segundo (Cordoba). — Bois.   (**PARC.**)

28. JUAREZ (Froilan), (Pampa Centrale). — Échantillons de bois.   (**PARC.**)

29. LILLO (Michel-J.), à Tucuman. — Herbier.   (**PARC.**)

30. LOPEZ (Victor-M.), (Pampa Centrale). -- Échantillons de bois.   (**PARC.**)

31. MARTIN (Joseph), à Jujuy. — Cebil (Piptadenia communis Benth) tannante.
(**PARC.**)

32. MARTINEZ (Laurent), à Mendoza. — Huit sortes de bois.   (**PARC.**)

33. MESTRE (Jules), à San Javier (Cordoba). — Collection de bois.   (**PARC.**)

34. MOYANS (Lisandre), à Las Heras (Mendoza). — Échantillons de bois.
(**PARC.**)

35. OCAMPO ARANA & Cie, Colonie Ocampo (Santa-Fé). — Madriers et
dormants en quebracho rouge.   (**PARC.**)

36. PACHECO (Fidèle), à Pocho (Cordoba). — Plantes médicinales. Collection
de plantes tinctoriales.   (**PARC.**)

37. PALACIOS (Benjamin), à Las Heras (Mendoza). — Échantillons de bois.
(**PARC.**)

38. PALERMO (Sévère), à Rosario (Santa-Fé). — Baril.   (**PARC.**)

39. PAMIAS (François), à Rosario (Santa-Fé) — Barils.   (**PARC.**)

40. PRADO (Fermin), à Las Heras (Mendoza). — Cendre de sume (potasse).
(**PARC.**)

41. ROMERO DOMINGUEZ (Louis), (Pampa Centrale). — Échantillons de
bois.   (**PARC.**)

42. ROQUÉ (Charles-M.), à Minas (Cordoba). — Collections de plantes médicinales et de plantes tinctoriales.   (**PARC.**)

43. SANTILLAN (Gregoire), à Santiago-del-Estero. — Échantillons de bois.
(**PARC.**)

44. SAVOY (Maurice), à Belgrano (Mendoza). — Échantillons de bois.   (**PARC.**)

45. SCHIELE (Édouard-C.), à la Paz (Entre-Rios). — Charbon de bois.
(**PARC.**)

46. SEGUEL (Jean de Dieu), à Mendoza. — Échantillons de bois.   (**PARC.**)

47. SÉVEAU (E.), à Santiago-del-Estero. — Échantillons de bois.   (**PARC.**)

48. SOTERAS (Jean), à Chilecito (Rioja). — Collection de bois.   (**PARC.**)

49. TORRES (D.), à Anejos-Norte (Cordoba). — Collection de plantes tinctoriales et médicinales. **(PARC.)**

50. VILLAMOA (Elias), à Tunuyan (Mendoza). — Huit échantillons de bois. **(PARC.)**

51. VOCOS (Sylvain), à San-Justo (Cordoba). — Collection de bois et de plantes médicinales. **(PARC.)**

52. WAGNER (Frédéric), à Santa-Fé. — Collection de 66 espèces de bois différents. **(PARC.)**

53. WYL (Jean Von), Colonie Helvecia (Santa-Fé). — Salsepareille. **(PARC.)**

AUTRICHE-HONGRIE.

1. CSERVENKA & GROSSMANN, à Budapest, VIII. Bezerédy-Uteza, 6. — Tonneaux de transport, français et hongrois. **(PALAIS.)**

2. KISS (Nicolaus de Nemesker), au domaine Veghles (Hongrie). — Matériaux de construction en bois. **(PALAIS.)**

3. KUCHTA (Daniel), à Tiszolcz (Hongrie). — Ustensiles de ménage et de cuisine en bois. **(PALAIS.)**

4. PLANER (Charles), à Sissek (Croatie). — Glands de Croatie. **(PALAIS.)**

5. SCHMITT (Jacques) et Cie, à Budapest, Aeussere Waitznerstrasse, 1447. — Matériaux de construction en bois. **(PALAIS.)**

BELGIQUE.

1. BOSQUET (François), à Bruxelles, rue du Rempart-des-Moines, 57. — Bois divers. Caisses d'emballage. **(PALAIS.)**

2. BOURGUIGNON-CARION (J.), à Monceau-Imbrechies. — Sabots en tous genres. **(PALAIS.)**

3. BRIOTS (Edmond), à Bruxelles, rue de Liverpool, 24. — Bois en grume, bois à brûler ; bois pour constructions navales, voitures de chemins de fer, charronnage; bois de mines, de menuiserie et d'ébénisterie. **(PALAIS.)**

4. BROUHON Frères (Louis & Joseph), à Chimay. — Chênes en grume, bois de chêne scié et fendu. **(PALAIS.)**

5. CORNET (Jacques), à Tongres. — Tronc de franc-picard débité à l'épaisseur de 12 m/m. **(PALAIS.)**

6. DE NEUNHEUSER (Félix), à Aye. — Fûts pour brasseries, de différentes capacités. **(PALAIS.)**

7. KRAMER, à Hasselt. — Fûts pour brasseries. **(PALAIS.)**

8. MATHYS & DEVRIENDT, à Gand, rue du Jambon, 126. — Moulures pour bâtiments, pour voitures et wagons. **(PALAIS.)**

9. MERCIER (Alexandre), à Liége, rue de Fragnée, 30. — Bois de chêne sciés pour menuiserie, ébénisterie, etc. **(PALAIS.)**

10. PERSENAIRE (J.), à Anvers, rue des Souris, 2. — Futailles diverses pour brasserie et distillerie. Barils et caisses d'emballage. **(PALAIS.)**

11. SCHLEISINGER Fils (M.), à Bruxelles, Marché-aux-Grains. — Bois de construction et d'ébénisterie. **(PALAIS.)**

12. SCHUL-DEBEUKELAER (F.), à Anvers, rue Dierckxsens, 34. — Bois de construction et d'ébénisterie.   **(PALAIS.)**

13. STOCK-DE DRYVER (Alphonse), à Gand, rue de la Maison-de-Force, 158. — Hêtre scié en planches.   **(PALAIS.)**

14. TRIQUENAUX (Zénon) & Frères, à Rance. — Cercles en bois pour voitures et tamis.   **(PALAIS.)**

15. VAN OYE (Albert) & Cie, à Bruxelles, rue Coenraets, 75. — Objets de boissellerie, de vannerie, de sparterie, rotins fabriqués, filés pour chaises, vannerie, etc.   **(PALAIS.)**

16. WILLEMS (Denis), à Maldeghem (Flandre Occidentale). — Paniers en rotin, en osier, vannerie fine.   **(PALAIS.)**

RÉPUBLIQUE DE BOLIVIE.

1. ARANA (Diodoro), à Sucre. — Cire végétale.   **(PARC.)**

2. Municipalité de Cinti. — Matières premières.   **(PARC.)**

3. Municipalité de Cochabamba. — Matières premières.   **(PARC.)**

4. Municipalité de La Paz. — Matières premières.   **(PARC.)**

5. Municipalité de Oruro. — Matières premières.   **(PARC.)**

6. Municipalité de Potosi. — Matières premières.   **(PARC.)**

7. Municipalité de Santa-Cruz. — Matières premières.   **(PARC.)**

8. Municipalité de Sucre. — Matières premières.   **(PARC.)**

9. Municipalité de Tarija. — Matières premières.   **(PARC.)**

10. Municipalité de Trinidad. — Matières premières.   **(PARC.)**

11. Préfecture de Chuquisaca. — Matières premières.   **(PARC.)**

12. Préfecture de Cochabamba. — Matières premières.   **(PARC.)**

13. Préfecture de La-Paz. — Matières premières.   **(PARC.)**

14. Préfecture de Oruro. — Matières premières.   **(PARC.)**

15. Préfecture de Potosi. — Matières premières.   **(PARC.)**

16. Préfecture de Santa-Cruz. — Matières premières.   **(PARC.)**

17. Préfecture de Tarija. — Matières premières.   **(PARC.)**

18. Préfecture du Beni. — Matières premières.   **(PARC.)**

BRÉSIL.

(Voir son Catalogue spécial.)

CHILI.

1. BASCUÑAN (Ascanio), à Quillota. — Tronc et produits du palmier.
                                    (PARC.)

2. BERGER (George), à Valparaiso. — Bois ouvrés.   **(PARC.)**

3. Commissariat de l'Exposition du Chili, à Santiago. — Écorce de quillai (bois de panama). (PARC.)

4. Commissariat provincial de Llanquihue. — Collection de bois. (PARC.)

5. DOLHARTZ (Augustin), à Lebu. — Écorce de lingue. (PARC.)

6. GAZMURI (David 2ᵉ.), à Lebu. — Collection de bois. (PARC.)

7. GREENE (M.), à Ancud. — Collection de bois. (PARC.)

8. LETZ (Erardo), à Collipulli. — Écorce d'ulmo. (PARC.)

9. LINHARDT (Antonio), à Collipulli. — Collection de bois. (PARC.)

10. MARTINEZ (Dionisio H.) à Los Anjeles. — Collection de bois. (PARC.)

11. PIZARRO (Julio R.), à Ancud. — Collection de bois. (PARC.)

12. ROSENDE (Luis), à Los Andes. — Collection de bois. (PARC.)

13. SLTOLZEMBACH (Fédérico), à Asorno. — Collection de bois. (PARC.)

14. TANCO (Nicolas), à Santiago. — Collection de bois. (PARC.)

15. WESTERMAYER (Luis), à Temuco. — Écorce de lingue, peumo et ulmo. (PARC.)

RÉPUBLIQUE DOMINICAINE.

1. BATTLE (Cosme), à Porto-Plata. — Bois d'ébénisterie et divers. (PARC.)

2. BOIMARD (Pierre), à Samana. — Bois d'ébénisterie. (PARC.)

3. CAMBIASO (Luis), à Santo-Domingo. — Bois d'ébénisterie. (PARC.)

4. Chambre de Commerce de Porto-Plata. — Bois d'ébénisterie. (PARC.)

5. COCCO (Tomas), à Sanchez. — Bois d'ébénisterie. (PARC.)

6. Commission provinciale de Azua. — Bois d'ébénisterie, de construction et de teinture. (PARC.)

7. Commission provinciale de Barahona. — Bois de construction, d'ébénisterie et de teinture. (PARC.)

8. Commission provinciale de la Moca. — Bois d'ébénisterie. (PARC.)

9. Commission provinciale de la Vega. — Bois de construction, d'ébénisterie et de teinture. (PARC.)

10. Commission provinciale de San-Pedro-Macoris. — Bois d'ébénisterie et de construction. (PARC.)

11. Commission provinciale de Santiago. — Bois d'ébénisterie, de construction et de teinture. (PARC.)

12. Commission provinciale de Santo-Domingo. — Bois d'ébénisterie et de construction. (PARC.)

13. Commission provinciale de Seibo. — Bois de construction et d'ébénisterie. (PARC.)

14. DEMARISI (E.), à Samana. — Bois d'ébénisterie et de construction. (PARC.)

15. GINEBRA (José), à Porto-Plata. — Bois d'ébénisterie et divers. (PARC.)

16. **HOLLANDE (Jules)**, à Paris, rue de Charenton, 51. — Bois d'ébénisterie.
  (PARC.)

17. **JULIA (Jean F.)**, à Samana. — Bois d'ébénisterie et de construction. (PARC.)

18. **LAMARCHE (Manœl)**, à Santo-Domingo. — Bois de construction. (PARC.)

19. **POSTEL (A.) et ses Fils**, au Havre (Seine-Inférieure). — Bois d'ébénisterie et de teinture.
  (PARC.)

20. **RIVAS (Grégoria)**, à Sanchez. — Bois d'ébénisterie. (PARC.)

ÉQUATEUR.

1. **CAAMAÑO (José Maria P.)**, à Guayaquil. — Jones. Collection de bois.
  (PARC.)

2. **Commission Coopérative d'Ambato**, à Ambato. — Collection de bois.
  (PARC.)

3. **Commission Coopérative d'Esmeraldas**, à Esmeraldas. — Collection de bois.
  (PARC.)

4. **Commission Coopérative**, à Quito. — Collection de bois. Hamacs. Inquilla (matière colorante).
  (PARC.)

5. **FLORES (Antonio)**, à Quito. — Bois du Napo. (PARC.)

6. **LOPPEZ Frères**, à Guayaquil et Jipijapa. — Échantillons de bois. (PARC.)

7. **SEMINARIO Frères**, à Guayaquil. — Orseille. (PARC.)

ESPAGNE.

1. **ANDREN Frères**, à Saint-Féliu-Guirols (Gerona). — Bouchons. (PALAIS.)

2. **ANDREN Frère & Cie**, à San-Féliu-Guirols (Barcelone). — Bouchons.
  (PALAIS.)

3. **Ayuntamiento de cassa la Selvo**, à Gerona. — Bouchons. (PALAIS)

4. **Ayuntamiento & camara de comercio**, à Palamos (Gerona). — Liége.
  (PALAIS.)

5. **BALL (José)**, à Saint-Féliu-Guirols (Gerona). — Bouchons. (PALAIS.)

6. **BARRES & Cie**, à Palafruyell (Gerona). — Bouchons. (PALAIS.)

7. **BEADER (H. A.)**, à Saint-Féliu-Guirols (Gerona). — Bouchons. (PALAIS.)

8. **CABARERA (Sébastian)**, à Saint-Féliu-Guirols (Gerona). — Bouchons.
  (PALAIS.)

9. **CASAS & BORDAS (Isern)**, à Séville. — Liége. (PALAIS.)

10. **JUBERT (Manuel)**, à Palafruyell (Gerona). — Bouchons. (PALAIS.)

11. **LOPEZ SEOANE (Victor)**, à la Coruna. — Bois. (PALAIS.)

12. **VIDA (José M.)**, à Barcelone. — Liége en planches. (PALAIS.)

ÉTATS-UNIS.

1. BEAL (Prof. **J. W.**), **Agricultural College,** à Lansing, Michigan. — Sections montrant le degré d'accroissement. (**PALAIS**)

2. BROOKS (Henry), à Boston, Mass. — Photographies des arbres caractéristiques (**PALAIS.**)

3. BURRILL (Prof. **I. J.**), **Illinois University,** à Champaign, Ill. — Sections montrant le degré d'accroissement. (**PALAIS.**)

4. CORDLEY & HAYES, à New-York City, N. Y., Barclay street, 37. — Articles de fibre durcie, seaux, baquets, cuves à lessive, récipients pour acides, etc. (**PALAIS.**)

5. CURTISS (Prof. **A. H.**), à Jacksonville, Florida. — Mousse et yucca de Floride. (**PALAIS.**)

6. FAYERWEATHEK & LADEW, à New-York, N. Y. — Échantillon colossal d'écorce du sapin du Canada. (**PALAIS.**)

7. HASKIN (Samuel E.), à New-York, N. Y., 19th st. et avenue B. — Spécimens de bois vulcanisés, traverses de chemins de fer, bois pour ponts, blocs à paver. (**PALAIS.**)

8. HERRIMANN (H.), à New-York, N. Y., Broome street, 368. — Planche de chêne. (**PALAIS.**)

9. HOUGH (Romeyn B.), à Lowville, New-York. — Châssis de cartes en bois découpés obliquement ; collection de découpage de bois en forme de livres. (**PALAIS.**)

10. JESSUP (Morris K.), President of the Museum of Natural History, à New-York, N. Y. — Cartes étiquetées montrant la distribution des différentes espèces; échantillons de bois. (**PALAIS**)

11. Massachussetts Society for Promoting agriculture, à Boston, Mass. — Planches coloriées de Michaux (flore). (**PALAIS.**)

12. Ministère de l'Agriculture (Exposition forestière sous la direction de **B. E. Ternow**), à Washington, D. C. — Échantillons de bois ; collections d'herbes ; spécimens arrangés botaniquement ; collection de graines d'arbres ; sections transversales montrant l'accroissement ; bois spéciaux. (**PALAIS.**)

13. NETTLETON (Georges. H.), à Kansas City, Missouri. — Sections montrant le degré d'accroissement. (**PALAIS.**)

14. Northern Pacific Rail Road Co, à New-York, N. Y., Wall street, 35. — Coupes transversales d'arbres forestiers. (**PALAIS.**)

15. Richmond Cedar Works, à New-York, N. Y., Reade street, 100 et 102. — Blanc et rouge « Cedar Ware ». (**PALAIS.**)

16. ROTHROCK (J. A.), Professor of Biology, University of Pennsylvania, à Philadelphie, Pa. — Photographies des arbres caractéristiques. (**PALAIS.**)

17. SARGENT (Charles S.), Director of Arnold Arboretum, à Brookline, Mass. — Sections montrant l'accroissement d'arbres. (**PALAIS.**)

18. Seatco Manuf. Co, à Seatco, Washington Territory. — Échantillons des bois de la côte de l'Océan Pacifique. (**PALAIS.**)

19. SMILLIE (Thos. W.), Photographer of the National Museum, à Washington, D. C. — Photomicrographies de vingt espèces de bois. (**PALAIS.**)

20. Spurr (Chas. W.) Co, à Boston, Mass. — Placage, marqueterie et bois sculpté ; paravent en bois léger découpé sous mica. (**PALAIS.**)

21. TABER (J. W.), à San-Francisco, California. — Photographies des arbres caractéristiques. **(PALAIS.)**

22. Tiffany Chemical Co, à New-York, N. Y. — Échantillons d'écorces et analyses. **(PALAIS.)**

23. Union Indurated Fibre Co, à New-York, N. Y., Barclay street, 73. — Fibre durcie, seaux à divers usages, baquets, cuves, récipients pour acides. **(PALAIS.)**

GRANDE-BRETAGNE.

1. Government of India, Forest Department, (représenté par **Ogilvy Gillander et Co),** à Londres. — Bois de Padouk des Iles Andaman. **(PALAIS.)**

2. OWEN (Joseph) & Sons, à Liverpool, Saint-Anne street, 67. — Toutes espèces de bois courbes ou autrement fabriqués. **(PALAIS.)**

GRÈCE.

1. CHALDEOS (Démétrius), à Égine (Attique et Béotie). — Résine. **(PALAIS.)**

2. EGÉENS (Commune d'), à Limni (Eubée). — Résine. **(PALAIS.)**

3. ELEUSIS (Commune d'), Attique et Béotie. — Résine. **(PALAIS.)**

4. ELIOPOULO (Assimaki), à Athènes (Attique et Béotie). — Résine. **(PALAIS.)**

5. PAPASSOTIRION ou SOURBAS (Nicolas), à Salamis (Attique et Béotie). — Résine. **(PALAIS.)**

GUATEMALA.

1. ABAD (Mariano), à Coban. — Bois à ouvrer. **(PARC.)**

2. ARAGON (Vicente), à Antigna. — Bois de construction. **(PARC.)**

3. ARANDA (Gabriel), à Antigna. — Bois de construction. **(PARC.)**

4. BONILLA (Angel), à Sacapa. — Bois à ouvrer. **(PARC.)**

5. CALDERON (Juan), à Cuch. — Échantillons de bois. **(PARC.)**

6. CONTRERAS (Miguel), à Sacapa. — Bois à ouvrer. **(PARC.)**

7. CORONEL (Francisco), à Cojabon. — Bois à ouvrer. **(PARC.)**

8. CUETO (José), à Mita. — Bois à ouvrer. **(PARC.)**

9. DE LA ROSA (Joaquin), à Quezaltenango. — Bois à ouvrer. **(PARC.)**

10. ENCISO (José), à Izabal. — Bois à ouvrer. **(PARC.)**

11. GALLARDO (Lorenzo), à Coban. — Bois à ouvrer. **(PARC.)**

12. GODOY (Francisco), à Mita. — Bois à ouvrer. **(PARC.)**

13. GONZALEZ (Gracian), à Cojabon. — Bois à ouvrer. **(PARC.)**

Classe 42.   2*

14. Gouvernement de Guatemala (Ministère des Travaux publics), à Guatemala. — Bois de construction.   (PARC.)

15. JIMENEZ (Pedro) à Solola. — Bois à ouvrer.   (PARC.)

16. JOYA (Andrès), à Quezaltenango. — Bois de construction et à ouvrer. (PARC.)

17. LOPEZ (Rafael), à Cojabon. — Bois à ouvrer.   (PARC.)

18. LUPION (Baldomero), à Mita. — Bois à ouvrer.   (PARC.)

19. MARTIN (Diego), à Quezaltenango. — Bois à ouvrer.   (PARC.)

20. MORAL (Luis), à Izabal. — Bois à ouvrer.   (PARC.)

21. Municipalité de Guadalupe, Département de Guatemala. — Bois de construction.   (PARC.)

22. Municipalité de Palencia Département de Guatemala. — Bois de construction.   (PARC.)

23. PALACIOS (Miguel), Cuch. — Bois ouvrer.   (PARC.)

24. REAL (José), à Cojabon. — Bois à ouvrer.   (PARC.)

25. RUIZ (Diego), à Cuch. — Bois à ouvrer.   (PARC.)

26. RUPERTO (Joya), à Antigna. — Bois de construction   (PARC.)

27. SAAVEDRA (Luis), à Cuch. — Bois à ouvrer.   (PARC.)

28. SALMERON (Antonio), à Coban. — Bois à ouvrer.   (PARC.)

29. SOLIMES (Juan), à Quezaltenango. — Bois de construction   (PARC.)

30. TERREL (Cristobal), à Sacapa. — Bois à ouvrer.   (PARC.)

31. TORRES (Sebastian), à Quezaltenango. — Bois à ouvrer.   (PARC.)

32. TRELL (Miguel), à Izabal. — Bois à ouvrer.   (PARC.)

33. VARQUEZ (Ulpiano), à Coban. — Bois à ouvrer.   (PARC.)

34. YBARRA (José), à Quezaltenango. — Bois de construction.   (PARC.)

HAWAI.

1. Gouvernement Hawaïen, à Hawaï. — Échantillons de différents bois d'œuvre et de construction. Écorces textiles des îles d'Hawaï.   (PARC.)

JAPON.

1. Ministère de l'Agriculture et du Commerce, (Direction de l'Industrie), à Tokio. — Ouvrages en paille et en paille tressée, commodes, petites boîtes, tissus de paille.   (PALAIS.)

2. Ministère de l'Agriculture et du Commerce, (École agricole et forestière de Komaba), à Tokio. — Échantillons de bois et bambous de construction, tableaux des arbres de la famille conifère, à feuilles tombantes et à feuilles toujours vertes, tableaux de bambous, résine de pin, huiles de pin, colophane de pin.   (PALAIS.)

3. NAKAKAWARA (Kan), Iwate-Ken, Minami-Iwate-Kori. — Graines de sapin et de pin dit Goyonomatsu.   (PALAIS.)

4. TSUBOI (Heijiro), Osakarfu, Higashi-Ku. — Échantillons de planches et d'écorces pour constructions.   (PALAIS.)

GRAND-DUCHÉ DE LUXEMBOURG.

1. **Administration royale-grand-ducale des Eaux et Forêts,** à
Luxembourg. — Bois indigènes en tronc et en rondelles. Bois exotiques cultivés dans
le Grand-Duché, échantillons d'osiers et d'écorces à tan ; douves et douvelles, lattes,
billes, plateaux, bois créosotés. Manches de fouets, instruments d'exploitation des bois
et des écorces, etc. Produits de a distillation des bois, insectes nuisibles, etc. **(PALAIS.)**

MONACO.

1. **DESTEFFANIS (Charles)**, à Monaco, rue du Commerce, 5. — Vanneries
et tamis.   **(PALAIS.)**

NORVEGE.

1. **Fabrique de Caques d'AASTVEDT,** (Propriétaire : **Lyder F.
Meyer)**, à Bergen. — Caques.   **(PALAIS.)**

2. **GREGERSEN (Bernhard),** à Christiania. — Barillets en bois de chêne
entiers, demis et quarts.   **(PALAIS.)**

3. **SELMER (Marius M.),** à Christiania. — Collection de produits des forêts de
la Norvège.   **(PALAIS.)**

PARAGUAY.

1. **Gouvernement de la République du Paraguay,** à Assomption. — Bois,
bois de forêts pour divers usages, bois pour ébénisterie, bois de construction, fibres
textiles, matières tannantes, matières colorantes, produits de l'industrie des bois :
charbons, extrait sec de campai. tarfuya pulvérisée, bois sanu en poudre, lapacho
colorant.   **(PARC.)**

2. **RICARDO MENDEZ (D.),** à Assomption. — Échantillons de bois : de forêt,
d'ébénisterie, de construction, etc.   **(PARC.)**

PAYS-BAS.

1. **Fabrique d'articles en bois,** à Hoogeveen. — Boiserie.   **(PALAIS.)**

2. **VLIET (W. F. Van),** à La Haye. — Bois de cerclage.   **(PALAIS.)**

3. **WALDECK (P. F. L.),** à Loosciunen. — Bois à l'état brut et bois ouvrés.
                                                                     (PALAIS.)

PORTUGAL.

1. **DUC DE BRAGANCE (Son Altesse Royale le),** à Monte-Mor-o-Nuve
(district d'Evora). — Liège.   **(QUAI.)**

2. **ALMEIDA (Duarte d') & Ca.** — Produits forestiers.   **(QUAI.)**

3. **ALTER (Vicomte de),** à Alter do Chão (district de Portalegre). — Liège.
                                                                     (QUAI.)

4. ANDRÉ (Comte de SAINT-), à Monte-Mor-o-Novo (district d'Evora). — Liége.   (QUAI.)

5. CALLADO (João da Costa), à Alter-do-Chao (district de Portalegre). — Liége.   (QUAI.)

6. CASTEL-BRANCO (Dr Domingos Correia Caldeira), à Alter-do-Chão (district de Portalègre). — Liége.   (QUAI.)

7. CASTEL-BRANCO (João Barreto Caldeira), à Alter-do-Chao (district de Portalègre). — Liége.   (QUAI.)

8. COELHO (Maria Joanna da Silva), à Borba (district d'Evora). — Liége.   (QUAI.)

9. COSTA (Comte de), à Evora. — Liége.   (QUAI.)

10. DUARTE (João Revez), à Almodovar (district de Beja). — Liége.   (QUAI.)

11. FERNANDES (Joaquim Felippe Piteira), à Reguengos (district d'Evora). — Liége.   (QUAI.)

12. FERNANDES Joaquim José de Mattos), à Evora. — Liége. (QUAI.)

13. FERNANDES (José Manoel), à Redondo (district d'Evora). — Liége.   (QUAI.)

14. FERNANDES (Manoel de Souza Mattos), à Evora. — Liége.   (QUAI.)

15. FERNANDES (Miguel José de Mattos), à Evora. — Liége.   (QUAI.)

16. FORMOSINHO (F. Barbosa). — Produits forestiers.   (QUAI.)

17. FORTE (Fernandes) & FRAGOSO. — Produits forestiers.   (QUAI.)

18. FRAGOSO (Dr Francisco Eduardo de Barahona), à Evora. — Liége.   (QUAI.)

19. FRANCO (José Joaquim), à Arrayollos (district d'Evora). — Liége.   (QUAI.)

20. JOAQUIM (José), à Evora. — Liége.   (QUAI.)

21. LOBINHO (José Antonio Boneco), à Alandroal (district d'Evora). — Liége.   (QUAI.)

22. LUCAS (Francisco Antonio), à Castello-Branco. — Liége.   (QUAI.)

23. MARGIOCHI (Francisco Simões), à Monte-das-Flores, à Evora. — Liége.   (QUAI.)

24. MENEZES (Clemente). — Produits forestiers.   (QUAI.)

25. MIRA (José Paulo Barahona Carvalhoe), à Evora. — Liége. (QUAI.)

26. MORAES (Antonio Luciano Tocha), à Redondo (district d'Evora). — Liége.   (QUAI.)

27. NOGUEIRA (João da Conceiçao), à Villa-Viçosa (district d'Evora). — Liége.   (QUAI.)

28. OLIVEIRA Junior (Estevão Antonio), à Alcochete (district de Lisbonne). — Liége.   (QUAI.)

29. PALMEIRO (Xavier Rosado), à Alter-do-Chão (district de Portalègre). — Liége.   (QUAI.)

30. PEREIRA (Dr Accacio Manoel), à Alter-do-Chão (district de Portalègre). — Liége.   (QUAI.)

31. PINTO (Luiz Diogo Vieira), à Moua district d'Evora). — Liége.   (QUAI.)

32. **PINTO (Manoel Soares)**, à Villa-Viçosa (district d'Evora). — Liége.
(QUAI.)

33. **PROENÇA A VELHA (Vicomte de)**, à Penamacôr (district de Castello-Branco). — Liége.
(QUAI.)

34. **RAYNOLDS (Guilherme)**, à Estremoz (district d'Evora). — Liége.
(QUAI.)

35. **RAYNOLDS (Roberto)**, à Estremoz (district d'Evora). — Liége.   (QUAI.)

36. **REIS (José Francisco dos)**. — Produits forestiers.   (QUAI.)

37. **REIXA (Joao Antunes Nunes)**, à Villa-Viçosa (district d'Evora). — Liége.
(QUAI.)

38. **ROCHA (Francisco Coelho da)**. — Produits forestiers.   (QUAI.)

39. **RODRIGUES (Manoel)**, à Moua (district d'Evora). — Liége.   (QUAI.)

40. **ROMANO (Antonio Francisco de Salles)**, à Castro-Verde (district de Beja). — Liége.
(QUAI.)

41. **ROSADO (Joaquim dos Santos)**, à Redondo (district d'Evora). — Liége.
(QUAI.)

42. **SANTOS (José Maria)**, à Alcochete (district de Lisbonne). — Liége.
(QUAI.)

43. **SEABRA (Dr Alexandre)**, à Anadia (district d'Aveiro). — Liége.   (QUAI.)

44. **SOARES (José Antonio d'Oliveira)**, à Evora. — Liége.   (QUAI.)

45. **TAVARES (Joao da Silva)**, à Estremoz (district d'Evora). — Liége.
(QUAI.)

46. **THÊAS (Antonio Manoel)**, à Monte-Mor-o-Novo (district d'Evora). — Liége.
(QUAI.)

47. **VIEIRA (Francisco de Lemos da Cunha)**, à Evora. — Liége.
(QUAI.)

48. **VILLARINHO & Sobrinho**. — Produits forestiers.   (QUAI.)

COLONIES PORTUGAISES.

1. **ARAUJO (F.-J. de)**, à Lisbonne. — Vanille (île de Sâo-Thomé).   (PALAIS.)

2. **Association Industrielle Portugaise**, à Lisbonne. — Acacia, planche de l'île Brava (Cap-Vert); orseille, teinture d'indigo (Iles de Brava et de Santo Antao, Cap-Vert).
(PALAIS.)

3. **Banque Coloniale Portugaise (Agence de la)**, à l'Ile de Sâo-Thomé. — Collection de bois.
(PALAIS.)

4. **Banque Coloniale Portugaise**, à Lourenço-Marques. — Cuillères en bois, paniers.
(PALAIS.)

5. **MEUDONÇA (J. J. C. de)**, à l'Ile de Santiago (Cap-Vert). — Teinture d'indigo.
(PALAIS.)

6. **Musée des Colonies**, à Lisbonne. — Collection d'échantillons de bois des provinces de Cap-Vert, Saint-Thomas et Prince, Angola, Mozambique, Guinée portugaise, Macao et Timor, et Inde portugaise.
(PALAIS.)

7. **NOGEIRA (J. M. C.)**, à l'Ile de Sâo-Thomé. — Collection de bois.   (PALAIS.)

8. NOGEIRA (C. S.), à l'Ile de Santiago (Cap-Vert). — Plantes d'indigo. **(PALAIS.)**

9. PINTO (M. R.), à l'Ile Sâo-Thome. — Collection de bois et safran.   **(PALAIS.)**

10. SERRA (J. C.), à l'Ile de Santiago (Cap-Vert). — Teinture d'indigo. **(PALAIS.)**

ROUMANIE.

1. ANINOSEANU (P.), à Campu-Lung. — Bardeaux, seaux de bois.   **(PALAIS.)**

2. BURBURE DE WESEMBECK (H. de), à Dersca (Mihaileni). — Bardeaux pour couvertures de toits.   **(PALAIS.)**

3. DONICI (D.), à Vaslui. — Tronc de chêne.   **(PALAIS.)**

4 DUMITRU (Gheorghie), à Bucharest, strada Chiristegie, Càmpul Mosilor. — Cannes, flûtes, sifflets de bois, fourches.   **(PALAIS.)**

5. GRIGORIU (C. A.), à Vaslui. — Troncs de chêne.   **(PALAIS.)**

6. JOSIVESCO (Nicolas), à Cosetu (Muscel). — Gourde de bois (ploska).   **(PALAIS.)**

7. MESTECANIA (Nicolas), à Cosesti (Muscel). — Tonneau en chêne cerclé de fer.   **(PALAIS.)**

8. Ministére des Domaines, à Bucharest. — Douves.   **(PALAIS.)**

9. NEGESCO (Jon), à Corbisori (Muscel). — Bardeaux en sapin.   **(PALAIS.)**

10. NEGROPONTÈS (Ulysse G.), à Onesci. — Tronc de chêne et écorce de chêne.   **(PALAIS.)**

11. NEGROPONTES (Ulysse L.), à Braila. — Parquet en chêne provenant de la forêt de Maràsesci (coupe de 1888).   **(PALAIS.)**

12. POUMAY (Gustave), à Craïova. — Douves, bois travaillés, Meubles, Douves de chêne de plusieurs dimensions, madriers de chêne.   **(PALAIS.)**

13. TLORESCO (Général J. M.), à Bucharest. — Tronc et racine de noyer.   **(PALAIS.)**

14. Société « Moldova », à Piatra. — Petits clous en bois de plusieurs dimensions, à l'usage des cordonniers. Bois d'allumettes et divers.   **(PALAIS.)**

15. STAICOVICI (M. D.), à Bucharest. — Écorces de bois pour la fabrication des cordes.   **(PALAIS.)**

RUSSIE.

1. BOULANOFF (E. G.), à Moscou. — Parquets.   **(PALAIS.)**

2. KRIEGSMANN (A.), à Riga. — Bouchons en liége.   **(PALAIS.)**

3. SCHLEZINGER (R.), à Dubena Iakobstadt. — Bois pour allumettes. **(PALAIS.)**

4. TWORKOWSKI (J.), à Varsovie. — Parquets.   **(PALAIS.)**

GRAND-DUCHÉ DE FINLANDE.

1. Fabrique d'Eneso, (Baron A. de Standertskioeld), à Imatra. — Bois de tremble pour pâte blanche et bois de sapin pour pâte grisâtre.   **(PARC.)**

2. **Fabriques d'allumettes,** à Tammerfors. — Bois coupés pour allumettes.
(PARC.)

3. **SCHILDT et HALLBERG,** à Helsingfors. — Grains et semence de pin et de sapin
(PARC.)

4. **Scieries d'Alexis NORDGVIST,** à St Michel. — Maisons transportables, exécutées en débris de bois.
(PARC.)

5. **Scieries et menuiserie de Knut BOERTZELL,** à Hangoe. — Porte d'église, vieux style.
(PARC.)

6. **Scieries et menuiseries mécaniques de SANDVIKEN,** à Helsingfors. — Planches et bois de construction, portes, fenêtres et autres objets.
(PARC.)

7. **Société Forestière pour l'exploitation des forêts.** — Essences forestières.
(PARC.)

8. **TORNATOR (Société anonyme).** — Bobines.
(PARC.)

9. **UNO A. MUSTONEN et Cie,** à Nurmis. — Fils de bois pour emballage, autres objets.
(PARC.)

SALVADOR.

1. **GONZALEZ (Mme Mercedes P. de),** à San-Salvador. — Ouvrages artistiques en fibres diverses.
(PARC.)

2. **Gouvernement de Salvador,** à San-Salvador. — Échantillons d'essences forestières.
(PARC.)

3. **Municipalité de Ahuachapán.** — Ébène violet, chaperno, tempísque, copinillo, tepegnaje violet.
(PARC.)

4. **Municipalité de Chalatenango.** — Bois divers.
(PARC.)

5. **Municipalité de Chiltiupán.** — Bois divers.
(PARC.)

6. **Municipalité de Cojutepeque.** — Bois divers.
(PARC.)

7. **Municipalité de Comasagua.** — Dulcete jaune, guayaje.
(PARC.)

8. **Municipalité de Huizucar.** — Pepeto, funero clair, guayacanillo rubané.
(PARC.)

9. **Municipalité de La-Libertad.** — Bois divers.
(PARC.)

10. **Municipalité de San-Luis.** — Bois divers.
(PARC.)

11. **Municipalité de Olocuilta.** — Bois.
(PARC.)

12. **Municipalité de Santa-Ana.** — Bois divers.
(PARC.)

13. **Municipalité de San-Salvador.** — Bois divers.
(PARC.)

14. **Municipalité de Santiago-Nonualco.** — Bois.
(PARC.)

15. **Municipalité de San-Vicente.** — Acajou clair.
(PARC.)

16. **Municipalité de Sonsonate.** — Bois divers.
(PARC.)

17. **Municipalité de Usulután.** — Bois divers.
(PARC.)

18. **Municipalité de Victoria.** — Chuyapa, bois de construction, petit baume.
(PARC.)

19. **Municipalité de Zacatecoluca.** — Bois divers.
(PARC.)

SERBIE.

1. NEUMANN (Jacques), à Belgrade. — Douves françaises.   **(PALAIS.)**

2. Ministère de l'Agriculture et du Commerce, (Section Forestière), à Belgrade. — Coupes des diverses essences forestières. échantillons de douvains, planches de bois à œuvrer, noix de galle et écorce.   **(PALAIS.)**

3. WOLFNER (S.), à Belgrade. — Douves provenant des forêts de l'État.   **(PALAIS.)**

4. YOVANOVITCH (Tanassié), à Parzan (dépᵗ de Belgrade).— Fût. **(PALAIS.)**

RÉPUBLIQUE SUD-AFRICAINE.

1. GOUVERNEMENT (Le), à Pretoria. — Échantillons d'essences et de graines forestières.   **(ESPLANADE.)**

SUÈDE.

1. PAYKULL (Baron G. de), à Knifsta. — Semences pin sylvestre ; semences picea excelsa.   **(PALAIS.)**

2. Société da Ligna, à Stockholm et à Paris, rue du Faubourg Saint-Denis, 142. — Pavillon en bois démontable. Portes, fenêtres, persiennes, parquets en lames et en panneaux, etc.   **(PALAIS.)**

Agent général : Francis Vasseur, 142, rue du Faubourg Saint-Denis, Paris.
Menuiserie mécanique. Fabrique de portes, fenêtres, persiennes, lances de parquets, panneaux de parquets prêts à poser, moulures etc. Exécution de tous travaux de menuiserie, d'après dessins. Spécialité de maisons démontables et transportables en tous genres ; villas habitables toute l'année, chapelles, écuries, remises, pavillons, kiosques, habitations coloniales, etc.

SUISSE.

1. BAHY (Théophile), à Romont (Fribourg). — Cirages et graisses. **(PALAIS.)**

2. BRITSCHGI (Kaspar), à Kerns (Oberwalden).—Produits divers pour vacherie et laiterie.   **(PALAIS.)**

3. BUDÉ (Eugène de) NICOH et HAEF, fabricants, à Genève. — Mensurateur se composant d'une boîte et d'une colonne montante avec tube de verre indiquant la hauteur du liquide dans un tonneau, fût, etc.   **(PALAIS.)**

4. ETLIN (Meinrad), à Alphacht (Unterwalden). — Bardeaux à tête ronde pour constructions en bois, revêtements de parois.   **(PALAIS.)**

5. KALT (Léonce), à Rheinfelden (Argovie). — Osiers de corbeilles.   **(PALAIS.)**

6. SPYCHER (Niclaus), à Ried-Thorishaus (Berne). — Troncs de chênes et de hêtres.   **(PALAIS.)**

7. THOMAS (Jean), à Neuchâtel. — Fûts ovales et ronds, en bois de chêne, fûts propres à contenir les liqueurs blanches sans coloration.   **(PALAIS.)**

URUGUAY.

1. Association rurale, à Montevideo. — Canelon.   (PARC.)

2. ORDONANA (Domingo), à Montevideo. — Bois.   (PARC.)

3. RODRIGUEZ (Lucio), à Montevideo. — Verre en bois de ceibo.   (PARC.)

4. SUAREZ (Joaquin), à Montevideo. — Échantillons de bois.   (PARC.)

5. TREVIRA (Benjamin), à Montevideo. — Échantillons de bois.   (PARC.)

VÉNÉZUÉLA.

1. GUZMAN-BLANCO (Général), ministre plénipotentiaire de Vénézuéla. — Échantillons d'essences forestières, provenant de sa propriété de « Chuao ».   (PARC.)

2. Colonie Guzman-Blanco. — Échantillons d'essences forestières.   (PARC.)

3. Commission de Bolivar. — Bois de construction, d'ébénisterie et de teinture. Lianes diverses.   (PARC.)

4. Commission de Carupano. — Troncs d'arbres.   (PARC.)

5. Commission du Delta de l'Orénoque. — Bois divers.   (PARC.)

6. Commission de l'État des Andes. — Objets divers de vannerie.   (PARC.)

7. Commission de l'État des Bermudes. — Bois divers. Écorces tannantes, colorantes et résineuses.   (PARC.)

8. Commission de l'État Guzman-Blanco. — Bois de construction, d'ébénisterie, de teinture, etc. Écorces et lianes diverses.   (PARC.)

9. Commission de Maracaïbo. — Cendres de Yabo, pelon, noix de coco, indio desnudo. Écorces tannantes, colorantes, textiles, résineuses et odoriférantes.   (PARC.)

10. Commission de Zulia. — Lianes diverses. Bois de construction, d'ébénisterie, de teinture.   (PARC.)

11. Gouvernement de Vénézuéla. — Nattes d'enea, corbeilles, paniers, tamis, tapis de selle en jonc, calebasses.   (PARC.)

12. TOVAR (Mme Dolores B. de) à Paris, rue Daubigny, 16. — Bois de construction. Bois de teinture.   (PARC.)

GROUPE V.

INDUSTRIES EXTRACTIVES. PRODUITS BRUTS ET OUVRÉS.

Classe 43.

Produits de la chasse. Produits, engins et instruments de la pêche et des cueillettes.

FRANCE.

1. **ALLAND (Francisque) et ROBERT (Alfred)**, à Paris, rue Payenne,13. — Gommes du Sénégal et de l'Arabie par sortes et triées. **(PALAIS.)**

2. **ALLÉON (Amédée I. G.)**, à Paris, rue du Dragon, 17.— Oiseaux empaillés. **(PALAIS.)**

3. **ANTOINE (Maison F.), (Fagart Léon-A.)** Successeur, à Paris, passage Choiseul, 16. — Animaux naturalisés et attributs de chasse. **(PALAIS.)**

4. **AUROUZE (Étienne)**, à Paris, rue des Halles, 8. — Pièges en tous genres. **(PALAIS.)**

5. **BARNONCEL et BILLAUD**, à Paris, rue de la Glacière, 184. — Fourrures et pelleteries teintes. **(PALAIS.)**

6. **BRESSON (H.), CHANUDET (Émile) Gendre** Successeur, à Paris, rue Saint-Denis, 185. — Baleines pour robes, corsets, cannes, cravaches et fouets en baleine. **(PALAIS.)**

7. **BELLORGEOT, CLAVET, ROBILLARD**, à Paris, rue Notre-Dame-de-Nazareth, 25. — Ustensiles de pêche et de chasse, cannes à pêche, lignes, etc. **(PALAIS.)**

8. **BEMER (André)**, à Paris, rue Pergolèse, 9. — Médaillons de gibiers préparés en nature morte, têtes d'animaux naturalisés. **(PALAIS.)**

9. **BÉMER-HERVÉ**, à Paris, rue de Rivoli, 174. — Médaillons d'oiseaux en nature morte et trophées de chasse. **(PALAIS.)**

   Médaillons d'oiseaux en nature morte pour salles à manger.
   Tapis et têtes d'animaux. — Trophées de chasse, poissons.
   Mammifères, oiseaux et tout ce qui concerne l'histoire naturelle.

10. **BERTHELOT (Alexandre L.-V.)**, à Tannay (Nièvre). — Engins pour la pêche des grenouilles. **(PALAIS.)**

Classe 43.　　　　　　　　　　　　　　　　　　　　　1

11. BIANCHI, Père et Fils, à Bastia (Corse), boulevard Paoli. — Tapis en peaux naturelles, moutons et agneaux corses.   **(PALAIS.)**

12. BLOCH Aîné, à Paris, rue Drouot, 30.— Perles fines, colliers perles, perles et mi-perles.   **(PALAIS.)**

13. BORDAGE (Pierre), à Paris, galerie Vivienne, 54. — Pelleteries, fourrures et animaux montés.   **(PALAIS.)**
   Pelisses pour hommes, manteaux loutres et autres pour dames, jaquettes astrakan, garnitures, manchons, boas, tapis de tigres, ours, loups, etc. Couvertures diverses, préparations et montage d'animaux, tabliers de chasse, paletots de bique.

14. BRETON (Vve) et Fils, à Paris, rue Payenne, 8. — Drogueries en général, racines, écorces, feuilles, huiles.   **(PALAIS.)**

15. BRIMONT (Baron de), à Paris, avenue d'Iéna, 74. — Défense de narval, (corne de licorne).   **(PALAIS.)**

16. BROSSEL (Jean), à Paris, boulevard de Ménilmontant, 52. — Poils de lapin, de garennes et de lièvres.   **(PALAIS.)**

17. BRUN (Vve J.-P.) et Fils, à Paris, rue des Halles, 19. — Éponges brutes et préparées.   **(PALAIS.)**

18. CAILLARD Frères, au Havre. — Machine à vapeur pour la pêche. **(PALAIS.)**

19. CAUBÈRE (J.) & Cie, à Toulouse (Haute-Garonne), rue des Feuillantines, 9. — Plumes et duvets épurés pour literie.   **(PALAIS.)**

20. CAUDRILLIER-LEFEBVRE (Maxime), à Bacouël (Oise). — Soie de porcs pour brosses et pinceaux ; soies blanches préparées de France.   **(PALAIS.)**

21. CHAPAL (L.) Frères & Cie, à Paris, rue Godefroy-Cavaignac, 33. — Peaux de lapins teintés et lustrées en toutes nuances pour fourrure, poils de lapins et de lièvres pour la chapellerie.

22. CHARON (J.), à Nantes (Loire-Inférieure), rue d'Orléans, 9. — Animaux naturalisés. Trophées et attributs de chasse.   **(PALAIS.)**

23. CHERTIER ASSELIN, à Orléans (Loiret), rue de l'Empereur, 22. — Piéges, ratières, etc.   **(PALAIS.)**

24. CLÉRET (J.-M.), à Paris, rue Portefoin, 3. — Cannes à mouches et autres ustensiles.   **(PALAIS.)**

25. CLOSTRE-RICHARD, à Nancy (Meurthe-et-Moselle). — Préparation de crins frisés, tampico, piassava.   **(PALAIS.)**

26. Compagnie d'importation d'éponges et produits de la mer (de Mercier et Cie), à Paris, rue Vieille-du-Temple, 117. — Éponges, produits de la mer et produits coloniaux.   **(PALAIS.)**
   Récompense :
   Exposition universelle de 1867 à Paris, médaille d'argent.

27. Compagnie russe, Directeur : **J. M. Labroquère,** à Paris, rue de la Chaussée-d'Antin, 26. — Fourrures.   **(PALAIS.)**

28. COUTELA (J.-J.), à Paris, rue des Francs-Bourgeois, 43. — Gommes, résines. Quinquina.   **(PALAIS.)**

29. DEGOUY (Alexandre), à Paris, rue du Faubourg-du-Temple, 133. — Emploi des coquilles, brutes et travaillées pour toutes industries, laque de chêne, machines à coudre meubles modes, et confections.   **(PALAIS.)**

30. DÉON (Ulysse), à Sens (Yonne). — Peaux de lapins apprêtées naturelles et lustrées, poils de lapins et de lièvres pour la chapellerie.   **(PALAIS.)**

31. DEYROLLE (Émile), à Paris, rue du Bac, 46. — Groupe de lions montés.   **(PALAIS.)**
   Médaille d'or, Paris 1878.

32. DICKSON & Cie, à Dunkerque (Nord). — Filets et articles de pêche. **(PALAIS.)**

33. DOLAT (J.-B.) Frères, à Paris, rue Alexandre-Dumas, 89. — Pelleteries apprêtées et lustrées et poils de lapins et de lièvres pour la chapellerie. **(PALAIS.)**

34. DUCKETT (Vve Eulalie-A.-F.) « Au Pêcheur Matinal », à Paris. quai du Louvre, 30. — Ustensiles de pêche. **(PALAIS.)**

35. DURANSEL (Hugues), à Bon-Encontre (Lot-et-Garonne). — Nasses, filets de pêche, filets de chasse. **(PALAIS.)**

36. EXIBARD (Jules), à Nice, rue des Ponchettes, 6. — Poissons et crustacés, préparés de manière à conserver leurs couleurs. **(PALAIS.)**

37. FALCO (Alphonse-C.-T.), à Paris, rue Taitbout, 63. — Perles fines et coquilles perlières. **(PALAIS.)**

38. GELY Ainé (Paul), à Paris, rue des Cordelières, 16. — Peaux de moutons et de chèvres du Thibet pour tapis. **(PALAIS.)**

39. GIRODIAS Père et Fils, à Montreuil-sous-Bois (Seine), rue de Vincennes, 22. — Fourrures et pelleteries lustrées en toutes nuances. **(PALAIS.)**

40. GOULARD Ainé (Paul), à Nîmes (Gard). — Peaux de moutons, housses pour colliers de chevaux. Peaux de moutons, tapis. **(PALAIS.)**

Fabrique de housses et peausserie. Médaille d'argent, Exposition universelle, Paris 1878.

41. GREBERT-BORGNIS (J.-B.), à Paris, rue de l'Arbre-Sec, 48. — Pelleteries et fourrures confectionnées. **(PALAIS.)**

Récompenses : Médaille d'argent, Paris 1855 ; Prize medal, Londres 1862 ; Médailles d'or, Paris 1867 et 1878 ; Médaille d'or de 1er ordre de mérite à Sydney 1879 et à Melbourne 1880 ; Médaille d'or, Amsterdam 1883. — Médaille d'or et Chevalier de la Légion d'honneur, Anvers 1885. — Maisons d'achats et de ventes à Londres, Leipzig, New-York et Moscou.

42. GREUILLET-BAILLARGEAU (Paul-J.), à Poitiers (Vienne), rue des Bondes, 46. — Peaux d'oies préparées, plumes pour literie et parures. **(PALAIS.)**

43. HÉNIN (F.-V.), à Paris, cité Dupetit-Thouars, 8. — Dents d'éléphants, tronçons d'ivoire brut pour billes, blocs ébauchés, ivoires bruts divers, dents d'hippopotames. **(PALAIS.)**

44. HERVÉ & Cie, à Paris, boulevard Saint-Jacques, 35. — Filets de pêche, éperviers, carrelets montés ou non, filets pour la chasse. **(PALAIS.)**

Filets à sardines, à harengs et à anchois, nappes de filets pour toutes largeurs et dimensions de mailles pour sennes et tramails avec lisières doubles, chaluts à crevettes, carrelets.
Echiquiers, éperviers, verveux, bourses d'éperviers, filets blancs pour broderies, filets tannés pour arboriculture et faisanderies. Gilets sous chemises remplaçant la flanelle.
Récompenses : Paris 1867, Vienne 1873.

45. HOFFMANN (Charles), à Paris, rue des Francs-Bourgeois, 41. — Écorces de quinquina, droguerie. **(PALAIS.)**

46. JOURDE Fils (A.) et Cie, à Paris, impasse Gaudelet 16 bis. — Matières premières pour la chapellerie. **(PALAIS.)**

47. JUMEAU (Émile), à Paris, rue Pastourelle, 8. — Peaux en poil teintes. **(PALAIS.)**

48. JUNGMANN (Félix), à Paris, rue Montmartre, 108. — Paletots de loutre, vêtements doublés et garnis fourrures. Pelisses d'hommes. Couvertures, pelleteries, corbeilles de mariage. **(PALAIS.)**

49. LAFRIQUE & PÉLISSIER, à Paris, rue de Charonne, 106. — Pelleterie, peaux teintes et poils pour chapellerie. **(PALAIS.)**

50. LALBAT Père et Fils Frères, à Sarlat (Dordogne). — Truffes en conserves, boîtes et bocaux. **(PALAIS.)**

51. LAMORLETTE (J.-B.-Paul), à Mouzay, par Stenay (Meuse). — Papillons et insectes.   **(PALAIS.)**

52. LANGWEIL (Carl), à Paris, boulevard des Italiens, 4. — Articles de pêche.   **(PALAIS.)**

53. LAUTZ (J.-A.-Ferdinand), à Vincennes (Seine), rue de Belfort, 21. — Têtes plastiques à l'usage des fourreurs et naturalistes. Tapis de fourrure. Animaux naturalisés. Fourrures pour poupées.   **(PALAIS.)**

54. LE BLANC (Jules), à Paris, rue du Rendez-Vous, 52. — Dessins et modèles d'appareils pour le dragage, le sondage et la pêche en eaux profondes.   **(PALAIS.)**

55. LEFEBVRE-SOYEZ (L.-Georges), à St-Maur-les-Fossés (Seine), rue du Pont-de-Créteil, 10. — Cure-dents en plume, soies-plumes pour brosserie, plumes pour parure.   **(PALAIS.)**

56. LESAGE (Aristide), à Paris, rue de la Folie-Regnault, 72. — Poils de lapins et de lièvres pour la fabrication des chapeaux de feutre.   **(PALAIS.)**

57. LETHO (Auguste), à Charenton (Seine), quai de Charenton, 3. — Objets d'histoire naturelle.   **(PALAIS.)**

58. LÉVY (C.) et VILLARD (J.), à Paris, rue Dieu, 5 et 7, et rue Beaurepaire, 18. — Plumes, duvets pour literie épuration, triage et époussetage.   **(PALAIS.)**

Usines à vapeur à Mulhouse et à Paris. Plumes, duvets, laines et crins français, en Angleterre, Belgique, Hollande, Danemark, Suède, Norvège, Allemagne, Suisse, Italie et Amérique.

59. LOYER (E.) & Fils & BESNUS, à Saint-Denis (Seine), rue Petit, 36. — Produits ouvrés des crins de chevaux, bœufs et vaches, crins frisés, crins longs, soies de porcs.   **(PALAIS.)**

Maison fondée en 1820 à Paris et transférée à St-Denis en 1865.
Triage, peignage, teinture et épuration perfectionnés pour la préparation des crins frisés et longs.
Médaille d'argent, Exposition Paris 1867.
Médaille d'or, Exposition Paris 1878.

60. MACHET (Mlle Marthe), à Paris, rue Nicolo, 25. — Tableau de fleurs en plumes d'oiseaux, appliquées sur bois.   **(PALAIS.)**

61. MARLIN Frères (Alexandre et Edmond), à Lacroix (Indre-et-Loire). — Pinces et muselières pour capture de bêtes puantes.   **(PALAIS.)**

62. MARTIN (Émile), à Rennes (Ille-et-Vilaine), quai de la Prévalaye, 3, 5, 7. — Série de soies de porcs redressées pour brosserie et pinceaux.   **(PALAIS.)**

63. MARTY (Henri), à Villefranche (Aveyron). — Nasses ratières. Nouveaux modèles de pêche en toutes dimensions.   **(PALAIS.)**

64. MAUREL & PROM (H.), BUHAN Père (J.-E.) & Fils & TEISSEIRE (A.), à Marseille (Bouches-du-Rhône), rue Verte, 30. — Gommes de toutes provenances.   **(PALAIS.)**

65. MEUNIER (P.-Ernest), à Paris, rue des Feuillantines, 19. — Yeux en émail.   **(PALAIS.)**

66. Ministère de l'Agriculture (administration des forêts), Directeur : **M. Daubrée**; Inspecteur général des forêts : **M. Thil**, à Paris. — Produits chimiques et pharmaceutiques provenant des végétaux ligneux.   **(PALAIS.)**

67. MOMMANEIX-CHAPTAL (Antoine), à Paris, cité Beauharnais, 21 — Peaux de lapins, apprêtées et lustrées.   **(PALAIS.)**

Ancienne Maison J. Chaptal et à Mommaneix. Pelleteries en gros. Peaux de lapins lustrées en toutes nuances. Vente en douzaines.

68. MORICEAU (George-A.), à Paris, rue de Rivoli, 82. — Ustensiles de pêche, piéges pour animaux nuisibles.   (**PALAIS.**)

69. NOÉ (Jules), à Paris, rue de la Cour-des-Nones, 4. — Baleines de buffles des Indes.   (**PALAIS.**)

70. PAISSEAU Frères, à Paris, rue de la Folie-Regnault, 66. — Baleine de corne pour corsets et robes, matières premières préparées pour peignes de tous genres, tabletterie. Aplatissage de cornes en tous genres.   (**PALAIS.**)

Marque de fabrique P. F. P. — Médaille de bronze, Exposition universelle de Paris 1878.

71. PERCEPIED (L.), ancienne Maison **F. Bardin,** à Paris, rue de Bondy, 48. — Plumes brutes et ouvrées, brosses à tourailles pour malteries, cure-dents. (**PALAIS.**)

Usine à vapeur à Joinville-le-Pont, soies de côtes de plumes pour brosserie et pour fleuristes, paillantines et biots pour fleurs, tissus de plume filée imitation de fourrures, manchons, palatines, boas, etc., cure-dents perfectionnés avec inscriptions, etc.

72. PERNEL (François-A.), à Vitry-le-François (Marne). — Éperviers, tramails, filets pour la chasse et la pêche. Plombs, liéges, cordeaux pour monter les filets.   (**PALAIS.**)

73. PINÈDE (Gustave), à Bayonne (Basses-Pyrénées). — Pelleteries, peaux d'agneaux, de moutons, de chèvres, apprêtées en laine blanches et teintes. Veaux mort-nés.   (**PALAIS.**)

74. PINTON (Jean), à Paris, rue de Charonne, 149. — Lapins lustrés de toutes couleurs, naturels en pointillé et autres.   (**PALAIS.**)

75. POSTEL (Auguste), à Paris, rue des Pyrénées, 68. — Baleines de corne pour robes, corsets, brutes, grattées et polies.   (**PALAIS.**)

76. RANDU (J.-B.) & Fils, à Lyon, rue Nérard, 9. — Peaux teintes toutes nuances, apprêtées de diverses façons, tissus, teints de toutes couleurs. (**PALAIS.**)

Maison fondée en 1770. — Médaille d'argent, Paris 1878. — Teintures et apprêts en tous genres. Grande spécialité de noir pour pelleteries et fourrures. Exportation. Teintures et apprêts de tissus, laine, ganterie et jersey. Teintures de tissus soie et mélange toutes qualités et toutes couleurs.

77. RAUX BRUNNARIUS & Cie, à Paris, rue d'Angoulême, 92. — Baleines de corne pour robes et corsets.   (**PALAIS.**)

Baleines de cornes des Indes pour corsets et robes, baleines polies pour mercerie, brevetées S. G. D. G. — Récompense : Exposition Paris, bronze 1867.
(Voir Exposition, classe 35.)

78. REHBOCK, à Paris, rue Montmartre, 49. — Divers articles de pelleterie et fourrures.   (**PALAIS.**)

79. RESCHOFSKY (Alexandre), à Paris, rue Sainte-Croix-de-la-Breton nerie, 44. — Fourrures, chapeaux et toques pour dames, hommes et fillettes. (**PALAIS.**)

80. RESPAUT (Maison **Jacques), Marcel Respaut Fils,** successeur, à Olette (Pyrénées-Orientales). — Gourdes en peau de bouc avinées.   (**PALAIS.**)

81. REVILLON Frères, à Paris, rue de Rivoli, 79. — Pelleteries et fourrures.   (**PALAIS.**)

Usine et magasinage, **72,** rue de la Fédération, près le Champ-de-Mars.
Fabricants de fourrures. Pelleteries et fourrures.
Récompenses :
Exposition universelle de 1867 à Paris, Médaille d'or.
Exposition internationale de 1876, Philadelphie, Centennial medal.
Exposition universelle de 1878, à Paris, Grand prix.
Exposition internationale de 1883, à Amsterdam, Diplôme d'honneur.

82. ROCA (J.-B.-A. de), à Villemolaque, par Thuis (Pyrénées-Orientales). — Truffes de Montferrer.   (**PALAIS.**)

83. ROTHSCHILD (J), à Paris, rue des Saints-Pères, 13. — Publications sur la pêche et la chasse. Oiseaux et poissons. **(PALAIS.)**

84. SAINT-GIRONS (Fils aîné Frédéric), à Toulouse (Haute-Garonne). — Poils de lapins et de lièvres pour la chapellerie. **(PALAIS.)**

85. SCHMIT (Nicolas), à Paris, passage Maurice, 8. — Peaux en poils, apprêtées, de toutes natures. Dépouilles d'oiseaux. **(PALAIS.)**

86. SENS-BRESSON (Louis) (Maisons **Bresson** et **Baumblat** réunies), à Paris, rue de l'Hôtel-de-Ville, 58. — Pelleteries et fourrures confectionnées. **(PALAIS.)**

87. SERRE Père et Fils, à Paris, rue de Bagnolet, 52. — Poils de lapins et de lièvres pour la chapellerie et peaux préparées. **(PALAIS.)**

88. SERRIN (H.-F.), à Neuilly-sur-Thelle (Oise). — Piéges perpétuels, pinces à linge, gratte-pieds et autres objets de ménage. **(PALAIS.)**

Fabricant du Piége Perpétuel S D, et d'articles nouveaux et perfectionnés.
Exposition universelle, Paris 1867. Mention honorable. — Paris 1878, Médaille d'argent.
Maison à Paris, 13, boulevard du Temple ; Usine à vapeur.

89. Syndicat des cultivateurs herboristes de Milly (Seine-et-Oise), Président : **Poirrier (A.)**, à Milly (Seine-et-Oise). — Plantes aromatiques pour pharmaciens, parfumeurs, etc. **(PALAIS.)**

90. TART (J.-J.-Henri), à Orléans, place du Châtelet, 12 (Loiret). — Plumes et duvets épurés à la vapeur. **(PALAIS.)**

Médaille de bronze, Exposition Paris 1878.

91. TRUTH (Ferenz), à Paris, rue Radziwill, 17. — Couverture en fourrure représentant les armes de la Ville de Paris. **(PALAIS.)**

92. VALENCIENNES (Léon-L.), Successeur des Maisons **Gou et Henckel-Schmidt**, à Paris, rue Vivienne, 21. — Pelleteries et fourrures confectionnées. **(PALAIS.)**

Médaille d'argent 1867, médaille d'or 1878.

93. WAGNER (Vve Odile), à Paris, boulevard Bonne-Nouvelle, 5. — Yeux artificiels, tableau contenant des yeux pour naturalistes et pelletiers. **(PALAIS.)**

Mention honorable à l'Exposition universelle de 1878.

COLONIES.

ALGÉRIE.

1. ARNAUD (Victor), à Souk-Ahras (Constantine). — Peaux ouvrées de panthère, de chacal, de lynx, d'hyène. **(ESPLANADE.)**

2. AUGEARD (André), à Oran, rue des Casernes, 22. — Oiseaux empaillés du département d'Oran, faunes du Sud, reptiles, petits mammifères, etc. **(ESPLANADE.)**

3. BADOIL (A.), à Mustapha (Alger). — Asphodèle. **(ESPLANADE.)**

4. BOUSAADA, (L'administration de la commune indigène de) à Bousââda, (Alger). — Poissons et reptiles empaillés, cornes de gazelle montées sur bois. **(ESPLANADE.)**

5. CABRERA, à Oran, boulevard Charlemagne. — Tapis de peaux de fauves, oiseaux montés. **(ESPLANADE.)**

6. **COMBE (Guillaume Gabriel)**, à Souk-Ahras (Constantine). — Tapis en peaux de chacals. **(ESPLANADE.)**

7. **COSTERIZAN (Henri)**, à Oran, rue Boileau.— Poils de chameau. **(ESPLANADE.)**

8. **DEMARCHI & Fils**, à Saint-Eugène (Alger). — Œufs d'autruche. **(ESPLANADE.)**

9. **DETALLANCOURT (L.)**, à Alger, rue Rovigo, 9. — Tapis en peaux d'animaux algériens, oiseaux montés et en appliques, animaux montés, éventails, écrans et chancelières. **(ESPLANADE.)**

10. **FEBVRE (Mlle Marthe)**, à Mekla (Alger).— Oiseaux, quadrupèdes et fourrures du pays, fleurs en plumes, couleurs naturelles. **(ESPLANADE.)**

11. **GAUBERT (Philippe)**, à Relizane (Oran). — Outardes empaillées, mâle et femelle. **(ESPLANADE.)**

12. **GAUTIER (C.-F.)**, à Alger, galerie Malakoff. — Échantillons divers de vénerie. **(ESPLANADE.)**

13. **Hamma (Le jardin d'essai du)**, à Mustapha (Alger).—Autruches, dépouilles, plumes préparées, œufs. **(ESPLANADE.)**

14. **LAPERLIER (Mme Marguerite)**, à Mustapha (Alger). — Paons empaillés, gerbe de plumes de paon. **(ESPLANADE.)**

15. **LECOURT (L.-A.)**, à Bône (Constantine). — Gibier. **(ESPLANADE.)**

16. **LIÉBART (M.-J.)**, à Oran, route de la Sénia. — Cornes de gazelle. **(ESPLANADE.)**

17. **LOCHE (Vve)**, à Alger, rue de la Marine, 9. — Collections d'histoire naturelle et d'objets d'ethnographie algérienne. **(ESPLANADE.)**

18. **MERCHICA (Charles)**, à Marengo (Alger). — Filets de pêche pour rivières d'Algérie. **(ESPLANADE.)**

19. **MOHAMMED ben Rahhaal**, à Nedroma (Oran). — Poils de chèvre bruts. **(ESPLANADE.)**

20. **RAVAL & Fils**, à la Calle (Constantine). — Corail brut et corail ouvré. **(ESPLANADE.)**

21. **SAGE (J.-V.)**, à Oran. — Reptiles empaillés provenant du sud de l'Algérie. **(ESPLANADE.)**

22. **SASS (Laurent)**, à Bône (Constantine).— Panthères montées sur pied, lion en tapis, tête montée, panthères en tapis, têtes montées. **(ESPLANADE.)**

23. **SOULÉS**, à Mustapha (Alger). — Peaux tannées de fauves d'Algérie. **(ESPLANADE.)**

COCHINCHINE.

1. **Arrondissement de Hatien**, à Hatien. — Défenses d'espadons et mâchoire de requin. **(ESPLANADE.)**

2. **BEER (Paul)**, à Saïgon. — Tortues à écaille du Kach-gia. **(ESPLANADE.)**

3. **DELESCHAMPS (Édouard)**, à Saïgon. — Défenses d'éléphants. **(ESPLANADE.)**

4. **DOC PHU PHUONG**, à Cholon. — Têtes et mâchoires d'animaux, défenses d'éléphants, d'espadons. Tortue à écaille (panoplie). **(ESPLANADE.)**

5. **Exposition permanente des Colonies**, à Paris. — Défenses d'éléphants, cornes de buffle, d'antilope, de cerf, carapaces de tortues, pièges et engins de pêche. **(ESPLANADE.)**

6. JACQUEMIN, à Saïgon. — Tortues à écaille pêchées à l'île de Phu-quoc.
(**ESPLANADE.**)

7. Service local, à Saïgon. — Défenses molaires, queues d'éléphants, têtes et cornes de divers animaux. (**ESPLANADE.**)

8. TONG DOC TRAN BA LOC, à Mytho (Caï-bé). — Défenses d'éléphants avec leurs supports en bois sculpté. (**ESPLANADE.**)

GABON CONGO.

1. AVINENC, au Gabon. — Produits et engins de pêche et de chasse.
(**ESPLANADE.**)

2. BRUSSAUX Fils, à Nancy, rue Girardot, 10. — Collections. Histoire naturelle. (**ESPLANADE.**)

3. Exposition permanente des Colonies, à Paris. — Défenses d'éléphants, gorilles et singes divers. Fourrures, pelleteries. (**ESPLANADE.**)

4. PECQUEUR (Léona), au Gabon. — Produits et instruments de chasse et de pêche, caoutchouc, cires, peaux d'animaux. (**ESPLANADE.**)

5. SCHLUSSEL (Laurent), à Libreville (Gabon). — Produits et engins de pêche et de chasse, dents d'éléphants. Tête d'hippopotame de Mayumba. (**ESPLANADE.**)

GUADELOUPE.

1. Exposition permanente des Colonies, à Paris. — Pièges et engins de pêche. (**ESPLANADE.**)

2. GUILLOT, à Paris, place Saint-Michel, 4, — Collections d'histoire naturelle.
(**ESPLANADE.**)

3. L'HERMINIER (Marie), à la Pointe-à-Pitre. — Coraux. Éponges.
(**ESPLANADE.**)

4. Musée l'Herminier, à la Pointe-à-Pitre. — Collection d'oiseaux. (**ESPLANADE.**)

5. Sous Comité d'Exposition, à la Pointe-à-Pitre. — Collection de coquillages, encens blanc ; gomme du gommier de montagne ; graines et gousses de « wa-wa » (entada gigalobium) ; éperviers, gardes et nasses pour écrevisses, oiseaux. (**ESPLANADE.**)

GUYANE FRANÇAISE.

1. Administration pénitentiaire, à la Guyane. — Nasses en arouma.
(**ESPLANADE.**)

2. Exposition permanente des Colonies, à Paris. — Oiseaux en peau.
(**ESPLANADE.**)

INDE FRANÇAISE.

1. CHARETTE-CHANGARIN. — Corne de cerf de Mahé. (**ESPLANADE.**)

2. Comité d'Exposition. — Cornes de bison, produits tinctoriaux, gomme de feronia elephantum, gomme, piquants de porc-épic, dents, griffes de chitah, cornes de cerf de Yanaon. (**ESPLANADE.**)

3. HECQUET. — Coquillages. (**ESPLANADE.**)

4. ROLLANT. — Collections d'oiseaux des Colonies. (**ESPLANADE.**)

MARTINIQUE.

1. HURAUX (Ernest), à Case-Pilote. — Collection de coquillages. (**ESPLANADE.**)

MAYOTTE ET COMORES.

1. **FAYMOREAU (de) & O. MAZARÉ**, à Combassi. — Caoutchouc brut ;
fleurs de manevi (graminée indigène).   (ESPLANADE.)

NOSSI - BÉ.

1. **Service Local.** — Oiseaux en peau, peau de chat-tigre.   (ESPLANADE.)

NOUVELLE - CALÉDONIE.

1. **Affaires indigènes (service des)**, à Nouméa. — Résine de pin colonnaire
araucaria cookü, becs d'oiseaux, conques servant aux conjurations, grandes carapaces
de tortues, coquillages divers (ornements de case). Filets pour anguilles, pour crevettes,
filets pour tortues, poissons.   (ESPLANADE.)

2. **BOYER Père**, à Moindou. — Ouate du fromager.   (ESPLANADE.)

3. **BREM & CLÉMEN**, à Nouméa. — Résine de kaori.   (ESPLANADE.)

4. **CO-MO**, à Nouméa. — Champignons.   (ESPLANADE.)

5. **DESCOT**, à Thio. — Résine de kaori.   (ESPLANADE.)

6. **DESMAZURES (Alcide)**, à Nouméa. — Gomme de kaori, dammara lanceolata.
                                                          (ESPLANADE.)

7. **HAYÈS & JEANNENEY**, à Fonwhary. — Résine de kaori, d'araucaria,
de goudronnier, gomme, fruit de kaori, cloisons de nautilus.   (ESPLANADE.)

8. **HOFF**, à Dumbéa. — Ouate du fromager.   (ESPLANADE.)

9. **PELATAN**, à Nouméa. — Gomme de kaori.   (ESPLANADE.)

10. **Pénitencier** de l'Ile-des-Pins. — Résine de chêne-gomme, résine d'araucaria
montana, cookü, coquillages.   (ESPLANADE.)

11. **THOUO (4ᵉ arrondissement de)**, à Thouo. — Huile de foie de requin,
nacres, huîtres perlières, cônes.   (ESPLANADE.)

RÉUNION.

1. **AUGEARD (Mme Agnès)**, à Cilaos. — Miel vert, pains de lin. (ESPLANADE.)

2. **BABOT Frères & Cie**, à Saint-Pierre. — Cire jaune.   (ESPLANADE.)

3. **Comité central d'Exposition**, à Saint-Denis. — Miel vert. (ESPLANADE.)

4. **GÉVIN-MASSÉAUX**, à Saint-Paul. — Pains de cire.   (ESPLANADE.)

5. **GOIZET (Georges)**, à Saint-Denis. — Poudre de quinquina, écorce de cinchona.
                                                          (ESPLANADE.)

6. **JACQUELIN (J.-F.)**, à Saint-Denis. — Œufs d'épiornis. (ESPLANADE.)

7. **POTIER (Julien)**, à Saint-Denis — Résine d'araucaria excelsa, bloc de
caoutchouc.   (ESPLANADE.)

SAINT-PIERRE ET MIQUELON.

1. **Césarine (La sœur)**, à St-Pierre. — Huile de foie de morue. (ESPLANADE.)

2. **Exposition permanente des Colonies**, à Paris. — Engins de pêche.
                                                          (ESPLANADE.)

3. **RICHE (P.)**, à St-Malo. — Huile de foie de morue.   (ESPLANADE.)

SÉNÉGAL.

1. Exposition permanente des Colonies, à Paris. — Collection de gommes, fourrures et pelleteries.   **(ESPLANADE.)**

2. NOIROT (Ernest), administrateur colonial, au Sénégal. — Caïman, peaux d'animaux, nids d'oiseaux, carapaces de tortues, etc., caoutchouc, engins de pêche.   **(ESPLANADE.)**

TAHITI.

1. Exposition permanente des Colonies, à Paris. — Coraux et huîtres perlières.   **(ESPLANADE.)**

2. GOUPIL, à Papeete. — Crabe de cocotier, coquillages de corail, huîtres perlières avec éponge et avec bouquet de corail.   **(ESPLANADE.)**

3. SALMON (Tati), à Papara. — Hameçon en nacre, lignes de pêche pour le thon.   **(ESPLANADE.)**

4. Service local, à Papeete — Divers paniers pour la pêche.   **(ESPLANADE.)**

5. VIENOT (Charles), à Papeete. — Coquillages.   **(ESPLANADE.)**

PAYS DE PROTECTORAT.

ANNAM - TONKIN.

1. GOBERT. — Peaux d'oiseaux.   **(ESPLANADE.)**

2. Province de Phu-Yen. — Cornes de buffles.   **(ESPLANADE.)**

3. RAUX & LERIEUX, à Paris, rue des Haies, 77. — Cornes de buffles du Tonkin.   **(ESPLANADE.)**

CAMBODGE.

1. PLANTÉ, à Phnom-Penh. — Carapaces de tortues, têtes, cornes, crins, dents, os, peaux, plumes, sabots de différents animaux, huile et vessies de poissons, cire végétale, laque, résine.   **(ESPLANADE.)**

TUNISIE.

1. Comité de l'Exposition tunisienne. — Produits de la chasse.   **(ESPLANADE.)**

2. MOHAMED ben AMOR, à Tunis. — Ouvrages en poils de chèvre.   **(ESPLANADE.)**

3. VALENSI (R.) à Tunis, Al Djazira. — Poisson, etc.   **(ESPLANADE.)**

PAYS ÉTRANGERS.

RÉPUBLIQUE ARGENTINE.

1. **ARAGON (Virgile),** Colonie Helvecia (Santa-Fé). — Peaux d'animaux sauvages. **(PARC.)**

2. **AZPIAZU Y TIMONEDA,** à Général Acha (Pampa Centrale).— Carapace de tortue. **(PARC.)**

3. **BENCY (Dominique),** à San-José-del-Rinçon (Santa-Fé).— Miel d'abeilles. **(PARC.)**

4. **BILBAO (Manuel),** à Général Acha (Pampa Centrale).— Plumes d'autruche. **(PARC.)**

5. **CANO (Antoine),** à San-Martin (Mendoza). — Peaux d'animaux sauvages. **(PARC.)**

6. **CAPDEVILA (Alphonse),** à la Pampa Centrale. — Peaux de lion et d'autruche. **(PARC.)**

7. **CHIAPARRA & PARODI,** à Buenos-Ayres. — Miel d'abeilles. **(PARC.)**

8. **CLELAND (Jean),** à San-Justo (Cordoba). — Cuirs. **(PARC.)**

9. **Commission auxiliaire,** à Caldera (Salta) — Peau d'animal sauvage. **(PARC.)**

10. **Commission auxiliaire,** à Catamarca. — Peaux de lion et de chat sauvage. — Fruits de molle (arbre sauvage). — Miel de Palo, d'Abijas de Castillo et Lachihuana. **(PARC.)**

11. **Commission auxiliaire,** à Chacabuco (Mendoza). — Peau de lion **(PARC.)**

12. **Commission auxilaire,** à Chicoana (Salta). — Peau de lion. **(PARC.)**

13. **Commission auxiliaire,** à Entre-Rios. — Peaux. **(PARC.)**

14. **Commission auxiliaire,** à Formosa. — Plumes d'autruche. Cuirs divers. **(PARC.)**

15. **Commission auxiliaire,** à Guachipa (Salta). — Collection de peaux d'animaux sauvages et domestiques. **(PARC.)**

16. **Commission auxiliaire,** à Jujuy. — Fruits de mûrier. — Collection de 38 peaux d'animaux sauvages. **(PARC.)**

17. **Commission auxiliaire,** à la Paz (Mendoza). — Peau de flamant. Peau de lion. **(PARC.)**

18. **Commission auxiliaire,** Misiones. — Nid d'abeilles (camoata). — Collection de 32 peaux d'animaux sauvages. — 5 flacons avec des sucs de plantes. — Collection de 11 espèces de fruits d'arbres sauvages. **(PARC.)**

19. **Commission auxiliaire,** à Rosario-de-Lerma (Salta). — Peaux d'animaux sauvages et domestiques. **(PARC.)**

20. **Commission auxiliaire,** à Salta. — Peaux d'animaux sauvages ou domestiques. **(PARC.)**

21. Commission auxiliaire, à San-Luis. — Collection de 20 peaux d'animaux sauvages. — Plumes d'autruche. — Miel d'abeilles. — Coco de palmier.   **(PARC.)**

22. Commission auxiliaire, à San-Rafael (Mendoza). — Laine de guanaco.
(PARC.)

23. Commission auxiliaire, à Tartagal (Salta). — Peaux d'animaux sauvages ou domestiques.   **(PARC.)**

24. Commission auxiliaire, à Tucuman. — Peau de tigre.   **(PARC.)**

25. CORREA (E.), à Catamarca. — Peaux de vigogne, guanaco, lièvre et cerf.
(PARC.)

26. ELLERHOST (Auguste), à Buenos-Ayres. — Peaux diverses.   **(PARC.)**

27. FORTABAT (Alphonse), à Général Acha (Pampa Centrale). — Carapace de mataco.   **(PARC.)**

28. FRENZEL (Dʳ), à Cordoba. — Collection de reptiles et d'oiseaux.   **(PARC.)**

29. GALARZA (Grégoire), à Catamarca. — Peaux de lion, de chat sauvage, lamas, etc.   **(PARC.)**

30. GARRIDO (Richard-D.), à Général Acha (Pampa Centrale). — Pepsine d'autruche.   **(PARC.)**

31. Gouvernement de Tierra del Fuego. — Peaux de loutre (Lutra felina Griay). — Collection de 20 exemplaires de l'ornithologie du pays.   **(PARC.)**

32. GRUGET (Amédée), à Buenos-Ayres. — Miel d'abeilles.   **(PARC.)**

33. JUAREZ (Froilan), à Général Acha (Pampa Centrale). — Plumes d'autruche, peaux de renard et de lièvre.   **(PARC.)**

34. LOPEZ (Victor-M.), à Général Acha (Pampa Centrale). — Poissons du Rio-Colorado ; peaux de lézard.   **(PARC.)**

35. MARTINEZ (Édouard), à Général Acha (Pampa Centrale). — Œufs d'autruche.   **(PARC.)**

36. MEDINA (Joseph-A.), à la Pampa Centrale. — Carapace de mulita ; plumes d'autruche ; peaux de guanaco, de gama, de chat sauvage, de cerf.   **(PARC.)**

37. Musée du onze-Septembre, à Buenos-Ayres. — Peaux.   **(PARC.)**

38. NOUGUIER & LEGLUETTI (P.), à Buenos-Ayres. — Plumes d'autruche.   **(PARC.)**

39. OLIVERA (François), à Alvear. — Peaux diverses.   **(PARC.)**

40. OYHENART (Pierre), Pampa Centrale. — Peaux de loutre.   **(PARC.)**

41. PALACIO (Ignace), à Général Acha (Pampa Centrale). — Serpents. **(PARC.)**

42. PEREZ (L.), Pampa Centrale. — Peaux de guanaco et de chat sauvage.
(PARC.)

43. PEREZ & CUETO, à Buenos-Ayres. — Peaux diverses.   **(PARC.)**

44. PORTELA (François), à la Pampa Centrale. — Peaux de tigre.   **(PARC.)**

45. RIVERA Frères (J.), à Buenos-Ayres. — Peaux.   **(PARC.)**

46. RIVERO (Lutgardis), à Rio-Cuarto (Cordoba). — Écorce de quirquincho. Cuirs.   **(PARC.)**

47. ROCA (Alexandre), à Rio Cuarto (Cordoba). — Plumes d'autruche.
(PARC.)

48. RODRIGUEZ (J.-J.), à Buenos-Ayres. — Plumes, plumeaux, peaux de cygnes.   **(PARC.)**

. 49. **ROMERO (Alexandre)**, à la Pampa Centrale. — Peaux de tigre.   **(PARC.)**

50. **SALVO (M.)**, à la Pampa Centrale. — **Peaux de lion.**   **(PARC.)**

51. **SOUSA MARTINEZ (François)**, à Buenos-Ayres. — Peaux.   **(PARC.)**

52. **TORINO (D.)**, à Rosario-de-Lerma (Salta). — Peaux de cerf.   **(PARC.)**

53. **TRICELLI (Guillaume)**, à San-Geronimo (Santa-Fé).— Miel d'abeilles.
      (PARC.)

54. **VALERGA (Augustin)**, à la Pampa Centrale. — Peau de flamant, carapace
      de piche.   **(PARC.)**

55. **VIDELA (Jean)**, à Buenos-Ayres. — Plumes d'autruche.   **(PARC.)**

56. **VIEYRA (Manuel)**, à la Pampa Centrale. — Collections de peaux d'animaux
      sauvages, de plantes pour teinture, de plantes médicinales. Fruits de piquillin. **(PARC.)**

57. **VILLAVERDE (Euloge)**, à la Pampa Centrale. — Peaux de guanaco, de
      lion et de lièvre.   **(PARC.)**

58. **VOCOS (Sylvain)**, à San-Justo (Cordoba). — Cuirs.   **(PARC.)**

59. **WYL (J. Von)**, à Helvecia (Santa-Fé). — Boa. — Peau de tigre   **(PARC.)**

60. **ZOTELO (Desiderio)**, à San-Rafael (Mendoza). — Peaux d'animaux sau-
      vages.   **(PARC.)**

BELGIQUE.

1. **BLOCK (Edmond)**, à Gendbrugge. — Peaux apprêtées et teintes pour fourrures,
    imitation de peaux de castor, martre, zibeline, etc.   **(PALAIS.)**

2. **DELATTRE (Auguste)**, à Mons, rue de Houdain, 15. — Cadre contenant une
    collection d'oiseaux et de quadrupèdes empaillés.   **(PALAIS.)**

3. **GRANDJEAN-DEMORY**, à Tailfer-Lustin (Namur). — Filets, cannes,
    lignes, hameçons et ustensiles divers de pêche.   **(PALAIS.)**

4. **HANSSENS-HAP**, à Vilvorde. — Crins.   **(PALAIS.)**

5. **KŒNIGSWERTHER (Jules)**, à Melle-lez-Gand. — Peaux apprêtées et
    teintes.   **(PALAIS.)**

6. **LEMAIRE (A.) & Cie**, à Mons, rue Petit-Quiévroi, 36. — Piéges pour rongeurs,
    carnassiers, etc.   **(PALAIS.)**

7. **LÉVÊQUE Frères & Cie**, à Alost. — Peaux de lapins teintes et lustrées.
      (PALAIS.)

8. **MICHELS (Louis)**, à Bruxelles, rue d'Arenberg, 26. — Animaux empaillés.
      (PALAIS.)

9. **RUBBENS (Louis)**, à Lokeren. — Peaux et poils de lapins, lièvres, garennes,
    castor, rat musqué, etc. Poils et mélanges soufflés, teints, etc.   **(PALAIS.)**

10. **VAN DE CASTEELE DUBAR (G.)**, à Gand.— Crin animal frisé et tiré.
      (PALAIS.)

    Médailles : bronze, Paris, 1867 ; or, Paris, 1878 ; Amsterdam, 1883 ; Anvers, 1885.

11. **VAN HOECKE (Ferdinand) & Cie**, à Gand, rempart de Plaisance, 3. —
     Peaux de lapins teintes et apprêtées, loutre, marron (sur lapin). Imitation castor,
     martre, astrakan etc.   **(PALAIS.)**

12. **VERDIN (Louis)**, à Liége, rue Sainte-Walburge, 87. — Filets.   **(PALAIS.)**

RÉPUBLIQUE DE BOLIVIE.

1. ARTOLA (Comte Daniel), à Paris, rue de l'Échiquier, 27.—Peaux de tigres Peaux de vigognes. Peaux de huanacos. **(PARC.)**

2. AZCARRUNZ (Alfredo), à Paris, rue de Berri, 8. — Couverture en poils de vigogne (Fourrures). **(PARC.)**

3. BEBIN (Paul), à Paris, rue de de la Victoire, 41. — Peaux de chinchilla. Plumes. **(PARC.)**

4. CAHEN (Lazard), à Paris, rue Saint-Georges, 5. — Plumes et fourrures. **(PARC.)**

5. CASO (Joaquin), à Paris, boulevard Haussmann, 154. — Peaux et pelleteries. **(PARC.)**

6. DAZA (Hilarion), à Paris, boulevard Haussmann, 63. — Peaux et plumes. **(PARC.)**

7. DIAZ (Alejandro), à Paris, rue Lafayette, 56. — Tapis en peaux de vigogne. **(PARC.)**

8. DORADO (Mme Joaquin), à Paris, rue de la Bienfaisance, 19. — Pelleteries. **(PARC.)**

9. DORADO (Mme Margarita), à Paris, au Grand-Hôtel. — Fourrures. **(PARC.)**

10. DORADO (Manuel-R.), à Paris, au Grand-Hôtel. — Peaux, fourrures et laines. **(PARC.)**

11. FARFAN (Mme Cristina), à Paris, rue de Phalsbourg, 13. — Pelleteries. **(PARC.)**

12. FAURE (M. l'abbé Louis), à Paris, rue de Washington, 36. — Pelleteries. **(PARC.)**

13. GUINAULT (Eugène), à la Paz. — Matières premières. Quinquina. Coca. **(PARC.)**

14. Municipalité de Cinti. — Matières premières. **(PARC.)**

15. Municipalité de Cochabamba. — Matières premières. **(PARC.)**

16. Municipalité de la Paz. — Matières premières. **(PARC.)**

17. Municipalité de Oruro. — Matières premières. **(PARC.)**

18. Municipalité de Potosi. — Matières premières. **(PARC.)**

19. Municipalité de Santa-Cruz. — Matières premières. **(PARC.)**

20. Municipalité de Sucre. — Matières premières. **(PARC.)**

21. Municipalité de Tarija. — Matières premières. **(PARC.)**

22. Municipalité de Trinidad. — Matières premières. **(PARC.)**

23. PERO (Alberto), à Paris, rue de la Bienfaisance, 19. — Pelleteries de vigognes et de chinchilla. **(PARC.)**

24. Préfecture de Chuquisaca. — Matières premières. **(PARC.)**

25. Préfecture de Cochabamba. — Matières premières. **(PARC.)**

26. Préfecture de la Paz. — Matières premières. **(PARC.)**

27. **Préfecture de Oruro.** — Matières premières.   (PARC.)

28. **Préfecture de Potosi.** — Matières premières.   (PARC.)

29. **Préfecture de Santa-Cruz.** — Matières premières.   (PARC.)

30. **Préfecture de Tarija.** — Matières premières.   (PARC.)

31. **Préfecture du Béni.** — Matières premières.   (PARC.)

32. **QUIROGA (Serapio),** à Paris, rue Soufflot, 7. — Peaux de vigognes.
                    (PARC.)

33. **ROCHA (J.-Rodriguez),** à la Paz. — Collection zoologique,   (PARC.)

34. **SALMIAS-VEGA (Luis),** à Paris, rue de Berri, 8. — Pelleteries et fourrures.   (PARC.)

35. **SUAREZ (Francisco),** à Londres, — Caoutchouc naturel.   (PARC.)

36. **VILLALBA (Mme Catherine),** à la Varenne-Saint-Hilaire. — Pelleteries.   (PARC.)

37. **YBARNEGARAY (Felipe),** à Paris, rue de l'Arcade, 62. — Peaux et
fourrures.   (PARC.)

BRÉSIL.

(Voir son Catalogue spécial.)

COLONIE DU CAP.

1. **Gouvernement du Cap de Bonne-Espérance,** à Cape-Town. — Plumes d'autruche.   (PARC.)

CHILI.

1. **BECA (Manuel 2ᵉ.),** à Ancud. — Huile de loup de mer.   (PARC.)

2. **BESNARD (Julio),** à Santiago. — Crin.   (PARC.)

3. **Commissariat de l'Exposition du Chili,** à Santiago. — Pelleteries.
                    (PARC.)

4. **Compagnie des Baleiniers,** à Valparaiso. — Spermacete et huiles de
baleine.   (PARC.)

5. **GHIO (Eugenio),** à Valparaiso. — Peaux de chabin.   (PARC.)

6. **PUGAV DE LOBOS (Josefa),** à Bulnes. — Couverture, plumes et ornements.   (PARC.)

7. **Quinta normal de agricultura,** à Santiago. — Pelleteries et fourrures.
                    (PARC.)

DANEMARK.

1. **BECH (Jargen) & Fils,** à Copenhague. — Poissons et divers produits de la
pêche.   (PALAIS.)

2. **BRAMMER (C,),** à Lynces, près Fredrickswerk. — Filets de pêche.   (PALAIS.)

3. CHRISTENSEN (Conrad), à Copenhague. — Hameçons et poissons artificiels.   **(PALAIS.)**

4. Fabrique danoise de filets de pêche, à Copenhague. — Appareils de
pêche.   **(PALAIS.)**

5. FEDDERSEN (Arthur), à Copenhague. — « Tidskript par Fiskeri » 7 années.
Poissons d'eau douce venant d'Islande, à l'alcool.   **(PALAIS.)**

6. FIEDLER (F. W.), à Copenhague. — Appareils de pêche.   **(PALAIS.)**

7. FREDRIKSEN (Oscar), à Copenhague. — Poissons frais, saumon (saur)
fumé.   **(PALAIS.)**

8. GRUNDTVIG (Frode), à Copenhague. — Modèles d'appareils de pêche.
                                                                 (PALAIS.)

9. GUNNARSAN (Tryggvi), à Copenhague. — Huile de phoque. édredon en
bouteille.   **(PALAIS.)**

10. HANSEN (J.-Chr.), à Svaneke (Bornholm). — Appareils de pêche. **(PALAIS.)**

11. HANSEN (Mogens P.) à Gudhjem (Bornholm). — Appareils pour la pêche
au saumon. Filet.   **(PALAIS.)**

12. HOLM (Jens), à Svaneke (Bornholm). — Appareils de pêche. **(PALAIS.)**

13. JENSEN (Hans), à Gudhjem (Bornholm). — Filet pour le hareng. **(PALAIS.)**

14. KOCH (Ruaus Jeune), à Gudhjem (Bornholm). — Appareils pour la pêche
du saumon.   **(PALAIS.)**

15. KRISTIANSEN (Vielhelm), à Svaneke (Bornholm). — Appareils de pêche.
                                                                 (PALAIS.)

16. LERCHE (J.-G.), à Slagelse. — Filet de pêche.   **(PALAIS.)**

17. LOUR (Peter), à Svaneke (Bornholm). — Appareils de pêche. **(PALAIS.)**

18. MORCK (Carl), à Copenhague. — Appareils de pêche.   **(PALAIS.)**

19. NIELSEN (Alexander), à Copenhague. — Nasse à brochet avec barrages.
                                                                 (PALAIS.)

20. NIELSEN (Martin), à Copenhague. — Verveux à crevettes.   **(PALAIS.)**

21. PETERSEN (J.-P.), à Lundo. — Filets pour la pêche.   **(PALAIS.)**

22. RASMASSEN (J.-F.) & LERCHE (J.-G.), à Seagelse. — Piéges pour
les menus poissons et pour les écrevisses.   **(PALAIS.)**

23. Société des Pêcheurs de Copenhague et de ses alentours, à
Copenhague. — Appareils de pêche.   **(PALAIS.)**

24. Société des Pêcheurs de Kastrup. — Appareils de pêche.   **(PALAIS.)**

25. STEENBERG (Joh.), à Copenhague. — Appareils pour conserver les poissons.
                                                                 (PALAIS.)

26. STEENBERG (W.) & SCHAULUND (A.), à Copenhague. — Dessin
modèle d'une voiture de transport de poisson.   **(PALAIS.)**

27. TROLLE (C.-A.), à Copenhague. — Fourrures.   **(PALAIS.)**

RÉPUBLIQUE DOMINICAINE.

1. ALFAU (M.), à Moca. — Fibres diverses.   **(PARC.)**

2. BATTLE (Cosne), à Porto-Plata — Écaille ; cire.   **(PALAIS.)**

3. **Commission provinciale de Azua.** — Écorces fibreuses, résines. (**PARC.**)

4. **Commission provinciale de Barahona.** — Peaux de caïmans. (**PARC.**)

5. **Commission provinciale de Moca.** — Résine de lenstique. (**PARC.**)

6. **Commission provinciale de San-Pedro-Macoris.** — Coquilles.
(**PARC.**)

7. **Commission provinciale de Santiago.** — Graisse de caïman. (**PARC.**)

8. **Commission provinciale de Santo-Domingo.** — Pailles, écorces
graines dures. (**PARC.**)

9. **Commission provinciale de Seïbo.** — Graines et fruits oléagineux,
coquilles, bambous, fibres résines, iguane desséché. (**PARC.**)

10. **Commission provinciale de la Véga.** — Résines, gommes, écorces,
fibreuses. (**PARC.**)

11. **GINEBRA (José),** à Porto-Plata. — Cire. (**PALAIS.**)

12. **MORILLO (Y.),** à Moca. — Graines oléagineuses. (**PARC.**)

13. **ROJAS (Elios P.),** à Samana. — Huiles de tiburon et de caïman. (**PARC.**)

14. **ROJAS (Sinforosa),** à Moca. — Laine végétale. (**PARC.**)

ÉGYPTE.

1. **ABDOU,** au Caire. — Ivoire brut, plumes, peaux de léopards, tigres, etc.
(**PALAIS.**)

ÉQUATEUR.

1. **Commission coopérative d'Ambato,** à Ambato. — Oiseaux empaillés.
(**PARC.**)

2. **Commission coopérative d'Esmeraldas,** à Esmeraldas. — Peau de
chevreuil, noyaux de Tagua. Ivoire végétal. Écorce de santal. (**PARC.**)

3. **Commission coopérative de Quito,** à Quito, — Peau de jaguar, peau de
puma, écorce de motilon, écorce d'arrayan. Blanc d'Espagne végétal. Caoutchouc.
Quinquina. Peaux de serpent, de chevreuil et de panthère. (**PARC.**)

4. **FLORES (Antonio),** à Quito. — Peau de loutre. (**PARC.**)

5. **REYRE Frères,** à Guayaquil. — Écorce de mangle. (**PARC.**)

ÉTATS-UNIS.

1. **JACKSON (Arthur-C.),** à Sanford, Flo.— Carte-relief de la Floride, spécimens
de bois des forêts, photographies, curiosités de la Floride (**PALAIS.**)

2. **OSGOOD (W. A.),** à Battle Creek, Mich. — Canot portatif flexible en toile.
(**PALAIS.**)

GRANDE-BRETAGNE.

1. **BARTLEET & Sons,** à Redditch, Abbey mills.— Hameçons, gaules et appareils de pêche. (**PALAIS.**)

Classe 43.   2

2. Belfast Ropework Co. (Limited), à Belfast (Irlande). — Cordes et lignes pour la pêche.   (PALAIS.)

3. BIGEX (E.) SRINURGUR, à Cashmere et à Londres, New Street, Bishopsgate. — Cornes d'animaux sauvages.   (PALAIS.)

4. CARSWELL (M.) & Co., à Glasgow, Michel street, 90.— Crins de Florence.   (PALAIS.)

5. HARDY Brothers, à Alnwick, London & North british works. — Gaules et engins de pêche de toutes espèces.   (PALAIS.)

6. KIRBY BEARD & Co., à Londres, Newgate street, 115. — Hameçons.   (PALAIS.)

7. MANDLEBERG & Co., à Pendleton, Manchester, Albion Rubber works, et à Paris, rue de l'Échiquier, 13. — Produits et ingrédients du caoutchouc sous toutes ses formes.   (PALAIS.)

8. MILWARD (Henry) & Sons, à Redditch, Washford mills. — Hameçons.   (PALAIS.)

9. North British Rubber Co. (Limited), à Édimbourg, Castle mills et à Londres, Moorgate street, 57. — Produits et matières premières du caoutchouc, sous toutes ses formes.   (PALAIS.)

10. REVILLON (Stanislas), à Londres, Saint-Paul's Churchyard, 44. — Fourrures.   (PALAIS.)

11. THOMAS (S.) & Sons, à Redditch, British mills. — Hameçons.   (PALAIS.)

12. WOODFIELD (W.) & Sons, à Redditch, Easemore works Victoria mills. — Gaules, hameçons et engins de pêche, Crins de Florence.   (PALAIS.)

GRÈCE.

1. TETZIS (A.), à Hydra (Argolide et Corinthie). — Éponges   (PALAIS.)

2. VOYANTZIS (C.), à Égine (Attique et Béotie). — Éponges.   (PALAIS.)

GUATEMALA.

1. BOUCARD (Adolphe), à Guatemala. — Oiseaux et plumes. Groupes d'animaux montés. Collections d'histoire naturelle. Tableaux. Collections scientifiques d'histoire naturelle. Produits de la chasse et de la pêche.   (PARC.)

2. GONZALEZ (José), à Esquintla. — Caoutchouc.   (PARC.)

3. MITA (Santa Catalina), à Jutiapa.— Quinquina, rhubarbe, et salsepareille.   (PARC.)

4. MUÑOS (Juan), à Jutiapa. — Résines de sapin.   (PARC.)

5. Municipalité de Mataquescuintla, Département de Santa-Rosa. — Articles pour la pêche.   (PARC.)

6. PAZ (Rafael), à Retalhulen. — Coton de liége.   (PARC.)

7. RAMOS (Juan), à Chimaltenango. — Filets et lassos.   (PARC.)

8. VALLADARES (Macario), à Cuyotenango. — Quinquina, rhubarbe. (PARC.)

HAWAI.

1. Gouvernement hawaïen, à Hawaï. — Objets accessoires de pêche anciens et modernes.   (PARC.)

JAPON.

1. DOHI (Katsuma), à Nagasaki-Ken, Iki-Kori. — Collections de coquillages.
(**PALAIS.**)

2. HIMENO (Teijiro), à Oïta-Ken, Kita-Amabe-Kori. — Colles de poissons.
(**PALAIS.**)

3. HIRAMATSU (Yoichiro), à Tokio-fu, Nihonbashi-Ku. — Huiles de baleine naturelle et épurée, graisse de baleine non épurée. (**PALAIS.**)

4. Ministère de l'Agriculture et du Commerce (Direction de l'Agriculture), à Tokio. — Collection d'oiseaux sauvages. (**PALAIS.**)

5. Ministère de l'Agriculture et du Commerce (Direction des Produits aquatiques) à Tokio. — Différentes sortes d'huiles, dessins de la plupart des plantes et animaux aquatiques du Japon. (**PALAIS.**)

6. TSUKUSHI (Sanjiro), à Osaka-fu, Higashi-Ku. — Cires végétales brutes. Graines renfermant des matières grasses, spéciales à la fabrication des bougies.
(**PALAIS.**)

7. YAMAMOTO (Heijiro), à Hiogo-Ken, Kobé-Ku. — Collections d'oiseaux.
(**PALAIS.**)

8. YOSHIDA (Shinshichi), à Osaka-fu, Nishi-Ku. — Harpons pour pêcher les baleines. (**PALAIS.**)

PRINCIPAUTÉ DE MONACO.

1. GIBELLI (Antoine), à Monaco. — Lignes, hameçons, filets (**PARC.**)

2. MONACO (Albert H.-C., prince héréditaire de), à Paris, rue Saint-Guillaume, 16. — Engins et instruments de pêche. (**PARC.**)

NORVÈGE.

1. BORTHEN (Tobias U.), à Trondhjem. — Édredon. (**PALAIS.**)

2. BRANDT (Carl), à Bergen. — Pelleteries apprêtées, Animaux et oiseaux empaillés. (**PALAIS.**)

3. BRUUN (Johan N.), à Trondhjem. — Pelleteries et peaux apprêtées, oiseaux et têtes d'animaux empaillés. (**PALAIS.**)

4. Commission norvégienne de l'Exposition Universelle de 1889 à Paris. — Engins et matériel de pêche. — Filets pour la pêche de la morue et du hareng, seine pour la pêche du hareng, lignes à la main et palancres pour la grande pêche de la morue et pour la petite pêche côtière. — Gaffe ordinaire. — Scintillant. — Épuisette. — Sonde. — Lunette aquatique. — Flotteurs en verre et en bois pour filets et pour palancres. — Huiles de baleine, de phoque, de requin arctique, de foie de morue pour l'usage industriel. — Spécimens des variétés les plus fréquentes de poissons le long du littoral de Norvège, conservés dans l'alcool. — Edredon cru et épuré. — Fanons de baleine — Rogues de morue et de maquereau. — Moules salées. — Varech, cendre de varech pour la fabrication de l'iode. — Iode. (**PALAIS.**)

5. Fabrique norvégienne de Filets, à Christiania. — Diverses espèces de filets. (**PALAIS.**)

Fabrique fondée en 1886. Machines inventées par l'exposant et brevetées.

6. FOYN (Svend), à Tœnsberg. — Huiles de baleine naturelles et filtrées. Huiles de phoques, viande sèche de baleine pour la nourriture des bestiaux. Fanons.
(PALAIS.)

7. HENRIKSEN (H.), à Tœnsberg. — Appareils pour la pêche de la baleine.
(PALAIS.)

8. ISDAHL & Cie, à Bergen. — Huiles industrielles pour tanneries, huile blonde foncée, brune claire et brune cuite.
(PALAIS.)

9. LILLESKARE (John), à Alverstrœmmen, près Bergen. — Moules salées, servant d'appât pour prendre la morue.
(PALAIS.)

10. MARTHINSEN LOE (Ole Jacob), à Christiania. — Appareil de pêche.
(PALAIS.)

11. OEYEN (John), à Koppang. — Oiseaux et têtes d'animaux empaillés.
(PALAIS.)

12. Société pour la pêche de la baleine Finmarken, à Tœnsberg. — Huiles et colles de baleine.
(PALAIS.)

13. SPOERCK & Cie, à Trondhjem. — Huiles de baleine raffinées et suif de baleine raffiné.
(PALAIS.)

PARAGUAY.

1. Gouvernement de la République du Paraguay, à Assomption. — Volailles, oiseaux, oiseaux de proie, gallinacées, échassiers, palmipèdes, reptiles, poissons et mollusques.
(PARC.)

PAYS-BAS.

1. HAAS (A. de) Jeune, à Rotterdam.— Éponges des Indes occidentales. (**PALAIS.**)

PORTUGAL.

COLONIES PORTUGAISES.

1. Association industrielle portugaise, à Lisbonne. — Dents de baleine. (Ile Brave, Cap–Vert).
(PALAIS.)

2. Musée des Colonies, à Lisbonne.—Collection de produits d'origine animale, tels que cornes, dents, ivoire, os, tortue, et d'autres produits analogues ; corail, perles, nacre, barbes de baleine, orseille de roche, etc., etc. des colonies portugaises. Filets de pêche. Quinquinas.
(PALAIS.)

3. SERRA (J.-C.), à l'Ile de Santiago (Cap–Vert). — Mâchoire gauche de baleine mâle. Corail blanc et vermeil.
(PALAIS.)

ROUMANIE.

1. GAITAN (Hagi Ghitza), à Galatz. — Instruments pour la pêche.
(PALAIS.)

2. MARGHILOMAN (Michel), à Bucharest. — Divers produits de la pêche.
(PALAIS.)

3. VATASESCO (Joan), à Namaesci (Muscel).— Filet pour prendre les poissons.
(PALAIS.)

RUSSIE.

1. **BELKINE (C. J.),** à Moscou. — Fourrures et confections.   (**PALAIS.**)

2. **GRUENWALD (P. M.),** à Saint-Pétersbourg. — Fourrures.   (**PALAIS.**)
   Zibeline de Russie. Hermine. Peaux de renard noir, argenté, bleu, blanc et rouge. — Peaux de martre, vision, loutre. — Peaux de castor du Kamtschatka, Astrakan. — Peaux d'ours, etc. etc.
   Doublures pour fourrures de dames et hommes en zibeline renard, martre, putois, kerbogan, squirrel, lynx, lollinsky, etc., etc.
   Fournitures confectionnées pour hommes et dames.
   Boas, manchons, cols, garnitures de pelisses, tapis de pied, descente de lit, tapis de voyage.
   Récompenses :
   Londres 1862 ; Paris 1867 ; Vienne 1873 ; Paris 1878 ; Amsterdam 1883 ; Anvers 1885 ; Bruxelles 1888, diplôme d'honneur.

3. **KAZAKOFF (Les Héritiers de E.),** à Arkangelsk. — Appareils de pêche.
                                                                    (**PALAIS.**)

4. **NOVINSKY (V. A.),** à Saint-Pétersbourg. — Fourrures.   (**PALAIS.**)

5. **SALTICOFF (S. A.),** à Moscou. — Soies de porc.   (**PALAIS.**)

6. **Société des Amateurs d'Oisellerie,** à Moscou. — Collection d'oiseaux empaillés.   (**PALAIS.**)

7. **SOUTIAGUINE (M. F.),** à Moscou. — Fourrures.   (**PALAIS.**)

8. **TRABSKY (Grégoire),** à Kharkow. — Peaux de mouton gris. Fourrure de putois noir.   (**PALAIS.**)

GRAND-DUCHÉ DE FINLANDE.

1. **Amis touristes (Les),** à Helsingfors. — Oiseaux et autres animaux. Fourrures et autres objets.   (**PARC.**)

2. **Ateliers lithographiques de GOESTA SUNDMANN,** à Helsingfors. — Collection de dessins de poissons et d'oiseaux.   (**PARC.**)

3. **KYROENKOSKI,** à Imatra. — Installation pour pêcher le saumon et la truite, plans et photographies. Mamoura et autres fruits sauvages.   (**PARC.**)

4. **LOEPPOENEN (W.),** à Helsingfors. — Petits fruits sauvages, champignons.
                                                                    (**PARC.**)

SALVADOR.

1. **Département de Ahnachapan.** — Peaux d'animaux, jaguar, ocelote, mico, lion, loutre. Filets de pêche, plantes médicinales.   (**PARC.**)

2. **Département de Chalantenango.** — Cire noire de jicote, peaux d'animaux, plantes médicinales indigènes.   (**PARC.**)

3. **Département de Cuscatlan.** — Plantes médicinales indigènes.   (**PARC.**)

4. **Département de Gotera.** — Racine de savadillo.   (**PARC.**)

5. **Département de La-Libertad.** — Caoutchouc noir, plantes médicinales, filet de pêche, peaux d'animaux, rocher en coquillages.   (**PARC.**)

6. **Département de La-Paz.** — Plantes médicinales indigènes, caoutchouc noir, cornes de cerf, filet pour la pêche.   (**PARC.**)

7. Département de La-Union. — Racines et feuilles de petit poivrier.
(PARC.)

8. Département de Métapan. — Écorces de quinquina blanc, de sare.
(PARC.)

9. Départements de Morazan et Chalantenango. — Cire végétale.
(PARC.)

10. Département de Osicala. — Plantes médicinales indigènes. (PARC.)

11. Département de San-Andrés. — Plantes médicinales indigènes. (PARC.)

12. Département de San-Salvador. — Gomme d'épine blanche, carapace de tatou, harpons, plantes médicinales indigènes.
(PARC.)

13. Département de Santa-Ana. — Cuir de jaguar, plantes médicinales indigènes.
(PARC.)

14. Département de San-Vicente. — Peaux de caiman du Rio-Lempa, peaux de cerf et de chat, plantes médicinales.
(PARC.)

15. Département de Sonsonate. — Coquillages variés, peaux d'animaux, caoutchouc noir, plantes médicinales.
(PARC.)

16. Département de Usulutan. — Caoutchouc noir, filet de pêche, plantes médicinales.
(PARC.)

17. Gouvernement de Salvador, à San-Salvador — Collections d'animaux terrestres, d'oiseaux. Fourrures et pelleteries.
(PARC.)

18. GUZMAN (D^r. David I.), à San-Salvador — Plantes médicinales indigènes.
(PARC.)

19. MENENDEZ (S. E. le Général D.-F.) Président de la République à San-Salvador. — Peau de tigre.
(PARC.)

20. Municipalité d'Azaculpa. — Granado.
(PARC.)

21. Municipalité de Chalatenango. — Quinquina jaune.
(PARC.)

22. Municipalité de Potonico. — Tamacillo.
(PARC.)

23. Municipalité de San-Isidro. — Sang de chien.
(PARC.)

24. Vallée de Acaguapa. — Écorce de quinquina rouge.
(PARC.)

25. Village de Apaneca. — Plantes médicinales indigènes.
(PARC.)

26. Village de Ateos. — Racine de copapayo.
(PARC.)

27. Village de Cacaguatique. — Plantes médicinales indigènes.
(PARC.)

28. Village de Chiltiupan. — Plantes médicinales indigènes.
(PARC.)

29. Village de Ilobasco. — Plantes médicinales indigènes.
(PARC.)

30. Village de Ilopango. — Plantes médicinales indigènes.
(PARC.)

31. Village de Meanguera. — Liane de taureau, quinquina rouge mince.
(PARC.)

32. Village de Mercedés. — Plantes médicinales indigènes.
(PARC.)

33. Village de Miraflorés. — Plantes médicinales indigènes.
(PARC.)

34. Village de Muizucar. — Plantes médicinales indigènes.
(PARC.)

35. Village de Olocuilta. — Plantes médicinales indigènes.
(PARC.)

36. Village de Paleca. — Plantes médicinales indigènes.
(PARC.)

37. Village de Potonico. — Plantes médicinales indigènes.   (PARC.)

38. Village del Progreso. — Plantes médicinales indigènes.   (PARC.)

39. Village de Quezaltepeque. — Plantes médicinales indigènes.   (PARC.)

40. Village de San-Antonio. — Quinquina blanc.   (PARC.)

41. Village de San-Fernando. — Plantes médicinales indigènes.   (PARC.)

42. Village de San-Jacinto. — Plantes médicinales indigènes.   (PARC.)

43. Village de San-Julian. — Plantes médicinales indigènes.   (PARC.)

44. Village de San-Marcos. — Plantes médicinales indigènes.   (PARC.)

45. Village de San-Martin. — Plantes médicinales indigènes.   (PARC.)

46. Village de San-Sebastian. — Plantes médicinales indigènes.   (PARC.)

47. Village de Santa-Elena. — Plantes médicinales indigènes.   (PARC.)

48. Village de Santiago. — Plantes médicinales indigènes.   (PARC.)

49. Village de Santo-Nonualco. — Miel jaune.   (PARC.)

50. Village de Soyapango. — Plantes médicinales indigènes.   (PARC.)

51. Village de Tejutla. — Plantes médicinales indigènes.   (PARC.)

52. Village de Tonocatepeque. — Plantes médicinales indigènes.   (PARC.)

53. Village de Verapaz. — Plantes médicinales indigènes.   (PARC.)

54. Village du Victoria. — Plantes médicinales indigènes.   (PARC.)

55. Village de Volcan. — Miel jaune de Chumelo.   (PARC.)

56. Ville de Chinameca. — Plantes médicinales indigènes.   (PARC.)

57. Ville de Suchitoto. — Plantes médicinales indigènes, quinquina foncé gros.
(PARC.)

RÉPUBLIQUE SUD-AFRICAINE.

1. GOUVERNEMENT (Le), à Pretoria. — Collection d'oiseaux, d'œufs, de
nids, d'objets d'histoire naturelle, de produits de la chasse, pelleteries, peaux, plumes,
cornes, dents, ivoire : d'écorces utiles, de cire, de thé sauvage,etc.   (ESPLANADE.)

SUÈDE.

1. BERGSTROM (P. N.), à Stockholm. — Fourrures.   (PALAIS.)

Maison fondée en 1844. Récompenses : 1855, 1867, 1878, (Médaille d'or) Paris 1862,
(Médaille d'argent) Londres 1866, (Médaille d'argent) Stockholm, etc.

VÉNÉZUÉLA.

1. Colonie Guzman-Blanco. — Salsepareille, graines de tabac, textiles végétaux.   (PARC.)

2. Commission des Andes. — Graisses végétales, écorces médicinales et textiles. Collection d'oiseaux et d'insectes.   (PARC.)

3. Commission de Bolivar. — Collection d'histoire naturelle. Résines et fruits divers.   **(PARC.)**

4. Commission de Ciudad-de-Cura.— Écorces, graines, fleurs et fruits divers.   **(PARC.)**

5. Commission de Cumana. — Cornes de bétail, écaille. Huile de poisson. Plantes, écorces et fibres textiles, plantes médicinales.   **(PARC.)**

6. Commission de l'État Guzman-Blanco. — Écorces, racines, graines et feuilles médicinales. Résines et gommes. Miel végétal.   **(PARC.)**

7. Commission de Maracaïbo. — Fleurs, plantes, écorces, graines, fruits médicinaux et oléagineux. Plantes médicinales et aromatiques.   **(PARC.)**

8. Commission Zulia. — Collection d'histoire naturelle. Huiles et graisses de poissons. Gommes et résines diverses. Coton, soie et laine végétales   **(PARC.)**

GROUPE V.

INDUSTRIES EXTRACTIVES. PRODUITS BRUTS ET OUVRÉS

CLASSE 44.

Produits agricoles non alimentaires.

FRANCE.

1. **ALBA LA SOURCE (Édouard)**, à Mazamet (Tarn). — Laines et cuirs.
   (E. C.) (PALAIS.)

2. **ARMENGAUD (Félix)**, à Mazamet (Tarn). — Peaux en laine et dérivés de cette industrie.
   (E. C.) (PALAIS.)

3. **ARTUS (Constant-V.-E.)**, à Paris, Usines Abattoir de la Villette. — Huile de pieds de mouton garantie pure.
   (PALAIS.)

   Concessionnaire des Abattoirs de la Ville de Paris. Bureaux : rue Montmartre, 13.
   Récompenses obtenues : Paris 1878, Médaille de bronze. — Anvers 1885, Médaille d'or. — Barcelone 1888, Médaille d'or. — Bruxelles 1888, Diplôme d'Honneur (Concours 34), Membre du Jury (Concours 31).
   Membre du Comité d'installation, Paris 1889.

4. **Association générale des Herboristes de France**, à Paris, rue des Francs-Bourgeois, 26. — Plantes et produits d'herboristerie.
   (PALAIS.)

5. **AUGÉ Père et Fils**, à Mazamet (Tarn). — Laines et peaux.
   (E. C.) (PALAIS.)

6. **BARRE** (Maison **Jules**), **Pech (H.) Fils** Successeur, à Mazamet (Tarn). — Laines et cuirs et dérivés.
   (E. C.) (PALAIS.)

7. **BELLOT (P.-L.)**, à Paris, rue Galilée, 41. — Houblons de sa récolte. **(PALAIS.)**

8. **BÉNÉZECH (Auguste)**, à Mazamet (Tarn). — Peaux en laine et dérivés de cette industrie.
   (E. C.) (PALAIS.)

9. **BERNET (Édouard)**, à Paris, rue de Cléry, 17. — Houblons de tous pays en balles, bocaux, caisses, fûts et cylindres pour la conservation des houblons.
   (PALAIS.)

   Maison à Nancy, 52, Faubourg Stanislas.
   1888, diplôme d'honneur, Exposition universelle internationale de Bruxelles.
   1888, médaille d'or, Exposition universelle de Barcelone.
   1885, médaille, Exposition universelle d'Anvers.

Classe **44.**

10. BLANC Fils Aîné (Em.), BOURGOGNE et Cie, à Marseille (Bouches-du-Rhône). — Huiles de ricin, huiles concrètes (coprahs, palmistes, etc.), tourteaux. **(PALAIS.)**

11. BLATTES (Joseph), à Mazamet (Tarn).— Peaux en laine et dérivés de cette industrie. **(E. C.) (PALAIS.)**

12. BONNAFOUS (Alphonse), à Mazamet (Tarn), boulevard Soult. — Laines à carde, Laines à peigne. **(E. C.) (PALAIS.)**

13. BRENAC (David), à Mazamet (Tarn). — Peaux de moutons lavées à dos. Laines lavées à dos. Laines lavées à fond. **(E. C.) (PALAIS.)**

14. BRIEN (Auguste) Fils Aîné, à Mazamet (Tarn). — Peaux en laine et dérivés de cette industrie. **(E. C.) (PALAIS.)**

15. CABARDEZ et NICOLAS Fils, à Narbonne (Aude). — Chardons-cardères pour le lainage des draps, calibrage mécanique. **(PALAIS.)**

16. CAMUS-VIÉVILLE (P.-Édouard-C.), à Pontruet (Aisne). — Laines mérinos ayant dix mois de tonte. **(PALAIS.)**

17. CARRIÈRE Frères, à Paris, rue de l'Arbre-Sec, 54. — Cire d'abeilles, cierges, bougies, veilleuses, cires, paraffine, stéarine. **(PALAIS.)**

Ancienne Maison Prudon, fondée en 1643. — Usine à Bourg-la-Reine. — Méd. 1867, 1878.

18. CASSE (E.), à Mazamet (Tarn). — Peaux en laine et dérivés de cette industrie. **(E. C.) (PALAIS.)**

19. CHAILLY, à St-Denis (Seine),rue des Ursulines, 17. — Huiles animales, végétales et minérales. **(PALAIS.)**

20. COLLETTE (René), aux Moëres (Nord). — Huiles et tourteaux de maïs provenant du travail de ce grain en distillerie. **(PALAIS.)**

21. Compagnie française des Graisses minérales consistantes, PLISSON P. et Cie, à Paris, rue Condorcet, 13. — Graisses et graisseurs à compression. Huiles industrielles. **(PALAIS.)**

22. CROS-GAÏDA, à Mazamet (Tarn).— Peaux en laine et dérivés de cette industrie. **(E. C.) (PALAIS.)**

23. DAGUIN et Cie, à Paris, rue de Château-Landon, 44. — Sels gemmes et raffinés pour l'agriculture. **(PALAIS.)**

24. DEISS (Édouard), à Salon (Bouches-du-Rhône). — Graisses diverses. **(PALAIS.)**

25. DELAUNAY (Ernest-R.), à Fécamp (Seine-Inférieure). — Huiles pour éclairage, graissage et peinture,huiles comestibles,tourteaux de toutes sortes. **(PALAIS.)**

26. DESMARAIS Frères, à Paris, rue de Londres, 29. — Graines oléagineuses, indigènes et exotiques. Huiles végétales, comestibles pour l'éclairage, le graissage et l'alimentation. Tourteaux et engrais. **(PALAIS.)**

Huileries et épurations : Le Havre, Gonfreville, Colombes, Blaye.
Dépôts dans les principales villes de France.
Hors concours à l'Exposition universelle de 1878.

27. DEUTSCH (A.) et ses Fils, à Paris, rue Saint-Georges, 20. — Huiles végétales. Graines oléagineuses. Tourteaux agricoles. Matériel d'huileries. **(PALAIS.)**

28. DROMAIN (N.-Alfred), à Pierrepont-en-Laonnois (Aisne). — Houblons. Malts. **(PALAIS.)**

29. DUCOS (Abel) et Cie, à Marseille (Bouches-du-Rhône), boulevard Baille,9. — Farine de cocotier. **(PALAIS.)**

30. DURAND (Émile), à Mazamet (Tarn). — Peaux en laine et dérivés de cette industrie.   **(E. C.)** **(PALAIS.)**

31. ESTRABAUT-PUJOL, à Mazamet (Tarn). — Peaux en laine et dérivés de cette industrie.   **(E. C.)** **(PALAIS.)**

32. FRÈRE (V.-Ferdinand), à Paris, rue de Reuilly, 38. — Avoine épurée, julienne fourragère, graine de foin épurée, déchets qui en sont extraits.   **(PALAIS.)**

33. FROIDEFOND (Alphonse-J.), à Paris, rue Drouot, 8. — « Provende Garreaud » pour la santé et l'engraissement des animaux.   **(PALAIS.)**

34. GALIBERT (Gabriel) et SARRAT (Gustave), à Mazamet (Tarn). — Peaux en laine et dérivés de cette industrie.   **(E. C.)** **(PALAIS.)**

35. GERMAIN (Casimir), à Paris, rue de Trévise, 47. — Huiles de colza pures, pour lampes et veilleuses.   **(PALAIS.)**

36. GIGUET-LEROY, à Paris, quai de Javel, 41. — Huile de pied de bœuf.   **(PALAIS.)**

Colles et gélatines, os et ergots, Méd. de Bronze, Amsterdam, 1883; Argent, Barcelone, 1888.

37. GILBERT (Victor), à Wideville, par Crespière (Seine-et-Oise). — Toisons de béliers et brebis mérinos.   **(PALAIS.)**

38. GUILHOU (Armand), à Mazamet (Tarn). — Peaux en laine et dérivés de cette industrie.   **(E. C.)** **(PALAIS.)**

39. HERNOUX (Eugène-D.), à Neuilly (Seine), rue du Pont, 14. — Provende J. Poncet et Cⁱᵉ.   **(PALAIS.)**

Cette Provende est apéritive, stimulante, digestive et tonique pour les animaux domestiques ; elle forme un condiment qui assaisonne les aliments auxquels on l'unit.

40. HIRSCH Frères, à Paris, boulevard Saint-Germain, 174. — Houblons.   **(PALAIS.)**

41. JAPIOT (Léon), à Châtillon-sur-Seine (Côte-d'Or). — Toisons en suint, béliers mérinos et brebis mérinos.   **(PALAIS.)**

Ces toisons proviennent du troupeau de l'exposant, prix d'honneur des Expositions universelles de 1867 et 1878. — Premier prix, Exposition de Londres 1862.

42. JOLIVET (J.-Louis), à Paris, rue de la Monnaie, 15. — Cierges et bougies.   **(PALAIS.)**

43. KUHN (Williams), à Clermont-Ferrand (Puy-de-Dôme), rue Neuve, 10. — Bières en fûts et en bouteilles. Orges et houblons. Appareils de brasserie.   **(PALAIS.)**

44. LAHAYE-VIARD (J.-Eugène), à Montreuil-sous-Bois (Seine), rue Danton, 48. — Plantes médicinales, sèches, racines, semences, etc.   **(PALAIS.)**

45. LAURE (Albert), à Mazamet (Tarn). — Peaux en laine et dérivés de cette industrie.   **(E. C.)** **(PALAIS.)**

46. LOUET (Moïse), à Mazamet (Tarn). — Peaux en laine et dérivés de cette industrie.   **(E. C.)** **(PALAIS.)**

47. MARCHAND Frères (P.), à Dunkerque (Nord). — Huiles, tourteaux pour nourriture et engrais. Huiles comestibles.   **(PALAIS.)**

Épuration d'huiles.
Récompenses : 2 Médailles d'or, Paris, 1878.
Grand Diplôme d'honneur, Amsterdam, 1883.

48. MAUREL & PROM, à Bordeaux (Gironde). — Graines d'arachides et de sésames, huiles, tourteaux.   **(PALAIS.)**

49. MAZAMET (Exposition collective du Syndicat des Négociants en laines et cuirs de la Ville de), Charles Sabatié & Cie, à Mazamet (Tarn). — Peaux en laine et dérivés de cette industrie.   **(PALAIS.)**

Alba La Source (E.).	Durand (E.).	Paulin, Daure & Cie.
Armengaud (F.).	Estrabaut-Pujol.	Père (E.).
Augé Père & Fils.	Gallibert & Sarrat.	Rives (U.) & Cie.
Barre (Maison J.).	Guilhou (A.).	Roucayrol (F.) & Cie.
Bénézech (A.).	Laure (A.).	Sabatié (Ch.) & Cie.
Blattes (J.).	Louët (M.).	Salvaing Jeune.
Bonnafous (A.).	Molinié (E.).	Tournier (J.) & Fils.
Brenac (D.).	Molinié (Eug.) Fils Aîné.	Vabre (A.).
Brien (A.) Fils Aîné.	Olombel (P.).	Verdeil (E.).
Casse (E.).	Ortmans & Jémille.	Vidal (E.) Père & Fils.
Cros-Gaïda.	Paillé (C.).	

50. Ministère des Finances (Direction générale des manufactures de l'État), Directeur général : **H. Pradines,** à Paris. — Tabacs en feuilles de culture indigène et de provenances étrangères. Tabacs fabriqués.   **(PARC.)**

51. MOLINIÉ (Ernest), à Mazamet (Tarn), rue Meyer, 18. — Laines et cuirs et dérivés.   **(E. C.) (PALAIS.)**

52. MOLINIÉ (Eugène) Fils Aîné, à Mazamet (Tarn). — Laines, peaux et dérivés.   **(E. C.) (PALAIS.)**

53. OLOMBEL (Philippe), à Mazamet (Tarn). — Peaux et laines de peaux.   **(E. C.) (PALAIS.)**

54. ORTMANS & JÉMILLE, à Mazamet (Tarn).— Peaux en laine et dérivés de cette industrie.   **(E. C.) (PALAIS.)**

55. PAILLÉ (Camille), à Mazamet (Tarn). — Laine et dérivés de cette industrie.   **(E. C.) (PALAIS.)**

56. PAIN (Charles-E.), à Maisons-Alfort (Seine), rue Claude, 30. — Bougies de cire ; stéarine, paraffine. Bougies rustiques et de luxe ; cierges, cire, stéarine et blanc de baleine, etc.   **(PALAIS.)**

57. PAULIN DAURE & Cie, à Mazamet (Tarn). — Peaux en laine et dérivés de cette industrie.   **(E. C.) (PALAIS.)**

58. PÈRE (Édouard), à Mazamet (Tarn). — Peaux en laine et dérivés de cette industrie.   **(E. C.) (PALAIS.)**

59. PLISSON & Cie, à Paris, rue Condorcet, 13. — Huiles et graisses pour machines.   **(PALAIS.)**

60. REGGIO (Nicolas), à Marseille (Bouches-du-Rhône). — Huiles de ricin industrielles et pharmaceutiques et huiles fixes de graines.   **(PALAIS.)**

61. RIVES (Ulysse) & Cie, à Mazamet (Tarn). — Peaux en laine et dérivés de cette industrie.   **(E. C.) (PALAIS.)**

62. ROBERT-BLANC, à Gap (Hautes-Alpes). — Produits agricoles non alimentaires.   **(PALAIS.)**

63. ROCHE (Charles de la), à Paris, rue Gaston-de-Saint-Paul, 6. — Produits textiles dégommés, sans altération des fibres. Lin, ramie, etc.   **(PALAIS.)**

64. ROUCAYROL (Frantz) & Cie, à Mazamet (Tarn), rue du Moulin. — Peaux en laine et dérivés de cette industrie.   **(E. C.) (PALAIS.)**

65. SABATIÉ (Charles) et Cie, à Mazamet (Tarn).— Peaux en laine et dérivés de cette industrie.   **(E. C.) (PALAIS.)**

66. SALVAING Jeune, à Mazamet (Tarn). — Laines.   **(E. C.) (PALAIS.)**

67. SALVAT (Jean), à Morcenx (Landes). — Bois injectés, foyer landais, élixir de samoyèdes et essence de térébenthine.   **(PALAIS.)**

68. Société agricole (Abel Ducos), à Marseille (Bouches-du-Rhône), rue Bravet, 12. — Farines de cocotier pour l'alimentation du bétail, des chevaux et des animaux de basse-cour.   **(PALAIS.)**

69. Société d'Études scientifiques appliquées à l'industrie et au commerce, à Paris, rue de Châteaudun, 53. — Produits de la ramie, tissus divers.   **(PALAIS.)**

70. TOURNIER (Jules) & Fils, à Mazamet (Tarn). — Molleton de laine.
                    (E. C.) (PALAIS.)

Filature et tissage mécanique. Méd. d'arg., Paris 1878 ; Méd. d'or collec., Amsterdam 1883.

71. VABRE (Alfred), à Mazamet (Tarn). — Peaux en laine.
                    (E. C.) (PALAIS.)

72. VALERY-PÈNE (Manufactures de laines de Tuzaguet, Maison **Pène Frères),** à Tuzaguet (Hautes-Pyrénées). — Laine à literie.   **(PALAIS.)**

73. VALLON & BERTRAND, au Puy (Haute-Loire). — Produits en cire et corps gras.   **(PALAIS.)**

74. VERDEIL (Étienne), à Mazamet (Tarn). — Peaux en laine et dérivés de cette industrie.   **(E. C.) (PALAIS.)**

75. VERDIER et Cie (Ancienne Maison **Verdier, Caen et Cie),** à la Plaine-Saint-Denis (Seine), avenue de Paris, 86. — Huiles et graisses industrielles.
                    (PALAIS.)

76. VIDAL (Édouard) Père et Fils, à Mazamet (Tarn).— Peaux et laines.
                    (E. C.) (PALAIS.)

77. VILMORIN-ANDRIEUX et Cie, à Paris, quai de la Mégisserie, 4. — Graines pour semences ; produits agricoles.   **(PALAIS.)**

78. VINCHON, à Douchy (Aisne). — Ensilage de trèfles et luzernes de plusieurs coupes.   **(PALAIS.)**

79. WEYL Frères et Cie, à Nancy (Meurthe-et-Moselle). — Houblons fins.
                    (PALAIS.)

COLONIES.

ALGÉRIE.

1. ABDELKADER ben Bia, aux Ouled Sliman, Commune mixte de l'Ouarsenis (Alger). — Toison de laine.   **(ESPLANADE.)**

2. ABDESSELAM ben el Hassi, aux Baracha, Cercle de Tébessa (Constantine). — Laine. Racine de pirêthre. Plants (Redjagnou) employés pour la teinture.
                    (ESPLANADE.)

3. ALTAIRAC (Frédéric), à Alger. — Laines lavées.   **(ESPLANADE.)**

4. ARTIGUE (Antonin), à Bône (Constantine). — Alfa de la région de Tébessa.
                    (ESPLANADE.)

5. ARTIGUE & COURTIN, à Souk-Ahras (Constantine). — Alfa et dérivés.
                    (ESPLANADE.)

6. AURELLES de PALADINE (Léonce d') à Boufarik (Alger). — Tabacs en feuilles, récoltes de 1887 et de 1888. **(ESPLANADE.)**

7. AVERSENG Fils, à El Affroun (Alger). — Crin végétal. **(ESPLANADE.)**

8. AYACHE (Judas), à Médéah (Alger). — Tabacs. Alpiste. Laines. **(ESPLANADE.)**

9. BARBER (Andrew-Thomas), au Tlélat (Oran). — Divers échantillons d'alfa et de crin végétal. **(ESPLANADE.)**

10. BARBIER (F. E. E.) à Laverdure Souk-Ahras (Constantine). — Poils de chèvre (angora). Laines (mérinos). **(ESPLANADE.)**

11. BARONNET (Sébastien), à Barral (Constantine). — Tabac en manoques. **(ESPLANADE.)**

12. BARTHÉ (Georges), à Zerizer (Constantine). — Tabac en feuilles du pays, Récolte de 1888. **(ESPLANADE.)**

13. BASTIDE (Léon), à Bel Abbès (Oran). — Arachides, ricin, soleil. Laines brutes et lavées. **(ESPLANADE.)**

14. BASTOS (Jean), à Oran, rue de la Vieille-Mosquée. — Tabacs manufacturés. Cigares, cigarettes. **(ESPLANADE.)**

15. BAUDIER (Claude-Ambroise), à Boufarik (Alger). — Tabac en manoques, récoltes de 1887 et 1888. **(ESPLANADE.)**

16. BAUMELA (Joaquin), à Oran, place d'Armes. — Tabacs manufacturés. **(ESPLANADE.)**

17. BAYARD (L. A.), à Philippeville (Constantine). — Tabac en feuilles. Tabacs fabriqués, coupés. Cigares, cigarettes. **(ESPLANADE.)**

18. BECKER, à Palestro (Alger). — Tabacs en manoques. **(ESPLANADE.)**

19. BEDECARASBURU (J.-P.), à Aïn Seymour (Constantine). — Tabacs en manoques. **(ESPLANADE.)**

20. BEDECARASBURU (Pierre), à Duvivier (Constantine). — Tabac en manoques. **(ESPLANADE.)**

21. BEN AOUDA ben Ziredjeb, à Tlemcen (Oran). — Toisons, laine lavée et laine non lavée. **(ESPLANADE.)**

22. BLANCHET (Charles), à Philippeville (Constantine). — Résine pure de Thapsia Garganica. Cire jaune brute et épurée. **(ESPLANADE.)**

23. BONAND (Adolphe de), à l'Oued El Alleug (Alger). — Laine de métis Shropshire. **(ESPLANADE.)**

24. BORÉLY LA SAPIE, à Boufarik (Alger). — Ramie blanche. **(ESPLANADE.)**

25. BORGEAUD (Jules), à Alger, rue Waïsse, 1. — Cire d'abeilles de Kabylie. **(ESPLANADE.)**

26. BOTELLA (Joseph), à Tlemcen (Oran). — Tabacs, cigares et cigarettes. **(ESPLANADE.)**

27. BOUCHET (B.-L.) à Bône (Constantine). — Cire. **(ESPLANADE.)**

28. BOULLU (Joseph), à Mekla (Alger). — Tabac en manoques, année 1888. **(ESPLANADE.)**

29. BOURDIN (Ernest), à Inkermann (Oran). — Pieds de ramie. **(ESPLANADE.)**

30. BOURLIER (Charles), à Réghaïa (Alger). — Toisons et laines mérinos. **(ESPLANADE.)**

31. BRAHIM ben Necib, aux Allaouna, Cercle de Tébessa (Constantine). — Laine. **(ESPLANADE.)**

32. BRISSONNET (Paulin), à Alger, quai du Sud, voûte 65. — Palmiers en filasse, en cordes, et en cordes teintes. **(ESPLANADE.)**

33. CAILLAT (Edmond), à Boufarik (Alger). — Graines de lin. Luzerne. **(ESPLANADE.)**

34. CAPDEGELLE & HANICOTTE, à Bordj-Menaïel (Alger). — Crin végétal. **(ESPLANADE.)**

35. CARRAFANG Frères, à Mascara (Oran). — Laines brutes non lavées d'Eghris. **(ESPLANADE.)**

36. CARROT (Alexis), à Duvivier (Alger). — Laines. **(ESPLANADE.)**

37. CAYROL, à Dellys (Alger). — Palmier nain et sa transformation. **(ESPLANADE.)**

38. CAYROL (Michel), à Dellys (Alger). — Tabac en manoques. **(ESPLANADE.)**

39. CHAMBOULIVE (Antonin), à Alger, rampe Chasseloup-Laubat, 19. — Alfa. **(ESPLANADE.)**

40. CHECKH LABIDI ben Larbi, à Souk-Ahras (Constantine). — Laine longue. **(ESPLANADE.)**

41. CHEVILLOT (Joseph), aux Beni Urgine (Constantine). — Graine de lin 1888. Fourrage 1889. **(ESPLANADE.)**

42. CHIRIS (Antoine), à Boufarik (Alger). — Plantes d'herboristerie. **(ESPLANADE.)**

43. CHOCQUET (Léon), à Saint-Eugène (Alger). — Tabac des Issers en manoques. **(ESPLANADE.)**

44. CLIMENT (Joseph), à Alger. — Cigares, cigarettes et tabacs coupés. **(ESPLANADE.)**

45. COLMAN (Nicolas), à Bel Abbès (Oran). — Laine blanche et noire mérinos. **(ESPLANADE.)**

46. COMBIER (Adolphe), à Aïn bou Dib, Commune mixte d'Aïn Bessem (Alger). — Cocons de vers à soie. Plantes fourragères. **(ESPLANADE.)**

47. Comice Agricole de Bône, (Constantine). — Tabacs, cire, lin. **(ESPLANADE.)**

48. Comice Agricole de Boufarik, (Alger). — Ramie. **(ESPLANADE.)**

49. Comice Agricole du Haut-Cheliff, à Affreville (Alger). — Produits divers. **(ESPLANADE.)**

50. Comice agricole de Médéah, (Alger). — Laine, fourrage. Alfa et ses dérivés. **(ESPLANADE.)**

51. Comice agricole d'Orléansville (Exposition collective du), à Orléansville (Alger). — Laines. **(ESPLANADE.)**

52. CORDIER (J.-F.), à Relizane (Oran). — Cocons de vers à soie. **(ESPLANADE.)**

53. COSTERIZAN (Henri), à Oran (Village Saint-Pierre). — Cocons de soie, échantillons divers de textiles algériennes, étoupes d'alfa et de palmier nain. Crin végétal. **(ESPLANADE.)**

54. COTTE (Émile), à l'Oued Amizour (Constantine). — Caroubes, récolte 1888. **(ESPLANADE.)**

55. COUITÉAS (Jean), à Bône (Constantine). — Tabac en feuilles. Tabacs fabriqués : Cigares, cigarettes et tabac à priser. **(ESPLANADE.)**

56. CREMAES (Vincent), à Alger, rue Dumont-Durville, 11. — Alfa ouvré. Cordes, tresse, escourtois, filet palmier, muselières, tamis. **(ESPLANADE.)**

57. DATRENNE (Abraham), à Médéah (Alger). — Laines.   (ESPLANADE.)

58. DAUDÉ, à Relizane (Oran). — Cocons de vers à soie.   (ESPLANADE.)

59. DEBONNO (Charles), à Boufarik. (Alger) — Tabacs en manoques. Ramie en filasse peignée et non peignée. Graine de ramie.   (ESPLANADE.)

60. DELAHACHE (Eugène), à Zerizer (Constantine). — Tabac en feuilles 1888.   (ESPLANADE.)

61. DELORME, à Oued Seguin (Constantine). — Luzernes en tiges. Luzernes en graines. Laines.   (ESPLANADE.)

62. DEMONCHY (Gaston), au Koaly, Commune de Tipaza (Alger). — Tabacs en manoques.   (ESPLANADE.)

63. DENAVE (Bernard), à Souk-Ahras (Constantine). — Type laine dite Débris Kabyles. Laine en suint.   (ESPLANADE.)

64. DESPONTS (Jean), à Barral (Constantine). — Tabac en manoques.   (ESPLANADE.)

65. DEVRIÉS (T.) à Bône (Constantine). — Alfa de Tébessa et ses dérivés.   (ESPLANADE.)

66. DJELFA (La Commune indigène de), à Djelfa (Alger). — Laines non lavées. Toisons en suint ; peau tannée portant laine. Poil de chameau. Alfa. Thetenave.   (ESPLANADE.)

67. DOU (A. Louis), à Dellys (Alger). — Huile d'olives pour le graissage des machines et la fabrication des savons.   (ESPLANADE.)

68. DUBARD (Charles), à l'Oued Amizour (Constantine). — Tiges ' ramie.   (ESPLANADE.)

69. DUBOURG (Victor), à Bône (Constantine). — Tabacs.   (ESPLANADE.)

70. DUFOUR (Alfred), à Biskra (Constantine). — Coton.   (ESPLANADE.)

71. DUPUY de LAVAUR (Vve), à Saint-Cloud (Oran). — Cocons de vers à soie.   (ESPLANADE.)

72. EHREMPFORT (Charles), à Alger, rue Clauzel, 6. — Tabac kabyle en manoques.   (ESPLANADE.)

73. EL HACHEMI ben Si Lounis, à Tamazirt (Alger). — Tabac en manoques.   (ESPLANADE.)

74. ELIE M'LILI dit Sidi, à Bougie (Constantine). — Tabacs algériens. Cigares et cigarettes   (ESPLANADE.)

75. FANNI (Emmanuel), à Aïn Cherchar (Constantine). — Tabac Chebli 1888.   (ESPLANADE.)

76. FAVAS, à Relizane (Oran). — Laines : toisons brutes et lavées.   (ESPLANADE.)

77. FOUQUE (Marius), à Affreville (Alger). — Alpiste. Récolte 1888.   (ESPLANADE.)

78. FOURRIER (Henri), à Orléansville (Alger). — Ramie.   (ESPLANADE.)

79. FREPPEL (Louis), à l'Oued Réchal (Alger). — Lin.   (ESPLANADE.)

80. GABAY (Salomon), à Oran.—Lin, récolte de 1888. Laine en toisons, brute et lavée.   (ESPLANADE.)

81. GAGNAGE (Pierre), au Meslong (Constantine). — Laine en toisons.   (ESPLANADE.)

82. GALBOIS (Baronne Marie de), à Paris, rue de Berri, 20. — Tiges de ramie blanche   (ESPLANADE.)

83. GASPARD-ALAMO, à Tlemcen (Oran). — Cigares et tabacs.
(ESPLANADE.)

84. GAUBERT (Philippe), à Relizane (Oran). — Coton de 1888. Cocons de vers à soie. (ESPLANADE.)

85. GIRAUD, Fils Aîné, à Blidah (Alger). — Lin et alpistes. (ESPLANADE.)

86. Gouvernement Général de l'Algérie (le), à Alger. — Collection de tabacs algériens. Collection de laines d'Algérie. (ESPLANADE.)

87. GRAND (Joseph), à Zérizer. — Tabac Java en manoques. (ESPLANADE.)

88. GRANIER (J.-B.), à Châteaudun-du-Rhummel (Constantine). — Cocons du Haut-Rhummel. (ESPLANADE.)

89. GROUTSCH (Pierre), à Alger, passage du Commerce. — Fourrage, (vesces mélangées d'avoine) 1888. (ESPLANADE.)

90. GUILLOU (François), à Sétif (Constantine). — Cocons de vers à soie. Graines. (ESPLANADE.)

91. GUIRAUD (A. V.), à Héliopolis (Constantine). — Tiges de ramie blanche.
(ESPLANADE.)

92. HAMMA, (Le Jardin d'Essai du), à Mustapha (Alger).—Matières textiles. Gerbes de cocons. Feuilles et manoques de tabac de Delhi. (ESPLANADE.)

93. HAMOUD Fils et Cie, à Alger, boulevard de la République. — Eau de fleurs d'oranger. (ESPLANADE.)

94. HARTOG, à Mustapha (Alger). — Ramie en tige. Ramie dégommée, peignée. Lin en paille, lin teillé et roui. (ESPLANADE.)

95. HAUDRICOURT (Victor), à Rivoli (Oran). — Laine demi-fine de la tonte de 1889. (ESPLANADE.)

96. HUNEBELLE & BARGE, à Alger, rue Littré, 1. — Ramie. (ESPLANADE.)

97. HUNEBELLE & GAUTHRONET, à Alger, rue Littré, 1. — Plantes fourragères diverses. (ESPLANADE.)

98. IRLÉS Fils et Cie, à Oran. — Tabacs, cigares et cigarettes manufacturés.
(ESPLANADE.)

99. JAVAL (Ernest), à Bouïnan (Alger). — Tabac en manoques et tabac coupé.
(ESPLANADE.)

100. JEANNIN (Léon), à Attatba (Alger). — Tabac en manoques. (ESPLANADE.)

101. JEMMAPES (L'Administrateur de la Commune mixte de), à Jemmapes (Constantine). — Huile de lentisque. (ESPLANADE.)

102. JOBERT (G.), à Mostaganem (Oran). — Tabacs fabriqués, cigarettes, cigares, tabacs coupés. (ESPLANADE.)

103. JOMAIN (Mme Veuve), à Legrand (Oran). — Laine de moutons.
(ESPLANADE.)

104. JOURDAN (Séraphin), à Zérizer (Constantine). — Tabac du pays en feuilles. (ESPLANADE.)

105. KANOUI (Samuel), à Oran. — Laines en toisons provenant de Méchéria.
(ESPLANADE.)

106. KIPPEURT (Eugène), aux Beni Urgines (Constantine). — Graine de lin 1888. Gerbe de lin. Fourrage 1889. (ESPLANADE.)

107. KOHLER (André), à Saint-Charles (Constantine). — Graines de lin.

108. LACOSTE (Pierre), à Sétif (Constantine). — Laine en toisons.
(ESPLANADE.)

109. LAJONKAIRE (de), à Oran. — Alfa brut. Crin végétal.   (ESPLANADE.)

110. LALOUE & Cie, à Paris, rue du Bourg-l'Abbé, 4. — Production d'une ferme d'élevage d'autruches à Zéralda.   (ESPLANADE.)

111. LAURENCIN (Comte de), à Boufarik (Alger). — Tabac. (ESPLANADE.)

112. LAVEULLE (Joseph), au Fondouk (Alger). — Tabacs en manoques (Chébli et Colon).   (ESPLANADE.)

113. LEBIGUE (Florentin), à Bordj Menaïel (Alger). — Tabacs kabyles.
(ESPLANADE.)

114. LEROY (Charles), à Castiglione (Alger). — Coton. Arachides.
(ESPLANADE.)

115. LGRIFA ben Mohamed, aux Béni Salah (Constantine). — Cire.
(ESPLANADE.)

116. LIGNIÈRES (Alphonse), à Aïn Taya (Alger). — Tabac en feuilles.
(ESPLANADE.)

117. LOCAIN (Fernand), à Boukanéfis (Oran). — Laine.   (ESPLANADE.)

118. MAHMOUD ben Hassen Frères, à Bône (Constantine). — Tabacs et cigarettes.   (ESPLANADE.)

119. MAHMOUD ben Koraichi, à Constantine. — Tabac en feuilles. Tabac maure à fumer et à priser.   (ESPLANADE.)

120. MALAPLATE (Lina), à Boufarik (Alger). — Cocons de vers à soie milandis.   (ESPLANADE.)

121. MALGLAIVE (L.-M. de), à Marengo. — Écorce à tan d'acacia leïophylla. Bois de même essence pour extrait liquide de tannin.   (ESPLANADE.)

122. MANTOUT Frères, à Alger, place de Chartres. — Tabacs. (ESPLANADE.)

123. MARDOCHÉE ben Abraham Chemama, à Bône (Constantine). — Tabacs manufacturés. Cigares et cigarettes.   (ESPLANADE.)

124. MARDOCHÉE SULTAN, à Tlemcen (Oran). — Cacahuetes. (ESPLANADE.)

125. MARÉCHAL (Justin), à Bel Abbès (Oran). — Alfa brut.   (ESPLANADE.)

126. MARÈS (Paul), à Douéra (Alger). — Tabacs, foin naturel, foin artificiel.
(ESPLANADE.)

127. MÉLIA, à Alger, place du Gouvernement. — Tabacs, cigares, cigarettes.
(ESPLANADE.)

128. MÉNOCHET (Jules), à Bougie (Constantine). — Huile d'olive à graisser.
(ESPLANADE.)

129. MERMIER (Étienne), à Chabet el Ameur (Alger). — Tabac en manoques, année 1888.   (ESPLANADE.)

130. MILHAVET (Hyacinthe), à Lourmel (Oran). — Crin végétal ouvré.
(ESPLANADE.)

131. MOHAMED ben Hadj Bakir, à Bône (Constantine). — Tabac coupé et cigarettes.   (ESPLANADE.)

132. MOHAMED ben Zerfa, à Palestro (Alger). — Tabacs en manoques.
(ESPLANADE.)

133. MOHAMED ould Mouley Aïssa, à Tlemcen (Oran). — Feuilles de tabac à priser, chanvre en tiges et pilé.   (ESPLANADE.)

134. MOKTAR MESSIFI, à Sidi Boumédine (Oran). — Cire jaune et autres.
(ESPLANADE.)

135. MOLLIER (L.-J.), à Tlemcen (Oran). — Cocons jaunes et blancs.
(ESPLANADE.)

136. MONTGOBERT (Joseph), à Silos (Hillil-Oran).— Toisons de brebis, race algérienne.
(ESPLANADE.)

137. MONTI (J.-B.) et Cie, à Sétif (Constantine).—Alfa brut pour papeterie, alfa brut pour sparterie, alfa ouvré.
(ESPLANADE.)

138. MORATO (B.), à Constantine. — Alfa en balles.
(ESPLANADE.)

139. MOUTIER (Simon), à Tizi Ouzou (Alger). — Tabac   (ESPLANADE.)

140. NADAL et Fils, à El Affroun (Alger).—Crin végétal peigné, crin végétal en cordes (blond).
(ESPLANADE.)

141. NAHON (Charles), à Constantine. — Tabacs en feuilles, tabac à priser.
(ESPLANADE.)

142. NAVARRO PÉDRO, à Muley Abdelkader (Oran).—Luzerne. (ESPLANADE.)

143. NICOLAS (Charles), à Duvivier (Constantine). — Textiles, produits agricoles employés dans l'industrie et la pharmacie, plantes industrielles, laines.
(ESPLANADE.)

144. NIOCEL (Charles), à Sétif (Constantine). — Laine en toisons. (ESPLANADE.)

145. OBITZ (Georges), à Mirabeau (Alger). — Tabac.   (ESPLANADE.)

146. OMAR ben Guï, à Bône (Constantine).— Tabac coupé, tabac à priser et cigarettes.
(ESPLANADE.)

147. ORLÉANSVILLE (La Commune d'), à Orléansville (Alger). — Ramie.
(ESPLANADE.)

148. PASTUREL, TURC et SALÉNE, à l'Oued Athménia (Constantine). — Cocons de vers à soie.
(ESPLANADE.)

149. PÉLISSIÉ (Paul), à Aïn Sultan, Commune mixte de Dra El Mizan (Alger).— Bottes de trèfle (coupes différentes) du champ d'expériences de l'école. (ESPLANADE.)

150. PENGRUEBER (Vve), à Alger, rue Blanchard, 6. — Colliers, chaînes, bracelets, médaillons, boucles d'oreilles, faits avec des graines, fleurs, feuilles de plantes du pays.
(ESPLANADE.)

151. PERPESSAC (de), à Perregaud (Oran). — Tiges de ramie sèches.
(ESPLANADE.)

152. PITCAIRN (Robert), à Oran. — Alfa brut et préparé.   (ESPLANADE.)

153. PLAETEVOET (Albert), à la Réunion (Constantine).— Lin en gerbe.
(ESPLANADE.)

154. PONS (Jacques), à Fort-de-l'Eau (Alger). — Tabacs en feuilles, tabac coupé, récolte 1888.
(ESPLANADE.)

155. PORCELLAGA (Mme Marthe), à Boufarik (Alger). — Tabac en manoques.
(ESPLANADE.)

156. POULET Frères, à Aïn Sfa, Commune de Téniet el Hââd (Alger). — Laine indigène et toison, laine métis mérinos et toison.
(ESPLANADE.)

157. PRIVAS (Joseph), à Mostaganem (Oran). — Tabacs et cigarettes.
(ESPLANADE.)

158. PUYRAUD (Pierre), à Mekla (Alger). — Cocons de vers à soie.
(ESPLANADE.)

159. RAIMBOLT (Louis), à Barral (Constantine). — Tabac Java en manoques.
(ESPLANADE.)

160. RAMDAN ben Rebani, aux Merdès (Constantine). — Tabac en feuilles.
(ESPLANADE.)

161. REBATTU (Amédée), à Paris, avenue de Wagram, 84. — Laines et cire.
(ESPLANADE.)

162. RICHARD (L.-J.), à Constantine, rue de Lyon, 3. — Cocons de vers à soie (1re et 2e récolte).
(ESPLANADE.)

163. RICHEMONT (comte E. de), à Birlouta (Alger). — Tabacs. **(ESPLANADE.)**

164. RIVAS (Joseph), à Mostaganem (Oran). — Tabacs et cigarettes.
(ESPLANADE.)

165. RIVOIRE Fils, à Alger — Drèche concentrée sous forme de galettes pour la nourriture des bestiaux.
(ESPLANADE.)

166. ROCHON (Joseph), à Aïn Mokra (Constantine). — Ramie en tige, en filasse et en cordes.
(ESPLANADE.)

167. RODIER (Jules), à Relizane (Oran). — Cocons de vers à soie. **(ESPLANADE.)**

168. ROGIER (André), à Chabet el Ameur (Alger). — Tabac. **(ESPLANADE.)**

169. ROGLIANI, à Tizi Ouzou (Alger). — Tabac en manoques, récoltes 1887 et 1888.
(ESPLANADE.)

170. ROTH (Jacob), à Saint-Charles (Constantine). — Graines de lin. **(ESPLANADE.)**

171. ROURE (Frédéric), à Alger, place de Chartres, 1. — Tabac. **(ESPLANADE.)**

172. ROUSSEL, à Souk el Hââd (Alger). — Tabacs (Kachna et Djebel).
(ESPLANADE.)

173. ROUSSEL (Henri), à Souk el Hââd (Alger). — Tabac Kachna en manoques, récolte 1888.
(ESPLANADE.)

174. ROUYER (Paul), à Hammam Meskoutine (Constantine). — Tiges en ramie.
(ESPLANADE.)

175. SADY (Léopold), à Médéah (Alger). — Alfa en bottes. **(ESPLANADE.)**

176. SAINTECROIX (Réné de), à Mondovi (Constantine). — Graines oléagineuses.
(ESPLANADE.)

177. SALAH LOGHRESSI, aux Béni Salah (Constantine). — Cire.
(ESPLANADE.)

178. SAMSON (Gustave), à Sidi Mabrouk (Constantine). — Lin à huile.
(ESPLANADE.)

179. SANCHEZ (Philippe), à Orléansville (Alger). — Coton soie avec ses graines.
(ESPLANADE.)

180. SANTERRE (A.-E.), à Castiglione (Alger). — Tabac, récolte 1887. Arachides, récolte 1888.
(ESPLANADE.)

181. SAPOR (Éloi), à Aumale (Alger). — Laine indigène. **(ESPLANADE.)**

182. SAUVAGNAC (Achille et Joseph), à Morris (Constantine). — Tabac du pays en feuilles.
(ESPLANADE.)

183. SÉBAOUN, à Alger, rue Bab el Oued. — Tabacs algériens en feuilles et fabriqués ; tabacs algériens et étrangers manufacturés.
(ESPLANADE.)

184. SEMPÉREZ (Carlos), à Rio Salado (Oran). — Crin végétal ouvré avec palmier nain.
(ESPLANADE.)

185. Société agricole et industrielle de Batna et du Sud algérien, à Paris, rue Saint-Lazare, 7. — Produits fabriqués et dérivés du dattier. Textiles et autres produits non alimentaires.   **(ESPLANADE.)**

186. Société d'agriculture d'Alger (La), à Alger. — Produits agricoles non alimentaires.   **(ESPLANADE.)**

187. SOLER (Joaquim), à Randon (Constantine). — Tabac Java en manoques, tabac Java bâtard.   **(ESPLANADE.)**

188. SOST (Pierre), à Berrouaghia (Alger). — Alpiste et laine.   **(ESPLANADE.)**

189. STAOUELI (La Trappe de), à Staouëli (Alger). — Cire.   **(ESPLANADE.)**

190. STURM (Oscar), à Chébli (Alger). — Tabacs en manoques.   **(ESPLANADE.)**

191. THÉDREL (Aimable), à Bordj Ménaïel (Alger). — Tabacs Chébli et Maryland, 1888.   **(ESPLANADE.)**

192. TINCHANT, à Alger, boulevard de la République. — Tabacs fabriqués en Algérie.   **(ESPLANADE.)**

193. TLEMÇANI ben Ahmed Chaouch, aux Ouled Sidi Abid, cercle de Tébessa (Constantine). — Laines lavées.   **(ESPLANADE.)**

194. TORRÈS et SALAS, à Bel Abbès (Oran). — Alfas bruts et travaillés.
                                      (ESPLANADE.)

195. TROUCHE (Isidore), à Affreville (Alger). — Toisons mérinos. Southdown mérinos, race algérienne des hauts plateaux, purs et croisés.   **(ESPLANADE.)**

196. Union agricole d'Afrique, à Saint-Denis-du-Sig (Oran).— Ramie.
                                      (ESPLANADE.)

197. VACHER (Léonard), à Bordj Menaïel (Alger). — Tabacs Chébli et Maryland, 1888.   **(ESPLANADE.)**

198. VARLET (Jules), à Boufarik (Alger). — Cannes en bois d'oranger, manoques de tabac, luzerne semée sans engrais, laine.   **(ESPLANADE.)**

199. VERDIER (J.-B.), à Mondovi (Constantine). — Tabac Java en feuilles.
                                      (ESPLANADE.)

200. VERDIER (Louis), aux Béni Urgines (Constantine). — Graine de lin, 1888. Fourrage, 1889.   **(ESPLANADE.)**

201. VIGUIÉ, à Sétif (Constantine). — Laine en toison.   **(ESPLANADE.)**

202. VILUMBRALÈS (Joseph), à Bel Abbès (Oran). — Échantillons d'alfa.
                                      (ESPLANADE.)

203. WAGNER (J.-D.), à l'Alma (Alger). — Tabacs en feuilles.   **(ESPLANADE.)**

204. WEINEST (Balthazar), à Bordj Ménaïel (Alger). — Tabacs. **(ESPLANADE.)**

205. ZERMATI (David et Joseph), à Sétif (Constantine). — Foin et luzerne.
                                      (ESPLANADE.)

206. ZURCHER (Aimé), à Courbet (Alger). — Tabac en feuilles et coupé.
                                      (ESPLANADE.)

207. ZURCHER (Paul), à Zâatra (Alger). — Tabac.   **(ESPLANADE.)**

COCHINCHINE.

1. Exposition permanente des Colonies, à Paris. — Textiles, tabac.
                                      (ESPLANADE.)

GABON CONGO.

1. AVINENC, au Gabon. — Tabac et fibres textiles.   **(ESPLANADE.)**

2. LE BERRE, (Evêque de Guinée), au Gabon. — Huile de palme et de coco.
                                                                        (ESPLANADE.)

3. PECQUEUR (Léona), au Gabon. — Noix de palme, huile de palme, paille pour toiture.   **(ESPLANADE.)**

4. Service local du Gabon. — Tabac.   **(ESPLANADE.)**

GUADELOUPE.

1. BOUDET (Nicolas), à la Basse-Terre. — Tabac en poudre.   **(ESPLANADE.)**

2. Exposition permanente des Colonies, à Paris. — Tabac, textiles.
                                                                        (ESPLANADE.)

3. Jardin botanique de la Basse-Terre. — Ramie (herbier d'échantillons) Tiges, lanières et filasses de ramie.   **(ESPLANADE.)**

4. LAPORTE (Delphine), à la Pointe-à-Pitre. — Cigares, tabac à priser.
                                                                        (ESPLANADE.)

5. ROLLIN, aux Vieux-Habitants. — Rocou en gousse et en graines ; rocou en pâte.
                                                                        (ESPLANADE.)

6. Sous-Comité d'Exposition de la Basse-Terre. — Graine de rocou
                                                                        (ESPLANADE.)

GUYANE FRANÇAISE.

1. Exposition permanente des Colonies, à Paris. — Textiles.
                                                                        (ESPLANADE.)

INDE FRANÇAISE.

1. AMAMALE DOUREISSAMY & Cie. — Arachides en coques et huile d'arachides.   **(ESPLANADE.)**

2. Comité d'Exposition. — Fibres d'agave américaine, de ramie de Pondichéry, de sanseviera zeylanica, de pandamas osaratissimus, de paradisiaca, d'hibiscus cannabinias, de crotalaria juncea, de cocas mucifera, d'ananas satina ; soie végétale, tabac, huiles de ricin, d'arachides et de sésame.   **(ESPLANADE.)**

3. Exposition permanente des Colonies, à Paris. — Textiles, tabac.
                                                                        (ESPLANADE.)

4. HECQUET-SAUPRAYAPAULLE & Cie. — Indigo.   **(ESPLANADE.)**

5. MOUTTAMSAMY (Pierre). — Fibres de ramie.   **(ESPLANADE.)**

6. PERNON (P. B.), BAYOL & Cie. — Indigo.   **(ESPLANADE.)**

7. SIALLYKRISHNASSAMY CHETTY. — Indigo de Villenaner, feuilles sèches.   **(ESPLANADE.)**

MARTINIQUE.

1. Exposition permanente des Colonies, à Paris. — Textiles, tabac.
                                                                        (ESPLANADE.)

MAYOTTE ET COMORES.

1. Exposition permanente des Colonies, à Paris. — Textiles.
(ESPLANADE.)

2. FAYMOREAU (de), à Mayotte. — Fibres d'ananas et d'aloës. Minerai de fer ; Variétés de coton.
(ESPLANADE.)

NOUVELLE-CALÉDONIE.

1. Affaires Indigènes (Service des), à Nouméa. — Tabac en carotte préparé par les indigènes.
(ESPLANADE.)

2. BALLANDE & Fils, à Nouméa. — Laine.
(ESPLANADE.)

3. BEAUMONT (Lucien), à Moindou. — Coton.
(ESPLANADE.)

4. BECHTEL, à Moindou. — Tabac en feuilles, en paquets, et manufacturé.
(ESPLANADE.)

5. BOUGIER, à l'Ile-Nou. — Cigares façon manille, partagas, tonneins, conchas, tabac régie et scaferlati, yucca, tresses en glumes de maïs en feuilles, de laudanum et de vétiver.
(ESPLANADE.)

6. BOUYÉ, à Houaïlou. — Cire.
(ESPLANADE.)

7. COLLIGNON, à Koë. — Cocons de vers à soie, coton récolté en 1888.
(ESPLANADE.)

8. COLLY & AUGÉ, à Bourail. — Huiles de coco, de ricin, de moutarde, d'arachides, du bancoul etc. graines d'arachides, de ricin.
(ESPLANADE.)

9. Exposition permanente des Colonies, à Paris. — Textiles.
(ESPLANADE.)

10. GOLEMBIOWSKI, à Nouméa. — Cire.
(ESPLANADE.)

11. GRESLAN (de), à Dumbéa. — Coton.
(ESPLANADE.)

12. GRESLAN (de), à la Nouvelle-Calédonie. — Cire d'abeilles.
(ESPLANADE.)

13. HAYES & JEANNENEY, à Fonvahary. — Brou roui de coco, coton retoupes de la fausse ramée de banassier, de fibres de palmier, yuco, etc.
(ESPLANADE.)

14. HOFF, à Dumbéa. — Tabacs en feuilles.
(ESPLANADE.)

15. HUYARD, à Moindou. — Tabac en feuilles.
(ESPLANADE.)

16. Internat de Neméara, à Nouméa. — Arachides, lin en graines, tabac à priser.
(ESPLANADE.)

17. JACLIN, à Moindou. — Tabac en feuilles.
(ESPLANADE.)

18. JOUAN, à Moindou. — Tabac en feuilles.
(ESPLANADE.)

19. KABAR, à Houaïlou. — Cire d'abeilles.
(ESPLANADE.)

20. LEGRAND, à Moindou. — Tabac en feuilles.
(ESPLANADE.)

21. LIÉTART, à Nouméa. — Cigares, tabacs, en paquets, manufacturés, en vrac et en feuilles, tabac canaque.
(ESPLANADE.)

22. MANCLÈRE, à Moindou. — Tabac en feuilles, tabac coupé et de la tringade.
(ESPLANADE.)

23. MANCUNO, à Tocola. — Tabac en feuilles.
(ESPLANADE.)

24. METZGER (Théodore), à Bourail. — Cire d'abeilles.
(ESPLANADE.)

25. MÉZIÈRES, à Bourail. — Tabac en feuilles (Virginie).   (ESPLANADE.)

26. MITRIDE, à Fonwhary. — Tabac en feuilles.   (ESPLANADE.)

27. Pénitencier, de Bourail. — Feuilles d'agave.   (ESPLANADE.)

28. ROUSSEL & JOURDEY, à Bourail. — Tabac manufacturé et en feuilles.
(ESPLANADE.)

29. SIMON (Ch. M.), à Nouméa. — Tabac en feuilles.   (ESPLANADE.)

30. STREIFF, à Houaïlou. — Tabac en carottes.   (ESPLANADE.)

31. STYVERLINCK, à Nouméa. — Huile de coco.   (ESPLANADE.)

32. THOUO (4ᵉ arrondissement de), à Thouo. — Fibres de burao, de coco,
de bananier, de coton.   (ESPLANADE.)

33. TRAYAUD, à Moindou. — Tabac en feuilles et manufacturé.   (ESPLANADE.)

34. VILLANOVD, à Moindou. — Tabac en feuilles.   (ESPLANADE.)

RÉUNION.

1. ARMANET, aux Trois-Bassins. — Cigares.   (ESPLANADE.)

2. AUGEARD (Emma), à Saint-Denis. — Tabac haché, carottes de tabac.
(ESPLANADE.)

3. BADRÉ (Aristide), à Saint-Pierre. — Carottes de tabac.   (ESPLANADE.)

4. BOISVILLIERS (Louis de), à Louis-Rivière. — Carottes de tabac
(ESPLANADE.)

5. BRUNET (Léon), à Saint-Pierre. — Carottes de tabac.   (ESPLANADE.)

6. CABANE DE LAPRADE (Étienne), à Saint-Paul. — Cigares.
(ESPLANADE.)

7. CHAMMINGS (Henri), à Saint-Pierre. — Carottes de tabac.   (ESPLANADE.)

8. Comité central d'Exposition, à Saint-Denis. — Faham desséché, cigares,
tabac en feuilles.   (ESPLANADE.)

9. DÉFAUT (Jules), à Entre-Deux. — Carottes de tabac.   (ESPLANADE.)

10. DELORD-LAURET (M.), à Saint-Pierre. — Carottes de tabac.
(ESPLANADE.)

11. DÉVAU (A.), à Saint-Denis. — Carottes de tabac.   (ESPLANADE.)

12. DOLABARATZ (A.), Directeur de l'Agence du Crédit Foncier colonial, à
Saint-Denis. — Tabac.   (ESPLANADE.)

13. Enfants pénitenciers, à Saint-Denis. — Cigares.   (ESPLANADE.)

14. Exposition permanente des Colonies, à Paris. — Tabacs. Textiles.
(ESPLANADE.)

15. FOURNIÉ (Paul), à Saint-Louis. — Tabac haché.   (ESPLANADE.)

16. LARIEU & Cie, à Saint-Denis. — Cigares, tabac.   (ESPLANADE.)

17. LAURET (Cyrille), à Saint-Paul-Bois-de-Nèfles. — Tabac.   (ESPLANADE.)

18. LAURET (Justin), à Cilaos. — Sucre de miel vert.   (ESPLANADE.)

19. LECLERC (François), à Saint-Paul. — Carottes de tabac, cigares, tabac en
feuilles, tabac.   (ESPLANADE.)

20. LE COAT DE KERVEGUEN, duc de Trévise, à Saint-Pierre. — Graines de lin. Huile de ben, de chardon. Huile pignon d'Inde. Carottes de tabac, cigares, tabac pressé et en feuilles.   **(ESPLANADE.)**

21. MANTHIM, à Saint-Denis. — Cigares, tabac.   **(ESPLANADE.)**

22. MASSÉAUX (Gévin), à Saint-Paul.— Carottes de tabac. Tabac.
                    (ESPLANADE.)

23. MAZEAU, à Saint-Louis. — Tabac doux. Tabacs. Tabac en feuilles. Cigares. Carottes de tabac.   **(ESPLANADE.)**

24. MORANGE (Camille) & Héritiers G. IMHAUS, à Saint-Benoît (Petit-Saint-Pierre). — Coton.   **(ESPLANADE.)**

25. POTIER (Julien), Directeur du Jardin colonial, à Saint-Denis. — Crin végétal. — Plantes médicales.   **(ESPLANADE.)**

26. POURQUIER Frères, à Saint-Denis. — Tabac.   **(ESPLANADE.)**

27. SELHAUSEN (H.-F.), à Bras-Panon. — Carottes de tabac.   **(ESPLANADE.)**

28. SIGOYER (Maxime de), à Saint-Paul. — Huile de bancoul. Huile pignon d'Inde.   **(ESPLANADE.)**

29. YCARD (Léopold), à Saint-Paul. — Carottes de tabac.   **(ESPLANADE.)**

SÉNÉGAL.

1. AMADY NATAGO, Lam Toro, Chef du **Toro,** (protectorat du Toro). — Corde en écorce de baobab, graines, etc.   **(ESPLANADE.)**

2. Exposition permanente des Colonies, à Paris. — Textiles du Sénégal et de Porto-Novo.   **(ESPLANADE.)**

3. IBRAHIMA N'DIAYE, Chef du **N'Diambour,** (protectorat du N'Diambour). — Coton, fibres de baobab.   **(ESPLANADE.)**

4. NOIROT (Ernest), administrateur colonial au Sénégal. — Arachides décortiquées, ricin en grappes, ramie, coton de Sor, graines et gousses de gommier verek. **(ESPLANADE.)**

5. VERMINCK, à Marseille. — Huiles, graines, etc., produits divers provenant des comptoirs de la côte de l'Afrique Occidentale.   **(ESPLANADE.)**

TAHITI.

1. Exposition permanente des Colonies, à Paris. — Textiles. **(ESPLANADE.)**

2. GOUPIL, à Papeete. — Coprah (amande de coco desséchée pour la fabrication de l'huile).   **(ESPLANADE.)**

3. ROBIN (Félix), à Taone. — Fibres et huile, beurre de coco, cellulose, coton égrené et non égrené.   **(ESPLANADE.)**

4. SALMON (Tati), à Papara. — Coton en graines et en balles, fibres d'arbres divers du pays, feuilles textiles pour lignes de pêche, cannes à sucre.   **(ESPLANADE.)**

PAYS DE PROTECTORAT.

ANNAM-TONKIN.

1. Exposition permanente des Colonies, à Paris. — Textiles.
(ESPLANADE.)

2. Protectorat du Tonkin, vice-résidence de Phouong-Lam. — Ramie. Balle de blé de Bé-Moc et ramié, cire jaune. (ESPLANADE.)

3. Province de Phuong-Lam. — Cire d'abeille. (ESPLANADE.)

4. Province de Phu-Yen. — Résine pour le calfatage des barques. (ESPLANADE.)

5. Province de Sontay. — Résine rose (sileklaque). Résine pour les torches. Teinture. (ESPLANADE.)

CAMBODGE.

1. Exposition permanente des Colonies, à Paris. — Textiles et tabac.
(ESPLANADE.)

2. PLANTÉ, à Phnom-Penh. — Cocons, coton égrené et non égrené, ouate, cardamome cultivé, chaume en feuilles, cire d'abeilles, feuilles de sachi, bétel séché, tabac.
(ESPLANADE.)

TUNISIE.

1. COHEN (S.) BOULAKID, à Tunis. — Huile, savon. (ESPLANADE.)

2. GANDOLPHE (Am), à Sousse. — Huile d'olive. (ESPLANADE.)

3. SEBBAGH & COSTE, à Tunis. — Tabacs. (ESPLANADE.)

4. Société du Sahel Tunisien, à Sousse. — Huile d'olive. (ESPLANADE.)

PAYS ÉTRANGERS.

RÉPUBLIQUE ARGENTINE.

1. **ABELLEYRA (De)**, à Buenos-Ayres. — Laines (collection). (PARC.)

2. **ABERETTI**, à Las Heras (Mendoza). — Son. (PARC.)

3. **ACEVEDO**, à Pergamino (Buenos-Ayres).— Plante de maïs. (PARC.)

4. **ACEVEDO (M. & F.)**, Établissement **« Estrella »** (Pampa Centrale). — Laines. (PARC.)

5. **ACOSTA (M.)**, à Buenos-Ayres. — Laines (collection). (PARC.)

6. **AGUIRRE (Henri)**, Établissement **« La Cabaña »** (Pampa Centrale). — Laine. (PARC.)

7. **ALKAIN (C.)**, à Buenos-Ayres. — Laine. (PARC.)

8. **ALONSO (A.)**, (Présenté par), à Buenos-Ayres. — Laine (collection). (PARC.)

9. **ALSTON (D^r)**, Établissement **« La Carlota »** (Pampa Centrale). — Laine. (PARC.)

10. **ALVARER (P.)**, à Las Heras (Mendoza). — Semence de luzerne. (PARC.)

11. **ANDIARENA**, à Lujan (Buenos-Ayres). — Laines. (PARC.)

12. **APELLANIZ (Vve)**, à Buenos-Ayres.— Laines (collection). (PARC.)

13. **ARAGONÉS**, à Navarro (Buenos-Ayres). — Laine. (PARC.)

14. **ARANA (Louis)**, Établissement **« El Porvenir »**. — Laine. (PARC.)

15. **ARANCET (Pierre)**, Établissement **« San-Antonio »** (Pampa Centrale). — Laines. (PARC.)

16. **ARCE Frères**, à Bolivar (Buenos-Ayres). — Laine. (PARC.)

17. **ARIAS (J.)**, à Buenos-Ayres. — Laines (collection). (PARC.)

18. **ARMENDARIZ**, à Buenos-Ayres. — Laine. (PARC.)

19. **ARNING BRAUS (C.)**, à Buenos-Ayres. — Laines (collection). (PARC.)

20. **AROCENA (A.)**, à Olavarria (Buenos-Ayres). — Laines (collection). (PARC.)

21. **AROTZARENA (Ignace)**, Établissement **« La-Nueva-Esperanza »** (Pampa Centrale). — Laines. (PARC.)

22. **ASPIAZU & TIMONEDA**, Établissement **« Ojo-de-Agua »** (Pampa Centrale). — Laines. (PARC.)

23. **ASTORGA (Philippe)**, Établissement **« Pichicanauquen »** (Pampa Centrale). — Laines. (PARC.)

24. **ATUCHA**, à Saladillo (Buenos-Ayres).— Laine. (PARC.)

25. **AZARRAGAROZ-CAPDEMENT**, à Buenos-Ayres. — Laines (collection). (PARC.)

26. AYERZA (A), à Lujan (Buenos-Ayres). — Laine. **(PARC.)**

27. AZPIAZU & TIMONEDA, (Pampa Centrale). — Semence de luzerne. **(PARC.)**

28. BACHMANN (G.), à San-Juan. — Laine. **(PARC.)**

29. BALLETO BIDART & Cie, à Buenos-Ayres.— Balais. Laines (collection). **(PARC.)**

30. BAQUERI (Adolphe), Pampa Centrale. — Laine. **(PARC.)**

31. BARANDEGUY Frères, à Gualeguay (Entre-Rios).— Tiges blés. **(PARC.)**

32. BAREIRO, à Lobos (Buenos-Ayres). — Laine. **(PARC.)**

33. BARROS (Carmen), Valle-Viejo (Catamarca). — Tabacs. **(PARC.)**

34. BASAVILBASO (R. F.), à Buenos-Ayres. — Laine, vingt espèces diffé-rentes. **(PARC.)**

35. BATTEMAN & TERRASSON, à San-Nicolas. — Laines, (collection). **(PARC.)**

36. BAZA (A.), à Lincoln (Buenos-Ayres). — Laine. **(PARC.)**

37. BENEY, à San-José-Del-Rincon (Santa-Fé). — Matés. **(PARC.)**

38. BENITEZ Frères (Présenté par), à Buenos-Ayres. Laine (collection). **(PARC.)**

39. BERRAONDO (M.), à Buenos-Ayres. — Laine. **(PARC.)**

40. BERRONDO, à Gorostiaga. — Laine. **(PARC.)**

41. BIOZ (J. B.), à Tapalqué (Buenos-Ayres). — Laines (collection). **(PARC.)**

42. BLAQUIER (J.), à Saladillo (Buenos-Ayres). — Laines (collection). **(PARC.)**

43. BOECKEL (J.), à Buenos-Ayres. — Laines (collection de cinquante espèces différentes.) **(PARC.)**

44. BOERR Frères , Établissement « **Santa-Inès** » (Pampa Centrale). — Laines. **(PARC.)**

45. BONIFACIO (Henry) & Cie, à Buenos-Ayres.— Laines, soixante espèces différentes. **(PARC.)**

46. BONORINO (A.), à Buenos-Ayres. — Laine (collection). **(PARC.)**

47. BORDARAMPE (N.), Pampa Centrale. — Laine. **(PARC.)**

48. BOSCH (André), à La Paz (Entre-Rios). — Tabac. **(PARC.)**

49. BOWNEY (L.), à Navarro (Buenos-Ayres). — Laine. **(PARC.)**

50. BRACHT (A.), à Buenos-Ayres. — Laine. **(PARC.)**

51. BRANT (J. B.), à Chubut. — Semence de luzerne, lin. **(PARC.)**

52. BUNGE (E.), à Buenos-Ayres. — Laine. **(PARC.)**

53. BURDELAIS & LUDERS, à Buenos-Ayres. — Laines (collection). **(PARC.)**

54. CA (Louis), Suipacha (Buenos-Ayres). — Laine. **(PARC.)**

55. CADMUS (Henry), à Sauce-Corto (Buenos-Ayres). — Laines (collection). **(PARC.)**

56. CAINZO (E. Joseph), à Tucuman. — Tabacs. **(PARC.)**

57. CAMBACÉRÈS (A. C.), Établissement «**Huncal**» (Pampa Centrale). — Laines. **(PARC.)**

58. CAMBACÉRÈS (A. C.), à Bragado (Buenos-Ayres). — Laine.   (**PARC.**)

59. CAMBACÉRÈS (E.), à Saladillo (Buenos-Ayres). — Laine.   (**PARC.**)

60. CAÑAS (J.), 9 de Julio (Buenos-Ayres). — Laines (collection).   (**PARC.**)

61. CAPDEVILA (Alphonse), Établissement « **Epupel** » (Pampa Centrale). — Laines.   (**PARC.**)

62. CARDOZO (Joseph), à Belgrano (Mendoza). — Cire.   (**PARC.**)

63. CASAS (C.), à Union (Cordoba). — Luzerne.   (**PARC.**)

64. CASAUX & MAUTALEN, à Buenos-Ayres.—Laines (collection). (**PARC.**)

65. CASSEY (Eduard), à Buenos-Ayres.— Laines (collection), cinquante espèces différentes.   (**PARC.**)

66. CASTAING (E.), 9 de Julio (Buenos-Ayres). — Laines (collection).   (**PARC.**)

67. CAZON (N.), à Buenos-Ayres. — Laines.   (**PARC.**)

68. CELASCO, à Buenos-Ayres. — Laines (collection).   (**PARC.**)

69. CELAZAR, à Nogoya (Entre-Rios). — Laines.   (**PARC.**)

70. CERANA (Michel), à Santa-Fé. — Lin.   (**PARC.**)

71. CERNADAS (P. M.), à Buenos-Ayres. — Laines (collection).   (**PARC.**)

72. CERRO (A.), à Alvear (Buenos-Ayres). — Laines (collection).   (**PARC.**)

73. CERRO & GONZALEZ, à Buenos-Ayres. — Laines (collection), de cinquante classes différentes.   (**PARC.**)

74. CHILLADO (M.), à Buenos-Ayres. — Laines (collection).   (**PARC.**)

75. COLEGNINO (J.), à Buenos-Ayres (Barracas Sud). — Suif de mouton.   (**PARC.**)

76. Colonie Amistad, à Santa-Fé. — Lin.   (**PARC.**)

77. Colonie Caraccioli, à Santa-Fé. — Lin.   (**PARC.**)

78. Colonie Colastiné, à Santa-Fé. — Lin.   (**PARC.**)

79. Colonie Helvecia, à Santa-Fé. — Maïs, lin, varech.   (**PARC.**)

80. Colonie Ortiz, à Santa-Fé. — Lin.   (**PARC.**)

81. Colonie Santa-Teresa, à Santa-Fé. — Lin.   (**PARC.**)

82. Colonie Sastre, à Santa-Fé. — Lin.   (**PARC.**)

83. Colonie Tortugas, à Santa-Fé. — Lin.   (**PARC.**)

84. Colonie Weeluright, à Santa-Fé. — Lin.   (**PARC.**)

85. Commission auxiliaire, à Catacarma. — Graines de ricin, luzerne, lin et coton, cigares, lin.   (**PARC.**)

86. Commission auxiliaire, Entre-Rios. — Cendre d'os, tabac, farine de viande.   (**PARC.**)

87. Commission auxiliaire, à Formosa. — Cire d'abeilles, tabac, arachide.   (**PARC.**)

88. Commission auxiliaire, à Jujuy. — Arachide, semence de luzerne, coton de Samohu, cigares et tabac en feuilles.   (**PARC.**)

89. Commission auxiliaire, à Mendoza. — Laine.   (**PARC.**)

90. Commission auxiliaire, Misiones. — Tabacs et cigares, laine, coton, arachide.   (**PARC.**)

91. Commission auxiliaire, Pampa Centrale. — Collection d'herbes fourragères non cultivées, luzerne. **(PARC.)**

92. Commission auxiliaire, à Salta. — Graine de luzerne, tabacs et cigares, cires. **(PARC.)**

93. Commission auxiliaire, à San-Luis. — Laine de brebis, tabac, coton, semences de luzerne, crin. **(PARC.)**

94. Commission auxiliaire, à Santa-Fé. — Blé, cire, semences de luzerne, chanvre, maïs, tourteau de lin, lin, navet, paille de sorgho. **(PARC.)**

95. Commission auxiliaire, à Tucuman. — Tabacs et cigares, coton, arachide. **(PARC.)**

96. COWEA (Amador), à Belgrano (Mendoza). — Son. **(PARC.)**

97. CRAMER (J.), à Buenos-Ayres. — Laines (collection). **(PARC.)**

98. CUTO (Rafaël), à Buenos-Ayres. — Laines (collection). **(PARC.)**

99. DAGUERRE (M.), à Tapalquen (Buenos-Ayres). — Laine. **(PARC.)**

100. DAUMAS (J.), à Buenos-Ayres. — Tabacs, cigares, cigarettes. **(PARC.)**

101. DE LA FERRER (A.), à Olavarria (Buenos-Ayres).— Laine. **(PARC.)**

102. DE LA PENA (C.), à Las Flores (Buenos-Ayres). — Laines (collection). **(PARC.)**

103. DEL CARRIL, à Buenos-Ayres. — Laines (collection). **(PARC.)**

104. DELESLE (F.), à Buenos-Ayres.— Laines (collection). **(PARC.)**

105. DE LOS SANTOS (J.), à Buenos-Ayres. — Laines (collection). **(PARC.)**

106. DEMARIA Frères, à Saladillo (Buenos-Ayres). — Laine. **(PARC.)**

107. DILLON, à Lujan (Buenos-Ayres). — Laine. **(PARC.)**

108. DOHERTY (K.), à Mercedes (Buenos-Ayres). — Laine. **(PARC.)**

109. DOMEJEAN (Antoine), à Jujuy. — Sorgho. **(PARC.)**

110. DONOVAN (Antoine), établissement « **Marie-Manuel** » (Pampa Centrale). — Laine. **(PARC.)**

111. DOSEBE (Manuel), à La Paz (Entre-Rios). — Tabac. **(PARC.)**

112. DOWLING (E.), à Carmen-de-Areco (Buenos-Ayres). — Laine. **(PARC.)**

113. DUGGAN Frères, à Buenos-Ayres.— Collection de laines, soixante et une classes différentes. **(PARC.)**

114. DUPORTAL (Émile), à San-Vicerile (Buenos-Ayres). — Laine, huit espèces différentes. **(PARC.)**

115. DURAN (Manuel), à Buenos-Ayres. — Cigares et cigarettes. **(PARC.)**

116. DURANONA (M.), à Buenos-Ayres. — Collection de laines. **(PARC.)**

117. EIZAGUIRRE (Antoine), établissement « **La Rinconada** » (Pampa Centrale). — Laine. **(PARC.)**

118. ELARDY (J.), à Buenos-Ayres. — Laines (collection). **(PARC.)**

119. ELEZALDE (J.), à Magdalena. — Laine. **(PARC.)**

120. ELLEHORST (A.), à Buenos-Ayres. — Laine, crins. **(PARC.)**

121. Établissement Gorgonta, à San-Luis. — Laines de chèvre, d'angora. **(PARC.)**

122. ETCHEBARNE (A.), à Zapiola (Buenos-Ayres). — Laine.   (PARC.)

123. Fabrique Nationale de tabacs, à Buenos-Ayres.— Cigares et cigarettes.
(PARC.)

124. FAGGIONI, à Ayacucho (Buenos-Ayres). — Laines (collection).   (PARC.)

125. FERNANDEZ (A.), à Mercedes (Buenos-Ayres). — Laine.   (PARC.)

126. FERRARI, à La Gama (Buenos-Ayres). — Laine.   (PARC.)

127. FLORIDO (J.), 25 de Mayo (Buenos-Ayres). — Laine.   (PARC.)

128. FORCADO (Pierre), établissement « **Santa-Félicita** » (Pampa Centrale). — Laines.   (PARC.)

129. FORTABAT (Alphonse), établissement « **San-Pablo** » (Pampa Centrale). — Laines, luzerne.   (PARC.)

130. FRAU (Joseph), à Jesus-Maria (Santa-Fé). — Lin.   (PARC.)

131. FREITAS (Manuel), à Toledo (Entre-Rios). — Laine.   (PARC.)

132. FREMERY (C. M.), à Buenos-Ayres. — Laine.   (PARC.)

133. FREMERY (C. W.), à Buenos-Ayres. — Laines (collection).   (PARC.)

134. FRERS, à Azul (Buenos-Ayres). — Laines.   (PARC.)

135. FRIAS (M.), (Présenté par) à Buenos-Ayres. — Laine.   (PARC.)

136. FRICELLI (Guillaume), colonie S. Eévonmao (Santa-Fé). — Semence de luzerne.   (PARC.)

137. FUGGIONI, à Buenos-Ayres. — Laine.   (PARC.)

138. FUNES & PEACOCK, à Rio-Cuarto (Cordoba). — Luzerne.   (PARC.)

139. GALAN (S.), à Ayacucho (Buenos-Ayres). — Laine.   (PARC.)

140. GALLEGAS & CASTAING, à Lincoln. — Laines.   (PARC.)

141. GARBINO, à Gualeguaychu (Buenos-Ayres). — Laines, cinq différentes espèces.   (PARC.)

142. GARCIA (de), établissement « **La Victoria** » (Pampa-Centrale).— Laine.
(PARC.)

143. GARCIA (H. M.) & Cie, à San-Rafaël (Mendoza). — Laine.   (PARC.)

144. GARCIA (J. L.), à Maipu. — Laines.   (PARC.)

145. GARRAHAN (L.), à Navarro (Buenos-Ayres). — Laine.   (PARC.)

146. GASTELLU (P.), à Baradero (Buenos-Ayres). — Laines (collection).
(PARC.)

147. GENACHIO, à Buenos-Ayres. — Laines (collection).   (PARC.)

148. GENACHIO & PODESTA, à Buenos-Ayres. — Laine, quinze espèces différentes.   (PARC.)

149. GHIRALDO & MURATURE, à Buenos-Ayres. — Laine, collection de trente espèces différentes.   (PARC.)

150. GHIRALDO, SAENZ & Cie, à Buenos-Ayres. — Collection de laines.
(PARC.)

151. GIBBS (Félix), à Tupungato (Mendoza). — Semences.   (PARC.)

52. GIBSON & Cie, à Ajo (Buenos-Ayres). — Laines, collection de différentes espèces.   (PARC.)

153. GIBSON Frères, à Cachari (Buenos-Ayres). — Laines (collection). (**PARC.**)

154. GIL & VIEJOBUENO, établissement « **La Malvina** » (Pampa Centrale). — Laines. (**PARC.**)

155. GOÑI (A.), à Ensenada (Buenos-Ayres). — Laine. (**PARC.**)

156. GONZALEZ (Arsène), établissement « **Guatrache-chico** » (Pampa Centrale). — Laines. (**PARC.**)

157. GONZALES (E.), à Las Heras (Buenos-Ayres). — Laines (collection). (**PARC.**)

158. GONZALEZ (Meliton), à Guaimallen (Mendoza). — Son. (**PARC.**)

159. GOROSTIAGA (J. B.), à Buenos-Ayres. — Laine, dix espèces différentes. (**PARC.**)

160. GOYENECHEA-BILBAO & Cie, à Cañuelas (Buenos-Ayres). — Laine (collection). (**PARC.**)

161. GRACIARENA (Mathias), établissement « **Ojo-de-Agua** » (Pampa Centrale). — Laine. (**PARC.**)

162. GRACIARENA (M.), à Olavarria (Buenos-Ayres). — Laines (collection). (**PARC.**)

163. GRAPIOLO (Émile), à Buenos-Ayres. — Semence de sylibum marianum, chanvre. (**PARC.**)

164. GUALCO (Dominique), à Jesus-Maria (Santa-Fé). — Lin. (**PARC.**)

165. GUERRERO (C.), à Guerrero. — Laine. (**PARC.**)

166. GUEVARA, à Saladillo (Buenos-Ayres). — Laine. (**PARC.**)

167. GUEVARA (G. Z.), à Lobos. — Laines (collection). (**PARC.**)

168. GUTIERREZ (J.), à Gorostiaga (Buenos-Ayres). — Laine. (**PARC.**)

169. GUIÑAZU (Cinaque), à Belgrano (Mendoza). — Cire. (**PARC.**)

170. HALE (S. B.), à Carmen-de-Areco (Buenos-Ayres). — Laines (collection). (**PARC.**)

171. HAM (P.), à Buenos-Ayres. — Laines (collection). (**PARC.**)

172. HEREDIA (Cruz), à Anejos-Sud (Cordoba). — Arachide. (**PARC.**)

173. HERERA (Dronisio), à Las Heras (Mendoza). — Cires. (**PARC.**)

174. HOURCADE (P.), à Buenos-Ayres (Capitale). — Laine. (**PARC.**)

175. HURTASUN, à Buenos-Ayres. — Laine. (**PARC.**)

176. IRAOLA & Cie, établissement « **La Argentina** » (Pampa Centrale). — Laine. (**PARC.**)

177. JAENISCH, à Lincoln (Buenos-Ayres). — Laines (collection). (**PARC.**)

178. JOHON (Belisaire), à Mendoza. — Cire. (**PARC.**)

179. JONGHLIN, à Franklin (Buenos-Ayres). — Laine. (**PARC.**)

180. KAVANAGH (D. C.), 9 de Julio (Buenos-Ayres). — Laine. (**PARC.**)

181. KEATING (P.), à Suipacha (Buenos-Ayres). — Laine. (**PARC.**)

182. KEEN (Henry), à Buenos-Ayres. — Crin. (**PARC.**)

183. KEEN (Henry), 25 de Mayo. — Os, tibias, cornes. (**PARC.**)

184. **KEEN (J. E.),** à Olavarria (Buenos-Ayres). — Laines (collection).   (PARC.)

185. **KENNY (J),** 25 de Mayo (Buenos-Ayres). — Laine.   (PARC.)

186. **KENNY (L.),** à Alberti (Buenos-Ayres). — Laines (collection).   (PARC.)

187. **KRAUEL (Auguste) & Cie,** à Buenos-Ayres. — Cigares.   (PARC.)

188. **LANDA (F.),** à Vecino (Buenos-Ayres). — Laines.   (PARC.)

189. **LANFRANCO (Guillaume),** à San-Javier (Santa-Fé). — Mani, ricin,
sorgho.   (PARC.)

190. **LANUS (J.),** à Buenos-Ayres. — Laines (collection).   (PARC.)

191. **LANUSSE (P. & A.),** à Buenos-Ayres. — Laines (collection).   (PARC.)

192. **LAPARTILLA (R.),** à Mercedes (Buenos-Ayres). — Laine d'agneaux.
   (PARC.)

193. **LARRAHAN (Mlle),** à Suipacha (Buenos-Ayres). — Laine.   (PARC.)

194. **LARRUMBE (F.),** à Sauce-Carto (Buenos-Ayres). — Laine.   (PARC.)

195. **LARTHIOIS Frères,** à Buenos-Ayres. — Laines (collection).   (PARC.)

196. **LEARY (A.),** à Marcos-Paz (Buenos-Ayres). — Laine.   (PARC.)

197. **LAVIER,** à Zapiola (Buenos-Ayres. — Laine.   (PARC.)

198. **LEDESMA (I. F.),** à Colastiné (Santa-Fé). — Lin.   (PARC.)

199. **LEDESMA Frères,** à Rosario (Santa-Fé). — Laines (collection).   (PARC.)

200. **LEGES (C.),** à Juarez (Buenos-Ayres). — Laine.   (PARC.)

201. **LEGUINECHE (A.),** à Buenos-Ayres. — Laines (collections).   (PARC.)

202. **LESTAR (Pierre),** Établissement **« Purgatorio »** (Pampa Centrale.)
— Laine   (PARC.)

203. **LEZAMA (V.),** à Maipu (Buenos-Ayres). — Laine.   (PARC.)

204. **LLAMAZARES (M. G.),** à Buenos-Ayres. — Laines (collection).   (PARC.)

205. **LLAMBI (A.),** à Buenos-Ayres. — Laine.   (PARC.)

206. **LLANOS,** à Magdalena (Buenos-Ayres). — Laine.   (PARC.)

207. **LOPEZ,** à Buenos-Ayres. — Laines (collection).   (PARC.)

208. **LOPEZ ORSONIO BARDEUX & Cie,** à Buenos-Ayres. — Laines
(collection).   (PARC.)

209. **LOPEZ (M. L.),** Garrostiaga (Buenos-Ayres). — Laines collection.   (PARC.)

210. **LOUGHLIN (Jean Mc.),** à Federacion (Entre-Rios). — Laine.   (PARC.)

211. **LOUSTENAN (Albert),** à Belgrano (Mendoza). — Cire   (PARC.)

212. **LOWE (N.),** à Mercedes (Buenos-Ayres). — Laines (collection).   (PARC.)

213. **LUGARRSTA (Pierre),** à Cruz del Eje (Cordoba). — Cocons de vers-
à-soie.   (PARC.)

214. **LUNA (J. Michel),** à Tucuman. — Tabacs et cigares.   (PARC.)

215. **LYNCH,** à Rodriguez (Buenos-Ayres). — Laine.   (PARC.)

216. **MADRID (L.),** Établissement **San-Sebastin** (Pampa centrale). — Laine.
   (PARC.)

217. **MALCHI (Ceferino),** à Guaimallen (Mendoza). — Son.   (PARC.)

218. MALDONADO (Damian), à Guaimallen (Mendoza). — Coton.   (PARC.)

219. MARCONE (A.), à Las Heras (Buenos-Ayres). — Lin.   (PARC.)

220. MARGAN, à Giles (Buenos-Ayres). — Laines.   (PARC.)

221. MARINO (L.) à Pergamino (Buenos-Ayres). — Laine.   (PARC.)

222. MARTINEZ (E.). — Laines (collection).   (PARC.)

223. MARTINEZ (Lucien), Pampa Centrale. — Laine Pampa.   (PARC.)

224. MARTINEZ DE HOZ (E.), à Santa-Fé. — Laines (collection).   (PARC.)

225. MASUREL Fils, à Buenos-Ayres. — Laines (collection).   (PARC.)

226. MAUPAS (Jean) & Cie, Établissement **Maria-Luisa** (Pampa Centrale). — Laines.   (PARC.)

227. MEDINA (Joseph), Établissement **Trenel** (Pampa Centrale). — Laines.   (PARC.)

228. MENDES, à Buenos-Ayres. — Laine.   (PARC.)

229. MEZA, à Hinojo (Buenos-Ayres). — Laine.   (PARC.)

230. MIGONI (François), à Guaimallen (Mendoza). — Son.   (PARC.)

231. MIQUELARENA, à Ayacucho (Buenos-Ayres).   (PARC.)

232. MOLÈRES, MARCOARTU & Cie, à Buenos-Ayres. — Graines de luzerne, colza, navet, chénevis, lin. Collection de laines.   (PARC.)

233. MOLINA (F.), à Catamarca. — Laine.   (PARC.)

234. MONTEIS (Narcisse), Établissement **El Bergual** (Pampa Centrale).   (PARC.)

235. MOORE (Vve), à Buenos-Ayres. — Laines (collection).   (PARC.)

236. MORANCHEL, à Olavarria (Province de Buenos-Ayres). — Laine.   (PARC.)

237. MORENO (L.), à Pergamino (Buenos-Ayres). — Laine.   (PARC.)

238. MUIRE (M.), à Lobos (Buenos-Ayres). — Laine.   (PARC.)

239. MUÑIZ (E. J.), à Junin (Buenos-Ayres). — Laine.   (PARC.)

240. Musée du onze septembre, à Buenos-Ayres. — Crin.   (PARC.)

241. NAZAR (B.), à Zarate (Buenos-Ayres). — Laines.   (PARC.)

242. NEWTON (Henri) Établissement **Salinas-grandes** (Pampa Centrale), — Laine.   (PARC.)

243. NIEVES (Raymond), Établissement **La Esperanza** (Pampa Centrale. — Laine.   (PARC.)

244. NOLTE (G.), à Buenos-Ayres (Capitale). — Laines.   (PARC.)

245. NOVOA (L.), à Buenos-Ayres. — Laines (collection).   (PARC.)

246. NUNEZ Frères, à Arroyo-del-Medio (Santa-Fé).— Crin.   (PARC.)

247. OJEA (Antoine), à Buenos-Ayres. — Laines (collection).   (PARC.)

248. OLIVERA (Eduard), à Buenos-Ayres. — Laines (collection).   (PARC.)

249. OLIVERO (François), à Alvear. — Laines (collection).   (PARC.)

250. ORTIZ (J.), à Buenos-Ayres. — Laines (collection).   (PARC.)

251. OSTENDURP, à Cordoba. — Laine.   (PARC.)

252. OTERO (Joseph), à Buenos-Ayres. — Cire blanche d'abeilles. (PARC.)

253. PANELO (M.), à Campana. — Luzerne. (PARC.)

254. PANELO & SANTA COLOMA, à Buenos-Ayres. — Arachides, navette, colza, sesame, pavot, ravison, lin, tournesol, coton, ricin. (PARC.)

255. PARERA, à Buenos-Ayres. — Laines (collection). (PARC.)

256. PEGASANO Frères, à Buenos-Ayres. — Laine.

257. PERAZZO (David), à Buenos-Ayres. — Lin. (PARC.)

258. PEREZ & CUETO, à Buenos-Ayres. — Laines (collection). (PARC.)

259. PETITTE (Dominique), à Carcaraña (Santa-Fé). — Lin. (PARC.)

260. PEYROU (Romain), à Buenos-Ayres. — Cigares. (PARC.)

261. PHAGOUAPÉ (Pierre), Établissement **« San-Antonio »** (Pampa Centrale). — Laine. (PARC.)

262. PIARD (Auguste), à Buenos-Ayres. — Soie végétale. (PARC.)

263. PIETSCH (C.), à Buenos-Ayres. — Laine. (PARC.)

264. PINTO (Louise E. de), à Chamical (Jujuy). — Tabacs. (PARC.)

265. PONDRA (J.), 25 de Mayo (Buenos-Ayres). — Laines. (PARC.)

266. POURTALÉ (Pierre), Établissement **«San-Pablo»** (Pampa Centrale). — Laines. (PARC.)

267. PRIETO (R.), à 9 de Julio (Buenos-Ayres). — Laines (collection). (PARC.)

268. Quinta Agronomica, à Mendoza. — Semences. (PARC.)

269. QUINTANA (A.). à Rocha (Buenos-Ayres). — Laine. (PARC.)

270. QUIROGA (D.), à Olavarria (Buenos-Ayres). — Laine. (PARC.)

271. RAMALLO (J.), à Rocha (Buenos-Ayres). — Laine. (PARC.)

272. RAMOS (Antoine), Pampa Centrale. — Laines. (PARC.)

273. RATTI, à Lobos. — Lin. (PARC.)

274. RIVERA Frères, à Buenos-Ayres. — Laines. (PARC.)

275. RIVERO (L.), à Rio-Cuarto (Cordoba). — Semence de luzerne. (PARC.)

276. ROCA (Antonio), Établissement **«La Segunda»**, (Pampa Centrale). — Laine. (PARC.)

277. ROCA (Jules A.), à Guamini (Buenos-Ayres). — Laines (collection). (PARC.)

278. ROCHA (Vve), à Chacabuco (Buenos-Ayres). — Laines (collection). (PARC.)

279. RODRIGUEZ (C.), à Buenos-Ayres. — Laine. (PARC.)

280. RODRIGUEZ (J.), à Buenos-Ayres. — Laines. (PARC.)

281. ROMANO (J.), à Las Heras (Buenos-Ayres). — Laine. (PARC.)

282. ROMERO (Jean), à Victoria (Pampa Centrale). — Plantes fourragères non cultivées. (PARC.)

283. ROMERO (Valentin), Pampa Centrale. — Laines. (PARC.)

284. RONGENI (H.), à Mercédès (Buenos-Ayres). — Laines. (PARC.)

285. ROQUES (J.-B.), à Bragado (Buenos-Ayres). — Laine. (PARC.)

286. ROSA (Ramon de la), à Belgrano (Mendoza). — Cire.   (PARC.)

287. ROSQUELLAS (A.), à Buenos-Ayres. — Laines.   (PARC.)

288. ROZAS (François), à Olavarria (Buenos-Ayres). — Laines.   (PARC.)

289. RUBER (Joseph), à Santa-Fé. — Maïs de Guinée.   (PARC.)

290. SAENZ, C. (E.), à Buenos-Ayres. — Laine, vingt espèces différentes. (PARC.)

291. SAGDARDUY (E.), à Brandlzen (Buenos-Ayres). — Laines.   (PARC.)

292. SALABERRY, COSTA, à Buenos-Ayres.— Laines (collection). (PARC.)

293. Salle de Commerce du onze-Septembre, à Buenos-Ayres. — Cent
échantillons, laines diverses classes.   (PARC.)

294. SAN JUAN (Gabriel), Colonie Villa (Santa-Fé). —Maïs, lin.   (PARC.)

295. SARDA (R.), à Concordia (Entre-Rios). — Laines (collection).   (PARC.)

296. SATGÉ Frères, à Buenos-Ayres. — Laines (collection).   (PARC.)

297. SCARIONI (Pierre), Colonie Caseros (Entre-Rios). — Lin.   (PARC.)

298. SCHANNAN, à Villanueva. — Laine.   (PARC.)

299. SCHEPP (Émile), à San-Lorenzo (Santa-Fé). — Sorgilo.   (PARC.)

300. SCULLY (L.), à Giles (Buenos-Ayres). — Laine.   (PARC.)

301. SEIJO (A.), Jésus Maria (Santa-Fé). — Maïs de Guinée.   (PARC.)

302. SILVA (B.), à San-José-de-Santa-Rosa (Santa-Fé). — Maïs.   (PARC.)

303. SILVA (Clodomiro), à Tunuyan (Mendoza). — Lin.   (PARC.)

304. SOMOZA (Jean), à Guerrico (Buenos-Ayres). — Lin.   (PARC.)

305. SORIANO (F. G.), à Frontière. — Laine.   (PARC.)

306. SOTERAS (Jean), à Chilecito. — Laines de vigogne, mérinos, mouton
créole, guano, coton.   (PARC.)

307. SOULAS BENAUSSE, C., à Buenos-Ayres.— Laines (collection). (PARC.)

308. TERRASSON (Eugène), à Pavon. — Laine.   (PARC.)

309. TERRERO, à Las Heras (Buenos-Ayres). — Laine.   (PARC.)

310. THOMPSON (A.), 9 de Julio (Buenos-Ayres).— Laines (collection). (PARC.)

311. TOBAL (Eustache), Établissement « **La Victoria** » Pampa Centrale.
— Laines.   (PARC.)

312. TORINO (D.), à Rosario-de-Lerma (Salta). — Laine.   (PARC.)

313. TRORES Frères, à Loberia (Buenos-Ayres). — Laine.   (PARC.)

314. TRELLES (J. M.), à Buenos-Ayres. — Laines (collection).   (PARC.)

315. TRITTAU, à Buenos-Ayres. — Laines (collection).   (PARC.)

316. TRITTAU (Lionel), à Buenos-Ayres. — Laines (collection).   (PARC.)

317. TYNELL, à Mercédès (Buenos-Ayres). — Laine.   (PARC.)

318. UNJUL (M.), Pampa Centrale. — Laine.   (PARC.)

319. UNZUE & Fils, à Buenos-Ayres. — Laine, cent cinq espèces différentes.
                (PARC.)

320. URQUIZA (Vve), à San José (Entre-Rios). — Laine.   (PARC.)

321. **VASQUEZ (J.)**, à Tapalquen (Buenos-Ayres). — Laine. **(PARC.)**

322. **VECCHY (Joseph)**, à Victoria (Pampa Centrale). — Semence de luzerne.
(PARC.)

323. **VIDAL (Charles)**, Établissement **Mazamet** (Pampa Centrale). — Laines.
(PARC.)

324. **VIDELA (Jean)**, à Buenos-Ayres. — Laine, luzerne sèche. **(PARC.)**

325. **VIDELA (Joseph R.)**, à Tunuyan (Mendoza). — Semence de luzerne
(PARC.)

326. **VIGANONI (Antoine)**, Colonie Caseros (Entre-Rios). — Lin. **(PARC.)**

327. **VILLANOA (Madeleine O. de)**, à Junin (Mendora). — Laine.
(PARC.)

328. **VILLANUEVA (B.)**, à Tapalquen (Buenos-Ayres). — Laine. **(PARC.)**

329. **VILLANUEVA (Jean)**, Établissement **Monte-de-los-Difuntos**
(Pampa Centrale). — Laine. **(PARC.)**

330. **WAGNER (Dr.)**, à Esperanza (Santa-Fé). — Avoine. **(PARC.)**

331. **WIEL (J. von)**, Colonie Helvecia. — Tabac, arachide. **(PARC.)**

332. **WYL (von)**, à Santa-Fé. — Maïs. **(PARC.)**

333. **XARDEZ (E.)**, à Buenos-Ayres. — Laines. **(PARC.)**

334. **YARZA (L.)**, à Ferrari (Buenos-Ayres). — Laine. **(PARC.)**

335. **YTURRASPE**, à Guamini (Buenos-Ayres). — Laine. **(PARC.)**

336. **ZABALZA (M.)**, à Azul (Buenos-Ayres). — Laine. **(PARC.)**

337. **ZAMUDIO**, à Zapiola (Buenos-Ayres). — Laine. **(PARC.)**

338. **ZEBALLOS (Estanislao S.)**, à Buenos-Ayres. — Laines (collection).
(PARC.)

339. **ZOLEZZI (Nicolas)**, à Buenos-Ayres. — Tabac en poudre à priser. **(PARC.)**

340. **ZOPPI (J.)**, à Chivilcoy (Buenos-Ayres). — Chanvre. **(PARC.)**

341. **ZOTELO (Desiderio)**, à Tunuyan (Mendoza). — Crin. **(PARC.)**

AUTRICHE-HONGRIE.

1. **BRASCH (Robert)**, à Kolin (Bohême). — Amidon, dextrine, matières pour
apprêts. **(PALAIS.)**

2. **MARX & Cie**, à Saaz (Bohême). — Houblon de Bohême. **(PALAIS.)**

3. **SCHWARTZ (Benjamin) et Fils**, à Auscha (Bohême). — Houblon de
Bohême. **(PALAIS.)**

BELGIQUE.

1. **Association pour la défense des intérêts de l'industrie linière**,
Secrétaire : **H. Declercq**, à Courtrai. — Lin brut, roui, teillé et peigné, lin soie.
(PALAIS.)

2. **BLONDIAU (Victor)**, à Alost. — Houblon d'Alost. **(PALAIS.)**

3. **BODART (Émile)**, à Louvain, rue de l'Entrepôt, 35. — Huiles et graisses végétales, animales et minérales. **(PALAIS.)**

4. CAILLAU-POLLET & Fils, à Tournai. — Huiles diverses; graisses et tourteaux.   **(PALAIS.)**

5. CAPPELLEN-VERZYL (G.), à Louvain, place Marguerite, 4 et 5. — Cigares.   **(PALAIS.)**

6. COEVOET-RENOUARD (Alphonse), à Alost — Houblon d'Alost.   **(PALAIS.)**

7. Collectivité Linière de Courtrai, à Courtrai. — Produits divers. **(PALAIS.)**

8. DE CONNINCK de SMEDT & Fils, à Alost, rue du Sel. — Houblon d'Alost.   **(PALAIS.)**

9. DE CONNINCK de WINDT (Camille), à Alost. — Houblon d'Alost.   **(PALAIS.)**

10. DELBAERE-VANDENBUSSCHE (Charles), à Poperinghe. — Houblon.   **(PALAIS.)**

11. DEWITTE (Josse) & Cie, à Alost, rue du Progrès. — Houblon d'Alost.   **(PALAIS.)**

12. EEMAN-CALLEBAUT (C.), à Alost. — Houblon.   **(PALAIS.)**

13. GHEERAERDTS (Léon), (Syndicats des Fabricants d'huiles), à Alost. — Huiles et tourteaux.   **(PALAIS.)**

14. GILLAIN (P.), à Anvers, rue Veke, 9. — Tourteaux et farines pour l'alimentation du bétail.   **(PALAIS.)**

15. GILLES-LAMARCHE, à Liége. — Cigares.   **(PALAIS.)**

16. GREWEL (Charles), à Anvers, rue Conscience, 33. — Cigares. **(PALAIS.)**

17. HERREMANS (Désiré), à Ternath. — Houblons.   **(PALAIS.)**

18. HOEBEKE Frères, PAUWELS & Cie, à Grammont. — Échantillons de cigares.   **(PALAIS.)**

19. KISS (Henri), (Compagnie **le Globe**), à Bruxelles, rue Gaucheret, 30. — Cigares, cigarettes et tabacs à fumer.   **(PALAIS.)**

20. KUHSTOHS (Ernest), à Bruxelles, rue de l'Arbre-Bénit, 106. — Houblons   **(PALAIS.)**

21. LALLEMAND (Léonard), à Dison, rue Pisseroule, 54. — Huiles et graisses industrielles.   **(PALAIS.)**

22. LEBBE-BATEMAN, à Poperinghe. — Houblon.   **(PALAIS.)**

23. LECLUYSE & MACHIELS, à Anvers, rue des Beggards, 6. — Piassava et autres matières servant à la fabrication de la brosserie.   **(PALAIS.)**

24. LEFEBURE (Julien), à Bruxelles, rue du Méridien, 53. — Lins et chanvres traités industriellement, remplaçant les rouissages putrides.   **(PALAIS.)**

25. MAISTRIAUX & Fils (C.), à Fagnolles-lez-Mariembourg. — Bouchons et objets en liége.   **(PALAIS.)**

26. MARITS (D), à Bruxelles, rue Fonsny, 35. — Cigares.   **(PALAIS.)**

27. MICHIELS-VANDE VOORDE (Gustave), à Alost. — Houblon d'Alost.   **(PALAIS.)**

28. PAVOUX (Eugène) & Cie, à Bruxelles, rue Delaunoy. — Caoutchouc et gutta-percha bruts, de diverses provenances.   **(PALAIS.)**

29. PHILIPPE (Thomas), à Culdessarts. — Tabacs à fumer, à priser, à mâcher.   **(PALAIS.)**

30. PLAIDEAU Fils Ainé, à Menin, (Fl. occ.). — Tabacs à fumer, à priser et à mâcher.   **(PALAIS.)**

31. RAEYMAEKERS (G.) & Cie, à Schaerbeck-lez-Bruxelles. — Série des huiles lourdes minérales de 865 à 950 de densité. Graisses minérales. Vaselines, huiles végétales. **(PALAIS.)**

32. SADZAWKA (Joseph) & Cie, (Compagnie Russe), à Bruxelles, rue Linné, 62. — Cigarettes et tabacs turcs. **(PALAIS.)**

33. SANNES (E.), à Anvers, rue Jacobs, 38. — Cigares fins. **(PALAIS.)**

Cigares Havane, section belge. Marque de fabrique : « Labor improbus omnia vincit ». Spécialité pour l'exportation : Agents dans les principales villes d'Europe et d'outre-mer.
Récompenses : Anvers, 1885, Médaille d'argent.

34. SMETS-DEVOS, à Grammont. — Cigares. **(PALAIS.)**

35. Société anonyme « La Béverie, » à Dolhain. — Laines brutes et lavées. Laines brutes dérivées. **(PALAIS.)**

36. STORDEUR (J. de), à Tubize. — Huiles végétales, animales et minérales. Huiles comestibles. Huiles nouvelles pour la peinture. **(PALAIS.)**

37. THÉO-SALZEDO (A), à Bruxelles, chaussée d'Etterbeck, 70. — Cigares, cigarettes. **(PALAIS.)**

Maison fondée en 1857. Dix brevets d'invention.

38. TINCHANT (Louis), à Anvers, rempart des Béguines, 8. — Cigares. Tabacs en feuilles avant et après manipulation. Procédés de fabrication. **(PALAIS.)**

39. TINCHANT Frères, à Anvers, rue Breydel, 11. — Cigares et cigarettes. **(PALAIS.)**

40. Van den DRIESSCHE (Désiré), à Gand. — Cigares. **(PALAIS.)**

41. VANDEVIN (C. & H.) & Cie, à Anvers. — Cigares et tabacs à fumer. **(PALAIS.)**

Maison fondée en 1847.
Manufacture de tabacs, cigares. Spécialité de produits fins.
Établissement à Bréda (Hollande) pour la fabrication des tabacs à fumer pour l'exportation.
Médailles : Paris 1867, 1878 ; Bruxelles 1888 ; Anvers 1885.

42. VAN LANDUYT & DEMOOR, à Grammont. — Cigares. **(PALAIS.)**

43. VAN MOSSEVELDE (Charles), à Beirvelde. — Lin. **(PALAIS.)**

44. VAN OVERSTRAETEN-HYDE (Léon), Maison **F. Moyersoen,** à Alost, rue Neuve. — Houblons d'Alost. **(PALAIS.)**

45. VAN VARENBERG-DEWOLF, à Alost, rue de la Station. — Houblons d'Alost. **(PALAIS.)**

46. VERBURGH Frères, à Bruxelles, rue Jolly, 173. — Huiles, graisses animales, végétales et minérales. Huiles et graisses-résines. **(PALAIS.)**

Distillerie et raffinerie d'huiles minérales, animales, végétales et de résines. Spécialités : Huiles et graisses minérales concentrées , vaselines et huiles à vaseline ; graisses consistantes ; suifs industriels pour laminoirs ; graisses pour wagonnets et chariots ; bitumes et mastics.
Fabrique de papiers cirés et doublés, et toiles imperméables pour emballages, toitures, etc.
Spécialités : Papiers cérésinés et paraffinés pour emballage du beurre, etc. Papier humifuge pour murs humides ; papiers cirés doublés de mousseline et d'étamine ; toiles huilées, etc.

BRÉSIL.

(Voir son Catalogue spécial.)

COLONIE DU CAP.

1. Gouvernement du Cap de Bonne-Espérance, à Cape-Town. — Laines. **(PARC.)**

CHILI.

1. BENAVENTE (J. Vicente), à Linares. — Houblon.   (**PARC.**)

2. BESNARD (Julio), à Santiago. — Collection de laines.   (**PARC.**)

3. BETANCOURT (Francisco), à Valparaiso. — Cigares et cigarettes.   (**PARC.**)

4. BISCHOFFHAUSEN (G. Von), à Collipulli. — Cire.   (**PARC.**)

5. CARVAJAL & VERDUGO, à Los Andes. — Foins pressés.   (**PARC.**)

6. Commissariat de l'Exposition du Chili, à Santiago. — Graines de colza ; chanvre, radis sauvage, courge, giromon, melon, pastèque, piment du Chili, lin, ray-grass, oignon alojawobillo, betterave, oseille, carotte, trèfle violet, etc. Chanvres, lins et laines teillés. Cigarettes.   (**PARC.**)

7. Commission provinciale de Chiloé. — Graines de lin.   (**PARC.**)

8. Commission provinciale de Lebu. — Graines de lin.   (**PARC.**)

9. Commission provinciale de Tacna. — Graines de luzerne, cotons, soie.   (**PARC.**)

10. École pratique d'agriculture de Concepcion. — Sainfoin.   (**PARC.**)

11. GARCIA HERMOSIN (José), à Santiago. — Cire.   (**PARC.**)

12. GUEMES & SEPULVEDA, à O'Higgins. — Tabac.   (**PARC.**)

13. HOTT (Féderico), à Osorno. — Huiles de lin.   (**PARC.**)

14. INFANTE (Ricardo), à Santiago. — Graines de colza, luzerne, radis sauvage et lin. Huiles de lin. Tourteaux de lin.   (**PARC.**)

15. LAGOS CORTES (Mariano), à Valparaiso. — Cigarettes et tabac.   (**PARC.**)

16. LEPE (Froilan), à Los Andes. — Graines de chanvre, chanvre teillé. (**PARC.**)

17. MORENO (Benjamin), à Maipo. — Feulles spattre.   (**PARC.**)

18. OELKERS (Féderico), à Collipulli. — Graines de lin, de hulque laineuse. Lins en rames.   (**PARC.**)

19. PRIETO (Manuel A.), à O'Higgins. — Tabac.   (**PARC.**)

20. Quinta normal de agricultura, à Santiago. — Collection de laines.   (**PARC.**)

21. SANTA-CRUZ (Joaquin), à Capiapo. — Cotons, foins pressés.   (**PARC.**)

22. VALDES LECAROS (Ernesto), à Linares. — Tabac.   (**PARC.**)

23. VARGAS (Victor G.), à Santiago. — Gommes de chagual.   (**PARC.**)

24. VILLIAMSON BALFOUR Cia, à Valparaiso. — Huiles de lin, tourteaux de lin.   (**PARC.**)

RÉPUBLIQUE DOMINICAINE.

1. ABAD (J. R.). — Tabac préparé pour la pipe.   (**PARC.**)

2. ACEVEDO (Santiago), à Santo-Domingo. — Tabac préparé, cigares, cigarettes.   (**PARC.**)

3. **BOSCH (José G.)**, à Samana. — Laine végétale.   (PARC.)

4. **BURGOS (J. M.)**, à Santo-Domingo. — Cigarettes.   (PARC.)

5. **BUSTILLOS (M.)**, à Santo-Domingo. — Cigares et cigarettes.   (PARC.)

6. **Commission Provinciale de Azua.** — Cire d'abeilles, huiles, poils de chèvres.   (PARC.)

7. **Commission Provinciale de Santiago.** — Tabac râpé, cigares, cigarettes, huiles, cire d'abeilles.   (PARC.)

8. **Commission Provinciale de Santo-Domingo.** — Cire d'abeilles. Tabacs.   (PARC.)

9. **Commission Provinciale de Seïbo.** — Tabac, cigarettes, cire d'abeilles.   (PARC.)

10. **Commission Provinciale de la Véga.** — Tabac en feuille et en carotte.   (PARC.)

11. **JULIA (J. P.)**, à Samana. — Tabac cigarettes.   (PARC.)

12. **LARA HERMANOS**, à Moca. — Tabac.   (PARC.)

13. **MANON (Lorenzo)**, à Azua. — Tabac en poudre râpé.   (PARC.)

14. **MORILLO (Manuel)**, à Moca. — Tabac.   (PARC.)

15. **MORILLO (Melle Y.)**, à Moca. — Graine de sésame, graines tinctoriales, safran.   (PARC.)

16. **PIGUERO (José)**, à Santo-Domingo. — Cigares.   (PARC.)

17. **ROJAS (Elias P.)**, à Samana. — Huile.   (PARC.)

18. **TEJERA (Emiliano).** — Graine aromatique d'Algalie.   (PARC.)

19. **TOMASSET (Enrique)**, à Santo-Domingo. — Fibres de ramie.   (PARC.)

ÉGYPTE.

1. **GIANACLIS (Nestor)**, au Caire. — Cigarettes et tabac.   (PALAIS.)

2. **VITERBO & Cie**, à Alexandrie. — Tabacs d'Égypte, d'Épire, de Maudaine et de Syrie manufacturés en Égypte.   (PALAIS.)

ÉQUATEUR.

1. **Commission coopérative d'Ambato**, à Ambato. — Coton, laine, mérinos, laine de lama, cochenille, cire végétale.   (PARC.)

2. **Commission coopérative d'Esmeraldas**, à Esmeraldas. — Cire noire, tabac en feuilles, tabac fabriqué.   (PARC.)

3. **Commission coopérative**, à Quito. — Laine. Salsepareille. Indigo. Casse. Laine végétale. Tabac. Coton. Noix de coroso. Cire. Ipecacuahna. Cire végétale. Feuilles de frailejon. Résine du napo.   (PARC.)

4. **DESTRUGE (Alcide)**, à Guayaquil. — Coton de Daule.   (PARC.)

5. **ESTRADA (Flavio)**, à Quito. — Plantes, écorces, graines et résines médicinales.   (PARC.)

6. **GONZALEZ ORBÉGOSO (Carlos A.)**, à Lima. — Coca de Choquisongo (Pérou).   (PARC.)

7. LOPEZ Frères, à Guayaquil et à Jipijapa. — Paille à chapeaux, laine végétale, orseille, salsepareille. **(PARC.)**

8. MADRID (Carlos F.), à Quito. — Laine de lama, encens, soufre, salsepareille, coca. **(PARC.)**

9. NEYRE Frères, à Guayaquil. — Paille à chapeaux, tabac en feuille, tabac fabriqué, chanvre. **(PARC.)**

10. REYRE Frères & Cie, à Guayaquil et à Paris, rue de Châteaudun, 34. — Tagua (noix de corozo), coton, laine, paille à chapeaux. **(PARC.)**

11. SÉMINARIO Frères, à Guayaquil. — Tagua (ivoire végétal), quinquina, salsepareille, caoutchouc, coton. **(PARC.)**

ESPAGNE.

1. Africana (La), à la Havane (Cuba). — Tabacs. **(PALAIS.)**

2. ALVAREZ (Genaro), à La Havane (Cuba). — Tabacs. **(PALAIS.)**

3. ALVAREZ (Inocencio), à La Havane (Cuba). — Tabacs. **(PALAIS.)**

4. ALVAREZ & GONZALEZ Y BOCH & Cie, à la Havane (Cuba). — Tabacs. **(PALAIS.)**

5. ALVAREZ (José) & MARTINEZ, à La Havane (Cuba). — Tabacs. **(PALAIS.)**

6. BELINDA, à La Havane (Cuba). — Tabacs. **(PALAIS.)**

7. CABANAS, à La Havane (Cuba). — Tabacs. **(PALAIS.)**

8. CHAO (Juan), à La Havane (Cuba). — Tabacs. **(PALAIS.)**

9. CLAY (H.), à La Havane (Cuba). — Tabacs. **(PALAIS.)**

10. COMERCIAL, à La Havane (Cuba). — Tabacs. **(PALAIS.)**

11. Compania La Corona, à La Havane (Cuba). — Tabacs **(PALAIS.)**

12. Compania Legitimidad, à La Havane (Cuba). — Tabacs. **(PALAIS.)**

13. Compania Partagas, à La Havane (Cuba). — Tabacs. **(PALAIS.)**

14. Compagnie des Tabacs, à La Havane (Cuba). — Tabacs. **(PALAIS.)**

15. CUETO (Juan), à La Havane (Cuba). — Tabacs. **(PALAIS.)**

16. DIAZ (C.) & Cie, à La Havane (Cuba). — Tabacs. **(PALAIS.)**

17. DIEZ (Tomas), à La Havane (Cuba). — Tabacs. **(PALAIS.)**

18. Espanola (La), à La Havane (Cuba). — Tabacs. **(PALAIS.)**

19. FERNANDEZ GARCIA (A.), à La Havane (Cuba). — Tabacs. **(PALAIS.)**

20. FRANCO (Manuel), à Manille (Philippines). — Tabacs. **(PALAIS.)**

21. GUIBOUT (Maria), à Barcelone. — Divers produits. **(PALAIS.)**

22. JURADO (Josefa), à Manille (Philippines). — Tabacs. **(PALAIS.)**

23. LOPEZ (Manuel) & Cie, à La Havane (Cuba). — Tabacs. **(PALAIS.)**

24. MARQUES (Rafael J.), à La Havane (Cuba). — Tabacs. **(PALAIS.)**

25. MORA (Capote) & Cie, à La Havane (Cuba). — Tabacs. **(PALAIS.)**

26. MORALES (José) & Cie, à La Havane (Cuba). — Tabacs. **(PALAIS.)**

27. MORIS (Léon), à La Havane (Cuba). — Tabacs. **(PALAIS.)**

28. MURIAS (Pedro), à La Havane (Cuba). — Tabacs.   (PALAIS.)

29. MURIAS (J. S.) & Cie, à La Havane (Cuba). — Tabacs.   (PALAIS.)

30. PEREZ & Frère, à La Havane (Cuba). — Tabacs.   (PALAIS.)

31. POSADA (J. A.), à La Havane (Cuba). — Tabacs.   (PALAIS.)

32. RAMIREZ (J. F.), à Manille (Philippines) et à Paris, rue de Maubeuge, 47. —
Tabacs.   (PALAIS.)

33. ROGER PEDRO (Vve de), à La Havane (Cuba). — Tabacs.   (PALAIS.)

34. ROSA DE SANTIAGO, à La Havane (Cuba). — Tabacs.   (PALAIS.)

35. SALVADO & SALA, à Aryns-de-Mar (Barcelone). — Bougies et cires.
                                                                         (PALAIS.)

36. SAN JAUME Y RIERA (Rafael), à Madrid. — Plantes médicinales,
fruits et semences.   (PALAIS.)

37. SUAREZ (Bances), à La Havane (Cuba). — Tabacs.   (PALAIS.)

38. TRAMULLAS (Antonio), à Barcelone. — Calebasses décorées.   (PALAIS.)

39. VALES (José) & Cie, à la Havane (Cuba). — Tabacs.   (PALAIS.)

40. VALLE (Manuel), à La Havane (Cuba). — Tabacs.   (PALAIS.)

41. VATLE (Alejandro), à La Havane (Cuba). — Tabacs.   (PALAIS.)

42. VENCEDORA, à La Havane (Cuba). — Tabacs.   (PALAIS.)

ÉTATS-UNIS.

1. ADAMS & Sons, à Brooklyn, N. Y., 156, Sands street. — Gomme « Adams
tutti Fruti ».   PALAIS.)

2. ALLEN & GINTER (Incorporated), à Richmont, Va. — Cigarettes, tabacs
à fumer, coupés et granulés.   (PALAIS.)

3. ARMISTEAD (L. L.), à Lynchburg, Va. — Tabacs à fumer. Marques « Occident » et « Highlander ».   (PALAIS.)

4. BAILEY (S. M.), à Amherst, Va. — Tabac pour mettre en boucaut.   (PALAIS.)

5. BOWMAN (N. R.), à Lynchburg, Va. — Tabacs de Virginie en feuilles.
                                                                         (PALAIS.)

6. BOYEE (S. G.), à New-York, N. Y., 280, Broadway. — Chanvre et lin montrant
leurs fibres nettoyées sans rouissage, d'après le procédé Boyee.   (PALAIS.)

7. CLARK (Washington A.), à James-Island, South Carolina. — Balle de
coton « Sea Island » supérieur.   (PALAIS.)

8. CRAWFORD (E. M.) & Son & HALL (Thos. H.), à New-York, N. Y.
— Tabacs de New-York, du Wisconsin, de Pennsylvanie et de l'Ohio en feuilles.
                                                                         (PALAIS.)

9. EDMOND (H. A.) Son, à South-Boston, Va. — Tabacs en feuilles pour
manufacture.   (PALAIS.)

10. FERRILL (P. W.), à Danville, Va. — Tabacs de Virginie en feuilles.
                                                                         (PALAIS.)

11. Florida Tobacco Producing Co., Floride. — Tabacs de la Floride, en
feuilles.   (PALAIS.)

12. FREMEREY (Felix), à Yorktown, Texas. — Jute et ramie cultivés aux
États-Unis.   (PALAIS.)

13. GRIFFIN (S. M.) & Co., à Richmond, Va. — Tabacs de la Virginie en feuilles. **(PALAIS.)**

14. HAAS (L. S.), à Hartford, Conn. — Tabacs du Connecticut en feuilles. **(PALAIS.)**

15. HARTHILL (Alex.), à Louisville, Ky. — Tabacs de Green-River et de Burley, en feuilles. **(PALAIS.)**

16. HINSON (Wm. G.), à James-Island, South Carolina. — Balle de coton « Sea Island » supérieur. **(PALAIS.)**

17. KELLOGG & MAC DOUGALL, à Buffalo, N. Y. — Balais, tourteaux de lin. **(PALAIS.)**

18. KIMBALE (Wm. S.) & Co., à Rochester, N. Y. — Cigarettes et tabacs à fumer. **(PALAIS.)**

19. LEITNER (H. D.), à Richmond, Virginia. — Yucca ; fibres et feuilles sèches. **(PALAIS.)**

20. LOUGHRIDGE (R. W.), à Columbia, South Carolina. — Série de spécimens de coton. **(PALAIS.)**

21. MAC DONALD (Alex.), à Lynchburg, Va. — Tabacs en feuilles et fabriqués. **(PALAIS.)**

22. Maryland Leaf Tobacco Association. — Tabac de Maryland en feuilles. **(PALAIS.)**

23. Ministère de l'agriculture, à Washington, D. C. — Divers échantillons de fibres indigènes des Etats-Unis ; mallon, yucca apognum et autres fibres et matières fibreuses. Coton brut ; collection montrant les principales variétés de cotons cultivées dans les Etats-Unis. **(PALAIS.)**

24. MOHR (Charles), à Mobile, Alabama. — Spécimens de gemmage. **(PALAIS.)**

25. NEAL (T. D.), à Richmond, Va. — Tabacs de la Virginie en feuilles. **(PALAIS.)**

26. New Orleans Colton Exchange, à New-Orleans, La. — Échantillons de coton indiquant les différents degrés autorisés par l'inspection officielle et reconnus par le commerce. **(PALAIS.)**

27. NOBLIN & HUDSON, à South-Boston, Va. — Tabacs de la Virginie en feuilles. **(PALAIS.)**

28. RISQUE (J.), à Campbell, Va. — Tabac en feuilles pour mettre en boucaut. **(PALAIS.)**

29. ROBERTS (R. R.), à Washington, D. C. — Chanvre et lin montrant leurs fibres nettoyées d'après le procédé Roberts. **(PALAIS.)**

30. SCOTT (A. W.), à Bedford, Va. — Tabacs en feuilles pour mettre en boucaut. **(PALAIS.)**

31. SHELBURN (Silas), à Richmond, Va. — Tabacs de la Virginie en feuilles. **(PALAIS.)**

32. Sioux-City Linseed Oil Works, à Sioux-City, Jowa. — Spécimens d'huile de graines de lin, tourteaux d'huile de lin. **(PALAIS.)**

33. SMITH (J. P.), à Heron-Lake, Minn. — Balle d'étoupe ou filasse. **(PALAIS.)**

34. STRAITON & STOWN, à New-York, N. Y., 206, East 27th. street. — Cigares, tabac. **(PALAIS.)**

35. STUBLES (Prof. W. C.), à Bâton-Rouge, Louisiana. — Séries de petites parties de coton brut. **(PALAIS.)**

36. THORUTON, NOBLE & DAVIS, à Richmond, Va. — Tabacs en feuilles pour mettre en boucaut. **(PALAIS.)**

37. Tucker & Carter Cordage Co., à New-York, N. Y. — Chanvre du Kentucky et cordages fabriqués avec ce produit.   (**PALAIS.**)

38. VALLAURI (V.), à New-York, N. Y., 1157, Broadway. — Cigarettes.   (**PALAIS.**)

39. VASEY (George), au Ministère de l'agriculture, à Washington, D. C. — Spécimens de plantes fourragères et de graminées américaines.   (**PALAIS.**)

40. VAUGHAN & SARVAY, à Richmond, Va. — Tabacs en feuilles et pour mettre en boucaut.   (**PALAIS.**)

41. WILSON (J. J.), Son & Co. à Richmond, Va. — Tabacs de la Virginie en feuilles.   (**PALAIS.**)

42. WINFREE, ADAMS & LOYD, à Lynchburg, Va. — Tabac manufacturé. Marques « Arkansas Traveller », « Mississipi Sawyer » et « Adams Fancy ».   (**PALAIS.**)

43. WINSTON (Frank), à Tennessee. — Tabacs du Tennessee en feuilles.   (**PALAIS.**)

GRANDE-BRETAGNE.

1. CHAMBERLIN & SMITH, à Norwich. — Nourriture et préparations pharmaceutiques pour les animaux.   (**PALAIS.**)

2. CLARKE (W. G.) & Sons, à Londres, Anchor Patent Biscuit works, Lime House. — Tablettes alimentaires pour chiens, nourriture pour gibier et volaille.   (**PALAIS.**)

3. GILBERTSON & PAGE, à Hertford. — Aliments et toniques pour gibier et volaille.   (**PALAIS.**)

4. HYDE & Co, à Londres, Poulet road, Camberwell. — Préparations médicales et autres pour oiseaux.   (**PALAIS.**)

5. MITCHELL (Stephen) & Son, à Édimbourg, Saint-Andrew square, 36. — Tabacs écossais de toutes espèces.   (**PALAIS.**)

6. SPILLER & Co., à Londres, Oxford street, 494, et à Paris, boulevard des Italiens, 5. — Cigares, cigarettes et tabacs.   (**PALAIS.**)

GRÈCE.

1. AGATHOCLÈS (C. P.) & Cie, à Carditza (Triccala). — Tabacs. Laine brute.   (**PALAIS.**)

2. ALIFERAKIS (Venizelos), à Sparte (Laconie). — Laine brute.   (**PALAIS.**)

3. ANDROS (Commune d'). — Cires.   (**PALAIS.**)

4. ANITSIS (Athanase), à Étolico (Étolie et Acarnanie). — Tabacs.   (**PALAIS.**)

5. ARGOS (Commune d'), Argolide et Corinthie. — Coton blanc.   (**PALAIS.**)

6. ARGYROPOULO (Achille), à Almyros (Larisse). — Tabacs.   (**PALAIS.**)

7. ARGYROPOULO (Vasile), à Paros (Cyclades). — Laine brute.   (**PALAIS.**)

8. BELTAS (M.), à Missolonghi (Étolie et Acarnanie). — Tabacs.   (**PALAIS.**)

9. CALACONAS (Antoine), à Naxos (Cyclades). — Coton blanc et jaunâtre.   (**PALAIS.**)

10. CALITSIS (P. G.), au Pirée (Attique et Béotie). — Cocons de vers à soie.   (**PALAIS.**)

11. CASTHANEA (Commune de), à Larisse. — Laine brute.   (**PALAIS.**)

12. **CARYSTINAKIS (Epaminondas)**, à Andros (Cyclades). — Cocons de vers à soie. (PALAIS.)

13. **COMNINO (Marie)**, à Mégalopoli (Arcadie). — Cocons de vers à soie. (PALAIS.)

14. **CONTOS (D.)**, à Carvassaras (Étolie et Acarnanie). — Tabacs. (PALAIS.)

15. **Couvent de Talante**, à Nauplie (Argolide et Corinthie). — Cires. (PALAIS.)

16. **CYRIACOPOULO (Cyriaco)**, à Sparte (Laconie). — Cocons de vers à soie. (PALAIS.)

17. **CYROZI (Alexandre)**, à Pharsala (Larisse). — Tabacs. (PALAIS.)

18. **DECOULIS (Jean)**, à Oetilo (Laconie). — Cires. (PALAIS.)

19. **EFTHIMIATOS (Jean L.)**, à Argostoli (Céphalonie). — Cires. (PALAIS.)

20. **GAVRIO (Commune de)**, à Andros (Cyclades). — Cire. (PALAIS.)

21. **GHICAS (N.)**, à Tricala. — Coton blanc. Cocons de vers à soie. (PALAIS.)

22. **GRYLLOS (F. J.)**, à Naxos (Cyclades). — Coton blanc. (PALAIS.)

23. **HYPATA (Commune d')**, en Phtiotide et Phocide. — Tabacs. (PALAIS.)

24. **JEANOPOULOS (Adam)**, à Mégalopoli (Arcadie). — Laine brute. (PALAIS.)

25. **JOANNIDÉS (Lazare)**, à Agrinion (Étolie et Acarnanie). — Tabacs. (PALAIS.)

26. **LADOPOULO (Panajiotis A.)**, à Anavryta (Laconie). — Cires. (PALAIS.)

27. **MACRINIA (Commune de)**, à Missolonghi (Étolie et Acarnanie). — Tabacs. (PALAIS.)

28. **MALIOPOULO (D.)**, à Carditsa (Triccala). — Tabacs. (PALAIS.)

29. **MANIATIS (Anastos)**, à Mégalopoli (Arcadie). — Laine brute. (PALAIS.)

30. **MANOUSSOS (George)**, à Levadia (Attique et Béotie). — Coton blanc. (PALAIS.)

31. **MATSAS (Jean)**, à Paros (Cyclades). — Coton blanc. (PALAIS.)

32. **MAVRICOS J. MAVRICOS**, à Seyros (Eubée). — Laine brute. (PALAIS.)

33. **MAZARACKIS (Anastase)**, à Argostoli (Céphalonie). — Cires. (PALAIS.)

34. **MÉGARE (Commune de)**, Attique et Béotie. — Cires. (PALAIS.)

35. **MELAS (Anastase J.)**, à Nauplie (Argolide et Corinthie). — Cires. (PALAIS.)

36. **MINOA (Commune de)**, à Nauplie (Argolide et Corinthie). — Cires. (PALAIS.)

37. **NAUPLIE (Commune de)**, Argolide et Corinthie. — Laine brute. (PALAIS.)

38. **OENIADE (Commune d')**, à Vonitsa (Étolie et Acarnanie). — Cires. Laine brute. (PALAIS.)

39. **ORCHOMENOS (Commune d')**, à Mantinie (Arcadie). — Cires. (PALAIS.)

40. **PALATAS (V.)**, à Triccala. — Tabacs. (PALAIS.)

41. **PAPACONSTANTINO (Scarlato)**, à Volo (Larisse). — Tabacs. (PALAIS.)

42. **PAPATHANASSIOU (Constantin)**, à Pharsala (Larisse). — Tabacs. (PALAIS.)

43. **PAPPAPHOTOU (Drossos)**, au Pirée (Attique). — Cires.   (PALAIS.)
44. **PASCHALIDÈS Frères**, à Volo (Larisse). — Cocons de vers à soie.
                                                                   (PALAIS.)
45. **PATAGOS (Thomas)**, à Missolonghi (Étolie et Acarnanie). — Tabacs.
                                                                   (PALAIS.)
46. **PETALOUDI (Demetrius)**, à Étolie (Étolie et Acarnanie). — Tabacs.
                                                                   (PALAIS.)
47. **PETRITIS (C. J.)**, à Égine (Attique et Béotie). — Cires.   (PALAIS.)
48. **PHALARES (Commune de)**, à Stylis (Phtiotide et Phocide). — Tabacs.
                                                                   (PALAIS.)
49. **PHARCADONE (Commune de)**, à Triccala. — Cires.   (PALAIS.)
50. **PHILIS (Jean)**, à Nauplie (Argolide et Corinthie). — Tabacs.   (PALAIS.)
51. **PSOMAS (Ch. J.)**, à Leucas (Corfou). — Cires.   (PALAIS.)
52. **RAOUZAIOS (Geortis)**, à Syra (Cyclades). — Cires.   (PALAIS.)
53. **RIGOPULOS Frères (P.)**, à Sparte (Laconie). — Cocons de vers à soie.
                                                                   (PALAIS.)
54. **SIKINOS (Commune de)**, (Cyclades). — Cires.   (PALAIS.)
55. **STATHOPOULO (Christo)**, à Pharsala (Larisse). — Tabacs.   (PALAIS.)
56. **THEOCHARIS (A.)**, à Péta (Arta). — Tabacs.   (PALAIS.)
57. **THEOPHILOPOULO (J.)**, à Castania (Laconie). — Cocons de vers à
     soie.   (PALAIS.)
58. **TRIANTAPHYLLIDÈS (A.)**, à Athènes. — Cigarettes.   (PALAIS.)
59. **TSIANTOULIS (J. G.)**, à Naxos (Cyclades). — Laine brute.   (PALAIS.)
60. **VARDALACHAS (G.)**, à Myconos (Cyclades). — Laine brute.   (PALAIS.)
61. **VRETOS (Pierre C.)**, à Cea (Cyclades). — Laine brute   (PALAIS.)
62. **ZAPPAS (C.)**, à Triccala. — Coton blanc.   (PALAIS.)

GUATEMALA.

1. **AGUIRRE (Francisco)**, à Jalapa. — Cire vierge.   (PARC.)
2. **AGUIRRE (Guillermo)**, à Antigua. — Palma-Christi.   (PARC.)
3. **ARCOS (José)**, à Amatitlan. — Cire végétale (Arayan).   (PARC.)
4. **BARRAZA (Ignacio)**, à Guatemala. — Cigares et cigarettes de la fabrique :
     El Buen Tono.   (PARC.)
5. **GALINDO (Grejorio)**, à Isabal. — Résine du sapin, sang de drajon.   (PARC.)
6. **GOMEZ (Mariano)**, à Antigua. — Échantillons de cire dans tous ses états.
                                                                   (PARC.)
7. **GUZMAN (Tranquilino)**, à Baja-Verapaz. — Cire vierge.   (PARC.)
8. **FROILAN QUEVEDO**, à Santa-Rosa. — Indigo.   (PARC.)
9. **ITURRIOS (Juan)**, à Guatemala. — Gommes.   (PARC.)
10. **MONTAÑA DE CUILCO**, à Huehuetenango. — Coton.   (PARC.)
11. **Municipalité de Chiquimulilla**, Département de Santa-Rosa. — Huile.
                                                                   (PARC.)
12. **Municipalité de Cuyotenango**, Département de Suchitepequez. — Huile,
     cire, tabac, cigares, cigarettes.   (PARC.)

13. Municipalité de Jocotan, Département de Chiquimula. — Tabac.   (PARC.)

14. Municipalité de La-Gomera, Département d'Escuintla. — Huile.   (PARC.)

15. Municipalité de San-Antonio-La-Paz, Département de Guatemala. — Tabac.   (PARC.)

16. Municipalité de San-Juan-Bautista, Département de Solola. — Coton.   (PARC.)

17. Municipalité de Santa - Lucia - Cotzumalguapa , Département d'Escuintla. — Cigares et cigarettes.   (PARC.)

18. Municipalité de Santa-Ynés-de-Petapa, Département d'Amatitlan. — Cire.   (PARC.)

19. MURGA (Ramon), à Amatitlan. — Palma-Christi.   (PARC.)

20. MUÑOZ (Francisco), à Guatemala. — Cotons.   (PARC.)

21. NOILA (Jesus), à Amatitlan. — Cigarettes en feuilles de maïs.   (PARC.)

22. PALACIOS (Bartolomé), à Huehuetenango. — Résine.   (PARC.)

23. PAZ (Rafael), à Retalhulem. — Ramie, Farine de bananier.   (PARC.)

24. PERES (Antonio), à Guatemala. — Cigares et cigarettes.   (PARC.)

25. Préfet d'Alta-Verapaz, à Coban. — Coton, caoutchouc.   (PARC.)

26. Préfet d'Amatitlan, à Amatitlan. — Collection de fibres textiles.   (PARC.)

27. Préfet de Jalapa, à Jalapa. — Tabac.   (PARC.)

28. Préfet de Jutiapa, à Jutiapa. — Tabac.   (PARC.)

29. Préfet de Quezaltenango, à Quezaltenango. — Coton.   (PARC.)

30. Préfet de Quiché, à Quiché. — Tabac.   (PARC.)

31. Préfet de Sacatepequez, à Antigua. — Coton.   (PARC.)

32. Préfet de Suchitepequez, à Mazatenango. — Cotons, huile.   (PARC.)

33. PRINZ & MUGDAN, à Guatemala. — Tabacs, cigares, cigarettes.   (PARC.)

34. RAMOS (Secundino), à Baja-Verapaz. — Cire jaune.   (PARC.)

35. RODRIGUES Y Hermano, à Aceituno. — Tabac en branches.   (PARC.)

36. STEINBERG et Cie, à Guatemala. — Tabac, cigares et cigarettes.   (PARC.)

37. VAZQUEZ (Geronimo), à Sacatepequez. — Coton de liège.   (PARC.)

38. VILLATORO (Francisco), à Huehuetenango. — Palma-Christi.   (PARC.)

39. VIÑA (Manuel), à Guatemala. — Ramie.   (PARC.)

HAITI.

1. LEFEBVRE (Désiré), à Port-au-Prince. — Bois et graines.   (PARC.)

2. SIMMONDS Fréres, à Port-au-Prince. — Coton, jute.   (PARC.)

HAWAI.

1. Gouvernement hawaïen, à Hawaï. — Échantillons de tabacs, fibres végétales, ramies.   (PARC.)

ITALIE.

1. **Cereria Reali,** à Venise. — Cire.   (PALAIS.)
2. **PIAZZRSI (Attillio),** à Florence, via Rivoli, 49. — Racine et poudre de glaïeul.
(PALAIS.)

JAPON.

1. **AMEMIYA (Banzayemon),** Yamanashi-Ken, Higashi-Yamanashi-Kori. —
Cocons.   (PALAIS.)
2. **AMEMIYA (Kanyemon),** Yamanashi-Ken, Higashi-Yamanashi-Kori. —
Cocons.   (PALAIS.)
3. **AMEMIYA (Sakuho),** Yamanashi-Ken, Higashi Yamanashi-Kori. — Cocons
divers.   (PALAIS.)
4. **FUJIWUCHI (Binshin),** Yamanashi-Ken, Kita-Koma-Kori. — Cocons
divers.   (PALAIS.)
5. **HACHIDA (Tatsuya),** Yamanashi-Ken, Higashi-Yatsushiro-Kori. — Cocons
divers.   (PALAIS.)
6. **HAYASHI (Kakuzan),** Yamanashi-Ken, Higashi-Yamanashi-Kori. —
Cocons.   (PALAIS.)
7. **HIROKAWA (Tô an),** Yamanashi-Ken, Higashi-Yamanashi-Kori. — Cocons.
(PALAIS.)
8. **HIROSE (Sohachi),** Ibaraki-Ken, Higashi-Ibaraki-Kori. — Tabacs hachés,
tabacs en feuilles.   (PALAIS.)
9. **HONDA (Zenho),** Kumamoto-Ken, Aso-Kori. — Divers tabacs en feuilles.
(PALAIS.)
10. **HORIWUCHI (Jinnojo),** Yamanashi-Ken, Higashi-Yamanashi-Kori. —
Cocons divers.   (PALAIS.)
11. **IKEDA (Hamakichi),** Yamanashi-Ken, Higashi-Yamanashi-Kori. —
Cocons divers.   (PALAIS.)
12. **IKEDA (Zinzayemon),** Yamanashi-Ken, Higashi-Yamanashi-Kori. — Cocons
divers.   (PALAIS.)
13. **IWAKAME (Hanzo),** Iwate-Ken, Hiyenuki-Kori. — Tabacs en feuilles.
(PALAIS.)
14. **KAMISAWA (Giyemon),** Yamanashi-Ken, Higashi-Yamanashi-Kori. —
Cocons divers.   (PALAIS.)
15. **KAMIYA (Kiheiji),** Yamanashi-Ken, Nishi-Yamanashi-Kori. — Cocons
divers.   (PALAIS.)
16. **KANAMARU (Denshiro),** Yamanashi-Ken, Higashi-Yamanashi-Kori. —
Cocons divers.   (PALAIS.)
17. **KANAOKA (Koken),** Yamanashi-Ken, Higashi-Yamanashi-Kori. —
Cocons.   (PALAIS.)
18. **KANEKO (Shiunsuke),** Yamanashi-Ken, Higashi-Yatsushiro-Kori. —
Cocons.   (PALAIS.)
19. **KANEKO (Tohei),** Yamanashi-Ken, Higashi-Yatsushiro-Kori. — Cocons.
(PALAIS.)

20. KASHIWAGI (Matsu), Hiogo-Ken, Akashi-Kori. — Tabacs pour cigares.
(PALAIS.)

21. KATO (Riko), Aichi-Ken, Nagoya-Ku. — Cigares, dits mikado.   **(PALAIS.)**

22. KATO (Yoshimatsu), Kanagawa-Ken, Osumi-Kori. — Cocons divers.
(PALAIS.)

23. KAWAKUCHI (Tosaku), Yamanashi-Ken, Higashi-Yamanashi-Kori. —
Cocons.   **(PALAIS.)**

24. KAWANO (Yeïsaku), Yamanashi-Ken, Higashi-Yamanashi-Kori. —
Cocons divers.   **(PALAIS.)**

25. KIKUSHIMA (Kohei), Yamanashi-Ken, Higashi-Yamanashi-Kori. —
Cocons.   **(PALAIS.)**

26. KITAI (Kasuke), Yamanashi-Ken, Higashi-Yamanashi-Kori. — Cocons.
(PALAIS.)

27. KUBOTA (Kihei), Yamanashi-Ken, Higashi-Yamanashi-Kori — Cocons.
(PALAIS.)

28. KUBOTA (Tahei), Yamanashi-Ken, Higashi-Yamanashi-Kori. — Cocons
divers.   **(PALAIS.)**

29. KUNO (Hisashi), Gunma-Ken, Higashigumma-Kori. — Cocons divers.
(PALAIS.)

30. KURABAYACHI (Sajiro), Gunma-Ken, Sai-Kori. — Cocons. **(PALAIS.)**

31. MACHIDA (Kanjiuro), Gunma-Ken, Sai-Kori. — Cocons.   **(PALAIS.)**

32. MACHIDA (Kikujiro), Gunma-Ken, Midono-Kori. — Cocons.   **(PALAIS.)**

33. MACHIDA (Sajiuro), Gunma-Ken, Sai-Kori. — Cocons.   **(PALAIS.)**

34. MARUMIDZU SHOKAI, Ibaraki-Ken, Higashi-Ibaraki-Kori. — Tabacs
hachés, cigares, tabacs en feuilles.   **(PALAIS.)**

35. MATSUI (Soshin), Yamanashi-Ken, Higashi-Yamanashi-Kori. — Cocons.
(PALAIS.)

36. MATSUWURA (Kiuki), Kumamoto-Ken, Kumamoto-Ku. — Tabacs en
feuilles, cigarettes, cigares.   **(PALAIS.)**

37. MATSUO (Chorojio), Aomori-Ken, Sannohe-Kori.—Laques en jus. **(PALAIS.)**

38. MATSUSHITA (Masayemon), Gunma-Ken, Nishigunma-Kori. —
Cocons.   **(PALAIS.)**

39. MATSUWURA (Matabei), Tokio-fu, Asakusa-Ku. — Tabacs en feuilles.
Tabacs hachés, Cigarettes.   **(PALAIS.)**

40. Ministère de l'Agriculture et du Commerce, (Direction de l'Agriculture), à Tokio. — Huiles, filasses, écorces, herbariums ; colza, chanvre, ortie, mitsu-
mata, gampi, kozo, tabacs, mûriers, cocons, héthima.   **(PALAIS.)**

41. Ministère de l'Agriculture et du Commerce, (Direction de l'Industrie)
à Tokio. — Motchi (sorte de glu).   **(PALAIS.)**

42. MISAWA (Chotaro), Yamanashi-Ken, Higashi-Yamanashi-Kori. —Cocons.
(PALAIS.)

43. MISHINA (Jiuzayemon), Yamanashi-Ken, Higashi-Yamanashi-Kori. —
Cocons.   **(PALAIS.)**

44. MITSUI (Yakichi), Yamanashi-Ken, Kita-Koma-Kori. — Cocons divers
(PALAIS.)

45. MITSUKA (Masanobu), Yamanashi-Ken, Kita-Koma-Kori. — Cocons
divers.   **(PALAIS.)**

46. MIYAMOTO (Yekiko), Tottori-Ken, Aimi-Kori. — Coton brut, coton peigné.   (PALAIS.)

47. MIYASHITA (Shushi), Tokio-fu Kôjimachi-Ku. — Cigares, cigarettes, tabac haché.   (PALAIS.)

48. MIYAWAKI (Taisuke), Yamanaschi-Ken, Higashi-Yamanashi-Kori. — Cocons divers.   (PALAIS.)

49. MIYAZAKI (Hanpei), Gunma-Ken, Saï-Kori. — Cocons.   (PALAIS.)

50. MIYAZAKI (Hokichi), Gunma-Ken, Saï-Kori. — Cocons.   (PALAIS.)

51. MIYAZAKI (Hosaburo), Gunma-Ken, Saï-Kori. — Cocons.   (PALAIS.)

52. MIYAZAKI (Ishizo), Gunma-Ken, Saï-Kori. — Cocons.   (PALAIS.)

53. MIYAZAKI (Kantaro), Gunma-Ken, Saï-Kori. — Cocons divers. (PALAIS.)

54. MIYEDA (Kosaku), Yamanashi-Ken, Higashi-Yamanashi-Kori. — Cocons.   (PALAIS.)

55. MORIMOTO (Nobutomi), Kioto-fu, Tsudzuki-Kori. — Cocons. (PALAIS.)

56. MURATA (Kichiye), Tottori-Ken, Aimi-Kori. — Coton brut et coton peigné.   (PALAIS.)

57. NAGANUMA KAISHA, Gunma-Ken, Naha-Kori. — Cocons divers.   (PALAIS.)

58. NAGASAKA (Jozayemon), Yamanashi-Ken, Higashi-Yamanashi-Kori. — Cocons divers.   (PALAIS.)

59. NAITO (Morizo), Yamanashi-Ken, Higashi-Yamanashi-Kori. — Cocons.   (PALAIS.)

60. NAKASAWA (Tokubei), Yamanashi-Ken, Higashi-Yamanashi-Kori. — Cocons divers.   (PALAIS.)

61. NASU (Mohei), Yamanashi-Ken, Higashi-Yamanashi-Kori. — Cocons divers.   (PALAIS.)

62. NITTA (Matsutaro), Yamanashi-Ken, Higashi-Yamanashi-Kori. — Cocons.   (PALAIS.)

63. OBATA (Kanetaro), Yamanashi-Ken, Nishi-Yamanashi-Kori. — Cocons divers.   (PALAIS.)

64. ONO (Jiho), Yamanashi-Ken, Higashi-Yamanashi-Kori. — Cocons. (PALAIS.)

65. ONO (Motobei), Yamanashi-Ken, Higashi-Yamanashi-Kori. — Cocons divers.   (PALAIS.)

66. ONO (Sozayemon), Yamanashi-Ken, Higashi-Yamanashi-Kori. — Cocons.   (PALAIS.)

67. OSAWA (Toyemon), Yamanashi-Ken, Higashi-Yamanashi-Kori. — Cocons.   (PALAIS.)

68. OYAGITSU (Chiumin), Aichi-Ken, Atsumi-Kori. — Cocons divers. (PALAIS.)

69. OZAWA (Kuhei), Yamanashi-Ken, Higashi-Yamanashi-Kori. — Cocons.   (PALAIS.)

70. SAITO (Teiji), Gunma-Ken, Midono-Kori. — Cocons.   (PALAIS.)

71. SAKAMOTO (Sumizo), Yamanashi-Ken, Higashi-Yamanashi-Kori. — Cocons divers.   (PALAIS.)

72. SANO (Inosuke), Kanagawa-Ken, Aiko-Kori. — Cocons divers. (PALAIS.)

73. SANO (Yasutaro), Kanagawa-Ken, Aiko-Kori. — Cocons divers. (PALAIS.)

74. **SATO (Denhei)**, Fukushima-Ken, Kitaaidzu-Kori. — Cocons divers. (**PALAIS.**)

75. **SATO (Shosaku)**, Nagano-Ken, Kamiminochi-Kori. — Cocons divers.
(**PALAIS.**)

76. **SHI. ZUME (Hanzo)**, Yamanashi-Ken, Higashi – Yamanashi - Kori. —
Cocons. (**PALAIS.**)

77. **SHIMADA (Yaziyemon)**, Yamanashi-Ken, Higashi-Yamanashi-Kori. —
Cocons. (**PALAIS.**)

78. **SHIMIDZU (Hansen)**, Yamanashi-Ken, Kita-Koma-Kori. — Cocons.
(**PALAIS.**)

79. **SHIMIDZU (Ichiyemon)**, Yamanashi-Ken, Higashi-Yamanashi-Kori. —
Cocons divers. (**PALAIS.**)

80. **SHIMURA (Gonzayemon)**, Yamanashi-Ken, Higashi-Yamanashi-Kori. —
Cocons divers. (**PALAIS.**)

81. **SHIMURA (Seisei)**, Yamanashi-Ken, Higashi-Yamanashi-Kori. — Cocons
divers. (**PALAIS.**)

82. **SHINE (Genzo)**, Yamanashi-Ken, Higashi-Yamanashi-Kori. — Cocons.
(**PALAIS.**)

83. **SHINE (Keijiro)**, Yamanashi-Ken, Higashi-Yamanashi-Kori. — Cocons.
(**PALAIS.**)

84. **SHINE (Tajuiro)**, Yamanashi-Ken, Higashi-Yamanashi-Kori. — Cocons.
(**PALAIS.**)

85. **TAJIMA (Gunjiro)**, Gunma-Ken, Sai-Kori. — Cocons divers. (**PALAIS.**)

86. **TAJIMA (Heinai)**, Gunma-Ken, Sai-Kori. — Cocons divers. (**PALAIS.**)

87. **TAJIMA (Rikitaro)**, Gunma-Ken, Sai-Kori.— Cocons divers. (**PALAIS.**)

88. **TAJIMA (Tahei)**, Gunma-Ken, Sai-Kori. — Cocons. (**PALAIS.**)

89. **TAJIMA (Yahei)**, Gunma-Ken, Sai-Kori. — Cocons divers. (**PALAIS.**)

90. **TAJIMA (Yashiro)**, Gunma-Ken, Sai-Kori. — Cocons divers. (**PALAIS.**)

91. **TAJIMA (Zenpei)**, Gunma-Ken, Sai-Kori. — Cocons. (**PALAIS.**)

92. **TAKAHASHI (Motaro)** Gunma-Ken, Tako-Kori. — Cocons. (**PALAIS.**)

93. **TAKAYAMA (Bujiuro)**, Gunma-Ken, Midono-Kori. — Cocons. (**PALAIS.**)

94. **TAKUSAGAWA (Yeitaro)**, Yamanashi – Ken , Higaski Yatsushiro-
Kori. — Cocons divers. (**PALAIS.**)

95. **TANABE (Yuyei)**, Yamanashi-Ken, Higashi-Yamanashi-Kori. — Cocons
divers. (**PALAIS.**)

96. **TANAKA (Choyemon)**, Yamanashi-Ken, Higashi-Yamanashi-Kori. —
Cocons. (**PALAIS.**)

97. **TATEYAMA (Kurajiro)**, Fukushima-Ken, Date-Kori.— Cocons. (**PALAIS.**)

98. **TSUCHIBASHI (Keizo)**, Yamanashi-Ken, Higashi-Yamanashi-Kori. —
Cocons. (**PALAIS.**)

99. **TSUCHIBASHI (Tobei)**, Yamanashi-Ken, Higashi-Yamanashi-Kori. —
Cocons. (**PALAIS.**)

100. **TSUKAMOTO (Shinpei)**, Yamanashi-Ken, Nishi-Yamanashi-Kori. —
Cocons. (**PALAIS.**)

101. **TSUNODA Denyemon)**, Chiba-Ken, Sosa-Kori. — Tabacs, cocons.
(**PALAIS.**)

102. TSUNODA (Kohei), Chiba-Ken, Sosa-Kori. — Tabacs. **(PALAIS.)**

103. UCHIDA (Zenkichi), Yamanashi-Ken, Higashi-Yamanashi-Kori. — Cocons. **(PALAIS.)**

104. WATANABE (Buyemon), Yamanashi-Ken, Higashi-Yatsushiro-Kori. — Cocons divers. **(PALAIS.)**

105. WATANABE (Okuyemon), Yamanashi-Ken, Nishi-Yamanashi-Kori. —Cocons divers. **(PALAIS.)**

106. WATANABE (Rijiu), Yamanashi-Ken, Higashi-Yamanashi-Kori. — Cocons. **(PALAIS.)**

107. WATANABE (Yasuyemon), Yamanashi-Ken, Higashi-Yatsushiro-Kori. — Cocons divers.

108. YAJIMA (Tsuneshichi), Gunma-Ken, Nishigunma-Kori. — Cocons divers. **(PALAIS.)**

109. YAMAKISHI (Yahei), Yamanashi-Ken, Nishi-Yamanashi-Kori. — Cocons. **(PALAIS.)**

110. YOSANKAIRIO-TAKAYAMASHA DENSHIUJO, Gunma-Ken, Midono-Kori. — Cocons. **(PALAIS.)**

111. YOSHIOKA (Kohei), Yamanashi-Ken, Higashi-Yamanashi-Kori. — Cocons. **(PALAIS.)**

112. YOSHIOKA (Oji), Yamanashi-Ken, Higashi-Yamanashi-Kori. — Cocons divers. **(PALAIS.)**

GRAND-DUCHÉ DE LUXEMBOURG.

1. HEINTZ van LANDEWYCK (Joseph), à Luxembourg. — Cigares et cigarettes, tabacs à fumer. **(PALAIS.)**

2. WAHL (Pierre) et REINING, à Luxembourg. — Tabacs à fumer et cigarettes. **(PALAIS.)**

PARAGUAY.

1. BRUMBILLA & LOPEZ, à Assomption. — Cigares. **(PARC.)**

2. Gouvernement de la République du Paraguay, à Assomption. — Fruits et semences, résines, baumes pour différents usages, mani blanc et noir, coton brut, plantes textiles diverses, tabacs. **(PARC.)**

3. LUCAS & PAPALUCA, à Villa-Rica. — Cigares, marques « Impérial, Especial, Régalia britanica, Entreactos. » **(PARC.)**

4. LUCAS & PAPALUCAS (A.), à Assomption. — Cigares. **(PARC.)**

5. MONDIODOU (E.), à Assomption. — Coton du pays, dégraissé. Tabacs préparés à l'air atmosphérique sans fermentation. **(PARC.)**

6. MITJANTS (D. José), à Assomption. — Cigares. **(PARC.)**

7. PIRÈS (M. Antonio), à Assomption. — Cigares. **(PARC.)**

8. PIREZ (Antonio G.), à Villa-Rica. — Cigares, marques « Conchas, Entreactos Especial. » **(PARC.)**

9. SA (Luis), à Assomption. — Cigarettes, marque « Estrella », tabac coupé, marque « Hebra »; cigarettes. **(PARC.)**

PAYS-BAS.

1. **DONKER (A.),** à Gorinchem. — Chanvre.   (PALAIS.)

2. **DUYVIS (F.),** à Koog-sur-Zaan. — Huiles, gâteaux de lin, gâteaux de raves.
(PALAIS.)

3. **FROWEIN & Co,** à Arnhem. — Tabacs en feuilles.   (PALAIS.)

4. **HAJENIUS (P. G. C.),** à Amsterdam. — Cigares et tabac.   (PALAIS.)

5. **PÈTERS Frères,** à Amsterdam. — Kapok (plante des Indes) à l'état brut et
épuré pour le remplissage des matelas.   (PALAIS.)

6. **POEL (J. Van der),** à Zwyndrecht — Collection de chanvre ouvré.   (PALAIS.)

7. **PRINS (Jan),** à Wormerveer. — Graines oléagineuses, huiles, tourteaux.
(PALAIS.)

8. **Société d'Agriculture du Gueldre et de l'Overyssel,** Président :
M. C. J. Sickesz van de Cloese, à Lochem. — Tabacs néerlandais.   (PALAIS.)

9. **Société d'Industrie de Groningue,** Président : **M. S. Huizinga,** à
Middelstum. — Collection de chanvre.   (PALAIS.)

10. **WELT (P.) et de VRIÈS (J.),** à Warfum. — Chanvres taillés.   (PALAIS.)

11. **WESSANEN & LAAN,** à Wormerveer. — Huile et tourteaux.   (PALAIS.)

12. **ZWARTENDYH Frères,** à Rotterdam. — Tabacs fabriqués.   (PALAIS.)

PORTUGAL.

1. **AVELLAR & AVELLAR.** — Tabac.   (PALAIS.)

COLONIES PORTUGAISES.

1. **Association industrielle portugaise,** à Lisbonne. — Tabac en rouleau,
coton blanc, laine de moulin, huile de poisson, pignons d'Inde.   (PALAIS.)

2. **Banque coloniale portugaise,** à Lourenço Marques et à l'Ile de Saô-Thome.
— Cire d'abeilles, arachides, amandes de palmier, collection d'huiles.   (PALAIS.)

3. **CARVATHAL (F. de),** à l'Ile de Santiago (Cap-Vert). — Fibres de piteira,
tabac en rouleaux, en feuilles, à cigarettes, ricin.   (PALAIS.)

4. **CARVALHO (R. de),** à l'Ile de Santiago (Cap-Vert). — Tabac en rouleau.
(PALAIS.)

5. **Musée des Colonies,** à Lisbonne. — Tabacs, cires, résines, matières tannantes,
matières tinctoriales, huiles, plantes médicinales, graines oléagineuses des provinces
de Cap-Vert, Saint-Thomas, Prince, Angola, Mozambique, Guinée portugaise, Macao
Timor, et Inde portugaise.   (PALAIS.)

6. **NOGUEIRA (C. S.),** à l'Ile de Santiago (Cap-Vert). — Impincheira, plantes et
graines.   (PALAIS.)

7. **PINTO (M. R.),** à l'Ile de Saô-Thome. — Poudre de maconubrara.   (PALAIS.)

8. **ROCHA (J. F. P. da),** à l'Ile de Santiago. — Graine de ricin.   (PALAIS.)

9. **ROSA (F. P.),** à l'Ile de Santiago (Cap-Vert). — Pignons d'Inde, tabac en feuilles.
(PALAIS.)

10. **SERRA (J. C.),** à l'Ile de Santiago (Cap-Vert). — Huile de baleine. Huile
de pignon d'Inde pignon d'Inde.   (PALAIS.)

ROUMANIE.

1. **BREAZU (Ghita Grig)**, à Ciulnita (Muscel). — Graines de colza. **(PALAIS.)**

2. **FARJON (Mme Marie)**, à Bucharest, strada Foisoru, 8. — Huiles de colza et de lin. **(PALAIS.)**

3. **HALICZKI (Ludwig)**, à Bucharest, strada Calvina, 18. — Huile « Cristal » pour le graissage des montres. **(PALAIS.)**

4. **ISRAEL (Gh. Ivan)**, à Fruntiseni. — Graines de lin. **(PALAIS.)**

5. **ROTARIU (Preotu Gheorghe)**, à Grôjdeni (Berlad). — Cire jaune. **(PALAIS.)**

6. **TEODORAKI (D. H.)**, à Bucharest, rue Teilor, 17. — Blé, maïs, orge, avoine, millet, haricots, luzerne, colza, navette, lin, chanvre, etc. **(PALAIS.)**

7. **VARLAM** (Dr), à Vaslui. — Cire jaune. **(PALAIS.)**

RUSSIE.

1. **ASVADOUROFF Fils (M.)**, à Odessa. — Tabacs et cigarettes. **(PALAIS.)**

2. **BOGDANOFF (N.)**, à Moscou. — Extrait de tabac. **(PALAIS.)**

3. **CHERECHEVSKY (J.)**, à Grodno. — Tabac et cigarettes. **(PALAIS.)**

4. **ECHLIMANN (M.)**, à Rtiztcheff (Gouvernement de Saratov). — Graines de lin. **(PALAIS.)**

5. **ELAGINE (Anisime) & Fils**, à Bogorodsk (Gouvernement de Moscou). — Tissus de laines et mélangés. **(PALAIS.)**

6. **ENCO (P.)**, à Saint-Pétersbourg. — Fabrique de tabac et de cigares. **PALAIS.)**

7. **FALTZ-FREIN (E.)**, à Kakhovka (Gouvernement de Tauride). — Toisons de mérinos lavées à dos et non lavées. **(PALAIS.)**

8. **GAIEFSKY**, à Moscou. — Tubes pour cigarettes. **(PALAIS.)**

9. **GLADICHEFF (J.)**, à Kozloff (Gouvernement de Tamboff). — Tabacs et cigarettes. **(PALAIS.)**

10. **GLINKA (N.)**, à Szezawin (Gouvernement de Lomza). — Toisons et laines. **(PALAIS.)**

11. **GRIGORIEVA (A.), MEGLOUNOUVO (A) & Cie**, à Bakou. — Tabacs. **(PALAIS.)**

12. **GROBIVKER (N.)**, à Berdichev (Gouvernement de Kiew). — Tabacs et cigarettes. **(PALAIS.)**

13. **IVANOFF (S.)**, (Gouvernement de Smolensk). — Graines de lin. **(PALAIS.)**

14. **KISTOFF (S.)**, à Nakhitchevan-sur-Don. — Tabacs et cigarettes. **(PALAIS.)**

15. **KRIVSKY (P. A.)**, à Borki (District Servobsk-Saratov). — Toisons. **(PALAIS.)**

16. **MELKOOFF (Esekooff)**, à Nakhitchevan-sur-Don. — Laines blanches lavées. **(PALAIS.)**

17. **MIHAILOFF (A. M.)**, à Petrovsk (Gouvernement de Daghestan). — Tabacs et cigarettes de ses plantations de tabac au Kouban. **(PALAIS.)**

18. MIRSABEK-IANZ, à Bakou, — Tabacs et cigarettes. **(PALAIS.)**
Récompenses : Londres 1861 ; Anvers, médaille de bronze 1885 ; Toulouse, médaille de bronze 1887 ; Barcelone, médaille bronze 1888.

19. NAZEMOVA (Mme O.), (Gouvernement de Smolensk). — Lin. **(PALAIS.)**

20. PIRALOFF Frères, à Koutaïs. — Tabacs et cigarettes. **(PALAIS.)**

21. POLETYLLO (Comte A.) à Varsovie. — Laines brutes. **(PALAIS.)**

22. POPOFF (A. M.), à Odessa. — Tabacs et cigarettes. **(PALAIS.)**

23. RIMORENKO Fils (M. J.), à Romnai (Gouvernement de Poltava). —
Tabacs à fumer et à priser. **(PALAIS.)**

24. TCHOUMAKOFF (Michel), à Kostroma. — Tabac. **(PALAIS.)**

SAINT-MARIN.

1. FATTORI (Commandeur Domenico), à Saint-Marin. — Tabacs. **(PALAIS.)**

2. TONNONI (Pietro A.), à Saint-Marin. — Huiles épurées. **(PALAIS.)**

SALVADOR.

1. CAMPOS (Marcelo), à Santiago-Maria. — Tabac en rames. **(PARC.)**

2. CASTILLO (Mme Caudelaria), à San-Salvador. — Cigares. **(PARC.)**

3. Département de Chalatenango. — Écorce de mancite pour tannerie.
(PARC.)

4. Département de Cojutepeque. — Tabac en fleurs. **(PARC.)**

5. Département de Cuscatlan. — Fibres de maguey. **(PARC.)**

6. Département de La-Libertad. — Barbasco de tête, gomme copinol, baume
noir purifié. **(PARC.)**

7. Département de La-Union. — Gomme de nacascolo et de copinol. **(PARC.)**

8. Département de Morazan. — Cire végétale, jicote, gomme conacaste.
(PARC.)

9. Département de Santa-Ana. — Gomme copinol, gomme d'épine blanche,
gomme sari, graine de bois violet, tabac en feuilles. **(PARC.)**

10. Département de San-Miguel. — Graine de lin, graines de jicama, de
sapotillier grand, plantes médicinales indigènes. **(PARC.)**

11. Département de San-Salvador. — Fibres textiles diverses, bois de sang
de chien, sacatinta, camotille. **(PARC.)**

12. Département de San-Vicente. — Graine de cedrie. **(PARC.)**

13. Département de Sonsonate. — Feuilles de mashaste. **(PARC.)**

14. Département de Usulutan. — Coton ocre naturel, tabac, campêche de
Tecapan, campêche d'Iquilisco. **(PARC.)**

15. Département de Zacatecoluca. — Plantes médicinales indigènes, alcotan
de treille. **(PARC.)**

16. DIAZ (Mme Josefa B. de), à Cojutepeque. — Cigares et tabac en rames.
(PARC.)

17. DORANTES & OJEDA, à San-Salvador. — Fibres de maguey.   (**PARC.**)

18. GUZMAN (Dr **David J.**), à San-Salvador. — Soie de bombyx salvato-
riensis, gommes, fibres de ramie, etc.   (**PARC.**)

19. Jardin Botanique de San-Salvador. — Curcuma grosse.   (**PARC.**)

20. MARQUEZ (A.), à San-Salvador. — Cigarettes mécaniques.   (**PARC.**)

21. MEZA (Mme Rafaela A. de), à San-Salvador. — Cigarettes.   (**PARC.**)

22. PEÑA (Dr **Carlos**), à San-Salvador. — Tabac en rames.   (**PARC.**)

23. PUTZEYS (Federico), à Santa-Tecla. — Fibres de ramie sous divers état
d'élaboration.   (**PARC.**)

24. SERPAS (Mme Mathias A. de), à Santa-Ana. — Cigares communs.
    (**PARC.**)

25. VIDES (Mme Juana Z. de), à Santa-Ana — Cigarettes.   (**PARC.**)

26. VILLACORTA (Mme C. C. de), à San-Salvador. — Tabacs, cigares
communs.   (**PARC.**)

27. Village de Analco. — Plantes médicinales indigènes. Carcara de jicote.
    (**PARC.**)

28. Village de Apastepeque. — Plantes médicinales indigènes, crespillo,
guaco mince.   (**PARC.**)

29. Village de Armenia. — Plantes médicinales indigènes. Guaco long.
    (**PARC.**)

30. Village de Cacaopera. — Plantes médicinales indigènes, racine de friega-
platos.   (**PARC.**)

31. Village de Chilanga. — Feuilles de calagua pour cordages.   (**PARC.**)

32. Village de Chinameca. — Semence de tabac.   (**PARC.**)

33. Village de Gotera. — Fibres de mescalillo.   (**PARC.**)

34. Village de Guazapa. — Plantes médicinales indigènes, cumin sauvage,
racine d'épène blanche, guaco grand. Éponges végétales diverses.   (**PARC.**)

35. Village de Ilopango. — Tabac commun à fumer.   (**PARC.**)

36. Village de Istepeque. — Tabac commun long.   (**PARC.**)

37. Village de Iutipuca. — Plantes médicinales indigènes, écorce de bâton-
vache, racine de espinillo, quebracho blanc, racine de majaste.   (**PARC.**)

38. Village de Izalco. — Plantes médicinales indigènes. Herbe de sicuatro. (**PARC.**)

39. Village de La Palma. — Fibres de maguey, gommes et résines.   (**PARC.**)

40. Village de Mejicanos. — Plantes médicinales indigènes, écorce de saule,
buraja sauvage.   (**PARC.**)

41. Village de Muizucar. — Plantes médicinales indigènes, friega-platos vert.
    (**PARC.**)

42. Village de Nejapa. — Plantes médicinales indigènes, colpachi de saison,
copalchi tendre, racine de cordonnet.   (**PARC.**)

43. Village de Olocuilta. — Fibres d'ananas de Castille.   (**PARC.**)

44. Village de Osicala. — Pite flexible fine, pencas de pite flexible, petits ornements pour hamacs.   (**PARC.**)

45. Village de Paleca. — Plantes médicinales indigènes, racine de Saint-Joseph.
    (**PARC.**)

46. Village de Pasaquina. — Plantes médicinales indigènes, écorce de croton.
(PARC.)

47. Village de Quezaltepeque. — Coton blanc de pochote pour matelas.
(PARC.)

48. Village de San-Esteban. — Plantes médicinales indigènes, écorce de chêne blanc.
(PARC.)

49. Village de San-Isidro. — Fibres de maguey, plantes médicinales indigènes.
(PARC.)

50. Village de San-Luis. — Pite flexible fine pour hamaes.
(PARC.)

51. Village de San-Martin. — Rocou jaune et rouge.
(PARC.)

52. Village de San-Nonualco. — Plantes médicinales indigènes, carcara de sumpango, écorce de quinquina gris, graine de cédrille.
(PARC.)

53. Village de San-Rafael. — Plantes médicinales indigènes, contra herbe, copalchi gris.
(PARC.)

54. Village de Santa-Maria. — Chiam, graine de lin.
(PARC.)

55. Village de Santo-Tomás. — Plantes médicinales indigènes, sicaguite colorée, quinquina coloré mince.
(PARC.)

56. Village de Saragoza. — Plantes médicinales indigènes, écorce de campillo, racine capitaneja, tiges de hequen.
(PARC.)

57. Village de Sociedad. — Plantes médicinales indigènes, ronce mâle.
(PARC.)

58. Village de Talpa. — Plantes médicinales indigènes, racines de suquinai, racine de guapo rouge.
(PARC.)

59. Village de Tecapan. — Plantes médicinales indigènes, copalchi gros. (PARC.)

60. Village de Tecoluca. — Plantes médicinales indigènes, mechoacan fusiforme.
(PARC.)

61. Village de Tonacatepeque. — Écorce de nance.
(PARC.)

62. Village de Zacatecoluca. — Fibres de zacapapal, pite-fil.
(PARC.)

63. Village de Zaragoza. — Plantes médicinales indigènes, racine de tamagas, écorce de anono montez, pite-fil.
(PARC.)

64. Ville de Uzulutan. — Graine de zacatillo.
(PARC.)

65. ZALDIVAR (Francisco), à San-Salvador. — Tabac en rames.
(PARC.)

SERBIE.

1. ANTONITCH (Ivan), à Borina (dép⁺ de Podrigné). — Origan.
(PALAIS)

2. ARCHIMANDRITE (Le R. P. Cyrile), au couvent de Manasiya (dép⁺ de Tchouprya). — Cire.
(PALAIS.)

3. ATANAZKOVITCH (Milov), à Kroupagne (dép⁺ de Podrigné) — Graine de sétaire.
(PALAIS.)

4. BELIPAVLITCH (Mlle Stanka), à Paratchine. — Soie écrue. (PALAIS.)

5. BELITCH (Avram), à Lipolist (dép⁺ de Schabatz). — Cire. (PALAIS.)

6. BÉRITCH (Maksim), à Bogatich (dép⁺ de Schabatz). — Chanvre. (PALAIS.)

7. BOGDANOVITCH (Ivan), à Belotitch (dép⁺ de Podrigné). — Garance.
(PALAIS.)

8. **BOUKOGNE (Nedelyko)**, à Vrba (dép¹ de Tchatchak). — Cire.   **(PALAIS.)**

9. **BRZAKOVITCH (George)**, à Prokouplie. — Gentiane jaune.   **(PALAIS.)**

10. **COSTITCH (Radoyé)**, à Stoubail (dép¹ de Krouchevatz).—Garance. **(PALAIS.)**

11. **Couvent Saint-Roman (Le)**, à Alexinatz. — Miel.   **(PALAIS.)**

12. **DAMYANOVITCH (Pierre M.)**, à Semendria. — Cires, miels. **(PALAIS.)**

13. **DJIVANOVITCH (Mlle Milentiya)**, à Gorman, près Alexinatz.—Cocons de vers à soie et soie écrue.   **(PALAIS.)**

14. **DJOUKITCH (Thimotyé)**, à Plitcha (dép¹ de Krouchevatz). — Gentiane jaune.   **(PALAIS.)**

15. **DJOURITCH (Costa)**, à Zaovina (dép¹ d'Oujitze). — Gentiane jaune, petite centaurée, tormentible.   **(PALAIS.)**

16. **DOUNITCH (Stevan)**, à Mala Vrbitza (dép¹ de Belgrade). — Soie écrue.   **(PALAIS.)**

17. **DRACHKOTZI (Julien)**, à Svilavenatz. — Miel.   **(PALAIS.)**

18. **Établissement Agricole**, à Topchidez (dép¹ de Belgrade). — Tabacs.   **(PALAIS.)**

19. **Établissement d'Agriculture**, à Toptchidez (dép¹ de Belgrade). — Cire et miel.   **(PALAIS.)**

20. **GAYITCH (Voutchitch)**, à Topola. — Cire.   **(PALAIS.)**

21. **GEORGEVITCH (Jean)**, à Nisch.—Graine de céleri et de gombo. **(PALAIS.)**

22. **GEORGEVITCH (Trifoun)**, à Belgrade. — Cires, miels.   **(PALAIS.)**

23. **GEORGEVITCH (Mme Vasiliya)**, à Badgnevatz (dép¹ de Kragouyevatz). — Cocons de vers à soie.   **(PALAIS.)**

24. **ILITCH (Pierre)**, à Blatz (dép¹ de Toplitze). — Garance.   **(PALAIS.)**

25. **JIVKOVITCH (Pierre)**, à Grbitza (dép¹ de Kragouyevatz). — Aunée.   **(PALAIS.)**

26. **JIVKOVITCH (Mme Radoyka M.)**, à Kgnajevatz. — Lin.   **(PALAIS.)**

27. **KNEJEVITCH (Atanasse)**, à Tolisavatz (dép¹ de Podrigné). — Lin.   **(PALAIS.)**

28. **KOUTCHPARITCH (Savko)**, à Sourdouliya (dép¹ de Vranya). — Cocons de vers à soie, soies écrues.   **(PALAIS.)**

29. **KOYTCHINOVITCH (Costa)**, à D. Milanovatz (dép¹ de Krayne).—Aunée.   **(PALAIS.)**

30. **LAZOVITCH (Milan)**, à Zlataritch (dép¹ de Krouchevatz). — Chenevis. Chanvre.   **(PALAIS.)**

31. **LAZOVITCH (Pierre)**, à Louke (dép¹ de Tchatchak). — Garance. **(PALAIS.)**

32. **LAZOVITCH (Vasilyé)**, à Louke (dép¹ de Tchatchak). — Genêt tinctorial   **(PALAIS.)**

33. **LOUKITCH (Lyouba)**, à Kragouyevatz. — Cire et miel.   **(PALAIS.)**

34. **MANITCH (Randjel)**, à Pirot. — Orchide bouffon.   **(PALAIS.)**

35. **MARKOVITCH (Trayko)**, à Vl. Han (dép¹ de Vragna). — Bétoine tinctoriale.   **(PALAIS.)**

36. **MATITCH (Milan)**, à Alexandrovatz (dép¹ de Krouchevatz). — Cocons de vers à soie et soies écrues.   **(PALAIS.)**

37. MIHAYLOVITCH (Stevan), à Topolovnik (dép' de Pojarevatz). — Chanvres. **(PALAIS.)**

38. MILITCH (Gaya), à Sokolova (dép' de Belgrade).— Chanvre et laine. **(PALAIS.)**

39. MILITCH (Mme Miloyka), à Techitze (dép' d'Alexinatz). — Chanvre. **(PALAIS.)**

40. MILOCHEVITCH (Iliya), à Vrhitza (dép' de Kragouyevatz). — Cire. **(PALAIS.)**

41. MILOYEVITCH (Maxime), à Belgrade. — Cocons à soie, fils de soie. **(PALAIS.)**

42. MILOYEVITCH (Milan), à Lovatnitza (dép' de Tchatchak). — Chanvre. **(PALAIS.)**

43. MITCHITCH (Ivko), à Borina (dép' de Pedrigné). — Cytisé noir. **(PALAIS.)**

44. MITROVITCH (Krsta), à D. Prehéjine (dép' de Vragna). — Chanvre. **(PALAIS.)**

45. MLADENOVITCH (Michel), à Belgrade. — Miel, presse à miel. **(PALAIS.)**

46. MOYSILOVITCH (Anastase), à Tchoumitch (dép' de Kragouyevatz). — Lin. **(PALAIS.)**

47. MOYSILOVITCH (Mme Nastasiya), à Tchoumitch (dép' de Kragouyevatz). — Lin. **(PALAIS.)**

48. Municipalité (La) de Paratchine. — Aunée. **(PALAIS.)**

49. MYATOVITCH (Mme Mara), à Dratch (dép' de Kragouyevatz). — Genêt tinctorial. **(PALAIS.)**

50. NITCHITCH (Nikodiye), à Bolyevatz (dép' de Zrna-Reka). — Cocons de vers à soie et soies écrues. **(PALAIS.)**

51. NLADENOVITCH (Michel), à Belgrade. — Miels et cires. **(PALAIS.)**

52. OGGUOANVITCH (Svetislav), à Belgrade.— Cocons de vers à soie. **(PALAIS.)**

53. PADOULOVITCH (Djourdje), à Zerovo. — Cocons de vers à soie. **(PALAIS.)**

54. PAVLOVITCH (Jean), à Borina (dép' de Podrigné). — Aunée **(PALAIS.)**

55. PAVLOVITCH (Mata), à Krouchevatz (dép' de Tchatchak). — Cire. **(PALAIS.)**

56. PAVLOVITCH (Miloche), à Ratcha (dép' de Kragouyevatz). — Garance. **(PALAIS.)**

57. PERINOVITCH (Pétar), à Belgrade. — Miel et cire. **(PALAIS.)**

58. PETKOVITCH (David), à Paratchine. — Cocons de vers à soie. **(PALAIS.)**

59. PETKOVITCH (Jean), à Voukouchitza (dép' de Tchatchak). — Chènevis. **(PALAIS.)**

60. PETROVITCH (Mme Leposava), à Koutlovo (dép' de Kragouyevatz).— Lin. **(PALAIS.)**

61. PHILIPOVITCH (V.) & YERDJENYEVITCH (D.), à Adran (dép' de Tchatchak). — Graines de lin. **(PALAIS.)**

62. POPOVITCH (Paoun), à Thayetina. — Miel. **(PALAIS.)**

63. POPOVITCH (Paoun), à Tchastina (dép' de Oujitze). — Cire. **(PALAIS.)**

64. POPOVITCH (Stevan), à Teotchina (dép' de Roudnik). — Gentiane jaune. **(PALAIS.)**

65. POURITCH (Costa), à Zavoyna (dépᵗ d'Oujitze). — Petite centaurée.
(PALAIS.)

66. POURITCH (Pétor), à Michare (dépᵗ de Schabatz). -- Chanvre. (PALAIS.)

67. POUZITCH (Milan), à Bogatich (dépᵗ de Schabatz). — Lin. (PALAIS.)

68. Préfecture de Leskovatz, (dépᵗ de Nisch). — Chanvre en épi. (PALAIS.)

69. PRODANOVITCH (Mme Anka), à Thoulitch (près Kragouyevatz). — Soie écrue.
(PALAIS.)

70. RADICHITSCH (Mme Kosara), à Gratchar (dépᵗ de Podrigné). — Chanvre.
(PALAIS.)

71. RADOVANOVITCH (Anton), à Slatina (dépᵗ de Podrigné). — Lin.
(PALAIS.)

72. RADOVANOVITCH (Stanko), à Tchouboukovitza (dépᵗ de Tchatchak). — Graines de lin.
(PALAIS.)

73. ROMANOVITCH (Miliya), à Knajevatz. — Cire.
(PALAIS.)

74. SARITCH (Miloutine), à Gounitza (dépᵗ de Kragouyevatz). — Graines de lin.
(PALAIS.)

75. SAVITCH (Mme Stanoyka), à Lechane (dépᵗ de Belgrade). — Soies écrues.
(PALAIS.)

76. SCHTRABANOVITCH (Marko), à Rogavina (dépᵗ de Krouchevatz). — Genêt tinctorial.
(PALAIS.)

77. SIMITCH (Radoyé), à Tchoumitch (dépᵗ de Kragouyevatz). — Garance. Chanvre.
(PALAIS.)

78. SKADRITCH (Radovan), à Ripagne (dépᵗ de Belgrade). — Chanvre.
(PALAIS.)

79. SMILYANITCH (Pétar), à Rogatitch (dépᵗ de Schabatz). — Cire. (PALAIS.)

80. SOUBOTITCH (Milisav), à Pototchanié (dépᵗ d'Oujitze). — Diverses plantes tinctoriales ou médicinales.
(PALAIS.)

81. Sous-Comité (Le) de Bela-Palanka (dépᵗ de Pirot). — Sumac. (PALAIS.)

82. SPASOYEVITCH (Mika), à Mousoutine (dépᵗ de Schabatz). — Graine de sétaire.
(PALAIS.)

83. SRETENOVITEH (Steva), à Kalagnevatz (dépᵗ de Roudnik). — Cire.
(PALAIS.)

84. STAKITCH (Nedja), à Tomagne (dépᵗ de Podrigné). — Lin et chanvre.
(PALAIS.)

85. STAMENKOVITCH (Jean), à Bagna (dépᵗ de Vragna). — Chanvre.
(PALAIS.)

86. STANIMIROVITCH (Avram), à Maltche (dépᵗ de Nisch). — Graine de lin et de millet.
(PALAIS.)

87. STANITCH (Théodor), à Tchitlouk (dépᵗ de Podrigné). — Lin. (PALAIS.)

88. STERIYEVITCH (Mme Vasiliya R.), à Tchoupria. — Soie écrue.
(PALAIS.)

89. STEVANOVITCH (Panta), à Vel Ivantcha (dépᵗ de Belgrade). — Soie écrue.
(PALAIS.)

90. STEVANOVITCH (Sretchko), à Rabrovitza (dépᵗ de Valievo). — Petite centaurée.
(PALAIS.)

91. STOYANOVITCH (Demeter), à Banya. — Chanvre. (PALAIS.)

92. STOYANOVITCH (Gabriel), à Lakochnitza (dépᵗ de Nisch). — Graine de boucage.
(PALAIS.)

93. STOYANOVITCH (Mme Magdael R.), à Stremza (dép¹ de Pirot). — Chanvre. **(PALAIS.)**

94. Syndicat de l'Épicerie, à Pirot. — Cire. **(PALAIS.)**

95. TCHOUMITCH (Siméon), à Tchastina (dép¹ d'Oujitze).—Chènevis. **(PALAIS.)**

96. TCHOURITCH (Aleza D.), à Belgrade. — Miel. **(PALAIS.)**

97. TCHOURTCHITCH (Mme Perka), à Kragouyevatz. — Lin, soie écrue. **(PALAIS.)**

98. TCHOURTCHITCH (Mme Stana B.), à Alexinatz. — Soie écrue. **(PALAIS.)**

99. TERZITCH (Mladen), à Knitch (dép¹ de Kragouyevatz).— Garance. **(PALAIS.)**

100. TOPVLOVSKA (Mme Lyoubitza), à Aoukochitze (dép¹ de Tchatchak). — Chanvre. **(PALAIS.)**

101. TOUTZOVITCH (Yevrem), à Tchayetina (dép¹ d'Oujitze). — Garance, aunée, genêt tinctorial. **(PALAIS.)**

102. TRAYKOVITCH (Alexa), à Ratay (dép¹ de Vragna) —Chanvre. **(PALAIS.)**

103. TRIPHOUNOVITCH (Stanka), à Stoupnitza (dép¹ de Podrigné).— Lin. **(PALAIS.)**

104. VELIKITCH (Costantin), à Svilayenatz (dép¹ de Tchoupria).—Soie écrue, bobines de soie fine. **(PALAIS.)**

105. VÉLIKITCH (Kosta), Svilayenatz. — Cocons de vers à soie. **(PALAIS.)**

106. YANITCHKA (Mme Jivka), à Prekopetche (dép¹ de Kragouyevatz). — Chanvre. **(PALAIS.)**

107. YOURICHITCH (Costantin), à Zrnahara (dép¹ de Schabatz). — Cire. **(PALAIS.)**

108. YOVANOVITCH (Avram), à Voukouchitza (dép¹ de Tchatchak).—Graines de lin. **(PALAIS.)**

109. YOVANOVITCH (Sava), à Boukouchitza (dép¹ de Tchatchak). — Chanvre. **(PALAIS.)**

110. YOVANOVITCH (Sima), à Belareka (dép¹ de Schabatz).—Cire. **(PALAIS.)**

111. YOVANOVITCH (J.) & PETROVITCH (N.), à Adrane (dép¹ de Tchatchak). — Chènevis. **(PALAIS.)**

112. ZIPKOVITCH (Djeuna), à Vragna. — Graine de pois chiches et de bocage. **(PALAIS.)**

RÉPUBLIQUE SUD-AFRICAINE.

1. BECKETT (T. W.) & Cie, à Pretoria. — Laines brutes, poils de chèvre d'Angora. **(ESPLANADE.)**

2. GOUVERNEMENT (Le), à Pretoria. — Coton brut, tabacs en feuilles, en rouleaux et fabriqués, matières tannantes, laines brutes et poils de chèvre d'Angora. **(ESPLANADE.)**

3. JAGER (G. J. W. de), à Wintershoek (Wakkerstroom). — Laines brutes. **(ESPLANADE.)**

4. JOHNSTONE (B.-P.), à Dasjesfontein (Wakkerstroom). — Laines brutes. **(ESPLANADE.)**

5. KOLBE (T. T.), à Puntje (Wakkerstroom). — Laines brutes. **(ESPLANADE.)**

6. STEINWEIS (Aaron) & Cie, à Johannesburg. — Tabacs fabriqués, cigares et cigarettes. **(ESPLANADE.)**

7. UYS (P. K.), à Uitzoek (Wakkerstroom). — Laines brutes. **(ESPLANADE.)**

SUISSE.

1. **BLANDIN (Joseph)**, à Troinex (Genève). — Huile, cerneaux et tourteaux.
(PALAIS.)

2. **BURGER & EICHENBERGER**, à Burg (Argovie). — Cigares.
(PALAIS.)

3. **EGGIMANN & HÉDIGER**, à Bienne. — Cigarettes sans papier à bouts de plumes.
(PALAIS.)

4. **FROSSARD (J.) & Cie**, à Payerne (Vaud). — Cigares, cigarettes et tabac à fumer.
(PALAIS.)

5. **PANCHAUD (J. Adolphe)**, à Vevey. — Lactéine suisse, biberon hygiénique pour les veaux.
(PALAIS.)

6. **TAVERNEY (H.) & Cie**, à Vevey (Vaud). — Cigares, cigarettes et tabacs à fumer.
(PALAIS.)

7. **THIERRY (Joseph)**, à Bâle. — Cigares.
(PALAIS.)

8. **VAUTIER Frères et Cie**, à Granson (Vaud). — Cigares, cigarettes et tabacs.
(PALAIS.)

9. **VONDER MUHLL (Charles)**, à Sion (Valais). — Cigares.

URUGUAY.

1. **ABELLA (Antonio)**, à Soriano. — Laines.   (PARC.)

2. **ARTAGABEYTIA (Henry)**, à Colonia. — Laines.   (PARC.)

3. **Association rurale**, à Montevideo. — Plante et fibres de ramie. Tableaux de graminées coloriées. Echantillon de lin.   (PARC.)

4. **BEIGBEDER (Pierre)**, à San-José. — Laines.   (PARC.)

5. **BORDABERRY (Santiago)**, à Durazno. — Laines.   (PARC.)

6. **CAPRARIO & Cie**, à Montevideo. — Laines.   (PARC.)

7. **CARDONA (Miguel)**, à Soriano. — Laines.   (PARC.)

8. **CHILINCHABIDE**, à Maldonado. — Laines.   (PARC.)

9. **ECHENIQUE (José)**, à Florès. — Laines.   (PARC.)

10. **FERREIRA (José A.)**, à Minas. — Laines.   (PARC.)

11. **GALAN & ROCHA (L.)**, à Paysandu et à Montevideo. — Coton. Branches de coton.   (PARC.)

12. **GOCHICOA (Ramon)**, à Agraciada. — Chanvre trabazu et laines.   (PARC.)

13. **HUGUES (Conrado)**, à Paysandu. — Laines.   (PARC.)

14. **JOHNSON (A.)**, à Rio-Negro. — Laines.   (PARC.)

15. **LABEQUE (Dionisio)**, à Florès. — Laines.   (PARC.)

16. **LABEQUE (Juan)**, à Florès. — Laines.   (PARC.)

17. **LABEQUE (Kiggie)**, à Florès. — Laines.   (PARC.)

18. **LABEQUE (Pierre & Charles)**, à Florès. — Laines.   (PARC.)

19. **LABEQUE & ARREGUI**, à Florès. — Laines.   (PARC.)

20. LA TORRE (Luis de), à Montevideo. — Cocons et biscuits pour animaux.
(PARC.)

21. LOPEZ & ARTOLA, à Salto. — Laines.   (PARC.)

22. MENDEZ (Jésus), à Florès. — Laines.   (PARC.)

23. MEYER (Juan), à Florès. — Laines.   (PARC.)

24. MORTET (Modesto C.), à Montevideo. — Colza   (PARC.)

25. ORDONANA (Domingo), à Montevideo. — Rubiacées, gaude et graine de gaude. Plantes textiles. Graminées.   (PARC.)

26. ODRIOZOLA (Eusèbe), à Soriano. — Échantillon laine mérinos. (PARC.)

27. PEREIRA (Faustino), à Durazno. — Laines.   (PARC.)

28. PEREYRA (Tomas), à Tacuarembo. — Laines.   (PARC.)

29. PEREZ (Juan M.), à San José. — Laines.   (PARC.)

30. RODRIGUEZ (E.), à Rio-Negro. — Laines.   (PARC.)

31. ROOSEN (German), à Florès. — Laines.   (PARC.)

32. SAN MARTIN (Santiago), à Florès. — Laines.   (PARC.)

33. SASTRIA (S.), à Durazno. — Laines.   (PARC.)

34. SIENRA (Amaro), à Florès. — Laines.   (PARC.)

35. SIVORI (Luis), à Montevideo. — Graine de lin. Blé américain. (PARC.)

36. STIRLING & Cie, à Paysandu. — Laines   (PARC.)

37. SUAREZ (Domingo), à San-José. — Laines.   (PARC.)

38. TABERNE (Juan), à Florès. — Laines.   (PARC.)

39. URIOSTE (Santos L.), à Florida. — Laines.   (PARC.)

40. URTUBEY (Ignace), à Soriano. — Laines.   (PARC.)

41. VIANA (Francisco), à Montevideo. — Laines.   (PARC.)

VÉNÉZUÉLA.

1. Commission de l'État des Andes. — Tabac en feuilles, cigares, chimó (jus de tabac préparé avec de l'urao), cire d'abeilles, textiles divers.   (PARC.)

2. Commission de l'État Zulia et de la ville de Maracaïbo. — Tabac, huiles de coton, de ajonjoli, de colina, de corozo, de cocos, de guarenas, de guaco, de lin, d'arachide, de palme, de ricin, de toda especia. Coton cultivé. Indigo.
(PARC.)

3. Gouvernement de Vénézuéla. — Tabac de Orituco. Soie en écheveaux, huile de corozo (elais melanocca), de Caucagua.   (PARC.)

4. MADRIZ (Federico de la), à Paris, rue Portalis, 10. — Indigo.   (PARC.)

5. Société « El Cojo » Herrera Yrigoyen et Cie, à Caracas. — Cigarettes
(PARC.)

6. TOVAR (Mme Dolores B. de), à Paris, rue Daubigny, 16. — Coton. (PARC.)

GROUPE V.

INDUSTRIES EXTRACTIVES. PRODUITS BRUTS ET OUVRÉS

Classe 45.

Produits chimiques et pharmaceutiques.

FRANCE.

1. **ABELOUS & Cie,** à Paris, rue du Château-d'Eau, 20. — Produits pour coller et clarifier les vins, bières, vinaigres. **(PALAIS.)**

2. **Administration des Mines de Bouxwiller,** à Bouxwiller (Basse-Alsace). — Prussiate de potasse jaune et rouge, cyanure de potassium blanc, prussiate de soude, sulfate d'ammoniaque, Bleus de Berlin et d'acier. **(PALAIS.)**

3. **ADRIAN & Cie,** à Paris. — Travaux scientifiques divers. **(E. C.) (PALAIS.)**

4. **ADRIAN & Cie, Société française de produits pharmaceutiques,** à Paris, rue de la Perle, 11. — Alcaloïdes, Produits chimiques et Produits pharmaceutiques divers. **(PALAIS.)**

    Usine modèle, 2, rue Ficatier, à Courbevoie (Seine).

    Préparation en grand des Alcaloïdes, Produits Chimiques purs, Produits Pharmaceutiques scrupuleusement préparés, Capsules, Capsulines, Perles, Dragées et Granules au pilulier à tous médicaments, Confiserie et Pastilles médicinales, Onguents, Pommades, Poudres impalpables, Teintures, Sirops et Vins médicinaux.

    Extraits pharmaceutiques préparés dans le vide et par le froid au moyen d'appareils nouveaux et de notre invention.

5. **AGOBET et Cie,** à Arcueil (Seine), avenue Laplace, 31. — Bicarbonate de soude, Acétate de plomb et de soude. **(PALAIS.)**

6. **ANDOUARD (Ambroise),** à Nantes (Loire-Inférieure), École de médecine. — Nouveaux éléments de Pharmacie ; bulletin de la station Agronomique. **(PALAIS.)**

7. **ANDRÉ-PONTIER (Léon),** à Paris, boulevard St-Germain, 48. — Préparations microscopiques d'histologie animale et végétale. **(PALAIS.)**

8. **ARLOT (Vᵉʳ) et Cie, Achille Legendre et Paul Gaigé,** successeurs, à Aubervilliers (Seine), rue de la Haie-Coq, 44. — Suifs, oléine, stéarine, glycérine, huiles à graisser, engrais de matières animales. **(PALAIS.)**

    Médaille d'or à l'Exposition universelle de Paris en 1878.

Classe 45.   1

9. ARNAVON (Honoré), à Marseille (Bouches-du-Rhône), rue Fort-Notre-Dame, 10. — Savons pour l'industrie. Savons de ménage. Savons recuits. Savons de toilette. **(PALAIS.)**

> Maison fondée en 1808.
> Production annuelle : huit millions de kilos.
> Récompenses : 1831, Croix de la Légion d'honneur ;
> 1855, Paris, deux Médailles de 1re classe ;
> 1860, Croix de la Légion d'honneur ;
> 1862, Londres, prize Medal ;
> 1867, Paris, Médaille d'or ;
> 1878, Paris, rappel de Médaille d'or.

10. ARNOUL (Camille), à Saint-Ouen-l'Aumône (Seine-et-Oise).—Prussiates de potasse et de soude. Carmin de cochenille. Vernis gras. **(PALAIS.)**

11. ARTUS (Constant-V.-E.), à la Plaine Saint-Denis (Seine), route du Landy, 58.— Suif. Os. Laines. Matières premières pour engrais. **(PALAIS.)**

> Concessionnaire des Abattoirs de la Ville de Paris. — Bureau, à Paris, 13, rue Montmartre.
> Récompenses obtenues : Paris, 1878, Médaille de bronze. — Anvers, 1885, Médaille d'or. — Barcelone, 1888, Médaille d'or. — Bruxelles 1888, Diplôme d'honneur (Concours 34).
> — Membre du Jury (Concours 31).
> Membre du Comité d'installation (classe 44) Paris, 1889.

12. ASSELIN (Eugène), à Saint-Denis (Seine). — Traitement des graisses vieilles, résidus de graissage des différents réseaux de Compagnies de chemins de fer, acides gras ; cuivre de cément, bioxyde de cuivre. **(PALAIS.)**

> Carbures d'hydrogène pour graissage de pistons et cylindres. Sels de baryte et de manganèse. Médaille d'argent, Paris 1878. Méd. d'or, Amsterdam 1883. Barcelone 1888, membre du Jury.

13. BAINIER (Georges-A.), à Paris, rue de Belleville, 44. — Thèse sur les mucorinées. Flore microscopique de Paris, 2 vol. **(PALAIS.)**

14. BAINIER (Georges-A.) à Paris, rue de Belleville, 44. — Thèse sur les mucorinées. Flore microscopique de Paris. **(E. C.) (PALAIS.)**

15. BAPST et HAMET, à Paris, rue Notre-Dame-de-Nazareth, 30. — Caout-chouc durci pour produits chimiques, électricité, etc. **(PALAIS.)**

16. BARDOU-JOB (Pierre), à Perpignan (Pyrénées-Orientales), rue Saint-Sauveur, 18. — Sels des Salins de la Méditerranée en Roussillon. **(PALAIS.)**

17. BARON Fils (Émile-Ch.-A.), à Marseille, boulevard Romieu, 5. — Savons blancs supérieurs, en pains, barres ou morceaux. **(PALAIS.)**

18. BARRIELLE (J.-B.), à Paris, rue de Cluny, 11. — Produits chimiques et encres à écrire, marque Mathieu-Plessy. **(PALAIS.)**

19. BAUDEU (Jacques), à Puteaux (Seine). — Huiles et graisses de toutes espèces. **(PALAIS.)**

> Huiles à graisser : animales, végétales et minérales.
> Huiles fines pour machines à coudre.
> Graisses pour cylindres, graisses pour voitures et wagons.
> Suif épuré pour pistons.
> Désincrustant pour chaudières à vapeur.

20. BEAU (Eugène), à Alais (Gard). — Régule d'antimoine d'Auvergne, minerais, crocus d'antimoine, verre, scories, plomb antimonieux. **(PALAIS.)**

> Maison fondée en 1834. Concessionnaire des mines de Cassagnas et du Martinet. — Récom-penses : Paris 1867, Mention honorable ; Paris 1878, Médaille de bronze. — Achat de minerais d'antimoine et de plomb antimonieux. — Vente de régule d'antimoine d'Auvergne. Sulfure d'Auvergne. Minerais. Crocus d'antimoine. Verre. Scories. Plomb antimonieux.

21. BEAUHAIRE, BOUFFARD & LADONNE, à Paris, 21, rue des Écouffes. — Gomme laque blanche, laque ; bâtons pour ébénistes, vernis à l'alcool ; poudres pour doreurs, etc. **(PALAIS.)**

22. BÉCHAMP (P.-J.-Antoine), au Hâvre (Seine-Inférieure), rue Jeanne-Hachette, 19.—Aniline. Nitrate d'aniline. Fuchsine et violet Béchamp. Vin sucré artificiel. Perchlorure de fer neutre. Peroxychlorure de fer médicinal.   **(PALAIS.)**

Un volume, Mémoire sur les matières albuminoïdes. Un volume, travaux concernant la Théorie admise de l'antisepticité.

23. BECKER (Nicolas), à Paris, rue de la Glacière, 164. — Carmin et sulfate d'indigo pour la teinture, noirs de toutes sortes, cirages et eau de cuivre, couleurs pour meubles.   **(PALAIS.)**

Médaille bronze, Exposition universelle Paris 1878.

24. BERGUERAND Fils (Félix-F.), à Paris, rue des Archives, 16. — Articles en caoutchouc pour l'usage industriel.   **(PALAIS.)**

25. BERNARD Fréres (Georges-T. et Edmond-V.), Successeurs de **Candelot Père,** à Paris, rue du Faubourg-Saint-Denis, 148. — Enduits, peintures contre l'humidité des murs.   **(PALAIS.)**

Maison fondée en 1854. — Fondateur de l'industrie. — Récompenses aux Expositions universelles de 1855, 1867, 1878. Depuis 1861 à la série officielle de la Ville de Paris. Adoptés en 1859 par la Société centrale des architectes de France. — Fabrique à Noisy-le-Sec (Seine).

26. BERNOU (E.), à Châteaubriant (Loire-Inférieure). — Travaux scientifiques.   **(PALAIS.)**

27. BERNOU (Edouard), à Chateaubriant (Loire-Inférieure). — Mémoire sur l'hygiène et la chimie agricole.   **(E. C.) (PALAIS.)**

28. BERRURIER Père et Fils, à Paris, rue Cafarelli, 14. — Produits chimiques, vernis à l'alcool pour métaux. Appareils et ustensiles pour la galvanoplastie des métaux.   **(PALAIS.)**

29. BERTHIER (E.) et Cie, à Aubervilliers (Seine), rue de la Haie-Coq, 14. — Acide sulfurique de chambre et acides concentrés. Pyrites et résidus de pyrites.   **(PALAIS.)**

30. BERTHIOT (Claude), à Paris, rue du Faubourg-Saint-Antoine, 107. — Granules médicamenteux. Produits divers et spécimens se rapportant à sa fabrication.   **(PALAIS.)**

Granules homogènes mathématiquement dosés. — Méd. br. Exposit. univers., Paris, 1878. — Solubilité complète et rapide, (moins de 5 minutes en agitant), dosage exact à 1/25 de millig. près. Se vendent en boîtes 10 tubes et en flacons conservateurs, du prix de 3 fr., au public.

31. BERTRAND (Émile), à Annonay (Ardèche). — Colles gélatines et gélatines fines.   **(PALAIS.)**

32. BESEGHER (Adolphe-I.-F.), à Paris, rue Beaubourg, 62. — Vernis à l'alcool pour ébénisterie, tabletterie, maroquinerie, bijouterie, chapellerie, horlogerie, pianos, etc.   **(PALAIS.)**

33. BESLIER (Albert), à Paris, rue de Sévigné, 13. — Tissus et produits pharmaceutiques. Produits antiseptiques. Sparadrap à la glu.   **(PALAIS.)**

34. BIARD (Jules), à Paris, rue de Jouy, 9. — Couleurs et vernis pour le bâtiment. Cirage et eau de cuivre. Cire noire et compo pour harnais ; pâtes pour cuirs jaunes ; onguent de pieds des chevaux.   **(PALAIS.)**

35. BILLAULT (E.-Amédée), à Paris, rue de la Sorbonne, 22. — Produits rares pour collections, purs pour analyses. Lithium et sels en dérivant. Sels dérivant du platine et des métaux qui l'accompagnent.   **(PALAIS.)**

Usine à Billancourt, usine à Vanves. Téléphone. Adresse télégraphique, Pynidiné, Paris. Drogueries, produits chimiques et pharmaceutiques. — Membre du Jury, le Hâvre 1887, Membre du Comité d'installation de l'Exposition de Paris, 1889.

36. BISSEUIL (Paul) & Cie, à Billancourt (Seine), rue du Vieux-Pont-de-Sèvres. — Cirage pour chaussures. Pâte indienne pour nettoyer les métaux. **(PALAIS.)**

> Maison fondée en 1872.
> Ayant produit pendant l'année 1887, huit cent mille kilogs de cirage, 6 millions de boîtes, 24 mille caisses.
> Médailles : Sydney 1879. — Amsterdam 1883. — Anvers 1885.
> Fabrique de boîtes métalliques.

37. BLAQUART (Charles-L.), à Paris, rue du Conservatoire, 8. — Fer de Quevenne et ses préparations pharmaceutiques. **(PALAIS.)**

> Approuvé par l'Académie de Médecine de Paris. — Médailles de bronze : Paris, 1855-1878. — Médailles d'argent : Melbourne 1880 ; Barcelone 1888.

38. BOCQUILLON-LIMOUSIN (Henry), à Paris, rue Blanche, 2 bis. — Oxygène. Chloral perlé. Capsules tœnifuges. Cachets médicamenteux. Collection de produits nouveaux. **(PALAIS.)**

39. BOCQUILLON-LIMOUSIN, à Paris, rue Blanche, 2 bis. — Instruments scientifiques. **(E. C.) (PALAIS.)**

40. BŒUF (P.-Claude-M.), à Paris, rue de Lourmel, 19. — Pepsines et peptones, produits à base de pepsine. **(PALAIS.)**

> Pepsine B/R en pâte, poudre, paillettes, granulée, liquide; vin, élixir de pepsine, pastilles à la pepsine.
> Peptone B/R sèche et sirupeuse, vin tonique et élixir à la peptone.
> Antiseptiques, phénalbum, phénol sodé, phénol parfumé, coaltar, savons hygiéniques à la glycérine, goudron au phénol, au thymol.

41. BOGGIO (Gérin-G.) & AULAGNE (Émile-J.-B.), à Saint-Étienne (Loire), rue de la République, 47. — Écorce pure de graine de lin. Farine de lin inaltérable. Lin Boggio-Aulagne. **(PALAIS.)**

42. BOLLORÉ - SŒHNÉE (Ancienne Maison **Sœhnée Frères et J. Sœhnée)**, à Paris, rue des Filles-du-Calvaire, 19. — Vernis à l'alcool. **(PALAIS.)**

> Vernis extra-fins pour reliure, maroquinerie, bois, etc. Vernis à tableaux et à retoucher la peinture à l'huile. Vernis pour aquarelle, peinture sur porcelaine, etc. Vernis blancs, inaltérables pour bois blanc, cannes, os, ivoire, etc. Vernis supérieurs de toutes couleurs pour métaux, bois, cuir, verre, etc. Vernis pour imiter l'or sur cuivre, argent, etc.
> Vernis conservateur pour optique. Vernis pour bronzes, zincs d'art.
> Vernis photographiques (négatifs, positifs).
> Vernis mordorés. Vernis irisés pour chaussures. Vernis mats. Vernis ordinaires, marque B. S.
> Londres 1851, médaille de prix ; Paris 1855, Paris 1867 et Vienne 1873, médaille d'argent ; Paris, 1878, Médaille d'argent ; Barcelone 1888, médaille d'argent.

43. BORREL (Georges-L.), à Bagnolet (Seine), rue de Vincennes, 40. — Colles diverses. Huiles à graisser. **(PALAIS.)**

44. BOSSIÈRE (Maurice), Ancienne Maison **Bouju**, à Paris, rue de l'Entrepôt, 15. — Noirs fins pour taille-douce. Noirs légers pour cuirs et papiers de deuil. **(PALAIS.)**

45. BOUCHOU (G.), à Agen (Lot-et-Garonne), avenue de Toulouse. — Colle-soudure pour cuirs. Courroies et application de pièces invisibles aux chaussures. **(PALAIS.)**

46. BOUDE (A.) et Fils, à Marseille (Bouches-du-Rhône). — Soufres bruts, raffinés, sublimés, triturés, en canons, candis et divers minerais. **(PALAIS.)**

> Récompenses : Médailles d'argent Paris 1867, 1res Médailles Philadelphie 1876, Sydney 1880, Melbourne 1881, diplôme d'honneur, Anvers 1885.
> Hors concours, Membre du jury Paris, 1878, Amsterdam 1883, Barcelone 1888.

47. BOUDIER (J.-L.-Émile), à Montmorency (Seine-et-Oise). — Préparations microscopiques. **(PALAIS.)**

48. BOUDIER (J.-L.-Emile) à Montmorency (Seine-et-Oise). — Préparations microscopiques.   **(E. C.) (PALAIS.)**

49. BOULFROY (Eugène) et Cie, à Clichy (Seine), rue de Neuilly, 29. — Huiles et graisses industrielles et principalement huiles de naphte à graisser. **(PALAIS.)**

    E. Boulfroy et Cie — Société des huiles de Naphte. Siège social, 29, rue de Neuilly, à Clichy (Seine). Usine et distillerie à Bakou (Caucase), pour la rectification des huiles de Naphte à graisser, seule Maison française traitant directement avec le consommateur. Production annuelle, 8,000,000 kilogram. — Comptoir à Batoum (Caucase).
    Entrepôt Général, Marseille, 91, boulevard de Paris.
    Représentants : Le Havre, M. Odinet. — Bordeaux, M. F. Padiras.
               Rouen, M. J. Lepicard. — Reims, M. Ch. Clignet.
               Tourcoing, M. P. Tranoy. — Nantes, M. Onillon fils.
               Barcelone, M. Deloustal. — Bucharest, M. Segalla.
    Fournisseurs des Cies de Chemins de fer et de grands établissements industriels.

50. BOURDON (Edouard) et Cie, à Château-Renault (Indre-et-Loire). — Colles fortes.   **(PALAIS.)**

51. BOURGEOIS Ainé (F. A. Joseph), à Paris, rue du Caire, 31. — Couleurs minérales artificielles et laques, produits pour la peinture et l'impression.   **(PALAIS.)**

    Usine, 22, passage Tocanier, à Paris.

52. BOURGEOIS Jeune et Cie, à Ivry (Seine), boulevard d'Alfort. — Albumines de sang pour l'impression sur étoffes et clarification des vins. Sang cristallisé pour fabriques de sucre et collage des vins.   **(PALAIS.)**

53. BOURGETTE et FRUNEAU, à Nantes (Loire-Inférieure), rue du Chapeau-Rouge, 13. — Papier Fruneau antiasthmatique.   **(PALAIS.)**

54. BOUTEMY (Hector), à Paris, rue Brise-Miche. — Vernis à l'alcool.   **(PALAIS.)**

    Vernis à l'alcool pour les arts et l'industrie. Vernis Parisien à l'alcool, marque déposée.
    Vernis en tous genres pour l'exportation. Spécialité de vernis opaques toutes couleurs.
    Vernis pour capsules, vernis spéciaux.
    Fabrique à St-Denis, 1, rue des Fillettes.

55. BOYMOND (Marc), à Paris, faubourg Saint-Honoré, 21. — Ouvrages et appareils de chimie.   **(PALAIS.)**

56. BOYMOND (Marc), à Paris, rue du Faubourg-Saint-Honoré, 21. — Appareils et dosage de l'urée.   **(E. C.) (PALAIS.)**

57. BREQUIN (François), à Ablon (Seine-et-Oise). — Esprit de javel (chlorure de soude liquide).   **(PALAIS.)**

58. BRETET (Henri-J.), à Vichy (Allier), rue de Nîmes, 50. — Publications de chimie médicale.   **(PALAIS.)**

59. BRETET (Henri-J.) à Vichy (Allier), rue de Nîmes, 50. — Publications de chimie médicale.   **(E. C.) (PALAIS.)**

60. BRIGONNET & NAVILLE, à La Plaine Saint-Denis (Seine). — Produits chimiques pour l'industrie, les arts et la médecine.   **(PALAIS.)**

    Benzine pure, nitrobenzine, binitrobenzine, aniline, sels d'aniline, diphénylamine, diméthylaniline, monométhylaniline, éthylaniline, acétaniline. Toluène pur, nitrotoluène, binitrotoluène, toluidine, chlorure de benzyle, acide benzoïque, benzaldéhyde. Mono et trinitronaphtalines. Chlorure de méthyle, chloroforme. Ammoniaque liquide. Chlorhydrate, nitrate, carbonate et sulfate pur d'ammoniaque. Chlorure de zinc sec. Chlorure de baryum, nitrate de baryte, blanc fixe. Bichromate de soude. Essences de mirbane, niobé, et amande amère. Matières colorantes, engrais organiques azotés. Hévalgine (spécialité déposée). — Médaille d'argent, Paris 1878.

61. BRUEDER (Jean-Baptiste), à Épinal (Vosges). — Fécules, gommeline, gomme française, leiogomme, dextrines.   **(PALAIS.)**

    Médaille d'or collective à l'Exposition de Paris 1867.

62. BUHLER (Maria), à Paris, rue des Batignolles, 29. — Brillants Bühler, poudre impalpable pour nettoyer les métaux. Eau supérieure pour nettoyer les cuivres. **(PALAIS.)**

63. BUJARDET (Jean-Baptiste), à Aubervilliers (Seine). — Colle gélatine pour apprêts. **(PALAIS.)**

64. CALVET (Ernest) et Cie, à Paris, rue de Belzunce, 18.— Huiles et graisses industrielles. **(PALAIS.)**

> Maison fondée en 1881 par MM. Calvet et Dunat.
> *Produits tirés du pin maritime.* — Huiles de réserves ordinaires et rectifiées.
> *Produits extraits des matières animales.* — Huiles animales raffinées.
> *Graisses naturelles et artificielles* — A bases animale, végétale ou minérale pour machines, engrenages, transmissions, câbles, essieux de voitures, de wagons etc. *Onguent pour pieds de Chevaux.*
> *Usines* : Huilerie du Pont-de-Soissons, à St-Denis (Seine) et Huilerie du Sablar, à Dax (Landes). — *Bureaux* : 18, rue de Belzunce, à Paris.

65. CAMUS (Charles) & Cie, à Paris, rue Barbette, 2. — Acétone, ammoniaques, sulfate d'ammoniaque, acétates et pyrolignites de plomb, cuivre, soude, chaux, etc. **(PALAIS.)**

66. CAPGRAND-MOTHES et Cie, à Paris, rue Jean-Jacques-Rousseau, 68. — Capsules-Mothes, capsules gélatineuses à tous médicaments. Charges pour eau de Seltz. Confiture hygiénique de tiges de rhubarbe. **(PALAIS.)**

67. CAPGRAND-MOTHES & Cie, à Paris, rue Jean-Jacques-Rousseau, 68. Chêne-liège. **(E. C.) (PALAIS.)**

68. CARLES (P.-P.), à Bordeaux (Gironde), quai des Chartrons, 19. — Table de travaux scientifiques. **(PALAIS.)**

69. CARLES (P.-Paulin), à Bordeaux (Gironde), quai des Chatrons, 19 — Table de travaux scientifiques. **(E. C.) (PALAIS.)**

70. CAROF (A.) et Cie, à Ploudalmezeau (Finistère). — Iode, iodure de potassium. **(PALAIS.)**

71. CARON (Léon), à Paris, rue du Cherche Midi, 58. — Enduits hydrofuges, peintures en poudre, siccatifs et vernis. **(PALAIS.)**

> Enduits hydrofuges contre murs humides et salpêtrés. Peintures en poudre, 30 nuances, la « Décorative ». Vernis industriels. Chromo-cire. Siccatifs en poudre et liquides.— Récompenses : Méd. de bronze, 1878 Paris ; 1885 Anvers ; 1888 Barcelone ; 2 méd. d'argent, Bruxelles 1888.

72. CASASSA (F.) Fils & Cie, à Pantin (Seine), rue Jacquart, 10. — Tuyaux, feuilles, joints, clapets, rondelles, boulets, courroies de transmission, etc., en caoutchouc souple ou durci. **(PALAIS.)**

73. CATILLON (Alfred-H.), à Paris, boulevard Saint-Martin, 3. — Peptones et produits à base de peptone. Pepsine et ferments digestifs. Poudre de viande. Glycérine et produits à base de glycérine. Ergotine, Strophantus, et ses produits. **(PALAIS.)**

> Médaille de bronze, Paris 1878.
> Médailles d'argent, Anvers 1885, Barcelone 1888.

74. CAUSTIER (Eugène), à Amiens (Somme), boulevard Ducange.— Vernis à l'alcool. **(PALAIS.)**

> Vernis à l'alcool de toutes couleurs pour bois, métaux, os, ivoire, nacre, cuir, paille, fleurs et fruits artificiels, etc.
> Vernis spéciaux pour les arts et l'industrie. — Usine à vapeur.
> Fabrique de couleurs et vernis. Drogueries industrielles, dépôt de verres à vitres. Maison à Lille, rue Barthélemy-Delespaul, 245.

75. CAUTIN (J.-A.), à Paris, rue d'Argout, 57. — Cirage larmoyer et tous articles concernant l'entretien de la chaussure. **(PALAIS.)**

76.   CHALMEL (G.) Fils et Gendre, à Paris, avenue Daumesnil, 32. — Vernis perfectionnés à l'alcool pour les arts et toutes les industries.   **(PALAIS.)**

> Manufacture Centrale de France.
> Inventeurs des vernis, noir brillant hydrofuge sans Dépôt en 1860, noir mat nouveau en 1866.
> Vernis or brillant et mat au pinceau.
> Récompenses :
> 1851, Londres. — 1855, Paris. — 1867, Paris, Médaille d'argent. — 1873, Vienne, Mérite. — 1878, Paris, Médaille d'argent. — 1879, Sydney et 1880, Melbourne, 1er ordre de Mérite. — 1883, Amsterdam, Médaille d'argent. — 1885, Anvers, Médaille d'Argent. — 1888, Barcelone, Jury, Hors Concours.

77.   CHAMBON Fils (Louis), à Marseille (Bouches-du-Rhône), rue de la Loubière, 74. — Soufre brut et travaillé, mèches soufrées.   **(PALAIS.)**

78.   CHAPEL (E.-E.), à Paris, rue Notre-Dame-de-Nazareth, 39. — Objets en caoutchouc, tuyaux, clapets, joints, feuilles, rondelles, tapis, cordes, gants, jouets, gommes à effacer.   **(PALAIS.)**

79.   CHAPELLE Frères (Auguste et Marc), à Paris, rue des Rosiers, 26 — Vernis à l'alcool en général.   **(PALAIS.)**

80.   CHASSAING et Cie, à Paris, avenue Victoria. 6. — Produits pharmaceutiques et physiologiques. (Pepsines. Pancréatines. Diastase. Peptones, etc.)   **(PALAIS.)**

81.   CHASSEVANT (Julien A.), Successeur de **C. Collas et Hottot-Boudault,** à Paris, rue Dauphine, 8. — Pastilles médicamenteuses. Benzine Collas, ferments physiologiques.   **(PALAIS.)**

82.   CHAT (Ernest-C.), au Blosset, par Foëig (Cher). — Capsules. Dragées. Granules. Pâtes. Pilules. Sirops. Vins médicinaux, marques Viel et L. B.   **(PALAIS.)**

83.   CHATANAY, à Lyon (Rhône), chemin de Gerland, 60. — Acides stéarique et oléique, bougies, savons.   **(PALAIS.)**

84.   CHATANAY (A.) à Lyon (Rhône), chemin de Gerland, 60. — Acides stéariques. Acides oléiques de distillation. Glycérine. Bougies. Savons.   **(E. C.) (PALAIS.)**

85.   CHAUVEL (Georges-J.), à Paris, rue Saint-Denis, 259. — Eau oxygénée pour le blanchiment, vernis pour l'industrie, produits chimiques.   **(PALAIS.)**

86.   CHAUVET (Henri), à Avignon (Vaucluse), rue des Marchands, 38. — Cire jaune d'abeilles, cire noire à déformer, cirage à harnais.   **(PALAIS.)**

> Cires pures et industrielles.
> Usine à vapeur, rue Guillaume-Puy.
> Cire noire à giberne et à déformer pour l'armée, la cordonnerie, la sellerie.
> Cirage à harnais Chauvet (H.) pour sellerie, carrosserie, chaussures et cuirs d'équipements militaires.

87.   CHAVARIBER (Paul), à Clichy-la-Garenne (Seine), boulevard National, 60. — Cirage, encres, vernis, pâte merveilleuse, encaustique, cirage pour harnais, eau de cuivre, noir chevreau.   **(PALAIS.)**

88.   CHEVAILLIER (Emile), Successeur de **Millot-Rober**, à Paris, rue du Temple, 14. — Produit chimique en petites boîtes pour teindre en toutes nuances.
                      (PALAIS.)

89.   CHEVALLIER-ESCOT Fils (Ludovic-M. R.), à Orléans (Loiret). — Vernis pour la carrosserie, le bâtiment et l'industrie, pour le four. Vernis à l'alcool pour les arts et l'industrie. Siccatifs liquides et en poudre.   **(PALAIS.)**

> Membre du jury à l'Exposition universelle de Paris 1878. Fournisseur de la Compagnie des Chemins de fer de Paris-Orléans. Médaille d'argent, Exposition de Barcelone 1888.

90. CLAUDON (Gustave), à Conflans-Charenton (Seine), quai de Bercy, 10. — Alcool absolu, alcool pur, alcools mauvais goût pour l'industrie, alcools propylique, butylique, isobutylique, amylique ; acides organiques, sels. **(PALAIS.)**

> Maison fondée en 1831. — Maisons à Rouillac (Charente) et Béziers (Hérault). Distilleries à Denain et à Wallers (Nord).

91. COËZ (E.) et Cie, à Saint-Denis (Seine). — Extraits et laques de bois de teinture. **(PALAIS.)**

> Récompenses aux Expositions de : Paris 1855 ; Londres 1862 ; Paris 1865 ; Paris 1867 ; Vienne 1873 ; Philadelphie 1876 ; Paris, Exposition universelle 1878, Médaille d'or.
> Extraits secs et liquides de : Campêche, Bois jaune, Quercitron, Fustel, Graines de Perse, Gaude, Lima, Fernambouc, Sapan, Sumac, Dividivi, Épine Vinette, etc.
> Noir direct pour Coton.
> Laques pour teinture et impression et pour papiers peints.
> Dépôts à Lille, Rouen, Reims, Mulhouse, Verviers, Bradford, Manchester, Glasgow, Milan, Barcelone, Elberfeld, Hambourg, New-York.
> Succursale au Havre.

92. COIGNET et Cie, à Paris, rue Lafayette, 139. — Colles fortes et gélatines. — Phosphores, phosphures, acide phosphorique. Phosphates, Suif, noir animal. **(PALAIS.)**

93. COL Fils (Gabriel), à Casteljaloux (Lot-et-Garonne). — Produits stéariques et résineux, stéarine, oléine, glycérine, cierges, cires, miels, bougies, savons, colophanes, essences. **(PALAIS.)**

94. COLLIN (Eugène), à Colombes (Seine). — Structure anatomique des drogues simples. **(PALAIS.)**

95. COLLIN (Eugène), à Colombes (Seine) — Structure anatomique des drogues simples. **(E. C.) (PALAIS.)**

96. COMBIER, DESCHAUX et Cie, à Annonay (Ardèche), rue des Aygas, 50. — Colles gélatines et gélatines fines. **(PALAIS.)**

97. Compagnie des Salins du Midi, à Paris, rue de la Victoire, 84. — Sel pour la consommation et les produits chimiques, pour salaisons et pêche. **(PALAIS.)**

98. Compagnie d'exploitation des Minerais de Rio-Tinto (Directeur : **M. Lombard),** à Marseille (Bouches-du-Rhône), rue Grignan, 32. — Sulfate de soude, soude brute, sels de soude, etc. **(PALAIS.)**

99. Compagnie française des Peintures chimiques liquides. La Prismatique et l'Albastine, Directeur : **M. Gray,** à Paris, boulevard Magenta, 35. — La Prismatique, couleurs à l'huile ; l'Albatine, couleurs à la colle. **(PALAIS.)**

> La prismatique, couleur à l'huile et l'albastine, couleur à la colle. La prismatique toute préparée, brillante ou mate. L'albastine toute préparée et toutes teintes pour les bâtiments.

100. Compagnie française de produits oxygénés, (L'EVESQUE, BLOCHE & TRIOULEYRE), à Paris, rue d'Hauteville, 15. — Eaux pour décolorer les matières organiques, baryte et sels. **(PALAIS.)**

> Cheveux, laine, soie, plumes, ivoire, os, soies de porc, crin, ramie, lins, etc., etc. — Eau chimiquement pure. — Bioxyde de baryum, baryte et sels de baryte.

101. Compagnie générale des produits antiseptiques, Administrateur : **M. Cerckel,** à Paris, rue Bergère, 26. — Produits chimiques, acide salicylique, salicylate de soude, de bismuth, de lithine et de quinine. **(PALAIS.)**

> M. H. Gall, directeur technique de l'Usine. Mercure, ammoniaque, camphre, chrysamine, chaux, fer, magnésie, méthyle, essence Wentergreen, potasse, baryum, bioxyde de plomb, chlorate de potasse, de soude, éther sulfurique, acide carbonique liquide.
> Récompenses : Paris 1878, Mention honorable. — Bruxelles et Barcelone 1888, Méd. d'or.

102. Compagnie Hydroléine, à Tourcoing, rue Quietem. — Hydroléine. Savon en poudre pour l'industrie et les soins du corps, etc. **(PALAIS.)**

103. Compagnie Parisienne de couleurs d'aniline, au Tremblay-Creil (Oise). — Amaranthe de Creil. Azarine. Bleu carmin breveté. Bleu méthylène. Bleu de Paris, bleus solides.   **(PALAIS.)**

Fuchsine à l'acide. Jaune d'Alizarine. Orangés. Ponceau de Paris. Ponceaux brevetés. Rhodamine. Vert à l'acide. Vert méthylène. Violet à l'acide, etc.
Antipyrine du Docteur Knorr, Lanoline.

104. Compagnie parisienne des Asphaltes, Directeurs : **MM. Tissot et Coppin,** à Paris, rue Curial, 16. — Benzines, huiles lourdes, acide phénique, peintures à base de goudron.   **(PALAIS.)**

105. COMPÈRE (G.), à Paris, boulevard Sébastopol, 106 ; ci-devant 22, rue de Flandre. — Huiles pour graissage en général.   **(PALAIS.)**

Huiles neutres pour cylindres. — Huiles de naphte russe. — Huiles de « sûreté » spéciales pour machines électriques, huiles pour moteurs à gaz. — Toutes huiles animales, végétales et minérales. — Graisses consistantes pour graisseurs à compression. — Vaselines.

106. CONSTANTIN & Cie, à Nancy (Meurthe-et-Moselle), rue de l'Ile-de-Corse. — Bitume, brai, huiles lourdes et légères.   **(PALAIS.)**

107. COTELLE (E. Alphonse), à Ponthierry (Seine et Marne). — Extrait d'eau de javel Cotelle.   **(PALAIS.)**

108. COUX (Jules de la), à Asnières (Seine). — Huiles et graisses, la néoline, huile à graisser, mastic calorifuge antitartre. Enduit-molli-cuir.   **(PALAIS.)**

109. CROULARD (Alexandre), à Paris, rue Saint-Maur, 70. — Couleurs pour papiers peints, papiers de fantaisie, et décorations théâtrales.   **(PALAIS.)**

110. CRUDENAIRE (L.) et CHANUT (A), à Paris, rue de Thorigny, 4. — Produits chimiques.   **(PALAIS.)**

111. CUSINBERCHE (Veuve) et ses Fils, à Clichy (Seine). — Bougies. Savons. Acide stéarique. Acide oléique. Glycérines.   **(PALAIS.)**

Acides stéarique et oléique de pure saponification.
Glycérine.
Bougie de Clichy (qualité supérieure).
Bougie de l'Hirondelle (qualité extra).
L'Idole Bougie à trous.
Savon en morceaux dit de Clichy.
Savon en pâte.
Récompenses :
Exposition universelle, Londres 1862, Première Médaille.
Médailles d'argent, Expositions universelle, Paris 1867 et 1878.

112. DAGUIN et Cie, à Paris, rue du Château-Landon, 44 — Soude et produits chimiques.   **(PALAIS.)**

113. DANIEL (H.) et Cie, à Paris, avenue Victoria, 7. — Cirages et vernis. Encres.   **(PALAIS.)**

114. DARRASSE Freres et LANDRIN, à Paris, rue Simon-le-Franc, 21. — Produits chimiques et préparations pharmaceutiques.   **(PALAIS.)**

115. DARTIGUELONGUE Frères et Fils, à Soustons (Landes). —Gemme brute ; essence de térébenthine ; colophane ; brais divers ; goudron.   **(PALAIS.)**

116. DAVID (Jules) et Cie, à Lyon-Vaise (Rhône), rue du Bourbonnais, 1 bis. — Bougies, cierges, cire, stéarine, oléine, glycérine.   **(PALAIS.)**

117. DAVID (J.) & Cie, à Lyon-Vaise (Rhône), rue du Bourbonnais, 1 bis. — Acide stéarique, acide oléique, glycérine, bougies, cires, cierges de cire.
                                                      (E. C.) (PALAIS.)

118. DÉCLAT (Dr Gilbert), à Paris, rue Solférino, 13. — Acide phénique et produits à base d'acide phénique.   **(PALAIS.)**

119. DÉCLE (Veuve Ch.) et Cie, à Rocourt, près Saint-Quentin (Aisne). — Potasses raffinées, sels de soude, chlorures et sulfates de potasse.   **(PALAIS.)**

Potasses, sels de soude, sulfates et chlorures de potasse.
Voir à la classe 73, pour les alcools de mélasse et maïs.
Récompense : Médaille d'or, à l'Exposition Universelle de 1878.

120. DECOURDEMANCHE (A.) & Cie, à Choisy-le-Roi (Seine). — Caoutchouc et gutta-percha manufacturés.   **(PALAIS.)**

121. DEFRESNE (J.-J.-Théophile), à Paris, quai du Marché-Neuf, 4. — Pancréatine Defresne. Trypsine. Amylopsine. Stéapsine.   **(PALAIS.)**

Glycérine obtenue par le dédoublement de la graisse. — Maltose obtenue par la saccharification de l'amidon. — Peptone obtenue par l'action de la pancréatine sur la viande. — Lait peptonisé. — Vin de peptone. — Huile de foie de morue émulsionnée par la pancréatine. — Pilules de pancréatine. — Pepsine, pouvoir 150 gr. fibrine. — Diastase saccharifiant 500 gr. amidon; elle en dissout 2,000 gr. — Maltine et farine maltée.

122. DEHAYNIN (Félix), à Paris, rue d'Hauteville, 58. — Goudron et produits chimiques dérivés. Brai, huile créosote, essence de houille, eau ammoniacale ; anthracène.   **(PALAIS.)**

Distillation du goudron et produits chimiques dérivés 15 à 20.000 tonnes par an.
Huile anthracénique. — Anthracène brut et purifié. — Naphtaline brute et purifiée. — Naphtaline bougies pour carburation du gaz. — Phosphate de soude. — Acide phénique brut et cristallisé. Benzoles. — Benzine et autres dérivés.
Médailles d'or et diplômes d'honneur aux Expositions de Londres, Paris, Anvers, Bruxelle
Hors concours à Amsterdam.
Chevalier de la Légion d'honneur.
Officier de l'Ordre de Léopold.
Chevalier de l'Ordre de François-Joseph.
Commandeur de l'Ordre du Nicham-Iftikar.

123. DÉJARDIN (Eugène), à Paris, boulevard Haussmann, 103. — Extrait de malt français (bière diastasée).   **(PALAIS.)**

Médailles aux Expositions de Philadelphie 1876 et de Paris 1878.

124. DELAUX (Alfred), à Amiens (Somme), rue Constantine, 17. — Lessive de famille, parfumée à l'Iris, et sans parfum.   **(PALAIS.)**

125. DELEAU (P.-Eugène), à Dives-sur-Mer (Calvados). — Iodure de menthyle.   **(E. C.) (PALAIS.)**

Iodure d'éthyle et menthol. Traitement curatif des dyspnées cardiaques et laryngées, asthmes, maladies du cœur, etc.

126. DELETTREZ (Gustave), à Levallois-Perret (Seine), Grande-Rue, 7. — Graisses inflammables, huiles inoxydables.   **(PALAIS.)**

127. DELPECH (Emile), à Paris, rue du Bac, 23. — Préparations pharmaceutiques de cubèbe (extrait éthéré), de l'eucalyptus ; de peptone mercurique ammoniaque; de podophyllin.   **(PALAIS.)**

128. DELPECH (Emile), à Paris, rue du Bac, 23. — Travaux scientifiques.   **(E. C.) (PALAIS.)**

129. DELVAL et PASCALIS (Ancienne maison Roseleur), à Paris, rue Chapon, 5. — Produits chimiques pour les sciences et l'industrie. — Matériel et ustensiles pour galvanoplastie, dorure, argenture, nickelage.   **(PALAIS.)**

Ingénieurs, anciens élèves des Écoles centrale et polytechnique.
Médaille d'or, Paris, 1878.
Diplômes et Médailles aux Expositions de Londres et Vienne (Autriche).

130. DERRIEN (G.), à Pont-l'Abbé (Finistère). — Iodes, iodures, etc.   **(PALAIS.)**

131. DESCHAMPS Frères, à Vieux-Jean-d'Heurs (Meuse). — Outremers de différentes couleurs. Bleus fixes dits de Dôle.   **(PALAIS.)**

132. DESESQUELLES (François), à Paris, rue des Boulets, 15.—Couleurs
sèches et broyées, peintures préparées, articles à polir, vernis, produits spéciaux pour
les arts et l'industrie.   **(PALAIS.)**

133. DESMARAIS Frères, à Paris, rue de Londres, 29. — Huiles brutes de
pétrole, huiles raffinées et essences rectifiées pour éclairage. Benzines. Vaselines.
                                                                                 (PALAIS.)

   Raffineries au Hâvre, à Colombes, à Blaye ; dépôts dans les principales villes de France.
   Hors concours à l'Exposition universelle de 1878.

134. DESNOIX (Ch.-Julien), à Paris, rue Vieille-du-Temple, 17. — Produits
pharmaceutiques et antiseptiques.   **(PALAIS.)**

135. DESNOIX (C.-Julien), à Paris, rue Vieille-du-Temple, 17. — Thèse sur la
noix vomique et les loganiacées, sur l'igasurine.   **(E. C.) (PALAIS.)**

136. DESPINOY et Cie, à Paris, rue Alibouy, 9 bis. — Extraits, vins et sirops
d'extrait de foies de morue.   **(PALAIS.)**

137. DEUTSCH (A.) & ses Fils, à Paris, rue Saint-Georges, 29. — Raffinage
du pétrole et de ses dérivés.   **(PALAIS.)**

138. DIDA (Lucien), à Paris, boulevard Richard-Lenoir, 108.—Vernis et teintures
alcooliques avec les principales applications qu'ils comportent.   **(PALAIS.)**
   Vernis imitation de dorure pour bronzes d'art, d'ameublement et pour appareils d'éclairage.
   Vernis conservateur pour tous métaux. Optique et horlogerie.
   Vernis surfins de toutes couleurs, brillants et mats pour fleurs, fruits, feuillages, métaux,
paillons. Vernis extra-fins pour le bois, la reliure, le maroquin. Émaux transparents et opaques,
pour décorations sur verre, porcelaine, étoffes, bijouterie, bronzes d'église et reliure riche.
   Vernis spéciaux pour le fer et l'acier, le zinc; incolores ou de toutes nuances.
   Vernis supérieurs de toutes couleurs souples et adhérents, supportant l'estampage pour fer-
blanc, cuivre et cuir frappé, pour tentures, imitation de Cordoue.
   Usine à Draveil (Seine-et-Oise).
   Maison fondée en 1845, par M. A⁰⁰ Dida.

139. DOIX MULATON & WOLF, à Villeurbanne (Rhône). — Acides tartri-
que et citrique.   **(PALAIS.)**
   Médaille de mérite, Vienne, 1873 ; Médaille d'argent, Paris, 1878, accordées à C. Mulaton et Cie.

140. DORNEMANN (Georges-W.), à Loos-lez-Lille (Nord). — Outremers
bleus, verts, violets, rouges.   **(PALAIS.)**

141. DUBOÉ-DAUSSE & BOULANGER, à Paris, rue Aubriot, 4. —
Extraits. Granules. Dragées. Pilules. Pastilles.   **(PALAIS.)**
   Laboratoire pharmaceutique de Dausse aîné.
   Maison fondée en 1834.
   Fabrique de produits pharmaceutiques à Ivry (Seine).

142. DUBOIS (Ch.), à Marseille, rue de la République, 9. — Soufre, bleu de
Prusse, cyanure et sulfo-cyanure. Produits chimiques.   **(PALAIS.)**

143. DUBOSC (A. Ernest), au Hâvre (Seine-Inférieure), rue Jules-Lecesne, 46.
   — Extraits tinctoriaux et tannants, secs et liquides, bois de teinture et tannants en
bûches et moulus.   **(PALAIS.)**
   Récompenses aux Expositions universelles :
   Médaille de bronze, Paris, 1867.
   Médaille de mérite, Vienne, 1873.
   Médaille d'or, Paris, 1878.
   Médaille d'or et Diplôme d'honneur, Anvers 1885.
   Chevalier de la Légion d'honneur.
   Commandeur de l'Ordre d'Isabelle la Catholique.

144. DUBOSC Frères et SUBERT, à Paris, rue Vieille du Temple, 75.—Produits chimiques pour la pharmacie, la photographie et les arts.   **(PALAIS.)**

145. DUFOUR (J.-A.), à Saint-André (Savoie). — Savons chimiques pour détacher, dégraisser, nettoyer toutes les étoffes.   **(PALAIS.)**

146. DUPERRON Fils (Claudius-F.-F.), à Flers (Orne).—Capsules ovales et rondes, chocolats médicinaux, dragées, granules, pastilles, pâtes pectorales, pilules, tablettes, poudres.   **(PALAIS.)**

147. DUPUY (P.-Edmond), à Toulouse (Haute-Garonne), allée des Soupirs, 7.— Manuels divers. Notices. Études.   **(PALAIS.)**

148. DUPUY (P.-Edmond) à Toulouse (Haute-Garonne), allée des Soupirs, 7. — Manuels divers. Notices. Études.   **(E. C.) (PALAIS.)**

149. DUQUESNEL (Henri-P.) à Courbevoie (Seine), rue de Nanterre, 19. — Alcaloïdes divers.   **(E. C.) (PALAIS.)**

150. DUQUESNEL (Henri) et MILLOT (Roger), à Courbevoie (Seine), rue de Nanterre, 19. — Alcaloïdes et granules d'alcaloïdes.   **(PALAIS.)**

151. DURAND Fils (J.) et Cie, Ancienne Maison **Ch. Leroy et Durand,** à Gentilly (Seine), route de Fontainebleau, 39.—Stéarines, bougies, savons, chandelles, suifs, margarine.   **(PALAIS.)**

Tous les produits se rattachant à ces diverses industries et leurs dérivés. — Récompenses aux Exp. univ., 1862, Londser, Prize-Medal. — 1867, Paris, 2 Méd. d'arg., 1 Méd. d'or. — 1878, Paris, Rappel de Médaille d'or.

152. DURAND (L.),HUGUENIN & Cie, à Saint-Fons, près Lyon (Rhône). — Dérivés de la houille, matières colorantes artificielles, produits chimiques et pharmaceutiques.   **(PALAIS.)**

Médailles : mérite, Vienne 1873, Philadelphie 1876 ; argent, Paris 1878.
Raffineurs concessionnaires des huiles de houille, provenant des fours « Carvès » à Bilbao et Terre-Noire. — Benzine, Toluène, Ortho et Paranitrotoluènes, Aniline. Ortho et Paratoluidine et leurs sels, Diméthylaniline, Fuchsines sans arsenic et sous-produits. — Produits brevetés : Violet solide, Indophénol, Muscarine, Bleu de Bâle. — Bleu Coupier, Indulines, Bleus alcalins. Vert malachite, Céruléine, Chlorine, Galléine, Giroflée, Jaune d'or. Éosines, Ponceau acide, Roccéléine, Orangés. Substituts d'Orseille. Bruns Bismark. Noirs solubles. — Acide sulforicinique, Sulforicinates.
Mordants divers. — Produits spéciaux pour impression et teinture. — Salol et Acétanilide.

153. EGROT & TINCQ, à Argenteuil (Seine-et-Oise), rue Nationale, 4. — Hydrhyaline pour générateurs, glycile pour cylindres, graphitoléine pour robinets, huiles industrielles.   **(PALAIS.)**

154. ELWART (Antony), à Paris, rue des Francs-Bourgeois, 29. — Cyanures de potassium blancs ; prussiate rouge de potasse.   **(PALAIS.)**

155. ESMÉNARD (Charles E.), à Paris, avenue de Clichy, 123. — Papier-moutarde français pour sinapismes, moutarde vétérinaire française à l'usage des animaux domestiques.   **(PALAIS.)**

156. EXPERT BEZANÇON (Charles) et Cie, à Paris, rue du Château-des-Rentiers, 187. — Céruse, couleurs, mastic à vitrer, mastic de minium, couleurs en poudre et minium.   **(PALAIS.)**

157. Exposition collective scientifique des pharmaciens Fran çais. — Découvertes de la pharmacie française.   **(PALAIS.)**

Adrian.	Dupuy (E.).	Patouillard (N.),
Andouard.	Duquesnel (H.).	Patrouillard (Ch.).
André-Pontier.	Falières (E.).	Perrens.
Bainier (G.).	Ferrand (E.).	Périer (F.).
Boymond (M.).	Ferrand (Eusèbe).	Petit (Paul).
Béguin.	Forterre (Ch.).	Peyrusson (E.).
Bernou (E.).	Fumouze (A.).	Pinçon (A.).
Bocquillon-Limousin.	Fumouze (V.).	Schmidt (Ed.),
Boudier (E.).	Houdé (A.).	Thibault (P.).
Bonnafé.	Huguet (R.).	Vée (A.).
Bretet (H.).	Hunkiarbeyendian (L.).	Verne (C.).
Capgrand-Mothes.	Jolly (L.).	Vidal (J.).
Carles (P.).	Labiche (J.).	Vigier (F.).
Collin (E.).	Lavialle.	Vigier (P.).
Deleau (E.).	Lecerf (Ch.).	Wurtz (F.)
Delpech (E.).	Leprince (M.).	Yvon (P.).
Desnoix (Ch.).	Loret (A.).	

158. FALCONY (Adrien), à Asnières (Seine), rue Eugénie, 19. — Glycérines brutes et distillées.   **(PALAIS.)**

159. FALIÈRES (P.-Émile), à Libourne (Gironde). — Travaux scientifiques.   **(PALAIS.)**

160. FALIÈRES (P.-Émile), à Libourne (Gironde). — Travaux scientifiques.   **(E. C.) (PALAIS.)**

161. FAURE (Louis), à Lille (Nord). — Céruse par procédé hollandais.   **(PALAIS.)**

Médaille de bronze, Paris, 1855 ; Médaille d'argent, Paris, 1867 ; Médaille d'or, Paris, 1878.

162. FAYARD, BLAYN et Cie, à Paris, rue Saint-Merry, 30. — Papier Fayard.   **(PALAIS.)**

163. FERRAND (Etienne), à Lyon (Rhône), rue de la République, 71. — Mémoires scientifiques publiés sur la chimie, la pharmacie et l'hygiène.   **(E. C.) (PALAIS.)**

164. FERRAND (Eusèbe), à Paris, quai de Béthune, 18. — Ouvrages techniques.   **(PALAIS.)**

165. FERRAND (Eusèbe), à Paris, quai de Béthune, 18. — Ouvrages techniques.   **(E. C.) (PALAIS.)**

166. FORTERRE (Charles H.), à Saint-Denis (Seine), rue de la Fromagerie, 7. — Phosphate de chaux mono-calcique. Capillarimètre.   **(PALAIS.)**

167. FORTERRE (Charles H.) à Saint-Denis (Seine), rue de la Fromagerie, 7. — Phosphate de chaux mono-calcique. Capillarimètre.   **(E. C.) (PALAIS.)**

168. FOSSÉ (E. Philoxène), à Paris, rue du Château-d'Eau, 18. — Glacé émail.   **(PALAIS.)**

169. FOURGAULT (Eugène), à Asnières (Seine), avenue Péreire, 88. — Brillant belge, tripoli de Venise.   **(PALAIS.)**

Brillant belge breveté S. G. D. G. pour le polissage de tous les métaux indistinctement.
Brillant or spécial pour cuivres, casques, instruments de musique, etc.
Brillant florentin pour bronze.
Fournisseur officiel des Compagnies des Chemins de fer d'Orléans (ligne de Sceaux), de Paris-Lyon-Méditerranée et de l'Est.
Fournisseur de la Compagnie Parisienne du Gaz, des Grands Magasins du Louvre et autres grandes administrations de l'Etat.
Récompense à l'Exposition de Melbourne.

170. FOURNIER (Eugène), BON (P.), & Cie, à Dijon (Côte-d'Or). — Capsules Pingeon ou capsules médicinales par pression.   **(PALAIS.)**

Capsules fabriquées par un procédé spécial permettant le dosage du médicament capsulé.
Médaille de bronze, Philadelphie 1876. Médaille de bronze, Paris 1878.

171. FOURNIER (H.) et Cie, Successeurs de **C. Torchon**, Maison **L. Frère**, à Paris, rue Jacob, 19. — Produits chimiques et pharmaceutiques.   **(PALAIS.)**

Maison fondée en 1826 par M. L. Frère.
1876, Exposition internationale de Philadelphie, médaille pour produits pharmaceutiques.
1876, Exposition internationale de Philadelphie, médaille pour produits chimiques.
1878, Exposition universelle, Paris, médaille d'or.
1879, Exposition internationale de Sidney, premier degré de mérite.
1880-1881, Exposition internationale de Melbourne, médaille d'or.
1883, Exposition universelle d'Amsterdam, médaille d'or.

172. FRANÇOIS (L. A.), GRELLOU (A. E.) & Cie, à Paris, rue des Entrepreneurs, 43. — Caoutchouc pour l'industrie dans toutes ses applications. Clapets pour pompes à eau et à air. **(PALAIS.)**

Feuilles et plaques en caoutchouc souple. Clapets. Rondelles. Joints de vapeur et d'eau.
Courroies-guides dressées sur toutes faces pour machines à papier. Courroies de transmission.
Anneaux pour vélocipèdes et roues de voitures. — Corde Tuck. — Garnitures de poulies, de scie à ruban. — Tuyaux pour pression, tuyaux pour arrosage, pompes, brasseries, distilleries, vinaigreries, acides, vidanges. Tuyaux à spirale métallique pour aspiration.
Articles de gutta-percha. Tuyaux, courroies de transmission, disques pour turbines, garnitures de cuves. — Articles spéciaux de chirurgie.
Médaille de bronze à l'Exposition de 1878.

173. FROGER-BOURDON (Eugène), à Château-Renault (Indre-et-Loire), rue d'Habert — Colles fortes. **(PALAIS.)**

Cinq Médailles aux Expositions, Paris, 1855, 1867, 1878, Anvers, 1885, Bruxelles, 1888. Direction commerciale à Paris : Mabille, rue Turenne, 128, Paris.
Colle forte de rognures de peaux exotiques (firmes déposées ; Qualités Givet, à la Balance, au Rabot, et Médaille d'or). Colle forte de rognures de peaux indigènes et de nerfs, dite colle Bourdon.

174. FRUNEAU (E.), à Nantes (Loire-Inférieure), rue du Chapeau-Rouge, 13. — Papier E. Fruneau, anti-asthmatique. **(PALAIS.)**

Papier anti-asthmatique Fruneau, admis aux Expositions universelles de Londres et de Paris, composé et formulé en 1844 par E. Fruneau, ex-pharmacien à Nantes (Loire-Inférieure).

175. FUMOUZE (Armand), à Paris, Faubourg-Saint-Denis, 78. — Travaux sur la cantharide. **(E. C.) (PALAIS.)**

176. FUMOUZE Frères, à Paris, rue du Faubourg-Saint-Denis, 78. — Papier et vésicatoire d'Albespeyres ; capsules de Raquin ; papier et cigares anti-asthmatiques de Barral. **(PALAIS.)**

Papier et vésicatoire d'Albespeyres ; capsules de Raquin ; sirop de dentition et produits dentaires du Dr Delabarre ; papiers et cigares anti-asthmatiques de Barral ; pilules et poudre anti-goutteuses de Lartigue ; pulvérisateurs Marinier.

177. FUMOUZE (Victor), à Paris, rue du Faubourg-Saint-Denis, 78. — Sels de l'acide copahivique. **(PALAIS.)**

178. FUMOUZE (Victor), à Paris, rue du faubourg Saint-Denis, 78. — Sels de l'acide copahivique. **(E. C.) (PALAIS.)**

179. GAILLARD Frères, Emile Gaillard, successeur, à Lons-le-Saulnier (Jura). — Graisse imperméable dite « Mastic Russe », pour chaussures. **(PALAIS.)**

180. GALLOIS. (F.-Narcisse), à Villepreux (Seine-et-Oise). — Alcaloïdes nouveaux. **(PALAIS.)**

181. GARNIER (P.-Charles), à Paris, rue Rochechouart, 38. — Pastilles comprimées. **(PALAIS.)**

182. GARNIER-LAMOUREUX & Cie (J.-M.-Émile Charton, Successeur, à Paris, rue Tiron, 2. — Granules et dragées pharmaceutiques. **(PALAIS.)**

183. GENEVOIX (Em.) et Cie, Successeurs de **Meunier & Dervault & Cie, Pharmacie centrale de France,** à Paris, rue de Jouy, 7. — Produits chimiques et pharmaceutiques, extraits, teintures, sparadraps, dragées, capsules, pilules. **(PALAIS.)**

Société en commandite au capital de 10 millions de francs.
Usine modèle à Saint-Denis (Seine), pour la fabrication des produits pharmaceutiques et des produits chimiques pour les arts et l'industrie.
Succursales à Lyon et Marseille.
Maisons à Bordeaux, Nantes et Toulouse.
(Conditions spéciales pour l'Exportation).
Récompenses :
1851 Londres, Médaille d'or; 1855 Paris, Médaille d'honneur ; 1862 Londres, Médaille d'or; 1867 Paris, 2 Médailles d'or; 1878 Paris, Médaille d'or; 1881 Melbourne, Médaille d'or; 1883 Amsterdam, Diplôme d'honneur; 1885 Anvers, Diplôme d'honneur; 1888 Barcelone, Médaille d'or.

184. GERMOT & LEFÉVRE, à Paris, rue Taitbout, 45.— Vernis gras, Vernis industriels. Vernis à l'alcool. Matières isolantes et enduits pour câbles et fils électriques. **(PALAIS.)**

185. GERSCHEL (Emile) et Cie, à Paris, Faubourg-Saint-Denis, 80. — Encres, couleurs, noir et vernis. **(PALAIS.)**

186. GIGODOT & LAPRÉVOTE, à Lyon (Rhône), rue de Béarn, 3. — Colle forte, gélatine, colle gélatine pour apprêt, colle pour clarifier les vins, os dégélatinés, incinérés. Phosphate précipité, etc. **(PALAIS.)**

   Usines à Saint-Fons, (Rhône).
   Gélatine de toutes qualités.
   Suif d'os, marc de colle, cornes, superphosphate d'os.
   Récompenses : Médailles aux Expositions de Paris 1867, 1878.
   Barcelone 1888.

187. GIGUET-LEROY, à Paris, quai de Javel, 41. — Huiles de pied de bœuf. Colles gélatines pour apprêts. Colles fortes pour carton, pierre, os et cornes. **(PALAIS.)**

   Colles fortes, ébénisterie et tabletterie.
   Médailles de bronze, Amsterdam 1883. — Médaille d'argent, Barcelone 1888.

188. GILLIARD-MONNET (P.) & CARTIER, à Lyon (Rhône), quai de Retz, 8. — Couleurs d'aniline, résorcine et dérivés, acide phénique pur. Extraits de châtaignier et de sumac pour teinture et impression. **(PALAIS.)**

189. GLAIZOT Frères, à Aber-Wrac'h (Finistère).—Produits chimiques, extraits des varechs, sels de potasse et de soude, brome et bromures, iode et iodure. **(PALAIS.)**

   Usine créée en 1872. Médaille d'argent, Paris 1878.

190. GOUBLIER (Charles), à Paris, rue Lepic, 59. — Bougies tubulaires la Merveilleuse et l'Eldorado. **(PALAIS.)**

   Breveté en France, S. G. D. G. et à l'étranger. Etiquettes, marques et papiers déposés.

191. GOURD, VIALLON & Cie, à Lyon (Rhône), chemin du Gerland, 65. — Acide stéarique, acide oléique, glycérine, bougies. **(E. C.) (PALAIS.)**

   Maison fondée en 1862, ne travaillant que par la saponification, bougies de luxe.
   Médaille d'argent, Paris 1867 et 1878. Dépôt, 3, rue Meyerbeer, Paris.

192. GOUSSARD Fils (Émile-E.), à Montreuil (Seine), rue de la République, 58. — Couleurs, colle de peau. Apprêt pour corderie. Siccatifs. Mastics. Mastic à greffer. Tripoli magique. Plombagine magique. Encaustique de la comète. **(PALAIS.)**

193. GRANDVAL (Alexandre), à Reims (Marne).— Extraits pharmaceutiques préparés dans le vide. **(PALAIS.)**

194. GRORICHARD (E. Jules), à Besançon (Doubs). — Tissus emplastiques, mouches de Milan. **(PALAIS.)**

   Mention honorable à l'Exposition universelle de Paris, 1878 ; Médaille de bronze à l'Exposition d'Anvers, 1885.

195. GROSSET-GRANGE, à Paris, boulevard Beaumarchais, 44. — Poudre et pâte métallique pour nettoyer les métaux. Graisse d'armes antirouille. Fleurs et poudre de pyrèthre. **(PALAIS.)**

196. GUERILLOT (E.), à Paris, rue Saint-Denis, 206. — Matières premières pour la dorure. **(PALAIS.)**

197. GUIBAL (Charles), à Paris, rue Vivienne, 40. — Produits en caoutchouc manufacturé. **(PALAIS.)**

198. GUIMET (Émile), à Lyon (Rhône), place de la Miséricorde, 1. — Outremer en poudre et en boules. **(PALAIS.)**

199. GUINON, PICARD & JAY, à St-Fons, près Lyon (Rhône).—Orseille et ses dérivés, indigo et ses dérivés, acide picrique, couleurs d'aniline, extraits de colorants végétaux, tannins. **(PALAIS.)**

Spécialité de tannins.
Récompenses : Paris 1855, 1867, 1878.

200. GUY (H.) & Cie, à Lyon (Rhône), chemin du Gerland, 52. — Acides stéaririques, acide oléique, glycérine, bougies. **(E. C.) (PALAIS.)**

201. HARDY (Ernest), à Paris, rue de Rennes, 90. — Alcaloïdes nouveaux. **(PALAIS.)**

202. HARDY-MILORI (E.) et Cie, à Montreuil-sous-Bois (Seine), rue de Paris, 261. — Couleurs pour papiers peints, lithographie, typographie, peinture fine, commune, fleurs. **(PALAIS.)**

203. HARET (Charles-L.), à Levallois-Perret (Seine), rue Gide, 58. — Ignifuge-Martin. **(PALAIS.)**

204. HARTOG et Cie, à Paris, place Lafayette, 112. — Vernis gras à l'huile sans alcool. **(PALAIS.)**

205. HATTON (Eugène), à Montreuil-sous-Bois (Seine), rue de la République, 38. — Colles de peaux sèches, vélicolle, comicolle, apprêts, matières premières et engrais. **(PALAIS.)**

206. HÉRUBEL (Frédéric C.), au Petit-Quévilly, près Rouen (Seine-Inférieure). — Produits chimiques ; savons, sulfure de carbone. **(PALAIS.)**

Huiles d'extraction *pour dégras et ensimage.* Mordants gras *pour teinture et impressions.* Adhérentine, *enduit blanc* sans résine *pour courroies, etc.*
Récompenses : Paris 1878, médaille d'argent.

207. HIERNAUX (Léon), à Paris, rue de Javel, 11. — Sels de soude du génie, soude du génie, lessive du génie, eau de Javel du génie, savons silicate de soude. **(PALAIS.)**

208. HOLDEN et Fils, à Croix, près Roubaix (Nord). — Corps gras, oléine, potasse. Extraits des eaux de lavage des laines. **(PALAIS.)**

209. HOMOLLE & BLAQUART, à Saint-Denis (Seine), rue Petit, 26. — Digitaline d'Homolle et Quevenne et ses préparations pharmaceutiques. **(PALAIS.)**

Approuvée par l'Académie de Médecine de Paris. — Médaille d'or de la Société de Pharmacie de Paris. — Méd. d'arg. : Paris, 1855, 1878. — Prix de 1400 fr. de l'Académie de Médec. 1872.

210. HOUDÉ (Alfred), à Paris, rue du Faubourg-Saint-Denis, 42. — Alcaloïdes, cocaïne, sparteïne, colchicine, delphine, scillitine. **(PALAIS.)**

211. HOUDÉ (Alfred), à Paris, rue du Faubourg Saint-Denis, 42. — Alcaloïdes, cocaïne, sparteïne, colchicine, delphine, scillitine. **(E. C.) (PALAIS.)**

212. HOUZEAU (Paul) et Cie, à Reims (Marne), place de la République, 8. — Savons à base de potasse et de soude. Potasses de suint. Huiles animales et végétales. **(PALAIS.)**

213. HUGUET (Robert A.-A.), à Clermont-Ferrand (Puy-de-Dôme), Place du Terrail, 3. — Livres et publications scientifiques. **(PALAIS.)**

214. HUGUET (Robert A.-A.) à Clermont-Ferrand (Puy-de-Dôme), place du Terrail, 3. — Livres et publications scientifiques. **(E. C.) (PALAIS.)**

215. HUNKIARBEYENDIAN (Lacroix), à Paris, rue du Château-d'Eau, 76. — Étude de matière médicale. **(PALAIS.)**

216. HUNKIARBEYENDIAN (Lacroix), à Paris, rue du Château d'Eau, 76. — Étude de matière médicale. **(E. C.) (PALAIS.)**

217. HUTCHINSON et Cie, à Paris, rue d'Hauteville, 1. — Caoutchouc.
(PALAIS.)

Chaussures et bottes en caoutchouc, articles techniques pour : industrie, marine, guerre, travaux publics, chemins de fer, ponts et chaussées, mines etc. Courroies de transmission, clapets, rondelles, tuyaux pour gaz, liquides, aspirateurs vapeur, pompes d'incendie pour freins Westinghouse, Wenger, Hardy. Tuyaux brevetés, S. G. D. G. pour pompes d'épuisement, bandes de billard, cercles moulés pour roues de vélocipèdes. Tapis à jours et tapis chemin. Tissus et vêtements imperméables, Tissus cuir maroquinés pour la carrosserie. Vêtements pour mineurs, pêcheurs, suc.iers, gaziers, etc. Coussins, matelas, gilets et ceintures de natation, baignoires, sacs et trousses de voyage, Tapis et bonnets de bain, sous-bras, bracelets, gommes à effacer. 5 Médailles d'or, aux Expositions universelles, Londres, 1862. Paris, 1867. Vienne, 1873. Paris, 1878. Anvers, 1885.

218. INDIA RUBBER Co. à Paris, boulevard de Sébastopol, 97. — Caoutchouc. **(PALAIS.)**

Électricité, fils et câbles isolés, gutta ou caoutchouc pour sonnerie, téléphonie, télégraphie, mines, torpilles. Lumière électrique, transport de force ; fils pour électro-aimants ; ébonite, boîtes pour piles, charbons pour lumière. — Médailles d'or aux Expositions universelles : Paris 1855, 1878. — Londres 1862. — Anvers 1885 — Barcelone 1888. Voir cl. 62 et cl. 39.

219. JACOTIN, RINOCHE & Cie, à Billancourt (Seine), rue des Peupliers.— Savons, stéarine, oléine, glycérine. **(PALAIS.)**

220. JACQUAND Père et Fils, A. Coignet et Cie successeurs, à Lyon, (Rhône), quai de la Pêcherie, 3. — Colles fortes, colles gélatines, gélatines, engrais divers, suif d'os, phosphore blanc et amorphe. **(PALAIS)**

221. JATOWSKI Jeune et LOISEAU, à Poitiers (Vienne), rue de la Chaussée, 32. — Teinture pour teindre soi-même, lessive « la Viollette », « l'Indispensable », poudre pour les blanchisseuses. **(PALAIS.)**

222. JOLLY (Léopold), à Paris, rue du Faubourg-Poissonnière, 64. — Acides phosphovinique, phosphoglycérique. Phosphoglycérate de potasse. Phosphate de fer extrait du sang. **(PALAIS.)**

223. JOLLY (Léopold), à Paris, rue du faubourg Poissonnière, 64. —Phosphates physiologiques. **(E. C.) (PALAIS.)**

224. JOUBERT (L.-Aymar), à Paris, rue des Lombards, 8.— Sirop de calabre Joubert, coco parisien, savons médicinaux de Mollard, glycyrrhizate d'ammoniaque. **(PALAIS.)**

225. JOUDRAIN & Cie, à Paris, avenue Victoria, 18.— Colles fortes, gélatines et engrais. **(PALAIS.)**

226. JOUISSE (Henri), Ancienne Maison **Dupont**, à Orléans (Loiret), rue Bannier, 60. — Produits E. D. « à l'Étoile » tissus pharmaceutiques, masses emplastiques et mouches de Milan. **(PALAIS.)**

227. JULLIEN Fils de l'Ainé (Marie-F.), à Brignoles (Var). — Savons divers. **(PALAIS.)**

228. KAULEK (Adolphe), à Puteaux (Seine), quai National, 44.— Extraits et laques pour teinture, impressions et tannage. **(PALAIS.)**

229. KESTNER et Cie, à Bellevue, près Giromagny, territoire de Belfort.— Produits de la distillation du bois et divers. **(PALAIS.)**

230. LABADIE (J.) & Cie, à Asnières (Seine), rue Lehot, 18.— Encaustique de l'Étoile, aromatique chinoise. **(PALAIS.)**

231. LABARRE (A.) et Cie, à Montreuil-sous-Bois (Seine). — Sulfites et bisulfites. **(PALAIS.)**

232. LABICHE (Jacques-V.), à Louviers (Eure). — Notes scientifiques sur l'iode, le cidre. **(PALAIS.)**

Classe 45.   2

233. LABICHE (Jacques-V.) à Louviers (Eure). — Notes scientifiques sur l'iode, le cidre, etc.   **(E. C.) (PALAIS.)**

234. LACOMME (Louis), à Paris, rue Coquillière, 34.— Couleurs vernis et siccatifs.   **(PALAIS.)**

> Savons, potasses.
> Toiles cirées, linoleum et tapis, paillassons, teintures, acides, produits chimiques, balais et plumeaux, articles de ménage, brosserie, cirage, eau de cuivre, vernis en tous genres.
> Médaille de bronze, Bruxelles 1888.

235. LACOUR (Edmond), au Petit-Quevilly (Seine-Inférieure).— Savons pour l'industrie et l'Épicerie, huiles pour graissage, apprêts pour encollage.   **(PALAIS.)**

236. LAFLÈCHE-BRÉHAM, à Paris, rue de Condé, 26. — Encres d'imprimerie, pâtes à rouleaux, couleurs et vernis.   **(PALAIS.)**

> Encres d'imprimerie pour typographie et lithographie, couleurs sèches et broyées, noirs, vernis, crayons, encre à report, papiers préparés, pâtes à rouleaux de toutes sortes, fonte à l'abonnement et à la pièce, Médailles aux Expositions universelles de 1855, 1867, 1878.
> Dépôt et bureaux, 26, rue de Condé, Usine à St-Ouen (Seine).

237. LAFOY et COTTAIS, à Billancourt (Seine), rue Thiers, 59. — Couleurs. Mastic. Siccatifs liquide et en poudre.   **(PALAIS.)**

238. LAGÈSE & CAZES, à Paris, rue des Quatre-Fils, 18. — Couleurs. Vernis. Produits chimiques. Encres d'imprimerie.   **(PALAIS.)**

239. LAIRE (G. de) & Cie, à Paris, rue Saint-Charles, 92. — Produits organiques, acides et aldéhydes aromatiques, alcools aromatiques. Éthers de phénol, acétones.
                                                                                         (PALAIS.)

> Maison fondée en 1876.
> Fabrique de vanilline.
> Produits organiques. Produits pour la Chocolaterie, la Parfumerie.
> Acides et aldéhydes aromatiques. Alcools aromatiques.
> Alcools aromatiques. — Éthers de phénol.
> Acétones. Anhydrides. Glucosides.
> Produits naturels.
> Produits naturels reproduits par les méthodes chimiques synthétiques.
> Récompenses : Paris 1878.
> Amsterdam 1883. — Anvers 1885. — Barcelone 1888.

240. LAMORLETTE (J.-B.-Paul), à Mouzay, par Stenay (Meuse). — Papillons et insectes.   **(PALAIS.)**

241. LAMOUROUX (Dr Alfred), à Paris, rue de Rivoli, 150. — Apiol des docteurs Joret et Homolle.   **(PALAIS.)**

242. LANGLEBERT (Adolphe), à Paris, rue des Petits-Champs, 55.— Sirops, vins, pilules, granules, extraits pharmaceutiques.   **(PALAIS.)**

243. LARMOYER (Maison) **NOEL (Casimir)**, Successeur de **Cautin(A.)** à Paris, rue d'Argout, 57. — Cirage anglais Larmoyer, cirage à harnais et vernis pour chaussures. Eaux de cuivre.   **(PALAIS.)**

> Brillant Larmoyer.
> Crème Universelle, pour les chaussures vernies et chevreau glacé.
> Médaille de bronze à l'Exposition de Paris, 1867.

244. LAVIALLE (Henri-B.) à Crest (Drôme). — La kavaïne et son sulfate. Sulfate d'arnicine.   **(E. C.) (PALAIS.)**

245. LE BEUF (Lucien), à Bayonne (Basses-Pyrénées), rue Victor Hugo,14. — Coaltar saponiné, désinfectant hygiénique, émulsions de Tolu, de goudron, etc.

                                                                                         (PALAIS.)

> Émulsions médicamenteuses cicatrisant, adoptées par les hôpitaux de Paris, approuvées par la haute commission du codex.

246. LÉCA (D.) & Cie, à Marseille (Bouches-du-Rhône), boulevard National, 20.
— Savons blancs garantis purs.   **(PALAIS.)**

> Usine à vapeur, chemin de Ste-Marthe, 5.
> Livraison en pains, en barres et en morceaux frappés de tous poids et de tous formats.
> Qualités spéciales pour l'épicerie et pour l'industrie de la soie et du coton.
> Récompenses : Médaille d'argent à l'Exposition universelle de Paris 1878.
> Médaille d'or, à l'Exposition universelle d'Amsterdam 1883.

247. LECAT (L.-J.), à Maisons-Alfort (Seine). — Savons.   **(PALAIS.)**

248. LECERF (Charles), à Paris, rue du Faubourg-St-Honoré, 229. — Citro-
phosphate. Phosphate de fer cristallisé soluble. Préparations microscopiques. Micro-
photographies.   **(PALAIS.)**

249. LECERF (Charles), à Paris, rue du Faubourg-Saint-Honoré, 229.— Citro-
phosphate. Phosphate de fer cristallisé soluble. Préparations microscopiques. Micro-
photographies.   **(E. C.) (PALAIS.)**

250. LECLUSE TREWŒDAL (de) Frères, à Audierne (Finistère). —
Iodes, iodures, etc.   **(PALAIS.)**

251. LECŒUVRE & C. TRESCA, à Paris, rue du Chemin-Vert, 92.—Huiles
et graisses industrielles.   **(PALAIS.)**

252. LE COUPPEY (Alfred), Société de perfectionnement, à Paris,
rue des Écouffes, 23. — Capsules, granules, dragées, pilules, mouches de Milan.
                                                  (PALAIS.)

253. LEFEBVRE (Édouard), à Paris, rue de la Cerisaie, 13.— Couleurs, vernis,
produits chimiques.   **(PALAIS.)**

254. LEFEBVRE (C.) & Cie, Gérant: **Paul Lefebvre, Savonnerie des
deux Mondes,** à la Plaine-Saint-Denis, avenue de Paris, 196 (Seine). — Savons
divers.   **(PALAIS.)**

255. LEFEBVRE (Théodore) & Cie, à Lille (Nord). — Céruse broyée et en
poudre.   **(PALAIS.)**

> Maison fondée en 1825. — Récompenses : Prize Medal, Londres 1851. — 1re classe, Paris
> 1855. — Or, Paris 1867. — Rappel, or, Paris 1878.

256. LEFRANC et Cie, à Paris, rue de Turenne, 64.— Couleurs, vernis, encres
d'imprimerie.   **(PALAIS.)**

257. LE GLOAHEC Fils, à Saint-Pierre-Quiberon (Morbihan), — Iodes, iodures,
etc.   **(PALAIS.)**

258. LEGROS, PIAT & LEAU, à Pourrain (Yonne).—Ocres jaunes et rouges,
brutes et travaillées.   **(PALAIS.)**

259. LEMERCIER (A.-L.), à Paris, rue de Seine, 57. — Crayons, encres, papiers et produits lithographiques.   **(PALAIS.)**

260. LEMOINE (R.) & COUTURIER (L.), à Paris, rue Bleue, 8. — Vernis
pour équipages, bâtiments, industrie. Siccatif liquide.   **(PALAIS.)**

261. LENORMAND et Cie, à Paris, rue de Provence, 67. — Désincrustant.
Antiincrustant dit « Lithophage ». Huiles lourdes à graisser.   **(PALAIS.)**

262. LEPAPE (A. Hippolyte), au Pré-Saint-Gervais (Seine), rue Chardanne, 11,
— Savon de Marseille, bleu pâle. Savon bleu vif. Savon blanc.   **(PALAIS.)**

263. LEPRINCE (Maurice), à Bourges (Cher), rue Bourbonnoux, 9. — Produits pharmaceutiques.   **(E. C.) (PALAIS.)**

264. LERENARD (Victor), à Alfortville (Seine).— Caoutchouc, feuilles, tuyaux
clapets, etc.   **(PALAIS.)**

265. LEROY (C.-N.), à Levallois-Perret (Seine), rue Danton, 7. — Graisses pour transmissions, voitures, machines et chemins de fer.   **(PALAIS.)**

266. LE ROY DES CLOSAGES (R.-C.-V.), à Champigny (Seine), rue Bonneau, 40. — Chaux grasse caustique industrielle en pierre et en poudre (calcyde).   **(PALAIS.)**

267. LEROY dit THIOUST, à Paris, rue des Haies, 68. — Aniline et laques pour papiers peints.   **(PALAIS.)**

268. LEROY (Vve Ch.), à Paris, rue Montmartre, 70. — Cirage onctueux en boîtes de fer blanc, noir animal.   **(PALAIS.)**

  Maison Th. Marcerou, fondée en 1835. Vve Ch. Leroy, Successeur de Ch. Leroy.
  Cirage onctueux, conservateur de la chaussure à la marque T. M.
  Expositions universelles 1855, 1867, 1878, Paris ; 1880, Melbourne.
  Exportation très importante dans l'Amérique du Nord, le Canada, les Antilles et l'Amérique du Sud.
  Usine pour la fabrication spéciale du noir animal par procédés nouveaux, rue du Landy, 52, à Saint-Denis.
  Usine, Maison de gros et Bureaux, rue Montmartre, 70, à Paris.

269. LESQUENDIEU (L.-Eugène), à Neuilly-Saint-Front (Aisne). — Matière imperméable pour chaussures.   **(PALAIS.)**

270. LEVAINVILLE et RAMBAUD, à Paris, rue du Parc-Royal, 16. — Produits chimiques, céruse, couleurs et vernis.   **(PALAIS.)**

271. LEVASSEUR (Hippolyte) Maison **F. Tissier,** au Conquet (Finistère). Produits extraits des cendres de varechs. Iode et iodures, brôme et brômures. Muriate et sulfate de potasse, chlorure de sodium.   **(PALAIS.)**

  Usine créée en 1820 par M. François-Benoit Tissier.
  Récompenses obtenues aux Expositions universelles :
  Paris 1855, Exposition universelle, Médaille de 1ère classe. Chevalier de la Légion d'honneur.
  Londres 1862, Exposition universelle, Médaille.
  Paris 1867, Exposition universelle, Médaille d'or.
  Vienne 1873, Exposition universelle, Médaille de progrès.
  Paris 1878, Exposition universelle, grande Médaille d'or.

272. LEVY (Alfred), à Paris, rue Louis-Blanc, 69. — Figue foudroyante pour détruire les rongeurs.   **(PALAIS.)**

273. LIMOUSIN & Cie, à Paris, rue des Haudriettes, 4. — Cachets médicamenteux et appareils pour leur emploi.   **(PALAIS.)**

  Récompenses aux Expositions universelles :
  Vienne 1873, Médaille de mérite. — Philadelphie 1876, Prize Medal. — Paris 1878, hors concours, Croix de la Légion d'honneur. — Sydney 1879, Médaille d'or. — Melbourne 1880, Médaille d'or. — Amsterdam 1883, Médaille d'or. — Anvers 1885, Médaille d'or.

274. LINET (Pierre), à Paris, boulevard Magenta, 7. — Engrais.   **(PALAIS.)**

275. LORET (J.-B.-Auguste), à Sedan (Ardennes) rue de Menil, 39. — Extraits narcotiques privés de matières inertes, dosés par les principes actifs.   **(PALAIS.)**

276. LORET (J.-B.-Auguste), à Sedan (Ardennes), rue de Menil, 39. — Extraits narcotiques privés de matières inertes, dosés par les principes actifs. **(E. C.) (PALAIS.)**

277. LORILLEUX (Ch.) et Cie, à Paris, rue Suger, 16. — Encres d'imprimerie. Echantillons en nature.

  Maison fondée en 1818.
  Diplômes d'honneur, médailles d'or aux Expositions universelles :
  Barcelone 1888 (O) ; Anvers 1885 (H) ; Amsterdam 1883 (H) ; Melbourne 1881 (O) ; Paris 1878 (P) ; Vienne 1873 (A) ; Paris 1867 (P. M) ; Londres 1862 (B) ; Paris 1855.
  Fabrique d'encres typographiques noires, de couleurs, de noirs, vernis, couleurs pour la lithographie, de couleurs sèches, de couleurs, produits pour les applications de la photographie, de produits pour relieurs, de pâtes à rouleaux, de noirs de fumée. Fournitures générales pour la typographie, la lithographie, l'impression sur métaux, la taille-douce, etc.
  Usines à Puteaux et à Nanterre (Seine). — Bureaux à Paris, 16, rue Suger.
  Trente succursales et dépôts à l'étranger.

278. LUDOVIC (Paul), Successeur de **S. Bourgeois,** à Ivry-Port (Seine), rue de Seine, 20. — Papier tue-mouches Daubin.   **(PALAIS.)**

279. MAILLARD (J.-Émile) et RADANNE (Eugène), à Paris, rue François-Miron, 68. — Dragées, granules, pilules, capsules, confiserie pharmaceutique, produits pharmaceutiques divers.   **(PALAIS.)**

  Maison spéciale pour l'exportation. Dragées, granules, pilules, pastilles, capsules et tous autres produits pharmaceutiques d'une conservation garantie sous tous les climats.
  Exécution de toutes formules et conditionnement avec étiquettes en toutes langues, aux noms, marques et adresses des clients. Usine à Billancourt.

280. MALLEVAL Père & ROUTTAND (H.), à Paris, rue du Bourg-Tibourg, 16. — Vernis gras pour équipages, bâtiments et industrie, vernis à l'alcool pour ébénisterie, métaux, reliure.   **(PALAIS.)**

  Siccatif liquide l'Express brun, blanc, blond.
  Usine 133, route de Flandre, Aubervilliers.

281. MANTE LEGRÉ & Cie, à Marseille (Bouches-du-Rhône), rue de l'Arsenal, 7. — Acide tartrique, crême de tartre, sel de seignette, tartrate de chaux, sulfate de chaux, sulfate de cuivre.   **(PALAIS.)**

  Fabrication d'acide tartrique.
  Nouveau procédé Gladysz, breveté S. G. D. G.
  Usine à Montredon, banlieue de Marseille.

282. Manufactures de produits chimiques du Nord, Établissement **Kuhlmann,** Administrateur délégué : **M. Kolb (Jules),** à Lille (Nord). — Acides, alcalis, décolorants.   **(PALAIS.)**

283. MARGUERITE-DELACHARLONNY (J.-E.-Paul), à Urcel, (Aisne). — Alun ordinaire, alun écrasé, alun en poudre, alun épuré, sulfate de fer ordinaire, écrasé, couperose, etc.   **(PALAIS)**

  Médaille d'or, Exposition universelle 1878.

284. MARQUET DE VASSELOT, à Paris, rue Oberkampf, 114. — Orseille Carmin d'indigo. Bleu de cobalt. Couleurs fines.   **(PALAIS.)**

285. MASSAT (Camille), à Paris, rue Saint-Lazare, 20. — Cigarettes-Espic, (fumigateur pectoral).   **(PALAIS.)**

286. MEISSONIER (Les héritiers de Charles), à Saint-Denis (Seine), boulevard Ornano, 44. — Extr. de bois pour la teint., l'impr., et la tannerie ; extr. de garance ; extraits d'oseille ; laques pour impressions sur étoffes et pour papiers peints.   **(PALAIS.)**

  Bureau à Paris, 15, rue Béranger. — Établissements à Saint-Pétersbourg. — Représentants et dépôts : à Amiens, Bâle, Barcelone, Bordeaux, Bradford, Chemniz, Elberfeld, Gand, Lille, Lyon, Londres, Manchester, Mulhouse, New-York, Reichenberg, Reims, Roubaix, Rouen, Saint-Étienne, Troyes, Turin, Verviers. — Londres 1851, prize Medal ; Paris 1855, Méd. de 1re cl. ; Paris 1867, Méd. d'arg. ; Vienne 1873, Dipl. de progrès ; Paris 1878, Médaille d'or.

287. MÉNETREL (Léon), à Paris, rue des Petits-Champs, 33. — Brillant florentin pour parquet, carreaux, meubles, brillant ménetrel pour harnais, noirs liquides pour cuirs, bois.   **(PALAIS.)**

  Vingt années d'existence ; seule maison à Paris.

288. MENETREL (Alfred) & Cie, à Lille (Nord). 20, rue du Faubourg-de-Roubaix. — Cirages à parquets, toutes couleurs, noirs à sabots et à galoches.   **(PALAIS.)**

289. MÉNIER, à Paris, rue du Théâtre, 7. — Caoutchouc. Gutta-percha. **(PALAIS.)**

290. MENU (Edmond), à Lille (Nord). — Colles fortes et gélatines pour toutes industries et bleu d'outremer.   **(PALAIS.)**

291. MERLIN (H.) (Maison **Durel**), à Paris, rue de la Mare, 81. — Cirage onctueux et vernis, cirage à harnais, cirage liquide, noir chevreau. Eau de cuivre
                              (PALAIS.)

292. MEUNIER et FOREST, à Lyon, impasse Beauregard, 4. — Produits antiseptiques contre la tuberculose.   **(PALAIS.)**

293. MEYÈRE (Antoine), à Paris, boulevard Jourdan, 24.— Cire à déformer les chaussures, à giberne et à buffleterie, noire, jaune, brune, carmin.   **(PALAIS.)**

294. MICHAUD Fils Frères, à Aubervilliers (Seine). — Savons, glycérine.
                                                                (PALAIS.)

295. MICHEAU (Jean-A.), à Viroflay (Seine-et-Oise). — Bougies, cierges.
                                                                (PALAIS.)

296. MICHON (Pierre), à Paris, rue Saint-Merri, 23. — Vernis gras pour équipages, bâtiments et autres industries. Borate de manganèse.   **(PALAIS.)**

297. MILLY (A. de), Bougies et Savons de l'Etoile, Directeur : **M. Lenoël,** à la Plaine-Saint-Denis (Seine), avenue de Paris, 178. — Acides gras, bougies, savons, glycérine.   **(PALAIS.)**

298. Mines de Bouxviller, à Bouxviller (Meurthe-et-Moselle). — Prussiate et cyanures, bleu de Berlin.   **(PALAIS.)**

299. MONNET (Émile), à Paris, rue Mesnil, 10.—Composition Monnet et brillant alsacien.   **(PALAIS.)**

300. MONPILLARD (Auguste-J.), à Paris, rue Pascal, 30. — Colles de poisson. .   **(PALAIS.)**

301. MOREAU (Paul) & Cie, à St-André-lez-Lille (Nord).—Ethers sulfuriques, divers degrés, chloroforme pur, anesthésique. Tannin à l'éther, à l'alcool, alcool absolu, etc.   **(PALAIS.)**

   Bisulfite de soude. Bisulfite de chaux. Sulfate de fer. Sulfate de soude. Acide sulfureux. Rouille. Nitrate de fer et de cuivre. Ether acétique, nitrique, etc.

302. MOREL (M.-Charles), à Marseille (Bouches-du-Rhône), boulevard Saint-Bruno, 101. — Savon blanc de la Bonne-Mère, savon blanc du Sacré-Cœur.   **(PALAIS.)**

303. MOREL & GEORGET, à Aubervilliers (Seine), rue de la Gare, 17.—Colles fortes, gélatines, suif d'os, superphosphates d'os, poudres d'os, engrais divers. **(PALAIS.)**

   Colles fortes (marque M. G.).
   Collettes, Gélatines, Suif d'os, Poudre d'os et os dégélatinés, Superphosphate d'os purs.
   Engrais chimiques et composés.
   Phospho-Guano, Usine, 17, rue de la Gare, Aubervilliers (Seine) *Téléphone*.

304. MORET (Jules-L.), à Paris, rue Richard-Lenoir, 17.— Sel de soude antiseptique pour blanchissage et blanchiment. Produit épilatoire pour peaux dit « l'Inoffensif ». Eau à détacher « La moréine ».   **(PALAIS.)**

305. MOURE (Hippolyte), au Carbon-Blanc (Gironde). — Papier Moure, pour détruire les Mouches.   **(PALAIS.)**

306. MOURRUT (Hippolyte) & Cie, à Saint-Ouen (Seine), rue du Landy, 44. — Produits chimiques médicinaux.   **(PALAIS.)**

307. MOUYSSET (Charles), à Asnières (Seine), rue des Jardins-Modèles. — Extrait anti-scorbutique, extraits sucrés pharmaceutiques. Alcoolats et teintures concentrés.   **(PALAIS.)**

308. NAIGEON Fils (E. et L.), à Paris, passage de Patay. —Eau d'or Naigeon, destinée au nettoyage des cuivres.   **(PALAIS.)**

309. NICARD-FORTIER (Joseph), à Paris, rue de l'Ouest, 140.— Cirage du Bossu. Eau du Labrador pour le nettoyage des cuivres.   **(PALAIS.)**

310. NOEL (C. Ernest), à Noyon (Oise). — Sulfates d'alumine, alun, sels d'alumine, alumine, savon trisulfuré, trisulfure de carbone.   **(PALAIS.)**

311. OLIVE Jeune (Antoine), à Paris, boulevard Diderot, 136. — Jaune indien, grenats, blanc fixe, mixtion pour dorure, etc.   **(PALAIS.)**

312. ORANGE (L.-Hippolyte) et Cie, à Paris, rue de Flandre, 28. — Huiles de toutes sortes, graisses, suifs.   **(PALAIS)**

  Médaille d'argent, Paris 1878.
  Usine et fondoir à Pantin.

313. PARQUIN, GAUCHERY, ZAGOROWSKI et LECHICHE, à Auxerre et Sauilly (Yonne). — Ocres brutes, ocres en poudre lavées et non lavées. Noir de fer.   **(PALAIS.)**

  Médailles aux Expositions universelles de Paris 1855-1867-1878.

314. PATOUILLARD (T.-Narcisse), à Fontenay-sous-Bois (Seine), rue du Parc, 22. — Brochures diverses de pharmacie.   **(PALAIS.)**

315. PATOUILLARD (T.-Narcisse), à Fontenay-sous-Bois (Seine), rue du Parc, 22. — Brochures diverses de pharmacie.   **(E. C.) (PALAIS.)**

316. PATROUILLARD (Charles-H.), à Gisors (Eure). — Etude et recherches sur les aconits. Essai de médicaments.   **(PALAIS.)**

317. PATROUILLARD (Charles-H.) à Gisors (Eure). — Etude et recherches sur les aconits. Essai des médicaments.   **(E. C.) (PALAIS.)**

318. PAUL (Pierre-Ludovic), à Ivry-Port (Seine), rue de Seine, 20. — Papier tue-mouches Dauhin sans poison.   **(PALAIS.)**

319. PECHINEY et Cie, à Salindres (Gard). — Pyrites ; sel marin et produits des eaux-mères ; produits chimiques dérivés du sel marin.   **(PALAIS.)**

320. PELLEGRIS (Théodore C.), à Paris, avenue de Lowendal, 27. — Blanc de magnésie en pain et blanc gommeux en poudre pour le blanchiment.   **(PALAIS.)**

321. PENNÈS Fils & BOISSARD, à Paris, rue Latran, 2. — Sel de Pennès pour bains. Vinaigre de Pennès, antiseptique et hygiénique. Bromures de Pennès et Pélisse.   **(PALAIS.)**

322. PÉRIER (F.) à Pauillac (Gironde). — Travaux scientifiques.
                              (E. C.) (PALAIS.)

323. PÉRIER (J.-P.-Léon), à Pouillac (Gironde). — Travaux scientifiques divers,
                              (PALAIS.)

324. PERNOD (Jules), à Avignon (Vaucluse). — Nouveau cirage pour la chaussure.   **(PALAIS.)**

325. PERRÉ (A. & Fils), à Elbeuf (Seine-Inférieure). — Acides stéarique, oléique, bougies, glycérines, savons d'acide oléique.   **(PALAIS.)**

326. PERRENS, à Bordeaux (Gironde), cours d'Aquitaine, 103. — Travaux scientifiques.   **(E. C.) (PALAIS.)**

327. PETIT (E.-Arthur), à Paris, rue Favart, 8. — Alcaloïdes divers et leurs sels. Analgésine, pepsine, peptones et préparations.   **(PALAIS.)**

328. PETIT (Paul-M.), à Paris, rue de la Montagne-Sainte-Geneviève, 34. — Essence de santal Citrin, travaux sur les algues et les diatomées.   **(PALAIS.)**

329. PETIT (Paul-M.) à Paris, rue de la Montagne-Sainte-Geneviève, 34. — Essence de santal Citrin. Travaux sur les algues et les diatomées.   **(E. C.) (PALAIS.)**

330. PEYRUSSON (E.), à Limoges (Haute-Vienne), place Denis-Dussoubs. — Ether nitreux.   **(PALAIS.)**

331. PEYRUSSON (Édouard), à Limoges (Haute-Vienne), place Dauphine, 3. — Ether nitreux antiseptique et désinfectant.   **(PALAIS.)**

332. PICOT (Jules), à Paris, rue de l'Échiquier, 41. — Lessive Phénix, amidon, bleu. **(PALAIS.)**

333. PILON Frères et BUFFET, à Chantenay (Loire-Inférieure). — Sulfites Chlorures, Nitrates. Colles et gélatines. Noir animal. **(PALAIS.)**

334. PINCHON (Alfred-L.) à Elbeuf (Seine-Inférieure), rue des Barrières, 82. — Aréomètres thermiques. Pèse-huiles, glycérines, lait. Appareil à doser l'urée et certains gaz. **(E. C.) (PALAIS.)**

335. PLUCHE & Cie, à Paris, rue Saint-Lazare, 11. — Pétroles. **(PALAIS.)**

336. PLUSZESKI (E.), à Aubervilliers (Seine), rue Solférino, 28. — Savons médicinaux. **(PALAIS.)**

337. POLY (Francisque), à Tassin-la-Demi-Lune (Rhône). — Colle forte, collette, colle pour la clarification des vins. **(PALAIS.)**

338. POMMIER & Cie, à Gennevilliers (Seine). — Matières colorantes et produits chimiques. **(PALAIS.)**

339. PONTIER (André) à Paris, boulevard Saint-Germain, 48. — Préparations microscopiques. **(E. C.) (PALAIS.)**

340. PORION (Eugène), à Wardrecques (Pas-de-Calais). — Alcool et sous-produits. Sels de potasse et de soude. **(PALAIS.)**

Porion ✳, Récompenses obtenues aux Expositions universelles internationales : Paris 1867, deux Médailles d'argent. — Paris 1878, trois Médailles d'or. — Amsterdam 1884, 1er Prix. — Anvers 1885, hors concours, membre du Jury.

341. PORLIER (A.) (Maison **Viol** et **Duflot**), au Perreux (Seine), route de Rosny. — Eaux oxygénées. Matières premières. Produits blanchis. **(PALAIS.)**

342. POULAIN (Paul-F.) et Cie, à Paris, rue Payenne, 14.—Drogueries, produits chimiques, tinctoriaux, etc. **(PALAIS.)**

Commission. — Pulvérisation, Broyage à façon de toutes marchandises pour droguerie, pharmacie ; produits chimiques, Épicerie, Parfumerie, Confiserie, Teinture, etc. Graines de lin et graines de moutarde. Usine à vapeur, avenue Ledru-Rollin, 31.

343. POULENC Frères, à Paris, rue Vieille-du-Temple, 92. — Produits chimiques purs pour laboratoires, pharmacie et industrie. **(PALAIS.)**

Prize medal Londres 1862.
Médailles d'or aux Expositions universelles : Paris 1878.
Melbourne 1880.
Barcelone 1888.

344. PRUDON & Cie, à Ivry-Port (Seine), route de Vitry, 5. — Encres d'imprimerie, couleurs, vernis, noir de fumée, huile à graisser, vaseline, poix de Saxe, du Tyrol et cires. **(PALAIS.)**

345. PUPAT (Léon), à Romans (Drôme). — Enduit lithoïde français. **(PALAIS.)**

Breveté s. g. d. g.
Procédé économique pour peindre les métaux, ciments, pierres, briques, crépis, bois, toiles, verres, etc. etc.

346. QUENTIN-CHARPENTIER (Henri), à Paris, rue Saint-Paul, 43. — Huiles animales épurées, préparation spéciale pour l'horlogerie, la télégraphie, les armes et la mécanique de précision. **(PALAIS.)**

347. Raffineries de soufre Méridionales, Directeur : **M. L. Vezian**, à Marseille (Bouches-du-Rhône), rue Nicolas, 7. — Soufre, sublimé, raffiné, trituré, canons, coulé, et composé contre le mildew. **(PALAIS.)**

348. RENARD (Georges), à Puteaux (Seine), quai National, 33. — Caoutchouc et gutta-percha, feuilles et plaques, caoutchouc feutré, clapets, joints de trous d'hommes, anneaux de vélocipède, courroies guides pour papeteries. **(PALAIS.)**

349.   REYNAL (Léonce), à Paris, rue Rougemont, 13.— Bougies, suppositoires et crayons dits porte-remède Reynal.   **(PALAIS.)**

350.   REYNAL Fils et Cie, à Paris, rue des Archives, 19.—Sirop lénitif pectoral H. Flon. Pâte pectorale de Georgé, Carbolatine-Reynal, eau dentifrice J. Martin, bains de Barèges inodores du Dr Quesneville.   **(PALAIS.)**

Propriétaires du Sirop lénitif pectoral H. Flon, de la Pâte pectorale de Georgé, pharmacien d'Épinal (Vosges).

Ces deux produits brevetés (s. g. d. g.) ont été admis aux Expositions universelles internationales de 1855, 1867, 1878.

La Carbolatine-Reynal, liqueur à l'acide phénique dulcifié, pour tous les soins qu'exige l'hygiène.

L'Eau et la poudre J. Martin, balsamiques dentifrices.

La Poudre gazeuse ferrée du docteur Quesneville ; les bains inodores de Barèges du docteur Quesneville.

Récompenses obtenues : Médaille bronze 1878.

351.   RICHTER (Frédéric), à Lille (Nord), rue Gantois, 71. — Outremer en boules, pastilles et poudres.   **(PALAIS.)**

Bleus, verts et violets d'outremer. — Spécialités pour : azurage du papier, peinture et badigeon. Papiers peints et de fantaisie. Impression sur étoffes. Typographie et lithographie. Azurage du sucre. Blanchisseries et apprêts. Boules et pastilles pour azurage du linge.

Récompenses obtenues : Paris 1855, médaille d'argent ; Londres 1862, prize medal ; Paris 1867, médaille d'argent ; Philadelphie 1876, medaille unique ; Paris 1878, médaille d'or.

Représentants : Paris et environs, M. A. Levé, 91, boulevard Voltaire. — Exportation : M. A. Gillet, 5 bis, rue Martel. — Dépôt, chez A. Mouton, 2, rue Barbette.

352.   RIFAULT (Mme Veuve Emile), à Paris, rue Montmartre, 35. — Poudre persane. Insecticide foudroyant.   **(PALAIS.)**

353.   RIGAUD & CHAPOTEAUT, à Paris, rue Vivienne, 8. — Peptones, pepsines, lactophosphate de chaux, perles, capsules, pastilles, pilules, vins médicinaux.   **(PALAIS.)**

354.   RIGOLLOT (Paul) et Cie, à Paris, avenue Victoria, 24. — Sinapismes en feuilles et en poudre.   **(PALAIS.)**

Papier Rigollot pour sinapismes, ou moutarde en feuilles.

Usine à vapeur.

Récompenses aux Expositions universelles internationales suivantes :

Philadelphie 1876. — Médaille et diplôme.

Paris 1878. — Deux médailles d'argent.

Sydney 1880. — Médaille de 1re classe.

Melbourne 1881. — Grande Médaille.

Amsterdam 1883. — Médaille d'or.

Anvers 1885. — Diplôme d'honneur.

Barcelone 1888. — Médaille d'or.

355.   RINGAUD (E.) MEYER et Cie, à Paris, rue de la Grange-aux-Belles, 33. — Couleurs.   **(PALAIS.)**

Vermillons, verts, bleus, jaunes. Laques lithographiques. Siccatif de Paris, breveté s. g. d. g.

356.   RIVIÈRE & Cie, à Clichy-la-Garenne (Seine), quai de Seine, 11. — Savons durs, mous et calcaire, acide stéarique et oléique, glycérine, savons de toilette panachés.   **(PALAIS.)**

357.   ROBELIN (Louis), à Dijon (Côte d'Or). — Outremers.   **(PALAIS.)**

Maison fondée en 1857. — Médailles et récompenses aux Expositions de Londres, 1862 ; Paris, 1867 et 1878 ; Sydney, 1880.

358.   ROGUIER (Louis), à Paris, rue Martel, 11. — Naphtine ; huiles minérales russes et leurs dérivés, huiles végétales et animales ; mastics.   **(PALAIS.)**

359.   ROMMEL (Mme Veuve Edouard), Ancienne Maison **Lange-Desmoulin**, à Paris, rue du Roi-de-Sicile, 26. — Vermillon français ; Carmin et laques de cochenille et de garance.   **(PALAIS.)**

360. ROQUES (Adolphe), à Paris, rue Sainte-Croix-de-la-Bretonnerie, 36. — Produits chimiques et pharmaceutiques.   (PALAIS.)

Usine à Saint-Ouen (Seine). — Maison fondée en 1846 par W. Conrad.
Bromure de potassium et autres. Iode, Iodoforme, Iodure de potassium et autres.
Camphre raffiné en pains, tablettes et cloches. — Camphre cristallisé marque Areb.
Matras à sublimer. Petits cylindres ronds. — Récompenses :
Médailles : Londres 1851, 1862 ; Vienne 1873 ; 1878, Paris, médaille d'argent.

361. ROUDEL Frères & GENESTOUT, à Bordeaux (Gironde), place du Palais, 26. — Extraits pharmaceutiques, confiserie pharmaceutique, tablettes médicinales, et divers produits pharmaceutiques.   (PALAIS.)

362. ROUHIER (Alphonse), Ancienne Maison **E. M. Lemarié**, à Paris, rue Amelot, 9. — Zubrine du Texas, Brillant Lemarié, Empois parisien, Brillantine E. M. L.   (PALAIS.)

Articles spéciaux pour l'apprêt du linge. Médaille d'Honneur à l'Exposition de Philadelphie.

363. ROULAND Frères, à Paris, rue Boursault, 60. — Cirages et vernis, eaux de cuivre, brillant pour métaux.   (PALAIS.)

364. ROULET Fils & Cie, à Marseille (Bouches-du-Rhône), rue Sainte, 71. — Savons blancs, savons bleu pâle, savons bleu vif.   (PALAIS.)

365. ROUSSEAU (Louis M.), à Ermont (Seine-et-Oise). — Smaffinum, Enduit imperméable à l'eau, l'alcool et l'air, et ses applications à la protection des produits alimentaires et autres.   (PALAIS.)

Papiers imperméables *au Smaffinum* blancs et de couleurs, *dépourvus de toute odeur*, pour enveloppage, emballage, tentures, etc.

366. ROUSSEAU (Paul) & Cie, à Paris, rue Soufflot, 17. — Produits chimiques, scientifiques et industriels. Produits purs pour recherches et pour collection.   (PALAIS.)

367. ROUX Fils (Charles), à Marseille (Bouches-du-Rhône), rue Sainte, 81. — Savon marbré bleu pâle et bleu vif, savons blanc et vert pour teinture. Savon blanc de ménage en barres et en morceaux frappés.   (PALAIS.)

368. ROZIÈRE (Louis-Charles), aux Lilas (Seine). — Panamine, essence et savon extrait du quillage dit : bois de panama pour nettoyer les étoffes.   (PALAIS.)

369. RUCH (J.) et Fils, à Paris, rue de Sévigné, 29. — Couleurs d'aniline.   (PALAIS.)

Usine créée à Pantin en 1879 par la maison de commerce de Paris, qui a été fondée elle-même en 1860 par M. J. Ruch père.
Principaux produits fabriqués : Vert Malachite, Orcéine, Bleus directs, Écarlates brillants, Oranges. — Couleurs directes pour coton : Rouges Congo, Congo brillant, Purpurine brillante, Brun Corinthe, Brun Congo, etc.
La maison de commerce de Paris s'occupe, en outre, pour le compte des principaux fabricants, de la vente des produits chimiques pour l'industrie et la teinture, des colles et gélatines, des gommes du Sénégal, etc.

370. SAMSON (E.) & MILLAUD Fils, à Paris, rue de Dunkerque, 22. — Albumine, sangs cristallisés, clarifiants, anti-ferments, colle, engrais.   (PALAIS.)

371. SAMUEL et LÉVY, à Paris, rue Louis-Blanc, 60. — Produit chimique pour détruire les rongeurs.   (PALAIS.)

372. SANCY (Émile), Successeur de **Sancy Frères**, à Paris, boulevard Richard-Lenoir, 83. — Vernis gras et couleurs en poudre.   (PALAIS.)

Fabricant de vernis pour Voitures, Chemins de Fer, Bâtiments, Papiers peints. Vernisseurs sur tôle ; laque de Chine, vernis Japon, vernis pour lithographie. *Térébine L'Accélérée*, siccatif liquide et en poudre, le plus actif de tous les siccatifs ; Spécialité pour Voitures et Bâtiments.
Fournisseur des Chemins de Fer Français et Étrangers ; seul dépositaire de vernis anglais de Anderson et Cie. Usine à Pantin ; Bureaux : boulevard Richard-Lenoir, 83.

373. SCHMIDT (Edmond), à Paris, boulevard du Temple, 24. — Coupes, histologie animale et végétale. **(PALAIS.)**

374. SCHMIDT (Edmond), à Paris, boulevard du Temple, 24. — Préparations microscopiques de matière médicale. **(E. C.) (PALAIS.)**

375. SCHMIDL Fils (M. R.), à St-Denis (Seine). — Vernis et ambrotine pour voitures, bâtiments et chemins de fer; Matières premières servant à leur fabrication. **(PALAIS.)**

> Vernis et ambrotine, brevetés S. G. D. G.
> Maison fondée en 1873.
> Usine de la Concorde, St Denis-Paris.
> Médaille d'or, Exposition universelle d'Amsterdam, 1883.
> Médaille d'or, Exposition universelle d'Anvers, 1885.

376. SERPETTE, LOROIS, LANGLOIS, (E.) et Cie, à Nantes (Loire-Inférieure), rue Lamoricière. — Savon marbré de Marseille, bleu pâle et bleu vif. Savon blanc de Marseille, en barres et en morceaux. **(PALAIS.)**

> Savon marbré de Marseille, marque *Médaille d'Or.* — Savon blanc de Marseille, marque *Saint-Charles.* — Savon extra-mousseux, marque *Couronne.* — Savon *Saint-Hubert.* — Savon pour l'exportation.

377. SERRIÈRE, JAYET & CHARVET, à St-Clair-de-la-Tour-du-Pin (Isère). — Extraits tanniques, acide pyrogallique. **(PALAIS.)**

378. Société Anonyme de produits chimiques, Etablissement **Malétra,** à Paris, rue de Rivoli, 140. — Produits chimiques. **(PALAIS.)**

379. Société Anonyme des gommes nouvelles et vernis, à Paris, rue de la Victoire, 56. — Vernis gras pour le bâtiment, la carrosserie et l'industrie, peintures vernissées, enduit hydrofuge. **(PALAIS.)**

> Vernivore. Produit sans odeur pour enlever les vieux vernis sans toucher aux fonds.
> Composition de Paris (Oléivore). Produit remplaçant le brûlage pour enlever complètement les vernis et peintures. — Admis à la série des Architectes de la ville de Paris.
> La Société des Gommes nouvelles et Vernis a obtenu la médaille d'or à l'Exposition universelle de Barcelone 1888. Ces peintures ont été adoptées pour la peinture de la tour Eiffel.

380. Société anonyme des huiles minérales de Colombes, à Paris, rue de Paradis, 20. — Gazoline, essence d'éclairage, benzoline. **(PALAIS.)**

381. Société Anonyme des matières colorantes et produits chimiques de Saint-Denis, Etablissements **A. Poirrier et G. Dalsace,** à Paris, rue Lafayette, 105. — Aniline. Orseille. Matières colorantes. **(PALAIS.)**

> Aniline et Dérivés du Goudron de Houille, Couleurs d'Aniline, Orseille, Extrait d'orseille, Cudbear, Cachou de Laval, Alizarine artificielle, etc.
> Première médaille. Londres. 1862 ; (O) Paris, 1867.
> Grand diplôme d'honneur, Vienne 1873 ; Grande médaille et diplôme, Philadelphie 1867 ; Grand-Prix, Paris 1878, et Melbourne 1880 ; Diplôme d'honneur, Amsterdam 1883 ; Médaille d'or, Barcelone 1888.

382. Société Anonyme des produits chimiques de Saint-Denis, à Paris, rue Taitbout, 52. — Matières premières ; acides sulfurique, nitrique ; sulfate de soude ; engrais chimiques ; résidus. **(PALAIS.)**

> Usines à Saint-Denis et Doullens. Exploitation de phosphate, à Beauval (Somme).
> Médaille d'or en 1878, décernée aux établissements Malétra, dont l'usine faisait partie.

383. Société Anonyme des usines de produits chimiques d'Hautmont, à Hautmont (Nord). — Acide sulfurique, muriatique, nitrique. Sulfate de soude anhydre et cristallisé. **(PALAIS.)**

> Chlorure de chaux. Eau de Javel. Sels de soude, Soude caustique, Cristaux de soude, Superphosphate. Phosphate précipité. Engrais complets. Modèles d'appareils divers.

384. Société Anonyme des Verreries et Manufactures de Glaces d'Aniche (Nord), Directeur : **M. H. Desmaisons.** — Acides sulfurique, muriatique, sulfates gemme, raffinés, etc. **(PALAIS.)**

385. Société Centrale de Produits Chimiques, Ancienne Maison **Rousseau,** à Paris, rue des Écoles, 44. — Produits chimiques divers. **(PALAIS.)**

386. Société des Manufactures des Glaces et Produits Chimiques de Saint-Gobain, Chauny et Cirey, à Paris, rue Sainte-Cécile, 9. — Acides, sulfates, soudes et dérivés. **(PALAIS.)**

Usines à Chauny (Aisne), Aubervilliers (Seine), Saint-Fons (Rhône), L'Oseraie (Vaucluse), Montluçon (Allier), Marennes (Charente-Inférieure), Art-sur-Meurthe (Meurthe-et-Moselle).
Acides : Sulfurique, muriatique, nitrique, phosphorique.
Procédé Leblanc :
Sel raffiné, sulfate de soude et produits de la soude, soufre régénéré des marcs de soude.
Chlorure de chaux, chlorate de potasse. Eaux de Javel.
Sulfates de potasse, de fer et de cuivre, sulfure de sodium.
Production d'acide sulfurique doublée depuis 1878.
Médaille d'or à l'Exposition universelle de 1867
Rappel de médaille d'or, Exposition universelle, 1878.

387. Société des Pharmaciens de l'Eure, à Évreux (Eure). — Travaux scientifiques. **(PALAIS.)**

388. Société du traitement des quinquinas, Directeur : **M. Armet de Lisle,** à Paris, rue Malher, 18. — Alcaloïdes du quinquina noir végétal, décolorant. **(PALAIS.)**

389. Société Générale des cirages français, Administrateur : **M. Berthoud** à Paris, rue Beaurepaire, 11.—Cirages et vernis pour la chaussure, pommade magique. **(PALAIS.)**

Fabrication des cirages et vernis pour la chaussure (marques Jacquand père et fils, Dubois et Cie, A. Jacquot et Cie). Fabrication de la pommade magique pour nettoyer le cuivre et les métaux. Fabrication de l'encaustique pour meubles et parquets, harnais et équipements militaires. Fabrication des encres ordinaires et communicatives. Vernis et graisses pour la chaussure. Fabrication du poli-fourneau pour nettoyer tous les objets en tôle et en fonte.
Usines : Paris (Saint-Ouen), Lyon, Santander, Stettin, Odessa et Moscou.
Maisons : Paris (168, rue Saint-Denis),Lyon (9, Place de la Platière), et Marseille, (6, Boulevard du Nord).
Récompenses : Diplôme d'honneur, Amsterdam 1883 ; diplôme d'honneur, Anvers 1885 ; Hors Concours, Hanoï 1886-1887 ; Hors Concours, Barcelone 1888.

390. Société Générale des Téléphones (Usines Rattier), à Paris, rue d'Aboukir, 4. — Caoutchouc souple et dur. Tuyaux. Clapets joints. Courroies, etc. **(PALAIS.)**

391. Société Générale pour la fabrication de la Dynamite et de Produits chimiques, à Paris, rue d'Aumale, 17. — Produits chimiques, fac-simile d'explosifs et accessoires. Vues des usines et d'appareils. **(PALAIS.)**

392. Société marseillaise du sulfure de carbone, Administrateur-délégué : **Deiss (Gustave),** aux Chartreux-Marseille (Bouches-du-Rhône). — Sulfure de carbone ; sulfo-carbonates alcalins ; huiles grasses, acide sulfurique ; produits chimiques. **(PALAIS.)**

393. SOETENAEY (Louis), à Dunkerque (Nord). — Huile de foie de morue blanche, blonde et brune. Foies de morue en macération. **(PALAIS.)**

Exposition universelle 1855 Paris, mention honorable.
Maison fondée à Dunkerque par J. Soetenaey en 1819.

394. SOLVAY & Cie, à Dombasle-sur-Meurthe (Meurthe-et-Moselle).—Cristaux, carbonate et bicarbonate de soude ; soude caustique et ses sels ; chlorure de calcium ; acide chlorhydrique, alcali, sel raffiné. **(PALAIS.)**

395. SOMMARIA (P.-M.-Hippolyte), à Paris, rue Baudricourt, 2. — Poudres vinicoles beaujolaises, pour vins rouges et blancs. **(PALAIS.)**

396. SORDES, HUILLARD & Cie, à Suresnes (Seine), rue du Chalet. — Extraits de bois de teinture, laques, matières colorantes et applications. **(PALAIS.)**

397. SOUILLARD (Olivier) à Amiens (Somme), rue de Beauvais, 21. — « Le Brillant » Encaustique transparent pour mosaïque sur parquets en bois. « L'Économique » : Peinture en bois. **(PALAIS.)**

398. STÉARINERIE DE L'EST, Directeur : **M. G. Levy,** à Dijon (Côte-d'Or). — Bougies, oléine, glycérine, stéarine. **(PALAIS.)**
Exposition d'appareils brevetés, à saponifier et à distiller.
Classe 54, Galerie des Machines.

399. STÉARINERIE FRANÇAISE, à Saint-Denis (Seine), route du Landy, 104. — Bougies, savons, acide stéarique, acide oléique, glycérine. **(PALAIS.)**
Médaille d'or à l'Exposition universelle de 1878.

400. STÉARINIERS-SAVONNIERS de la région lyonnaise (Exposition collective des) à Lyon (Rhône). — Acides stéarique et oléique, savons, etc. **(ESPLANADE.)**

CHATANAY (A.).	GOURD, VIALLON & Cie.	TRÉMEAU & Cie.
DAVID (J.) & Cie.	GUY & Cie.	WEISS (A.) & Cie.

401. STEINER Frères, à Vernon (Eure). — Matières colorantes. Benzines. Pâte phosphorée pour la destruction des Rongeurs. **(PALAIS.)**
Fabrique de matières colorantes, couleurs pour la teinture de la laine, de la soie et du coton. Spécialité de couleurs préparées pour teintures, dégraisseurs.
Distillerie de benzines. Benzine étoile, pure, limpide, blanche pour le dégraissage, ne laissant aucune odeur après l'évaporation. Pâte phosphoré de Steiner, pour la destruction des rats, souris, etc. Médaille de bronze à l'Exposition universelle de Paris 1878.

402. TAILLANDIER (L. Alexandre), à Argenteuil (Seine-et-Oise), porte Sannois. — Sulfate de quinine, sels de quinine, divers autres alcaloïdes des quinquinas et leurs principaux sels. **(PALAIS.)**
Médaille d'argent, Exp. univ. de 1878. — Médaille d'or, Amsterdam, 1883.

403. TANCRÈDE Frères, à Paris, rue Baudin, 28. — Noir animal, suif d'os, Colle forte, engrais. **(PALAIS.)**
Médailles d'argent, Exposition universelle, Paris 1878. Médailles d'or, Anvers 1885. Médailles de mérite aux Expositions de Vienne et Philadelphie. (Voir Exposition de l'Agriculture).

404. TANRET (Charles-J.) à Paris, rue d'Alger, 14. — Alcaloïdes du grenadier et de l'ergot du seigle, glucosines, terpinol, sels doubles de caféine composés azotés du térébenthène. **(PALAIS.)**

405. TASSY de MONTLUC (Mme Vve), à Bar-le-Duc (Meuse), rue de la Banque, 73. — Céruse en pains, en poudre et broyée. **(PALAIS.)**

406. TESSIER, HUYARD et Cie (Établissement), Maisons **Tessier, Huyard, Marmillon Neveu** réunies, à Bordeaux (Gironde), rue Brascassat. — Stéarine, bougies et dérivés. **(PALAIS.)**
Produits chimiques. — Stéarines, bougies et dérivés. — Oléo-margarine et suifs. — Huiles de pieds de bœuf et de mouton. — Noir animal et engrais. — Colles fortes. — Collettes et gélatines.
Médaille d'or, Exposition universelle 1878. — Secrétaire rapporteur, Amsterdam 1883. — Diplôme d'honneur, Exposition universelle, Anvers 1885.

407. THEURIER Fils (Auguste-M.), à Pierre-Bénite (Rhône). — Acide acétique, acétates, sels de cuivre, couleurs et noirs. **(PALAIS.)**
Maison fondée en 1809, à Pouilly-sur-Saône, par J. B. Mollerat.
Vinaigre Mollerat approuvé par l'Institut. Acétate de soude. Sulfate de cuivre. Verdets : raffiné et en grappes. Vert de Schweinfurth spécial pour impression sur tissus et papiers peints. Verts métis. Noirs de fumée.

408. THÉVENOT (Charles), à Dijon (Côte-d'Or). — Capsules Thévenot à tous médicaments.   **(PALAIS.)**

> Inventeur du dernier procédé de capsulations par pression, approuvé par l'Académie nationale de médecine et inscrit au codex français.
>
> Environ 100 à 150 sortes de capsules Thévenot. Diplôme de mérite, Vienne, 1873. Médaille d'argent, Paris, 1878. Médaille d'or, Amsterdam, 1883. Dip. d'honn., méd. or, Anvers, 1885.

409. THIBAULT (Paul-E.), à Paris, rue des Petits-Champs, 76. — Produits chimiques et pharmaceutiques. Mémoires et travaux scientifiques.   **(PALAIS.)**

410. THIBAULT (Paul E.), à Paris, rue des Petits-Champs, 76.— Produits chimiques et pharmaceutiques. Mémoires et travaux scientifiques.   **(E. C.) (PALAIS.)**

411. THOMAS (Isidore), à Paris, rue de Reuilly, 23. — Couleurs en pâtes pour papiers peints, fleurs artificielles et décors de théâtre.   **(PALAIS.)**

412. TORRILHON et Cie, à Paris, rue d'Enghien, 25. — Articles en caoutchouc, industriels, souples et durcis. Vêtements imperméables, etc.   **(PALAIS.)**

413. TOTIN Frères, à Montreuil-sous-Bois (Seine), rue de la République, 54. — Colles de peau sèches. Colles de poisson gélatinées.   **(PALAIS.)**

> Pour doreurs, fabricants de baguettes peintes, papiers peints de fantaisie, papiers de verres, cartouches, apprêts, etc.

414. TRÉMEAU et Cie, à Vienne (Isère). — Bougies. Savons.   **(PALAIS.)**

415. TREMEAU & Cie. à Vienne (Isère). — Acides stéariques, acides oléiques, glycérine, bougies, savons d'oléine.   **(E. C.) (PALAIS.)**

416. TROUBAT (Pierre), à Montluçon (Allier). — Cires jaune et blanche. Cierges. Bougies cire. Bougies stéarines.   **(PALAIS.)**

417. TUGOT Frères, à Paris, rue du Renard, 5. — Couleurs et vernis. **(PALAIS.)**

> Maison fondée en 1810 par le grand père des titulaires actuels.
>
> Fournisseurs des Ministères de la Guerre et de la Marine, des Chemins de fer, des Messageries Maritimes et des Grandes Administrations.
>
> Maison spéciale pour la vente en gros.
>
> Médailles or, en 1878. — Diplôme d'honneur à Anvers en 1885.

418. URBAIN (Joseph), à Ivry (Seine), rue Parmentier, 31. — Bougies. **(PALAIS.)**

419. VÉE & Cie, à Paris, rue Vieille-du-Temple, 24. — Produits chimiques et pharmaceutiques, produits divers.   **(PALAIS.)**

420. VÉE & Cie, à Paris, rue Vieille du Temple, 24. — Produits chimiques et pharmaceutiques, produits divers.   **(E. C.) (PALAIS.)**

421. VENEQUE (L.) et ses Fils, à Ivry-sur-Seine (Seine), rue du Milieu, 48. — Bougies, stéarine, oléine, glycérine, chandelles, suif.   **(PALAIS.)**

422. VERNE (Claude), à Grenoble (Isère). — Boldo Verne, Elixir et essence de Boldo, boldine et ses sels, goudron Verne soluble.   **(PALAIS.)**

423. VERNE (Claude), à Grenoble (Isère). — Boldine et ses sels. Goudron Verne soluble.   **(E. C.) (PALAIS.)**

424. VERRIER, PARIS & GUILHERMET, à Paris, rue des Tournelles, 72. — Cigares et papier antiasthmatique Gicquel.   **(PALAIS.)**

425. VIDAL (Jacques), à Ecully (Rhône). — Manuel d'hygiène rurale à l'usage des municipalités, des écoles et des populations de la campagne.   **(PALAIS.)**

426. VIDAL (Jacques), à Ecully (Rhône). — Manuel d'hygiène rurale à l'usage des municipalités, des écoles et des populations de la campagne.   **(E. C.) (PALAIS.)**

427. VIENNOT (E.-Lucien), à Ivry-Port (Seine), rue de l'Est, 4. — Alcaloïdes des quinquinas, sulfates et autres sels de quinine. **(PALAIS.)**

Sulfate de quinine chimiquement pur. Sulfate de quinine officinal (produits livrés dans les différentes adjudications publiques : Guerre, Marine, Assistance publique). Sulfate de quinine léger. Sels de quinine, bisulfate, bromhydrate basique, bibromhydrate, chlorhydrate soluble pour injections hypodermiques, bichlorhydrate, valérianate. Salicylate, lactate, citrate, borate, Acétate, Arséniate, ferrocyanhydrate, Tannate, Phénate, Sulfovinate, citrate de fer et de quinine, quinine brute, quinine pure, sulfate, Bromhydrate etc. de Cinchonidine, sulfate, muriate, etc, de Cinchonine, sulfate de Quinidine, Quinium, Quinoïdine, Quinate de chaux, Quinquinas divers. Exposition universelle de Bruxelles 1887, médaille d'or.

428. VIGIER (Ferdinand), à Paris, boulevard Bonne-Nouvelle, 12. — Sulfocarbol (acide orthoxyphénylsulfureux). Gommes-résines et essences des ombellifères. **(PALAIS.)**

429. VIGIER (Ferdinand), à Paris, boulevard Bonne-Nouvelle, 12. — Sulfo-carbol (Acide orthoxyphénylsulfureux). Gommes-résines et essences des ombellifères. **(E. C.) (PALAIS.)**

430. VIGIER (Pierre), à Paris, rue du Bac, 70. — Phosphures de zinc, de cadmium, de sodium. **(PALAIS.)**

431. VIGIER (Pierre), à Paris, rue du Bac, 70. — Phosphures de zinc, de cadmium et de sodium. **(E. C.) (PALAIS.)**

432. VILLEMOT (Alexis), à Paris, rue Amelot, 43. — Couleurs. Minium. Mastic. Carmin. Blanc de zinc. **(PALAIS.)**

433. WEEGER Ainé (Henri-T.-N.), à Paris, rue Saint-Martin, 322. — Vernis gras pous les arts, l'industrie, le bâtiment et les équipages. **(PALAIS.)**

434. WEISS (Albert) & Cie, à Lyon (Rhône) — Acide stéarique, acide oléique, glycérine, bougies. **(E. C.) (PALAIS.)**

435. WURTZ (J.) à Paris, boulevard des Batignolles, 141. — Notices scientifiques. **(E. C.) (PALAIS.)**

436. YVON (Paul), à Paris, rue de la Feuillade, 17. — Travaux scientifiques et produits pharmaceutiques. **(E. C.) (PALAIS.)**

437. YVON et BERLIOZ, à Paris, rue de la Feuillade, 7. — Instruments et appareils de laboratoire, relatifs à l'hygiène, la bactériologie, la micro-photographie, etc. **(PALAIS.)**

COLONIES.

ALGÉRIE.

1. ALVADO (Alexandre), à Constantine, rue de France, 10. — Eau de goudron à base de quinine. **(ESPLANADE.)**

2. AMOR ben Bisker, à Boussââda (Alger). — Goudron de fabrication arabe. **(ESPLANADE.)**

3. BARTIBAS (Gustave), à Oran, rue de la Préfecture, 3. — Spécialités pharmaceutiques, essence de café, encre noire. **(ESPLANADE.)**

4. BLANCK, à Tlélat (Oran). — Plantes et racines médicinales d'Algérie. **(ESPLANADE.)**

5. CAIRE, à Relizane (Oran). — Produits pharmaceutiques.   **(ESPLANADE.)**

6. CAMUS (Eugène), à Alger, rue du Hamma, 15. — Eau de fleurs d'oranger.
                                                                                (ESPLANADE.)

7. CARETTE , à Saint-Ferdinand (Alger). —   Essence de géranium.
                                                                                (ESPLANADE.)

8. CAUSSEMILLE Jeune et Cie & ROCHE et Cie, à Paris, rue Caumartin, 7. — Allumettes chimiques de sûreté en cire et en bois.   **(ESPLANADE.)**

9. FABRIÉS (Louis), à Oran, boulevard Séguin. — Collections de produits chimiques et de plantes médicinales.   **(ESPLANADE.)**

10. GASQ & LABIT, à Béni-Méred (Alger). — Graines de lin Ricin Datura,
stramonium, verbascum thapsus, briquettes de ricin Godilia.   **(ESPLANADE.)**

11. GAYE (de), à Blidah (Alger), rue Mazini, 6. — Produits pharmaceutiques provenant de l'aloès, huile de troène du Japon.   **(ESPLANADE.)**

12. GÉMY (Ernest), à Bouira (Alger). — Plantes médicinales (fleurs, feuilles et
racines) et produits pharmaceutiques spéciaux à l'Algérie.   **(ESPLANADE.)**

13. GENOUVÈS (Eugène), à Bône (Constantine). — Mastic inaltérable, imperméable et indissoluble, pour la greffe, pour éviter le coulage des fûts, pour les vitriers,
menuisiers, etc.   **(ESPLANADE.)**

14. HOUBÉ (Charles), à la Chiffa (Alger). — Essences pour la parfumerie.
                                                                                (ESPLANADE.)

15. HUNEBELLE & BARGE , à Alger, rue Littré, 1. — Géranium et
essences diverses.   **(ESPLANADE.)**

16. LACOMME, à Tablat (Alger). — Résine de thapsia.   **(ESPLANADE.)**

17. LALLEMAND (Charles) , à L'Arba (Alger). — Plantes médicinales de
l'Algérie, plantes industrielles.   **(ESPLANADE.)**

18. MARDOCHÉE-SULTAN, à Tlemcen (Oran). — Kermès et pyrèthre.
                                                                                (ESPLANADE.)

19. MARGRY (Gustave), à Blidah (Alger). — Résine de thapsia, racine de
thapsia.   **(ESPLANADE.)**

20. MOSELLE (Louis), à Tizi-Ouzou (Alger). — Miel.   **(ESPLANADE.)**

21. NATHAN SEBAN & Fils, à Alger, rue Henri Martin, 16. — Savon
jaune et savon blanc.   **(ESPLANADE.)**

22. NICOLAS (Charles), à Duvivier (Constantine). — Produits chimiques et
pharmaceutiques, matières premières de la pharmacie.   **(ESPLANADE.)**

23. ORLÉANSVILLE (Commune d'), à Orléansville (Alger). — Réglisse.
                                                                                (ESPLANADE.)

24. PÉCOURT (Henri), à Mustapha (Alger). — Plantes médicinales, racines et
écorces, feuilles, fleurs et graines.   **(ESPLANADE.)**

25. PELLET (Jules), au Col des Oliviers, (Constantine). — Essence de géranium
et autres, résine de thapsia garganica.   **(ESPLANADE.)**

26. PICINBONO (Maurice), à Rovigo (Alger). — Essence de géranium.
                                                                                (ESPLANADE.)

27. POULAIN (Arthur), à Philippeville (Constantine). — Poudre contre la gale
des animaux et le rouge des chiens.   **(ESPLANADE.)**

28. REYNIER (Charles), à Guelma (Constantine). — Elixir végéto-minéral.
                                                                                (ESPLANADE.)

29. REY (Anatole), à Oran. — Spécialités pharmaceutiques.   **(ESPLANADE.)**

30. RIGAUD (Jules), à Alger, rue du Coq, 1.— Insecticide Rigaud, fidibus anti moustiques.   **(ESPLANADE.)**

31. RIVALS (Henri), à Affreville (Alger). — Tartre cristallisé.   **(ESPLANADE.)**

32. SI BOUZIAN ben Didi, à Tlemcen (Oran).— Savon mou noir appelé dziri.
                                                                       (ESPLANADE.)

33. SIMON (Robert), à Dra ben Kedda (Alger). — Miel coulé d'eucalyptus.
                                                                       (ESPLANADE.)

34. Société Agricole et Industrielle de Batna et du Sud-Algérien,
à Paris, rue Saint-Lazare, 7. — Produits pharmaceutiques dérivés du dattier.
                                                                       (ESPLANADE.)

35. STAOUÉLY (La Trappe de), à Staouély (Alger). Essences diverses.
                                                                       (ESPLANADE.)

36. TLEMÇANI ben Ahmed Chaouch , aux Ouled Sidi Abid, Cercle de
Tébessa (Constantine). — Sulfure doré d'antimoine.   **(ESPLANADE.)**

37. TOURLIÈRE (Louis), à Constantine, rue de France, 2. — Élixir contre la
dyssenterie.   **(ESPLANADE.)**

38. VILLON (Eugène), à Gouraya (Alger). — Herboristerie, essence de myrte
et d'autres plantes du pays.   **(ESPLANADE.)**

GABON-CONGO.

1. PECQUEUR (Mme Léona), au Gabon. — Gousse d'inée ou ossaye, torches
du pays.   **(ESPLANADE.)**

2. NATTON (J.), à Paris, rue Coquillière, 35. — Kolaïne et préparations à base de
noix de Kola du Gabon.   **(ESPLANADE.)**

GUYANE FRANÇAISE.

1. NATTON (J.), à Paris, rue Coquillière, 35.— Conguérécou de la Guyane (alcoolé
et éthérolé).   **(ESPLANADE.)**

INDE FRANÇAISE.

1. BILBAUT (Gaëtan), à Paris, rue Gérando, 20. — Dentifrices à l'areca-cate-
chu et au syzygium jambolanum de l'Inde.   **(ESPLANADE.)**

2. Comité d'Exposition. — Produits médicinaux.   **(ESPLANADE.)**

MARTINIQUE.

1. ROY (Théophile), au Lamentin. — Jus et essence de citron.   **(ESPLANADE.)**

2. THIERRY (A.-J.), à la Grande-Rivière. — Indigo.   **(ESPLANADE.)**

MAYOTTE ET COMORES.

1. Service local de Mayotte. — Graines de cascavelle rouge ; fibres de raphia ,
résine de bois noir ; caoutchouc brut ; coquillages ; collection d'oiseaux du pays ; cuillères en bois ; cuillères à pot ; graines de bois noir ; argile blanche, grise et rouge ;
branches de raphia avec graines.   **(ESPLANADE.)**

Classe 45.   3

NOUVELLE-CALÉDONIE.

1. **CAILLET,** à la Foa. — Essence d'écorces d'oranges amères.   (ESPLANADE.)

2. **GIRARD,** à Houaïlou. — Coprah.   (ESPLANADE.)

3. **GOLEMBIOWSKI,** à Nouméa. — Racine de curcuma indigène.   (ESPLANADE.)

4. **GRESLAN (de),** à Dumbéa. — Curcuma longa (zingiberacées),   (ESPLANADE.)

5. **HAYES & JEANNENEY,** à Fonwhary. — Coprah, silicate de magnésie, essences, alcoolats, huiles, résines, poudre de curcuma, de brou de noix, écorce de bancoul.   (ESPLANADE.)

6. **KABAR,** à Houaïlou. — Poudre de curcuma.   (ESPLANADE.)

7. **KERANVAL,** à Koé. — Essence d'orange 1886.   (ESPLANADE.)

8. **LA FOA (Municipalité de),** à la Foa. — Essence de niaouli et de citronnelle.   (ESPLANADE.)

9. **NOUET,** à la Nouvelle-Calédonie. — Matière colorante (curcuma et huile de coco).   (ESPLANADE.)

10. **Pénitencier de l'Ile-des-Pins.** — Résine d'araucaria.   (ESPLANADE.)

11. **Pénitencier de Panembout-Koniambo.** — Collection de simples.   (ESPLANADE.)

12. **ROUSSEL & JOURDEY,** à Bourail. — Essence de citronnelle, de curcuma, de vétiver, de maouli, d'oranges.   (ESPLANADE.)

13. **SINGALVERAYA-PANDAROUM,** à Ponembout-Koniambo. — Collection de simples.   (ESPLANADE.)

14. **STYVERLINCK,** à Nouméa. — Tourteau de coprah.   (ESPLANADE.)

15. **THOUO (4e arrondissement de).** — Poudre de curcuma longo.   (ESPLANADE.)

16. **VACHER (Émile),** à la Foa. — Racine de gingembre indigène, essence de linson noir à harnais, poudre de curcuma longa.   (ESPLANADE.)

RÉUNION.

1. **CHATEL (Remy),** à Saint-Denis. — Tablettes savon.   (ESPLANADE.)

2. **DOLABARATZ (A.),** à Saint-Denis. — Poudre de quinquina. Écorces en planches et en morceaux.   (ESPLANADE.)

3. **LEFÉVRE (A.),** à Saint-Paul. — Alun.   (ESPLANADE.)

4. **OULEDI (Paul-J.-B.),** à Saint-Denis. — Encre noire.   (ESPLANADE.)

5. **POTIER (Julien),** Directeur du Jardin botanique colonial, à Saint-Denis. — Extrait de quinquina vert.   (ESPLANADE.)

6. **TURPIN DE MOREL,** à Saint-Denis. — Quina iodé.   (ESPLANADE.)

SAINT-PIERRE ET MIQUELON.

1. **NATTON (J.),** à Paris, rue Coquillière, 35. — Gaultheria procumbens de Saint-Pierre et Miquelon, alcoolé, essence et éthérolé, huile de foie de morue.   (ESPLANADE.)

SÉNÉGAL.

1. **NATTON (J.),** à Paris, rue Coquillière, 35. — Cassia occidentalis du Sénégal et ses préparations pharmaceutiques. **(ESPLANADE.)**

2. **NOIROT (Ernest),** administrateur colonial, au Sénégal. — Eaux diverses, plantes médicinales, indigo en pains, etc. **(ESPLANADE.)**

PAYS DE PROTECTORAT.

CAMBODGE.

1. **PLANTÉ,** à Phnom-Penh. — Torches, noix vomique, indigo **(ESPLANADE.)**

PAYS ÉTRANGERS.

RÉPUBLIQUE ARGENTINE.

1. **ANTUANO (Alexandre D.)**, à Buenos-Ayres. — Huile de coco. **(PARC.)**
2. **AUBRY (A.)**, à Buenos-Ayres. — Vernis. **(PARC.)**
3. **BERISSO (Joseph) & Cie**, à Buenos-Ayres. — Bougies. **(PARC.)**
4. **Commission auxiliaire**, Entre-Rios. — Savon. **(PARC.)**
5. **Commission auxiliaire**, à San-Pedro (Jujuy). — Savon. **(PARC.)**
6. **DEVOTO, ROCHA & Cie**, à Buenos-Ayres. — Acide sulfurique. **(PARC.)**
7. **FRASSINETTI (Dominique)**, à Buenos-Ayres. — Produits pharmaceutiques. **(PARC.)**
8. **GARBINO (Dominique)**, à Gualeguaychu (Entre-Rios). — Huile de pieds de bœuf. **(PARC.)**
9. **MORALES (Jean S.)**, à Las Heras (Mendoza). — Savon. **(PARC.)**
10. **PANELO, SANTA COLOMA**, à Buenos-Ayres. — Huiles diverses. **(PARC.)**
11. **PRADO (Fermin)**, à Las Heras (Mendoza). — Savon. **(PARC.)**
12. **ROCCATAGLIATA (Augustin)**, à Buenos-Ayres — Huile. **(PARC.)**
13. **SCHUNCK (S.)**, à Catamarca. — Peintures, extraits et infusions. **(PARC.)**
14. **SELJO (Anseli)**, à San-Lorenzo (Santa-Fé). — Cirage. **(PARC.)**

AUTRICHE-HONGRIE.

1. **PECSI (D' Daniel)**, à Turkéve (Hongrie). — Vaccin original, préparations diverses. **(PALAIS.)**
2. **POPIEL (Denis)**, à Budapest, IV. Korona-Uteza, 4. — Composition universelle pour dentistes. **(PALAIS.)**
3. **WAGNER (D' Eugène de)**, à Budapest, IX. Soroksari-Uteza, 96. — Huile de cognac de trois sortes. **(PALAIS.)**

BELGIQUE.

1. **BÉNÉDICTUS (Maurice)**, à Bruxelles, rue des Charbonniers, 51. — Mordantive servant à enlever les vieilles couleurs sur bois, fer, etc. **(PALAIS.)**
2. **BOTELBERGE (Gustave) & Cie**, à Melle-lez-Gand. — Couleurs d'outremer. **(PALAIS.)**

3. Compagnie générale des Explosifs Favier, rue des Douze-Apôtres, 24, Bruxelles. — Cartouches, plans et dessins.   **(PALAIS.)**

4. COOSEMANS (Ch.) Fils et Cie, à Berchem-lez-Anvers, rue du Robinet, 12. — Huiles essentielles aromatiques ; essences pour savonniers.   **(PALAIS.)**

5. DAVID & DEBOUCHE, à Monstier-sur-Sambre. — Acide sulfureux, bisulfite de chaux, bicarbonates de soude, sulfite et bisulfites de soude, hyposulfites et autres produits.   **(PALAIS.)**

   Acides ; sulfurique, nitrique, chlorhydrique ; Acide sulfureux, Bisulfite de chaux ; bicarbonate, Sulfite, Bisulfites (liquide et cristallisé), Phosphate, Hypochlorite et Hyposulfite de soude (Antichlore et photographique), sulfydrates ou sulfures de sodium épilatoires ; Sulfures de sodium et potassium, ou foie de soufre pour bains de Barèges ; Chlorures de Calcium ; Eau de Javelle concentrée dite, «Extrait de Chlore» ; Phénix, Anti-galeux spécial pour les moutons.
   Médaille d'argent, Paris, 1867; Diplôme, Vienne, 1873; Médaille, d'or, Paris, 1878 ; Diplôme d'honneur, Amsterdam, 1883 ; Anvers 1885 et Bruxelles, 1888. — Exportation.

6. DENAEYER (Alphonse), à Bruxelles, rue Vandeweyer, 13. — Peptones de fer liquide. Peptones de viande liquide stérilisée.   **(PALAIS.)**

7. DERNEVILLE (Albert), boulevard de Waterloo, 66, à Bruxelles.— Produits pharmaceutiques.   **(PALAIS.)**

8. DE SCHAMPHELAERE (Pol), à Gand, rue des Champs, 19. — Articles divers en caoutchouc, gutta-percha, amiante, etc.   **(PALAIS.)**

9. HICGUET (E.), D. LEFÈVRE & Cie, à Laeken, quai des Usines, 491. — Acides, Sulfates et nitrate de soude. Superphosphates. Sulfate d'ammoniaque. Chlorure de potassium, etc.   **(PALAIS.)**

   Médaille d'or, Anvers 1885.

10. JANSSENS-WADELEUX (Auguste), à Brée (Limbourg). — Savon mou ordinaire. Savon mou blanc, extra-diaphane. Graisse pour voitures.   **(PALAIS.)**

11. Fortis Explosive Association (La), à Bruxelles, rue Traversière, 47. — Fac-similé de boîtes et cartouches.   **(PALAIS.)**

12. LAMBO (Henri), à Bruxelles, rue Blaes, 40. — Capsules médicinales et pâtes à rouleaux.   **(PALAIS.)**

13. LAMBOTTE (Alfred), à Bruxelles, boulevard d'Anderlecht, 69. — Pincksalz. Chlorure stannique ou oxymuriate d'étain. Chlorure stanneux. Oxyde blanc et produits chimiques à base d'étain.   **(PALAIS.)**

14. LEBACQ (Adolphe), & Cie, à la Hulpe. — Produits pour l'entretien des cuirs et des armes.   **(PALAIS.)**

15. LECAILLE (Émile), à Fleurus. — Sulfate de baryte.   **(PALAIS.)**

   Diplôme et médaille de bronze à l'Exposition universelle d'Anvers 1885.

16. LEDUC Frères, à Molenbeck Saint-Jean, rue des Quatre-Vents, 33. — Huiles et graisses industrielles.   **(PALAIS.)**

17. MEGANCK (Émile), à Alost. — Sirop antirachitique phospho-iodé. Installation pour extraits pharmaceutiques ; presse en bois pour pharmaciens.   **(PALAIS.)**

18. NEUJAN (A.) & DELAITE (E.) à Liége, rue Hors Château, 50. — Appareils pour laboratoires de chimie, galvanoplastie, dorure, argenterie, nickelage.   **(PALAIS.)**

   Maison fondée en 1875. Produits chimiques et appareils pour les sciences, les arts et l'industrie. Acides, soudes, potasses, ammoniaque, céruse, miniums de plomb et de fer, aluns, couperose, sulfate de cuivre, soufre, manganèse, talc, pyrite. Minerais, métaux purs et alliages, bronzes brevetés, bains galvanoplastiques, émaux, creusets, couleurs, teintures, vernis, peinture galvanique brevetée, engrais chimiques, etc., etc. Produits spéciaux pour brasseries, distilleries, émailleries, savonneries, sucreries, tanneries, verreries, etc., etc.

19. PAVOUX (Eugène) & Cie, à Bruxelles, rue Delaunoy, 14. — Caoutchouc, gutta-percha et amiante et leurs applications.   **(PALAIS.)**

20. Poudrerie Royale, COOPPAL & Cie,(Société anonyme), Directeur-Gérant : **Libbrecht (Ch.)** à Wetteren-lez-Gand. — Fac-similé de poudres diverses et matières premières nécessaires à la fabrication.   **(PALAIS.)**

> Medailles d'or, Paris, 1855, 1867, 1878, Diplôme d'honneur ; Amsterdam, 1883 ; Anvers, 1885 ; Bruxelles, 1888.

21. RAEYMACKERS (G.) & Cie, à Schaerbeek. — Série des huiles lourdes minérales de 865 à 950 de densité. Graisses minérales, vaselines, huiles et graisses.
(PALAIS.)

22. RAMLOT (Émile), à Bruxelles, boulevard du Nord, 112. — Produits chimiques.   **(PALAIS.)**

23. RENARD (Alfred), à Couvin. — Allumettes chimiques en bois, en boîtes de formes diverses.   **(PALAIS.)**

24. Société anonyme d'Auderghem (Nouvelle), (Administrateur : **Baron de Cartier**), à Auderghem, près Bruxelles. — Céruse, minium de fer, ocres, etc.
(PALAIS.)

25. Société anonyme de dynamite de Matagne, (Directeur-Gérant : **A. Van Reeth**), à Matagne-la-Grande. — Matières premières et fac-similé de matières explosives.   **(PALAIS.)**

26. Société anonyme des Manufactures de glaces, verres à vitres, etc, à Bruxelles, rue de Jéricho, 7.— Acides nitrique, sulfurique, chlorhydrique et produits chimiques.   **(PALAIS.)**

27. Société anonyme Stearinerie de Haren-lez-Bruxelles.— Bougies, stéarines de saponification et de distillation, glycérine, oléines à savon de Marseille.
(PALAIS.)

28. Société anonyme de Vedrin, (Directeur-Gérant : **A. Binard**), à Saint-Marc (Namur). — Acides sulfurique, muriatique, nitrique, et autres produits chimiques.   **(PALAIS.)**

29. SOLVAY & Cie, à Ixelles-Bruxelles, rue du Prince Albert, 19. — Produits chimiques, cristaux de soude, bicarbonate de soude, soude caustique, acide chlorhydrique et chlorure de chaux, produits ammoniacaux.   **(PARC.)**

30. TESTELIN (Auguste), à Bruxelles, rue des Palais, 292. — Graisses industrielles.   **(PALAIS.)**

31. Usines des Moulins (Société anonyme), à Gand, Faubourg du Sas. — Acide acétique, acetates et vinaigres d'alcool et de vin.   **(PALAIS.)**

32. VAN DEN BEMBEN (J.-B.), à Bruxelles, chaussée de Ninove, 402. — Echeveaux de mèches tressées pour bougies et cierges ; coton pour allumettes bougies,
(PALAIS.)

33. VAN MESSEM (J.), à Liége, rue Sainte-Véronique, 19.— Couleurs et vernis ; teinture noire ; pommade à nettoyer les métaux.   **(PALAIS.)**

34. WÉROTTE (Victor), à Liége, rue Bidaut, 13. — Sulfates, sulfites et bisulfites de soude, de magnésies etc. Hydrate de magnésie, et magnésie calcinée. **(PALAIS.)**

35. WINSSINGER (Camille), rue de l'Hôtel-des-Monnaies, 64, à Bruxelles.— Phosphate bicalcique dit phosphate précipité. Sous produits de cette fabrication.
(PALAIS.)

36. ZIEGERLÉ-KUHN, à Verviers. — Produits chimiques pour le blanchiment et pour la teinture.   **(PALAIS.)**

BOLIVIE.

1. **PELRIS (Paul)**, à Paris, rue de la Victoire, 41. — Produits pharmaceutiques, feuilles et élixir de coca. (**PARC.**)

2. **DAZA (Hilarion)**, à Paris, boulevard Haussmann, 63. — Plantes médicinales. (**PARC.**)

3. **DIAZ (Pedro-Antonio)**, à Paris, rue Lafayette, 56. — Produits pharmaceutiques, feuilles de coca. (**PARC.**)

4. **GUINAULT (Eugène)**, à la Paz. — Produits pharmaceutiques. (**PARC.**)

5. **QUESADA (Mme Ysabel de)**, à Asnières (Seine), rue de Saint-Denis, 1. — Élixir de coca de Bolivie, élixir de café de Bolivie. (**PARC.**)

6. **QUIROGA (Sérapio)**, à Paris, rue Soufflot, 7. — Produits pharmaceutiques. (**PARC.**)

7. **UGARTE (Samuel)**, à Cochabamba. — Produits chimiques. (**PARC.**)

BRÉSIL.

(Voir son Catalogue spécial.)

BULGARIE.

1. **PISANOFF (S.) & Fils**, à Kézanlik. — Essence de roses (**PALAIS.**)

CHILI.

1. **BENOIST BENEDETTI Frères**, à Santiago. — Soude en cristaux. (**PARC.**)
2. **CASTALDI (Aquiles)**, à Valparaiso. — Produits pharmaceutiques. (**PARC.**)
3. **ESCOBAR (Carlos E.)**, à Santiago. — Produits pharmaceutiques. (**PARC.**)
4. **FINSLY (Guillermo)**, à Valparaiso. — Produits pharmaceutiques. (**PARC.**)
5. **FLORES PALMA (José)**, à Valparaiso. — Produits pharmaceutiques. (**PARC.**)
6. **GALLEGUILLOS (L. J.)**, à Valparaiso. — Produits pharmaceutiques. (**PARC.**)
7. **GROVE (Guillermo E.)**, à Santiago. — Produits pharmaceutiques. (**PARC.**)
8. **GUTIERREZ (David Z.)**, à Santiago. — Produits pharmaceutiques. (**PARC.**)
9. **GUTIERREZ (J. Vicente)**, à Santiago. — Pepsines. (**FARC.**)
10. **HERRERA (Enrique)**, à Valparaiso. — Produits pharmaceutiques. (**PARC.**)
11. **LAGOS (Froilan)**, à Santiago. — Produits pharmaceutiques. (**PARC.**)
12. **RIOS M. (Abraham)**, à Los Angeles. — Produits pharmaceutiques. (**PARC.**)
13. **RODRIGUEZ (Ramiro)**, à Valparaiso. — Produits pharmaceutiques. (**PARC.**)

14. **SCHMID (Guillermo O.)**, à Tomè. — Cirage. **(PARC.)**

15. **Société de produits chimiques et pharmaceutiques**, à Santiago.
— Produits pharmaceutiques. **(PARC.)**

16. **SORUCO (Benigno)**, à Valparaiso. — Produits pharmaceutiques. **(PARC.)**

17. **VIAL (Daniel E.)**, à Santiago. — Produits pharmaceutiques. **(PARC.)**

DANEMARK.

1. **BAKKER Fils**, à Ridderkerk. — Feuilles en caoutchouc avec ou sans insertions
de toile. Clapets, tuyaux, joints, courroies, tampons, bandes de billard, etc. **(PALAIS.)**

2. **BORCK (H. P. Marinus)**, à Copenhague. — Huile pour graisser les ressorts
de montres et de chronomètres. **(PALAIS.)**

3. **JENSEN & LANGEBEK PETERSEN**, à Copenhague. — Pepsinium
concentratum Langebek. **(PALAIS.)**

4. **MANSFELD BULLNER & LASSEN**, à Copenhague. — Couleurs
pour beurre et fromage, essence de présure. **(QUAI.)**

RÉPUBLIQUE DOMINICAINE.

1. **ALFAU (M.)**, à Moca. — Graines de Glouteron. **(PARC.)**

2. **BOIMARE (Pierre)**, à Samana. — Savon. **(PARC.)**

3. **CASTILLE (J. M.)**, à Samana. — Sulfate de fer de lignite. **(PARC.)**

4. **Commission provinciale de Azua.** — Huile de Ricin. **(PARC.)**

5. **Commission provinciale de Santiago.** — Huile de Ricin, écorces et
feuilles médicinales. **(PARC.)**

6. **Commission provinciale de Santo-Domingo.** — Plantes médicinales,
gingembre, ricin, sassafras, etc. **(PARC.)**

7. **Commission provinciale de Seibo.** — Graisse d'Iguane, plantes et huiles
médicinales. **(PARC.)**

8. **DIEZ (Mariano).** — Élixir odontalgique. **(PARC.)**

9. **MONTE (L. Del)**, à Samana. — Graines, écorces et plantes médicinales.
(PARC.)

10. **MONTES-DE-OCA (Ysabel)**, à Azua. — Feuilles de mauves. **(PARC.)**

11. **MORILLO (Mlle Y.)**, à Moca. — Extrait de Romarin-Sandragon, spécifiques
divers. **(PARC.)**

12. **RIVAS (Gregorio)**, à Sancher. — Feuilles et huiles médicinales. **(PARC.)**

13. **ROJAS DE COBRERA (Sinforosa)**, à Moca. — Huile médicinale.
(PARC.)

14. **ROJAS (F. Elias)**, à Samana. — Liniment Bénin. **(PARC.)**

ÉQUATEUR.

1. **Commission coopérative d'Ambato.** — Eaux minérales. **(PARC.)**

2. **Commission coopérative de Quito.** — Bamne de freilejon. (PARC.)

3. **JIJON (Manuel)**, à Quito. — Produits chimiques. (PARC.)

4. **NEGRETÉ (Luis Felipe)**, à Ambato. — Élixir équatorien, pilules dépuratives. (PARC.)

ESPAGNE.

1. **CALLEJA (Nicanor)**, à Madrid. — Produits pharmaceutiques. (PALAIS.)

2. **COSIN Y MARTIN (José)**, à Madrid. — Produits benzoïques. (PALAIS.)

3. **Imperial (La) & La Iberia « Garcia »**, à Madrid — Bougies stéariques et
savon d'élaïne. (PALAIS.)

4. **LIZARITURGUI Y REZOLA**, à Saint-Sébastien. — Bougies. (PALAIS.)

5. **OLAVARRI Y HERNAIZ (Ruperto de)**, à Madrid. — Eaux médicinales. (PALAIS.)

6. **ORANTES (Antonio)**, à Madrid. — Produits pharmaceutiques. (PALAIS.)

7. **PALU Y GOST**, à Reus (Tarragone). — Sel de tartre. (PALAIS.)

8. **ROCA (Francisco) & Fils**, à Palma (Baléares). — Phosphores et allumettes.
(PALAIS.)

9. **SANCHEZ GARCIA (Enrique)**, à Grenade. — Bougies et cires. (PALAIS.)

10. **Société anonyme de Madrid**, à Madrid. — Élaïne, glycérine, bougies et
savon. (PALAIS.)

11. **Société Hygiénique & Pharmaceutique**, à Valence. — Liquides.
(PALAIS.)

12. **SOLER Y CADELLANS (Antonio)**, à Areyns de Munt (Gerona). —
Crème de tartre. (PALAIS.)

13. **VARQUEZ MAGAN (Juan)**, à Madrid. — Médicaments (PALAIS.)

ÉTATS-UNIS.

1. **ARMOUR & Co.**, à Chicago, Ill. — Os et corne en poudre pour colle. (PALAIS.)

2. **BELL (R. W.) MANUF. Co.**, à Buffalo, N. Y. Washington street, 77 et 79.
— Savons pour buanderies, savon en poudre. (PALAIS.)

3. **Brookharen Rubber Shoe Co. (G. R. Allen, Treas'r)**, à Setarket, Long
Island, N. Y. — Arbres à caoutchouc (en plantes), caoutchouc brut, objets de caoutchouc. (PALAIS.)

4. **BROWN (E. F.) & Co.**, à Boston, Mass, Commercial street, 154 et 156. —
Cigares et préparations diverses pour les cuirs. (PALAIS.)

5. **Cheseborough Manuf. Co., (Consolidated)**, à New-York, N. Y. State
street, 21 et 24. — Vaseline et ses dérivés, cérats, onguents, pommades, parfums.
(PALAIS.)

6. **CLARK & WISC Co.**, à Chicago, Ill. River street, 39. — Graisse à essieux de
Wisc. (PALAIS.)

7. **COLEMAN (A.)**, à Paris, rue Bergère, 11. — Saindoux, huile de saindoux, huiles
minérales lourdes à graisser, huiles animales. (PALAIS.)

8. **COLLINS'S (S.) Son & Co.**, à New-York, N. Y. Frankfortstreet, 33. — Encres
d'imprimerie. (PALAIS.)

9. **Crane (The Frederick) Chemical Co.,** à Short-hills, N. J.—Vernis, laques, etc.   (**PALAIS.**)

10. **DEVOE (F. W.) & Co.,** à New-York, N. Y., Fulton street, 101 et 103.—Vernis pour chemins de fer, peintures, pinceaux.   (**PALAIS.**)

11. **Fairchild Brothers & Forster,** à New-York, Fulton street, 82. — Produits digestifs de fermentation, pepsine et ses dérivés.   (**PALAIS.**)

12. **JOHNSTON (Henry M.),** à Brooklyn, N. Y., John street, 25 et 27. — Peintures sèches à la détrempe.   (**PALAIS.**)

13. **LARKIN (J. D.) & Co.,** à Buffalo, N. Y., Spruce street, 663.— Savons pour buanderies et pour familles.   (**PALAIS.**)

14. **LE PAGE & Co.,** à Boston, Mass. — Colle de poisson liquide et colle ciment.   (**PALAIS.**)

15. **LUGANO (Christine),** à Kingston, N. Y. — Colle liquide américaine.   (**PALAIS.**)

16. **MAC LEISH (J. & G. C.) Co.,** à Buffalo, M., Main et Ferry street. — Gélatine, produit des ligaments des animaux.   (**PALAIS.**)

17. **PEASE (J. S.),** à Buffalo, N. Y., Main street, 65 et 66. — Huiles d'éclairage et lubrifiantes pour chemins de fer, bateaux à vapeur et toutes espèces de machines.   (**PALAIS.**)

18. **Queen City Chemical Co.,** à Buffalo, N. Y., Main street, 77.— Spécimens de baking-powder pour la pâtisserie.   (**PALAIS.**)

19. **Revere Rubber Co. (Henry C. Morse, Treas),** à Boston, Mass.— Objets en caoutchouc appliqués à la mécanique.   (**PALAIS.**)

20. **Russia Cement Co.** (Président : **R. Brooks),** à Gloucester, Mass.— Colles, spécimens d'applications industrielles de la colle de poisson.   (**PALAIS.**)

21. **Salvo Petrolia Co.,** à Paris, rue Feydeau, 30. — Vaseline.   (**PALAIS.**)

22. **Solway Process Co. (The),** à Syracuse, N. Y. — Soude, carbonates et cristaux.   (**PALAIS.**)

23. **STRICKLER BROS & Co.,** à Sterling, Ill. — Couleur pour teindre le beurre.   (**PALAIS.**)

24. **UPTON (George),** à Boston, Mass., Franklin street, 239. — Colles et gélatine.   (**PALAIS.**)

25. **VALENTINE & Co. (Geo. F. Swan, Treas),** à New-York, N. Y., Broadway, 245. — Vernis et peintures pour la carrosserie.   (**PALAIS.**)

26. **WARD (Everett),** à New-York, N. Y., Harrison street, 6. — Savons blancs et jaunes, poudre de savon.   (**PALAIS.**)

27. **WARNER (Wm. R.) & Co.,** à Philadelphie, Pa.—Pilules à enveloppe soluble, sels granulés effervescents, préparations pharmaceutiques.   (**PALAIS.**)

28. **Waterbury Rubler Co.** (Geo. A. Howe, Treas), à New-York N. Y., Waren street, 49. — Tuyau élastique en caoutchouc avec armure d'acier.   (**PALAIS.**)

29. **WETZEL (John),** à Salt-Lake-City, Utah, South street. — Poudre apéritive nutritive et stimulante préparée par la fermentation de lait écrémé et d'herbes.   (**PALAIS.**)

GRANDE-BRETAGNE.

1. **BARTRUM HARVEY & Co.,** à Londres, Gresham street, 25.— Produits de l'industrie du caoutchouc.   (**PALAIS.**)

2. BIRNBAUM (B.) & Sons, à Londres, London Wall 33, et Wick Lane Rubber works, Bow. — Produits de l'industrie du caoutchouc.   **(PALAIS.)**

3. BISHOP (Alfred) & Sons, à Londres, Spelman street, 48. — Préparations pharmaceutiques.   **(PALAIS.)**

4. BROAD (James) & Sons, à Lewes, Sussex. Candle and Night Light works, Veilleuses.   **(PALAIS.)**

5. BRUNNER, MOND & Co. (Limited), à Northwich, Cheshire. — Bicarbonate de soude, Soude en cristaux, poudre à blanchir.   **(PALAIS.)**

6. BRUSH (W. J.) & Co., à Londres, Artillery lane, Bishopsgate. — Huiles, essences, couleurs végétales non nuisibles pour confiserie, carmin.   **(PALAIS.)**

7. BURROUGHS. WELLCOME & Co., à Londres, Snow Hill buildings. — Parfumerie et savons de toilette.   **(PALAIS.)**

Maisons à New-York, Paris, Bruxelles et Melbourne.

Exposants dans la section américaine, N° 289 (Lundborg et Co., parfumeurs), N° 267 (Colgate & C°, Savon au Bouquet de Cashmère), N° 594 (Fairchild Bros et Foster, Préparations), dans la section industrielle anglaise N° 225, et la section alimentaire anglaise (Kepler Malt Extract C°), N° 772.

Fabricants de coton absorbant, tabloïdes antipyrines, vin de viande de bœuf et fer, hazeline, tabloïds hypodermiques, trousses de poche, extrait de malt de Kepler et solution d'huile de foie de morue, lanoline et ses préparations, trousses de médecine de poche garnies de tabloïdes et de médicaments compressés.

Pepsine en poudre, balances, tabloïdes, tabloïdes saccharines, tabloïdes pour la voix, etc.

8. CHAMBERLIN & SMITH, à Norwich. — Préparations pharmaceutiques.   **(PALAIS.)**

9. CHANCE Brothers, à Birmingham, Alkali works. — Soufre sous plusieurs formes, acide sulfurique obtenu par le procédé Chance.   **(PALAIS.)**

10. CHRISTY, (Thomas) & Co, à Londres, Lime street, 25 — Extraits liquides, teintures, losanges, sel Regal, bandages Christy et draps pour chirurgie   **(PALAIS.)**

11. CLARKE (Samuel), à Londres, Pyramid and Fairy Light works, Childs hill. — Veilleuses.   **(PALAIS.)**

12. Clayton Aniline Co. (Limited), Portland street, 111, Manchester & **Clayton**, près Manchester. — Huile aniline, sel et produits de goudron, etc.   **(PALAIS.)**

Goudron, naphte, huiles légères, naphte pour dégraisseurs et fabricants de caoutchouc, Benzole pur, toluène pur, xylène pur, nitrobenzole, nitrotoluène, nitroxylène, essences de mirbane, Binitrobenzole, binitrotoluène, aniline pour bleu, aniline pour noir pour teinture et impression, toluidine, xylidine, chlorhydrate d'aniline, orthotoluidine, paratoluidine, metaxylidine, orthonitrotoluène, paranitrotoluène, azobenzole, azotoluène, benzidine, sulfate de benzidine, toluidine, sulfate de toluidine.

Carnotine, rouge de carnotine breveté, orange carnotine breveté.

Marron et brun de carnotine brevetés. Sulfooléates et sulforicinates de potasse de soude et d'ammoniaque.

Savons pour apprêts, sulfocyanures de barium, d'étain, d'alumine.

13. Continental Oxygen Co. (Limited), à Westminster, Connaught mansions, Victoria street, et à Paris, rue Gavarni, 7 — Gaz oxygène pour l'industrie.   **(PALAIS.)**

14. COOK (Edward) & Co., à Londres, East London Soap works, Bow. — Savons, Engrais chimique.   **(PALAIS.)**

15. CORDING (G.), à Londres, Regent street, 125. — Produits de l'industrie du caoutchouc.   **(PALAIS.)**

16. CURRIE (William) & Co., à Edimbourg, Caledonian Rubber works — Produits de l'industrie du caoutchouc.   **(PALAIS.)**

17. Eglingtong Chemical Co. (Limited), à Glasgow, Saint-Vincent place, 27.
— Bichromate de potasse, soude, ammoniaque et autres sels de chrome, chrome
métallique. Poudre à blanchir. **(PALAIS.)**

Usine de produits chimiques à Irvine (Écosse).
Agent à Paris : C. Roberts, rue du Pont-Louis-Philippe, 26.
Soude en cristaux, briques brevetées en silice pour la construction des fourneaux pour la
fonte de l'acier.
Briques brevetées en minerai de chrome et bauxite.

18. GILBERTSON & PAGE, à Hertford, Game Food Manufactory. — Toniques pour gibier et volaille. **(PALAIS.)**

19. GRIFFITHS Brothers & Co. à Londres, New Bond street, 9. —
Préparations chimiques et pharmaceutiques. **(PALAIS.)**

20. HICKISSON (J.), (Fille de feu John Bond), à Londres, Southgate road, 75.
— Encre à marquer et crayons, ustensiles pour marquer la toile. **(PALAIS.)**

21. HOGG (Thomas Paul), à Paris, rue de Castiglione, 2, — Huile de morue de
Terre-Neuve. **(PALAIS.)**

22. HYDE & Co., à Londres, Poulet road, 1, Camberwell. — Préparations médicales pour oiseaux. **(PALAIS.)**

23. JAKSON (John) & Co., West Croydon, Steam Distillery, Mitcham road. —
Huiles de menthe, de lavande, de camomille et autres huiles. **(PALAIS.)**

Deux distilleries à vapeur et à feu nu munies d'appareils pour la production des Essences de
Menthe, Lavande et Camomille. — Bureaux, 17, Philpot Lane London. E. C.
Dépôt à Paris, 4, rue Payenne.

24. JEFFREY (Alfred) & Co., à Stratford, Marsh Gate lane. — Échantillons de colle marine et son application. **(PALAIS.)**

25. Jeyes Sanitary Compounds Co. (Limited), à Londres, Cannon
street, 43. — Savons et désinfectants. **(PALAIS.)**

26. Kepler Extract of Malt Co. Burroughs Wellcome & Co. Agents,
à Londres, E. C., Snow Hill buildings. — Préparations pharmaceutiques de Kepler.
(PALAIS.)

27. LEE Brothers, à Londres, Barbican 61. — Produits de l'industrie du
caoutchouc. **(PALAIS.)**

28. LEVER (Bros.), à Port Sunlight, près Birkenhead, Cheshire. — Savon « Sunlight ». **(PALAIS.)**

29. LEVINSTEIN & Co., à Manchester, Minshull street, 21. — Matières colorantes et préparations pharmaceutiques, extraites du goudron minéral. **(PALAIS.)**

30. London Manure Co. (Limited), à Londres, Fenchurch street, 116. —
Engrais chimiques, produits bruts et produits fabriqués. **(PALAIS.)**

31. London Rubber Printing Co., à Londres, Cheapside, 33. — Encres
d'imprimerie. **(PALAIS.)**

32. MANDLEBERG (J.) & Co., à Pendleton, Manchester Albion Rubber works,
et à Paris, rue de l'Échiquier, 13. — Produits et ingrédients de l'industrie du
caoutchouc sous toutes ses formes. **(PALAIS.)**

33. MOSSES & MITCHELL, à Londres, Chiswell street, 68. — Fibre
vulcanisée dure et flexible. **(PALAIS.)**

34. MURRAY (Sir JAMES) & Sons, à Dublin, Grahams Court, 3, Temple
street. — Préparations pharmaceutiques. **(PALAIS.)**

35. NICHOLSON (D.) & Co., à Londres, Saint-Paul's Churchyard, 54, et Pater-
noster Row, 66. — Produits de l'industrie du caoutchouc. **(PALAIS.)**

36. North British Rubber Co., (Limited), à Édimbourg, Castle mills, et à
Londres, Moorgate street, 57 — Produits et matières premières du caoutchouc
sous toutes ses formes. **(PALAIS.)**

37. Nubian Manufacturing Co. (Limited), à Londres, Great Saffron Hill, 95, et à Paris, rue Chabrol, 42. — Cirages et vernis pour chaussures.   **(PALAIS.)**

38. OPPENHEIMER Brothers, à Londres. Sun street, 1, Finsbury, square. — Produits chimiques et pharmaceutiques.   **(PALAIS.)**

39. PICKERING (Joseph) & Sons, à Sheffield, Burton road. — Pâte « Needham » pour polir, divers vernis, poudres, pâtes pour nettoyage et polissage.   **(PALAIS.)**

    Pâte Meedham pour polir.
    Poli pour meubles.
    Pâte pour rasoirs.
    Poudre pour argenterie et pour couteaux.
    Cirage pour harnais.
    Noir de Brunswick.
    Pommade à polir les métaux.
    Pâte pour meubles en vieux chêne.
    Blancs.
    Diplôme de mérite, Vienne 1873 ; Ordre du Mérite, Melbourne 1880.

40. Price's Patent Candle Co. (Limited), à Londres, Battersea — Bougies veilleuses, glycérine, savons, huiles minérales.   **(PALAIS.)**

41. ROWNEY & Co. (Geo), à Londres, Percy street, 10. — Couleurs.**(PALAIS.)**

42. SCOTT James & John G. (Limited), à Glasgow, Crown Colour works. — Peintures, couleurs sèches, peintures préparées, huiles animales, minérales et végétales.   **(PALAIS.)**

43. Spratt's Patent (Limited), à Londres, Henvy street, Bermondsey, et à Paris, rue des Mathurins, 14. — Produits médicinaux désinfectants.   **(PALAIS.)**

44. STEVENSON, CARLILE & Co., à Glasgow, West Nile street, 25. — Chrome et ses composés.   **(PALAIS.)**

GRÈCE.

1. ANATASIOU Frères, à Zante.— Savons ordinaires.   **(PALAIS.)**

2. ANDRICOPOULOS, à Patras (Achaïe et Élide).— Couleurs à l'huile.**(PALAIS.)**

3. ASLAMI (Thémistocle), à Lixouri (Céphalonie).— Vins de quinquina.**(PALAIS.)**

4. CARINTSKI (P.), à Athènes. — Médicaments divers.   **(PALAIS.)**

5. CARONIS (Aristide), à Athènes. — Bougies et cierges.   **(PALAIS.)**

6. CAZILARIS (Jean), à Athènes. — Médicaments divers.   **(PALAIS.)**

7. CHRISTOMANOS (Anastase), à Athènes. — Produits chimiques préparés par ses élèves.   **(PALAIS.)**

8. COLLAS Frères, à Corfou. — Médicaments simples et composés.   **(PALAIS.)**

9. COUCOULI (Grégoire), à Syra (Cyclades). — Médicaments divers.   **(PALAIS.)**

10. DAMIANO Fils, à Corfou.— Savons ordinaires.   **(PALAIS.)**

11. DRINIS (S.), à Coroni (Messénie).— Savons ordinaires.   **(PALAIS.)**

12. Eglise de l'Annonciation, à Tenos (Cyclades). — Cierges.   **(PALAIS.)**

13. EUTHYMIOU (A.), à Syra (Cyclades).— Vernis.   **(PALAIS.)**

14. GENNATAS (Eustache), à Argostoli (Céphalonie). — Diachylon.**(PALAIS.)**

15. GUINI (Michel), à Corfou. — Médicaments contre le ténia.   **(PALAIS.)**

16. **HASSAN Hidir,** à Larisse.— Savons ordinaires. (PALAIS)

17. **KEROPHYLAX (N.),** à Zante.— Savons ordinaires. (PALAIS.)

18. **MANTZAVINOS et COLENTI,** à Lixouri (Céphalonie). — Vins de quinquina. (PALAIS.)

19. **MARGARITTI & Cie,** à Corfou. — Bougies, stéarine, glycérine et oléine. (PALAIS.)

20. **MAZARAKIS (Anastase),** à Argostoli (Céphalonie). — Cierge torse. (PALAIS.)

21. **MERCATTI et Cie,** à Zante.— Savons ordinaires. (PALAIS.)

22. **Ministère des Finances,** à Athènes. — Sels des salines de l'État. (PALAIS.)

23. **PAPAPHOTOS (Drossos),** au Pirée (Attique).— Cierges. (PALAIS.)

24. **PATRONIS (Eustache),** à Athènes. — Bougies. (PALAIS.)

25. **PAVLATOS (C.),** à Ithaque (Céphalonie). — Extraits aqueux et spiritueux. (PALAIS.)

26. **PLATIS (Hercule),** à Syra (Cyclades). — Cierges. (PALAIS.)

27. **SARAIDARIS et ATHANASIADES,** au Pirée et à Eleusis.— Savons ordinaires et huile de grignons d'olives. (PALAIS.)

28. **SPIROPOULO (I.),** à Patras (Achaïe et Élide).— Vernis. (PALAIS.)

29. **TRIANTAFILOPOULO (Jean),** à Syra (Cyclades).— Bougies et cierges. (PALAIS.)

30. **TSACONAS (Jean),** à Salamis (Attique). — Cierges. (PALAIS.)

31. **TSOLAKIS (Panagiotis),** à Volo (Larisse).— Bougies, colle forte et savons. (PALAIS.)

32. **VALAZACHAS et BAZACHIS,** à Zante.— Savons ordinaires. (PALAIS.)

33. **VOUSSAKIS (A.)** à Athènes. — Médicaments simples et composés. (PALAIS.)

34. **XANTHAKIS (M.),** à Athènes.— Vernis. (PALAIS.)

35. **ZAVOIANNI et Cie,** au Pirée.— Savons ordinaires et huile de grignons d'olives. (PALAIS.)

36. **ZEGGELIS Panagis),** à Syra (Cyclades). — Bougies et cierges. (PALAIS.)

GUATEMALA.

1. **ANGUIANO (Francisco),** à Guatemala. — Caoutchouc. (PARC.)

2. **APARICIO (J. & C.),** à Quezaltenango. — Caoutchoucs, quinquina. (PARC.)

3. **CASTELLANO (Prudencio),** à Guatemala.— Produits chimiques. (PARC.)

4. **ESTRADA (Eduardo O.) & Cie,** à Guatemala. — Savons. (PARC.)

5. **GARCIA SALAS (José),** à Peten. — Médicaments. (PARC.)

6. **GARCIA-SALAS (Gonzalo),** à Guatemala. — Médicaments. (PARC.)

7. **GUZMAN (Gustavo E.),** à Retaluleru. — Poisons végétaux. (PARC.)

8. **LLERENA (D),** à Mazatenango. — Produits pharmaceutiques. (PARC.)

9. **OCHAITA (Mariano)**, à Escuinlla. — Médicaments.   (PARC.)

10. **LOPEZ (Antonio)**, à Guatemala. — Salsepareille.   (PARC.)

11. **Mina de Santiago**, à Santa-Rosa. — Chlorures d'argent.   (PARC.)

12. **MONTENEGO (José Maria)**, à Zacatepeque. — Huile de ricin. (PARC.)

13. **Municipalité de Lemoa**, Dépar¹ de Quiché. — Savon   (PARC.)

14. **Municipalité de Livingston**, Dépar¹ d'Izabal. — Salsepareille. (PARC.)

15. **Municipalité de San Andrés de Itzapa**, Dépar¹ de Chimaltenango. —
Bougies.   (PARC.)

16. **Municipalité de San Antonio La Paz**, Dépar¹ de Guatemala. — Indigo.
          (PARC.)

17. **Municipalité de San Raymundo**, Dépar¹ de Guatemala. — Bougies,
savons.   (PARC.)

18. **Municipalité de Santa-Maria de Chiquimula**, Dépar¹ de Totonica-
pan. — Bougies.   (PARC.)

19. **Préfet de Chiquimula**, à Chiquimula. — Indigo.   (PARC.)

20. **Préfet de Jalapa**, à Jalapa. — Indigo.   (PARC.)

21. **Préfet de Jutiapa**, à Jutiapa. — Indigo.   (PARC.)

22. **Préfet de Solola**, à Solola. — Salsepareille.   (PARC.)

23. **Préfet de Zacapa**, à Zacapa. — Salsepareille.   (PARC.)

24. **QUIROS (Manuel)**, à Guatemala. — Encres de sa fabrique del Sol. (PARC.)

25. **SIERRA (Isaac)**, à Guatemala. — Produits pharmaceutiques.   (PARC.)

26. **TOLEDO (D Juan I.)**, à Retalhuleu. — Plantes médicinales.   (PARC.)

27. **VILLALOBOS (Francisco)**, à Huehuetenango. — Produits pharmaceutiques.   (PARC.)

ITALIE.

1. **CASTALDI (Andrea)**, à Grugliasco. — Colle.   (PALAIS.)

2. **Fabrique lombarde de produits chimiques**, à Milan. — Sels de quinine
et succédanés. Produits pharmaceutiques.   (PALAIS.)

3. **Huileries et Savonneries méridionales**, à Bari. — Huiles et savons.
          (PALAIS.)

4. **LARDEREL (Comte de)**, à Livourne. — Acide borique. Borate de soude
(Borax).   (PALAIS.)

5. **LUCIANO (Joseph)**, à Pancalieri, près de Turin. — Essences d'herbes aromatiques, menthe glaciale, éther.   (PALAIS.)

6. **MARTINEZ (J.-J.)**, à Girgenti. — Quinine. Huiles d'amandes douces. (PALAIS.)

7. **MASCITELLI (Titus)**, à Naples, vico Madona delle Grazie. — Charbon artificiel.   (PALAIS.)

8. **MAZZOLINI (Jean)**, à Rome, Quattro Fontane, 18. — Sirop de pariglina, eau
ferrugineuse et pastilles de mûres.   (PALAIS.)

9. **MILANI (Paul)**, à Milan. — Savons.   (PALAIS.)

10. SESSA, CAUTIE & Cie, à Milan, via Borronici, 7. — Colle. Huiles et graisses. Phosphates et matériel pour fumer les terrains.   **(PALAIS.)**

11. Société anonyme Stéarique, à Milan, via della Pace, 19. — Graisses et dérivés. Bougies stéariques, stéarine, oléine, glycérine.   **(PALAIS.)**

12. Société des Salines de Salsomaggiore (Lombardie). — Échantillons des salines.   **(PALAIS.)**

13. VITALE (Maurice), à Naples, via Toria, 148. — Cire.   **(PALAIS.)**

JAPON.

1. AIGA (Anshin), Kumamoto-Ken, Takuma-Kori. — Cires végétales raffinées.   **(PALAIS.)**

2. HASEGAWA (Kenzo), Fukushima-Ken, Onuma-Kori. — Laque en jus.   **(PALAIS.)**

3. Ministère de l'Agriculture et du Commerce (Direction de l'Agriculture), à Tokio. — Menthe cristallisée, essence, feuilles sèches de menthe, cire végétale raffinée, fruits d'arbre à cire et d'arbre à laque.   **(PALAIS.)**

4. Ministère de l'Agriculture et du Commerce (Direction des produits aquatiques), à Tokio. — Différentes sortes de graisses de poissons.   **(PALAIS.)**

5. NAKAMURA (Gihei), Osaka-fu, Minami-Ku. — Cires végétales raffinées en pains carrés.   **(PALAIS.)**

6. NUMANO (Yasutaro), Tokio-fu, Kanda-Ku. — Essences et huiles de menthe frisée.   **(PALAIS.)**

7. SUGE (Jihei), Iwate-Ken, Ninobe-Kori. — Laques en jus.   **(PALAIS.)**

8. TOKIO YAKUHIN-KAISHA, Tokio-fu, Nihonbashi-Ku. — Essences et huiles de menthe frisée.   **(PALAIS.)**

9. TSUKUSHI (Sanjiro), Osaka-fu, Higashi-Ku. — Cires végétales raffinées, cires végétales raffinées en poudre.   **(PALAIS.)**

PRINCIPAUTÉ DE MONACO.

1. CRUZEL (J.-Léon), à Monte-Carlo. — Produits pharmaceutiques.   **(PARC.)**

2. Société industrielle et artistique, (Laboratoire de Monte-Carlo), à Monaco, boulevard de la Condamine, 1. — Produits chimiques et pharmaceutiques.   **(PARC.)**

3. STREICHER (Maison) — **Eugène Soudrille**, Successeur, — à Monaco, rue Louis, 11. — Paratartre désincrustant les chaudières à vapeur.   **(PARC.)**

NORVÈGE.

1. BORTHEN (Tobias U.), à Trondhjem. — Huiles de foie de morue naturelles. Huiles de foie de morue purifiées à la vapeur.   **(PALAIS.)**

2. Commission Norvégienne de l'Exposition Universelle de 1889 à Paris. — Collection d'huiles de foie de morue médicinales naturelles blanchies à la vapeur, crues et clarifiées à froid. — Toutes les huiles pour l'usage médicinal sont recueillies exclusivement de foies de première qualité absolument frais et fabriquées avec grand soin. — Colle extraite de têtes et de tripes de poissons, remplaçant avec avantage la colle ordinaire et trouvant un débit facile, surtout pour l'industrie de la papeterie.   **(PALAIS.)**

3. **DAHL (Nicolay P.)**, à Molde. — Huiles de foie de morue préparées à la vapeur.   **(PALAIS.)**

4. **DEVOLD (Peter)**, à Aalesund. — Huiles de foie de morue médicinales et industrielles.   **(PALAIS.)**

5. **EIDSVAAG (Edvard)**, à Henningsvaer, Lofoten et Christiansund N. — Collection d'huiles de foie de morue médicinales, farine de foie de morue médicinale.   **(PALAIS.)**

6. **Fabrique chimique de Stavanger**, à Stavanger. — Huiles et graisses, divers produits chimiques.   **(PALAIS)**

7. **Fabrique norvégienne de Vernis**, à Christiania. — Vernis.   **(PALAIS.)**

8. **FARSTAD (J. A.)**, à Christiansund N. — Huiles de foie de morue médicinales.   **(PALAIS.)**

9. **FOYN (Svend)**, à Tœnsberg. — Colle de baleine, graisses de baleine et de bottlenose.   **(PALAIS.)**

10. **FUGLESANG (Georg Richard)**, à Christiania. — Graisses, cirages et vernis.   **(PALAIS.)**

11. **HOEL (P. C.)**, à Aalesund. — Huiles de foie de morue médicinales clarifiées à froid.   **(PALAIS.)**

12. **ISDAHL & Cie**, à Bergen. — Huile médicinale blanchie à la vapeur, blanche naturelle, blonde et foncée, brune claire.   **(PALAIS.)**

   Huiles de foie de morue. Usines à vapeur dans les districts de pêche de Norvège. Représentant à Paris, M. E. Gillet, courtier assermenté, rue Payenne, 4.

13. **JENSEN (J.) & Cie (Lim.)**, à Brettesnaes et Henningsvaer, Lofoten. — Huiles de poisson.   **(PALAIS.)**

14. **JERVELL (Otto S.)**, à Aalesund. — Huiles de foie de morue.   **(PALAIS.)**

   Fabriques à Sœndmœre, Lofoten et Finmarken.

15. **JOHNSEN (Christian)**, à Christiansund N. — Huile de foie de morue, colle de poisson.   **(PALAIS.)**

16. **KONOW (Wollert)**, à Bergen. — Huiles de foie de morue.   **(PALAIS.)**

17. **MEYER (Heinrich)**, à Christiania. — Huiles de foie de morue, médicinales et industrielles.   **(PALAIS.)**

18. **PARELIUS (Niels R.)**, à Christiansund N. — Huiles de foie de morue, médicinales et industrielles.   **(PALAIS.)**

19. **SCHROEDER (B. H.)**, à Skien. — Graisses pour les cuirs.   **(PALAIS.)**

20. **SPOERCK & Cie**, à Trondhjem. — Huiles de foie de morue.   **(PALAIS.)**

21. **TENGGREN (C. J.)**, à Lyngvaer, Lofoten. — Farine de poisson médicinale.   **(PALAIS.)**

22. **THESEN (Johan) & Cie**, à Bergen. — Huiles de foie de morue.   **(PALAIS.)**

23. **WOLFF (Fredrik Chr.)**, à Christiansand S. — Encres de toutes couleurs, encres à copier, graisses pour les cuirs, etc.   **(PALAIS.)**

PARAGUAY.

1. **Gouvernement de la République du Paraguay**, à Assomption. — Plantes, racines, écorces, bois, feuilles, fleurs, fruits, semences médicinales, plantes tinctoriales.   **(PARC.)**

Classe 45·   4

2. **KÉGEL (L.),** à Assomption. — Acides, essences et extraits, papiers réactifs couleurs, etc, etc.   (PARC.)

3. **LAGUARDIA (D. Miguel),** à Assomption.— Élixir la « Flor du Paraguay. »
                                                                               (PARC.)

4. **MAC DONELL (C.),** à Assomption. — Pain de caoutchouc.   (PARC.)

5. **MANZONI Frères,** à Assomption. — Allumettes de cire sourdes et allumettes à bruit.   (PARC.)

6. **MONDIODOU (D.),** à Assomption. — Huiles de coco, d'arachides, de graines de coton, de piño (euphorbiacées). Graines : de coco, d'arachides. Tourteaux de ces graines.   (PARC.)

7. **NERHOT (Jean),** à Yaguaron. — Essence de petits grains.   (PARC.)

8. **PAGANI (D. Enrique),** à Assomption. — Extrait de « Quebracho. «   (PARC.)

PAYS-BAS.

1. **BAKKERG Fils,** à Ridderkerk (Hollande). — Feuilles en caoutchouc avec ou sans insertions de toiles, clapets, tuyaux, joints, courroies, tampons, bandes de billard, etc.   (PALAIS.)

2. **FABRIQUE CHIMIQUE,** à Rotterdam. — Glycérines brutes, raffinées, distillées, glycérine distillée pour la fabrication de la dynamite, glycérine chimiquement pure.   (PALAIS.)

3. **GEURTS (Mathieu),** à Blérik-lès-Venlo. — Cellulose alcalisée, réactif contre les incrustations des chaudières à vapeur.   (PALAIS.)

4. **KRUYS (H. W. E.) et Fils,** à Bois-le-Duc. — Albastine, vernis.   (PALAIS.)

5. **LÉON (Maurice de) et Cie,** à Rotterdam, Passage, 4. — Colle arménienne.
                                                                               (PALAIS.)

6. **NEELMEYER & Cie,** à Apeldoom. — Cires à cacheter.   (PALAIS.)

7. **VERWEIY (Nicolas),** à Tiel. — Albuminates et peptonates de fer. Extraits fluides et divers, extraits médicinaux.   (PALAIS.)

PORTUGAL.

1. **ALMEIDA LIMA (Jorge Abraham d').** — Sel marin.   (PALAIS.)

2. **ARRIAGA & LANE.** — Médicaments.   (PALAIS.)

3. **AYRES & FERNANDES.** — Savons.   (PALAIS.)

4. **BIRRA (José Bernardo),** à Porto. — Médicaments.   (PALAIS.)

5. **BRITO (Antonio J. de) e CUNHA.** — Produits chimiques.   (PALAIS.)

6. **CAMPOS & CORTEZ.** — Savons.   (PALAIS.)

7. **Companhia Lisbonense de estamparia e tinturaria d'algodoes.** — Tissus teints.   (PALAIS.)

8. **Companhia Uniao Fabril.** — Savons.   (PALAIS.)

9. **COSTA (Ribeiro da) & Ca.** — Médicaments.   (PALAIS.)

10. **CRUZ (F. da) e SOUZA.** — Savons.   (PALAIS.)

11. **FERREIRA DA SILVA (Agostinho).** — Savons.   (PALAIS.)

12. **FRANCO & Filhos,** à Belem. — Médicaments.   (PALAIS.)

13. **FURTADO (Luiz Miguel).** — Cire.   (PALAIS)

14. **HENRIQUE (José Maria).** — Cire.   (PALAIS.)

15. **HENRIQUES (Alves Pimenta) & Ca.** — Cirages.   (PALAIS.)

16. **HENRIQUES (Antonio).** — Cirages.   (PALAIS.)

17. **LEIRINHA (Joaquim Antonio Vaz).** — Médicaments.   (PALAIS.)

18. **MACEDO FERRAZ (Elizario Augusto de).** — Médicaments.
                                                                    (PALAIS.)

19. **MIRANDA SARMENTO (Joaquim José de).** — Médicaments.
                                                                    (PALAIS.)

20. **NOGUEIRA (Francisco Maria).** — Médicaments.   (PALAIS.)

21. **PESSOA (Jacques).** — Médicaments.   (PALAIS.)

22. **PIRES (José Raymundo).** — Cire.   (PALAIS.)

23. **SAMORA CORREA (Barâo de).** — Sel marin.   (PALAIS.)

24. **SERRA (Joaquim Simôes).** — Médicaments.   (PALAIS.)

25. **SERZEDELLO & Ca,** à Lisbonne. — Produits chimiques.   (PALAIS.)

26. **SILVA (Augusto F. da).** — Savons.   (PALAIS.)

27. **SILVA GUIMARAES (José Cardoso da).** — Médicaments. (PALAIS.)

28. **SOUZA (Manoel Maria de).** — Cire.   (PALAIS.)

29. **VARGAS (Manoel Antonio P.).** — Savons médicinaux.   (PALAIS.)

COLONIES PORTUGAISES.

1. **Musée des Colonies,** à Lisbonne. — Opium. Noix vomique.   (PALAIS.)

2. **PINTO (M. R.),** à l'île de Saô Thomé. — Baume de Saint-Thomas.   (PALAIS.)

ROUMANIE.

1. **ALTAN (Anton),** à Bucharest, rue Bastistea, 14.— Produits pharmaceutiques.
Pastilles au chlorate de potasse et diverses. Liqueur de goudron végétal.   (PALAIS.)

2. **BERBERIANU (Joan),** — pharmacie **Alessandri,** — à Bucharest. Eaux
diverses, poudres diverses, et pâtes pour les dents et la bouche, eau de quinine,
pommade de Chine, papier chimique, etc.   (PALAIS.)

3. **BERHEL (Sch. Z.),** à Jassy. — Cirage.   (PALAIS.)

4. **BRANCOVEANU (Svetozaru),** à Berlad, rue Saint-Georges. — Cierges.
                                                                    (PALAIS.)

5. **CRASSU (Vasile),** à Berlad, rue Dunarei. — Eaux minérales de Sarata.
                                                                    (PALAIS.)

6. **CUPERE (D. N.),** à Falticeni. — Savons.   (PALAIS.)

7. **FARJON (Mme Marie),** à Bucharest, strada Foisoru, 8. — Acide tartrique.
                                                                    (PALAIS.)

8. FOYESKI (Sergiu), à Burdujeni. — Médicaments.					(PALAIS.)

9. GHERMAN (Dimitre), à Buzéo. — Liqueur de goudron-tolu; eau et poudre pour les dents. Pommade de quinine. Cold-cream. Eau de Cologne. Eau de quinine.					(PALAIS.)

10. HALPERIN (David), à Falticeni (Suceava). — Savon.					(PALAIS.)

11. ISTRATI (Dr **C.),** à Bucharest, calea Dorobantilor, 11.— Matières colorantes et produits chimiques.					(PALAIS.)

12. KATZ (Léon), à Jassy. — Laques de diverses nuances, pour meubles. Encres diverses.					(PALAIS.)

13. KOHAN (A.), à Constanza.—Savon pour le linge, aux trois couleurs roumaines.					(PALAIS.)

14. KRETZOIU (B. B.), à Toultcha (Dobroudja). — Laques, encres.					(PALAIS.)

15. LEZEANU (Pantele), à Craïova. — Médicaments divers.					(PALAIS.)

16. MARTINOVICZ (D. J.), à Bucharest, rue Victoriei, 212.—Couleurs diverses, laques.					(PALAIS.)

17. MICLESCO (Alécu S.), à Danesti, district de Vaslui. — Cire jaune brute.					(PALAIS.)

18. OVESA Pètre (Rafail), à Buzeo. — Eau de Mélisse.					(PALAIS.)

19. PETROVICI & GHEORGHEVICI, à Braïla, strada Plewna. — Savon blanc et jaune.					(PALAIS.)

20. SERAFIN (N. V.), à Pitesti. — Élixir alcool de mélisse.					(PALAIS.)

21. TSINC (Constantin), à Galatz, rue Trajan. — Produits indigènes. Articles de pharmacie et de parfumerie.					(PALAIS.)

22. VAUNOVICI (Hagi Costea), à Crayova. — Médicaments divers.					(PALAIS.)

RUSSIE.

1. BLUMSKY, à Odessa. — Naphtaline et benzole.					(PALAIS.)

2. BRODSKY (A.), à Odessa. — Produits chimiques.					(PALAIS.)

3. Compagnie de la fabrique de Fentelevo, à Saint-Pétersbourg. — Produits chimiques.					(PALAIS.)

4. Compagnie de l'Usine de Calcination des Os, à Saint-Pétersbourg. — Produits de l'usine.					(PALAIS.)

5. GORECKI (Thadée), à Varsovie. — Vernis pour parquets.					(PALAIS.)

6. KORAB-BOJEMSKY (Dr **A.),** à Varsovie. — Produits chimiques et pharmaceutiques.					(PALAIS.)

7. KRESTOVNIKOFF Frères, à Kazan. — Bougies, glycérine etc.					(PALAIS.)

8. KUENEMANN BAUDET & Cie, à Saint-Pétersbourg. — Extraits de bois, etc.					(PALAIS.)

9. LEPECHKINE (N. V.) Fils, à Ivanow-Vosnessensk. — Produits chimiques.					(PALAIS.)

10. LOUKOFNIKOFF (T.), à Moscou, — Cirages et encres.					(PALAIS.)

11. MATTHEIZEN (N. P.), à Moscou. — Droguerie.					(PALAIS.)

12. MILLER, à Saint-Pétersbourg. — Produits pharmaceutiques.   (PALAIS.)

13. NIKITA-PONIZOVKINE Fils, à Iaroslav. — Produits chimiques.
(PALAIS.)

14. OLOVIANICHNIKOFF Père & Fils, à Iaroslav. — Blanc de plomb.
(PALAIS.)

15. OSSOWETSKY & Cie, à Moscou. — Couleurs et vernis.   (PALAIS.)

16. POLAKIEWICZ (Sigismond), à Wlochy (Gouvernement de Varsovie). —
Bougies.   (PALAIS.)

17. SCHMIDT (Charles), à Riga. — Huile de graissage, nommée « Progrès. »
(PALAIS.)

18. SINITZINE (P. B.), à Bolkoff, Gouvernement d'Orel. — Vernis.   (PALAIS.)

19. Société de fabrication de suif fondu, à Saint-Pétersbourg. — Suif
fondu.   (PALAIS.)

> Maison fondée en 1867.
> Récompenses : Médaille de progrès, Vienne 1873.
> Médaille d'argent, Paris 1878.

20. Société générale des Cirages, à Moscou et à Odessa. — Cirages.
(PALAIS.)

21. Société russe des Produits chimiques, à Novosselck (Gouvernement
de Wladimir). — Produits chimiques.   (PALAIS.)

> Société fondée en 1880, avec approbation du gouvernement Russe, dans le gouvernement de
> Wladimir, district de Péréslave.
> Tannin, Ether sulfurique, collodion, etc.
> L'administration se trouve :
> A Moscou, Ribnii, Peréoulow, Nowo-Gostinii, Dwor.

22. Société des usines de ciment et de l'huilerie de Schmidt, à
Riga. — Huile d'éclairage et huile pour machines.   (PALAIS.)

23. STEINBACH Frères, à Moscou. — Produits chimiques, couleurs, extraits.
(PALAIS.)

> Maison fondée en 1874, avec succursale à Iwanovo-Woznesensk.

24. Usine d'extraction de graisse et d'albumine, à Saint-Pétersbourg.
— Produits de la graisse et de l'albumine.   (PALAIS.)

25. VASSILIEFF Frères, à Saint-Pétersbourg. — Vernis.   (PALAIS.)

SALVADOR.

1. ARAUJO (Jesus), à Usulutan. — Indigo.   (PARC.)

2. ARAUJO (Juan), à Usulutan. — Indigo.   (PARC.)

3. ARAUJO (Pedro), à Usulutan. — Indigo.   (PARC.)

4. CARCAMO (Estanislao), à San-Vicente. — Indigo.   (PARC.)

5. CASTAÑEDA (Rafael), à Usulutan. — Indigo.   (PARC.)

6. CORLOTO (Jacinthe), à Quezaltepeque. — Huiles de pistache, d'ajonjoli,
de ricin.   (PARC.)

7. Département de Cabañas. — Indigo en feuilles et en rameaux.   (PARC.)

8. Département de San-Salvador. — Cire, résine, extraits de sicahuite, vernis.   (PARC.)

9. Département de Santa-Ana. — Cire de Castille pure. Indigo bleu.
                                                                      (PARC.)

10. Département de Sonsonate. — Produits pharmaceutiques.   (PARC.)

11. GOMEZ (Cayetano), à Chalatenango. — Indigo.   (PARC.)

12. GUZMAN (Docteur **David-J.**), à San-Salvador. — Produits pharmaceutiques.   (PARC.)

13. LOUCEL (Docteur **Joaquin**), à Usulutan. — Indigo.   (PARC.)

14. MELENDEZ Y PÉREZ, à Sonsonate. — Bougies stéariques et savons.
                                                                      (PARC.)

15. MONTEA'.UDO (Docteur **J. J.**), à Santa-Ana. — Pilules anti-névralgiques.   (PARC.)

16. PEREZ Y PARRAGA, à San-Salvador. — Bougies stéariques et savons fins.   (PARC.)

17. SOZA (Romulo), à Metapan — Indigo.   (PARC.)

18. TOBIAS (Docteur **Ismael**), à Chalatenango. — Indigo.   (PARC.)

19. TOBIAS (Docteur **Rafael**), à Chalatenango. — Indigo.   (PARC.)

20. Village de San-Isidro. — Nacascolo.   (PARC.)

21. Village de Tejutla. — Semence d'indigo.   (PARC.)

22. Ville de Chalatenango. — Terre avec laquelle on falsifie l'indigo.   (PARC.)

23. Ville de Chinameca. — Semence d'Indigo.   (PARC.)

24. Ville de San-Salvador. — Indigo mêlé.   (PARC.)

25. Ville d'Usulutan. — Indigo.   (PARC.)

SERBIE.

1. DIMITCH (Jean), à Belgrade. — Produits chimiques.   (PALAIS.)

2. MIHAILOVITCH (Pétar O.), à Négotine. — Cierges.   (PALAIS.)

3. STAMENCOVITCH (Girko), à Kragouyévatz. — Savons.   (PALAIS.)

RÉPUBLIQUE SUD-AFRICAINE.

1. Gouvernement de la République (Le), à Prétoria. — Savon, bougies, substances tinctoriales.   (ESPLANADE.)

2. Premières fabriques de la République (Les), à Prétoria. — Eaux de senteur.   (ESPLANADE.)

SUISSE.

1. ANDREAE (Philippe), à Berne. — Pâte dentifrice, extraits fluides, extrait de malt et autres *préparations pharmaceutiques.*   (PALAIS.)

2. BAHY (Théophile), à Romont (Fribourg). — Cirages et graisses. **(PALAIS.)**

3. BURNAND (Edmond), à Lausanne. — Liqueur de goudron de Norwège, sirop antidiphtérique, poudres vétérinaires, poudre tonique contre le pica du bétail, breuvage purgatif. **(PALAIS.)**

4. CHAUTEN Jeune (Marius), à Genève. — Élixir végétal suisse. **(PALAIS.)**

5. COEYTAUX (Henri), à Genève. — Vins médicinaux, pepsine, peptone et peptonates. **(PALAIS.)**

6. DENNLER (Aug.-F.), à Interlaken (Berne). — Bitter stomachique aux herbes des Alpes, Bitter ferrugineux, Vermouth tonique, Dulcamaro. **(PALAIS.)**

Première et plus ancienne fabrique pour le Bitter suisse, fondée en 1860. — Production annuelle : Un million de bouteilles. — Succursales à Zurich, Milan, Waldshout, Paris, Vienne, Varsovie, Buenos-Ayres. — Dépôts dans toutes les villes.

Récompenses : Paris 1878, médaille d'argent. — Anvers 1885, médaille d'argent. — Sydney 1879, médaille d'or.

7. GERBER (U.-Alcide), aux Pontins (Berne). — Onguent pour brûlures. **(PALAIS.)**

8. GOLLIEZ (J.-Frédéric), à Morat (Fribourg). — Cognac ferrugineux, alcool de menthe et camomille. **(PALAIS.)**

Frédéric Golliez, pharmacien à Morat (Suisse).
Médaille d'argent, Barcelone 1888.

9. HAUSMANN (C.-Frédéric), à Saint-Gall. — Produits chimiques et pharmaceutiques. **(PALAIS.)**

10. KOCH (Joh.) & Cie, à Zurich (Aussersihl). — Extrait de sang animal. **(PALAIS.)**

11. LANDOLT & Cie, à Aarau (Argovie). — Vernis fins pour voitures, bâtiments et décorations. **(PALAIS.)**

12. Manufacture de gélatine, à Winterthür (Zurich). — Gélatines et colles. **(PALAIS.)**

13. NAUMANN (J.-Henri-F.), à Winterthür (Zurich). — Produits de viande, du lait et des matières stomacales. **(PALAIS.)**

14. NEHER (Oscar) & Cie, à Mels (Saint-Gall). — Produits d'amidonnerie, gommes artificielles. **(PALAIS.)**

15. PESTALOZZI (J.-H.), à Waedensweil (Zurich). — Sucre de lait Ferpinhytrad Ferpinol, lactate de zinc, acide lactique. **(PALAIS.)**

16. RAPIN (Eugène), à Vernex-Montreux (Vaud.). — Encres à écrire, biberons. **(PALAIS.)**

17. Société pour l'industrie chimique, à Bâle. — Matières premières, produits intermédiaires, couleurs artificielles. **(PALAIS.)**

18. SPRUNGLI (David) & Fils, à Zurich. — Tacar dégraissé à la saccharine, soluble et pur, tacao Bernhard dégraissé aux glands. **(PALAIS.)**

19. TANNER & SIEGWART, à Frauenfeld (Thurgovie). — Graisse et huiles pour la conservation des cuirs. **(PALAIS.)**

20. TSCHUPP (J.) & Cie, à Balwyl (Lucerne). — Goudron pour brasseurs, résine blanche, graisse à cuir, graisse à machine, graisse d'adhésion.

21. VAUCHER (F.-Louis), à Peseux (Neuchâtel). — Huile de pied de bœuf pour chronomètres. **(PALAIS.)**

22. WAGNON (Louis), & Cie, à Genève. — Cire à parquets. **(PALAIS.)**

URUGUAY.

1. CAMBIAZO (Cayetano), à Montévidéo. — Graisse de buffle.   (**PARC.**)

2. CAPURRO & Cie, à Montévidéo.— Amidon.   (**PARC.**)

3. CISTAC (Julio V.), à Montévidéo. — Vernis.   (**PARC.**)

4. EIRIN Frères, à Montévidéo. — Cire vierge et bougie.   (**PARC.**)

5. LABEQUE (P. & C.), à Florès. — Produits pharmaceutiques.   (**PARC.**)

6. ORDINANA (Dinungo), à Soriano. — Suif et produits pour la tannerie.
                    (**PARC.**)

7. SUPPARO (Carlos), à San-José. — Spécifique.   (**PARC.**)

8. TORRE (Louis de la), à San-José. — Savon.   (**PARC.**)

VÉNÉZUÉLA.

1. Commission de l'État Zulia. — Baume de copahu, aloès, algalia, balsamo réal, beurre de cacao.   (**PARC.**)

2. COOK Y HIJOS (G.), à Maracaïbo. — Savons, huiles diverses, Préparations pharmaceutiques. Vernis noir et vernis rapide. Eau thermale de la Guadeloupe (gazeuse).   (**PARC.**)

3. ESTRELLA (La) (Directeur : **Jorge Valbuena)**, à Maracaïbo. — Huile de Castor.   (**PARC.**)

4. MUNCH (J-B.) et Cie, à Maracaïbo. — Résine de Caroubier. Résine de Guayacon (arbre famille des rutacées).   (**PARC.**)

5. SANCHEZ (G.) à Maracaïbo. Extrait de Salsepareille de G. Sanchez.   (**PARC.**)

6. TOVAR (Mme Dolores, B. de) à Paris, rue Daubigny, 16. — Eaux minérales naturelles, sulfureuses et ferrugineuses.   (**PARC.**)

GROUPE V.

INDUSTRIES EXTRACTIVES. PRODUITS BRUTS ET OUVRÉS.

Classe 46.

Procédés chimiques de blanchiment, de teinture, d'impression et d'apprêt.

FRANCE.

1. **AGNELLET (Les Frères)**, à Paris, rue Richelieu, 73. — Linons, marlys, et tulles, teints et apprêtés. **(PALAIS.)**

2. **AUBERT (Eugène)**, à Paris, rue de Charenton, 226. — Tissus divers apprêtés, foulés, gaufrés. **(PALAIS.)**

3. **BESANÇON Ainé**, à Paris, boulevard Voltaire, 217. — Soies teintes en noir. **(PALAIS.)**

4. **Blanchisserie de Courcelles**. (Propriété de la Rente Foncière), à Paris, rue de Courcelles, 153. — Blanchissage à neuf de rideaux, services damassés, trousseaux et layettes. **(PALAIS.)**

5. **Blanchisserie et Teinturerie de Thaon**, Directeur : **Lederlin (Armand)**, à Thaon (Vosges). — Tissus de coton blanchis, teints, imprimés, en tous genres d'apprêts et de finissages. **(PALAIS.)**

6. **BŒRINGER, ZURCHER & Cie**, à Épinal (Vosges). — Tissus imprimés, impressions sur coton, sur laine et sur soie, chemises, robes, meubles, moleskine. **(PALAIS)**

   Société en commandite par actions.
   Usine à Épinal (Vosges).
   Blanchiment, teintures et apprêts.
   Nouveautés en chemises, robes, moleskines et ameublements.

7. **BONNET, RAMEL, SAVIGNY, GIRAUD & Cie**, aux Charpennes-Lyon (Rhône), route de Vaulx, 15. — Teintures en flottes des soies, tussah, laine et coton, etc. **(PALAIS.)**

8. **BRÉMOND Fils**, à Cholet (Maine-et-Loire). — Échantillons et spécimens de tissus blanchis. **(PALAIS.)**

9. **BUREL, BURTIN & DÉCHANDON**, à la Digonnière-Saint-Etienne (Loire). — Soies teintes en tous genres, schappes et cotons. **(PALAIS.)**

10. CARTIER-BRESSON (Les Fils de), à Paris, boulevard de Sébastopol, 86. — Fils de coton blanchis et teints en toutes couleurs. **(PALAIS.)**

Maison fondée en 1824 par M. Bresson Aîné. — Usines à Pantin (Seine) et dans la Vallée de Celles-sur-Plaine (Vosges). — Retordage, blanchiment, teinture, apprêt et glaçage du coton.
Dépôts directs : à Marseille, 36, rue Longue des Capucins ; à Bordeaux, 46, rue Porte Dijeaux. Cotons retors en tous genres, en blanc, noir, couleurs grand teint et petit teint, pour coudre à la machine et à la main ; pour broder, marquer, tricoter, repriser, cordonnet 6 fils et coton pour ouvrages au crochet, lacets de coton pliés sur cartons.
Marques : Cotons : à la Croix, à la Lyre, à l'Étoile, à la Main, au Dé, au Pied, au Gland, au Fouet, à la Harpe, au Crochet, au Soleil, au Cœur, au Pantin, à la Blague, au Gant, au Bas ; Coton algérien, fil C-B à la Croix, fil d'Alger et fil d'Écosse, lacets à la Croix et au Gland.
Méd. d'argent et d'or aux Expositions de Paris, Londres, Vienne, Philadelphie, Anvers, etc.

11. CHAPPAT & Cie, à Clichy (Seine). — Tissus de laine et de laine et soie. **(PALAIS.)**

Successeurs de Boutarel et Cie.
Maison fondée en 1800, à Clichy (Seine).
Teintures et apprêts de tissus de laine et de laine et soie.
Récompenses :
Prize medal, Londres 1862.
Hors-Concours (Jury), Paris 1867.
Diplôme d'honneur, Amsterdam 1883.

12. COCHETEUX (A.) & Cie, à Roubaix (Nord), rue Corneille. — Teintures et apprêts sur velours jute, lin, ramie et peluche soie. Teintures et apprêts de draperies en tous genres. Apprêts divers d'ameublements. **(PALAIS.)**

Usine, rue Racine : Teintures sur soie, tussahs et peluches soie.
Usine à Calais : Teintures et apprêts de dentelles.

13. COCHETEUX, DELDICQUE & VANDENBROCKE, à Roubaix (Nord), rue Racine. — Teinture en soie, tussahs, etc. **(PALAIS.)**

14. COGET (C.) & LACOUR (H.), à Puteaux (Seine), quai National. — Cachemires d'Écosse, mérinos et autres tissus, teints, foulés, découpés, gaufrés et apprêtés. **(PALAIS.)**

Successeurs de Francillon et Cie : Prize medal, London 1851, Grande Médaille d'honneur 1855, chevalier de la Légion d'honneur, medal London 1862, Hors-Concours membre du jury, Paris 1878, Médaille d'or, Barcelone 1888. — 1° Teinture foulage, découpage, gaufrage, apprêts de tissus, écrus en laine, coton ou soie, tissés séparément ou mélangés, pour robes, confections, doublures, ameublements, cachemires d'Écosse, mérinos, cachemires Inde, mérinos doubles, armures, vigognes, jerseys, draps, amazones, traitement henrietta chaîne laine et chaîne soie. Marque déposée : « le Diamant noir. »
2° Apprêt, foulage, découpage, gaufrage de tissus tissés teints en laine, soie ou coton. Beiges, hautes-nouveautés, Velours, Popelines, Vigognes, Cachemires.
Draperies pour robes, confections, doublures, ameublements. Fabrication de Paris et du Nord.

15. CORRON (J.) & BAUDOIN, à Lyon (Rhône), rue Godefroy, 27. — Soies cuites, soies souples toutes couleurs, laines et cotons couleurs et noirs. **(PALAIS.)**

Maison fondée en 1830.
Teinture en couleurs.
Soies, en écheveaux.
Laines.   id.
Schappes. id.
Tussahs.   id.
Spécialités :
Trames souples en tous genres, tissus laine et soie.
Récompenses :
Médaille d'or, Exposition d'Anvers 1885.

16. DANIEL FAUQUET & Cie, à Rouen (Seine-Inférieure), rue de Lyons-la-Forêt, 32. — Teintures grand teint sur cotons filés et en laine. **(PALAIS.)**

Médaille d'or à l'Exposition universelle de Paris 1878.

17. DAVID (H.) & Cie, à Arcueil (Seine), rue de la Fontaine, 4. — Finettes et flanelles de coton, teintes et apprêtées; tissus de coton teints et apprêtés. Echeveaux de coton, lin, ramie, laine mohair teint.   **(PALAIS.)**

18. DESCAT-LELEUX Fils (Floris), à Lille (Nord), rue de Béthune, 50. — Draperies de laine en tous genres.   **(PALAIS.)**
    Maison Descat-Leleux, fondée en 1830, Fl. Descat-Leleux Fils, successeur.
    Teintures et apprêts sur tous genres de tissus.
    Spécialité de draperie. Jerseys et Satin de Chine.
    Etablissements à Lille et à Saint-André-lez-Lille.
    Récompenses : M. Descat-Leleux père, chevalier de la Légion d'honneur, 16 août 1868.
    Exposition universelle 1878 : Médaille d'or et Croix d'officier de la Légion d'honneur à M. Descat père. — Exposition d'Amsterdam : Médaille d'or. — Exposition d'Anvers : M. Fl. Descat-Leleux Fils, membre du Jury et chevalier de la Légion d'honneur.

19. FESSY (J. B. Ennemond), à Saint-Etienne-La-Valette (Loire). — Soies teintes.   **(PALAIS.)**

20. FLEURY (A.), à Paris, rue de Jussieu, 41. — Tissus apprêtés, nettoyés et teints.   **(PALAIS.)**

21. GANTILLON & Cie, à Lyon (Rhône), place Tolozan, 24. — Tissus teints, apprêtés et moirés.   **(PALAIS.)**

22. GARNIER & VOLAND, à Lyon (Rhône). — Teinture et apprêts de tissus de soie et mélangés.   **(PALAIS.)**

23. GILLET & fils, à Lyon (Rhône), quai de Serin, 9. — Soies teintes en noir cuit et en noir souple, cordonnets, teinture et apprêt du tissu crêpe en noir et en couleur.   **(PALAIS.)**
    Maison fondée en 1838, par M. F. Gillet.
    Usines à Serin et au plan de Vaise, Lyon ; usines à Izieux, près St-Chamond (Loire).
    Usines de Serin, teinture en noir pour la soie, teinture en noir et en couleur des tissus en soie pure et mélangée. Usine du plan de Vaise, produits chimiques. Usines d'Izieux, spécialité de trames souples en tous genres. Puissance en chevaux-vapeur : 3500.
    Récompenses : Médaille d'honneur, Londres 1862 ; Médaille d'or, Paris 1867 ; Diplôme d'honneur, Vienne (Autriche) 1873 ; Rappel de médaille d'or, Paris 1878.

24. GRAWITZ (S.), à Lille (Nord), rue du Pont-du-Lion-d'Or, 2. — Produits teints.   **(PALAIS.)**

25. GRISON (Théophile), à Lisieux (Calvados). — Drap et étoffes diverses, teints imprimés et apprêtés. Couvertures de lits et de voyage en papier.   **(PALAIS.)**

26. GROBON & Cie, à Miribel (Ain). — Tissus de soie et mélangés, teints et apprêtés.   **(PALAIS.)**

27. GUILLAUMET (Les Fils de A.) & G. MAES, à Suresnes (Seine), quai National, 51. — Teintures et apprêts sur tissus pure laine, tissus laine et soie.   **(PALAIS.)**
    Anciennes Maisons A. Guillaumet et ses Fils et A. Rouquès.
    Deux médailles d'or, Paris 1878. — Deux diplômes d'honneur, Amsterdam 1883. — Médaille d'or, Paris 1867, etc.
    Mérinos, cachemire d'Ecosse, cachemire pur, cachemire de l'Inde, Henrietta, mérinos double, mousseline, voile, châles Ecosse et mérinos, articles de Picardie, articles de Roubaix, tissus d'ameublement, draperie, tissus confection, vigognes, jerseys, tricots, tissus pour parapluies, gazes, dentelles, grenadines, tissus de haute nouveauté. — Foulage de tous tissus, épaillage chimique. — Spécialité de traitement pour les beaux tissus.
    Usines : Quai National, 51, à Suresnes, et rue du Réservoir, 19, à Clichy (Seine).
    Bureaux à Paris, 21, rue d'Uzès.

28. HART (A.), à Ivry (Seine). — Teintures et apprêts sur tissus de nouveautés.   **(PALAIS.)**

29. HENRY (Abel) et Cie, à Savonnières-devant-Bar-le-Duc (Meuse). — Cotons filés teints.   **(PALAIS.)**

30. HULOT & COLIN - CHAMBAUT, à Puteaux (Seine), quai National,
25. — Soie, laine, coton, tussah, jute, ramie en noir et en toutes couleurs, sur
matières en écheveaux.   **(PALAIS.)**

Teinture en noir et en couleurs de toutes les matières textiles employées pour la fabrication
des tissus de fantaisie, de la passementerie, de la bonneterie, des laines à tapisserie, des soies
à coudre et à broder.

Organsin et trame, noir léger et chargé, spéciaux pour ganse, guipure et chenille. Soie et
fantaisie noir et gros bleu doux et craquant « à la Violette. »

Soie, noir fin de Paris sur cordonnet. Fantaisie, noir filet et noir pour franges.

Trame et organsin couleur chargés du poids pour poids à 40 %. — Schappes pour bonneterie.
Laines et soies, nuances ordinaires et nuances spéciales pour foulonnage.

Soies tussah, noir, blanc et toutes couleurs. — Coton jute et ramie noir et couleurs.

Récomp. : Méd. d'argent, Paris 1867 ; méd. d'or, Paris 1878, Amsterdam 1883, Anvers 1885

31. JOLLY Fils & SAUVAGE, à Paris, rue des Bois, 30. — Toiles teintes
et imprimées à la main.   **(PALAIS.)**

32. KOECHLIN-BAUMGARTNER & Cie, à Luxeuil (Haute-Saône). —
Tissus de coton teint.   **(PALAIS.)**

33. LECŒUR Frères, à Bapeaume-lez-Rouen (Seine-Inférieure). — Teintures
en toutes couleurs sur cotons filés et cotons en laine, sur lin, chanvre et ramie.
                                                                          (PALAIS.)

Récompenses : Médaille de bronze, Paris 1867 ; Diplôme d'honneur, Exposition Collective,
Anvers 1885.

34. LEDERLIN, à Thaon (Vosges). — Tissus de coton blanchis teints imprimés et
apprêtés.   **(PALAIS.)**

35. LEGRAND Frères (Neveux et Successeurs de **A. Herbet),** à Paris, rue
Sainte-Foy, 8. — Impressions en relief sur étoffes pour robes, meubles. Impressions
métalliques imitant la broderie.   **(PALAIS.)**

36. LOHSE, à Paris, quai de Grenelle, 50 (ancienne maison **O. Driffet).** —
Teinture de soie et coton.   **(PALAIS.)**

37. LUTHRINGER (Thiébaud), à Lyon (Rhône), rue Moncey, 149. —
Apprêts du crêpe lisse, impressions sur crêpes lisses, grenadines, crêpes français,
crêpes anglais.   **(PALAIS.)**

38. LYONNET (Anthelme), à Paris, rue de Bondy, 80. — Soies teintes. —
Teinture pour l'ameublement.   **(PALAIS.)**

Ex-délégué ouvrier à l'Exposition de Philadelphie 1876.

Médaille d'or à l'Exposition ouvrière 1878.

Membre du Jury en 1886.

39. MARCHAL, FALCK & Cie, à Troyes (Aube). — Articles de bonneterie
teints et imprimés, laines et cotons, fils d'Écosse en écheveaux.   **(PALAIS.)**

Anciennement Imbach et Marchal, à Dornach, près Mulhouse, successeurs de la Maison
Kœchlin-Dolfus et Cie.

Teinture à façon de laines filées, cotons filés, fils d'Écosse et ramie. — Impressions rouge
grand teint sur tissus jerseys et tricots de bonneterie en laine. B. s. g. d. g. — Noir nouveau
grand teint sur cotons et fils d'Écosse garanti indégorgeable et inverdissable. B. s. g. d. g.

40. MARTIN (J. B.), à Tarare (Rhône). — Peluches, velours, soies moulinées,
soies teintes en noir.   **(PALAIS.)**

41. MIRAY (Paul A.), à Darnetal-lez-Rouen (Seine-Inférieure), rue de l'École,
2. — Teintures grand teint, bon teint et petit teint sur cotons filés, lin, jute, ramie et
chanvre.   **(PALAIS.)**

Teinture de cotons filés en toutes nuances pour tous articles bleus d'Indigo de toutes inten-
sités. Couleurs d'Alizarine de toutes nuances. Noirs d'aniline divers. Couleurs végétales et minérales. Couleurs d'aniline de toutes provenances.

Assurance contre les accidents de fabriques, caisse des malades.

Teinture des lins, ramie, jute, chanvre et toutes fibres végétales.

Diplôme d'honneur collectif, Anvers 1885.

42. MONNOT (Henry), à Paris, Impasse Hélène, 3. — Teinture et imperméabilité de vêtements confectionnés.   (**PALAIS.**)

43. MONPIN (A.) et SAINT-REMY (H.), à Elbeuf (Seine-Inférieure), rue de Rouen, 16. — Laines cardées et peignées, fils de toute nature, etc.   (**PALAIS.**)

44. MONTENOT Père et Fils, à Paris, rue de l'Hôtel-de-Ville, 40. — Tissus de laine, coton, soie, teints nettoyés et apprêtés.   (**PALAIS.**)

    « Au Chapeau Rouge, » ancienne Maison Magnier. — Médaille, Paris, 1878.

45. MOTTE & BOURGEOIS, à Roubaix (Nord). — Draperies et jerseys.   (**PALAIS.**)

46. MOTTE & MEILLASSOUX Frères, à Roubaix (Nord), rue Coq-Français. — Tissus pour robes en laine; laine et coton; laine et soie. Draps de dame, amazone, satin de Chine.   (**PALAIS.**)

47. PERVILHAC (Henry), à Lyon (Rhône), rue Duguesclin, 13. — Imperméabilisation hygiénique des tissus de toute nature et des vêtements confectionnés.   (**PALAIS.**)

48. PETITDIDIER (Henri), à Saint-Denis (Seine), rue du Port, 44. — Tissus teints et apprêtés.   (**PALAIS.**)

49. POIRET Frères et Neveu, à Paris, Boulevard Sébastopol, 27. — Cotons et laines teintes.   (**PALAIS.**)

    Usine à Saint-Epin (Oise).
    Récompenses : Croix de la Légion d'honneur.
    Médaille d'argent, Paris 1867.
    Médaille d'or, Paris 1878.
    Médaille d'or, Barcelone 1888.

50. RENARD, VILLET & BUNAND, à Lyon-Villeurbanne (Rhône). — Grande gamme chromatique des couleurs sur soie. Tussahs, schappes, laines et cotons teints en flottes.   (**PALAIS.**)

51. ROUSSEL (Emile), à Roubaix, rue de l'Epeule, 51. — Teinture de tissus laine et coton pour robes, ameublement, draperie et doublure, et de coton.   (**PALAIS.**)

52. SAUZION (J. M.), à Bohain (Aisne). — Laines et cotons teints.   (**PALAIS.**)

    Teinture sur jutes, lin, ramies pour meubles, rouge d'alizarine, bleu de cuve, laminage des jutes, lins, ramies. Teinture sur laines filées pour tissus, robes et nouveautés, teintures unies laines et cotons pour bonneterie, spécialité de chinage par teinture pour bonneterie et broderie.

53. SIMON (Mme), née **Perrier,** à Givors (Rhône), rue de Belfort, 2. — Soies en flottes, échantillons teints, etc.   (**PALAIS.**)

54. Société anonyme de Saint-Julien, à Saint-Julien (Aube). — Blanchiment, teinture, impression et apprêt, tissus de coton teints et imprimés. (**PALAIS.**)

55. STEINER (Charles F.), à Belfort (Territoire de Belfort). — Tissus de tous genres pour l'ameublement et la robe, rouge Andrinople.   (**PALAIS.**)

56. TASSEL (Raoul) et BLAY (George), à Elbeuf (Seine-Inférieure). — Laines teintes, brutes, peignées et filées. Cotons bruts et filés   (**PALAIS.**)

57. THOMAS (Isidore J. F.), à Paris, rue de Reuilly, 23. — Échantillons de laines et cotons en poudre, matières premières.   (**PALAIS.**)

58. THUILLIER & VIRARD, à Darnetal (Seine-Inférieure). — Toiles et tissus imprimés et teints.   (**PALAIS.**)

59. VANDEWYNCKÈLE Père et Fils, à Comines et Halluin (Nord). — Blanchiment et crémage des fils simples et retors en tous genres, fils de toutes espèces   (**PALAIS.**)

60. VOLAND (Francisque), à Lyon (Rhône), rue Montbernard, 37. — Tissus gaufrés, tissus gaufrés et imprimés, découpage de tissus.   **(PALAIS.)**

COLONIES.

ALGÉRIE.

1. LYON (André), à Alger, square Bresson. — Soies tramées et teintes en pièces.
(ESPLANADE.)

NOUVELLE-CALÉDONIE.

1. Pénitencier, de Montravel. — Tapis.   **(ESPLANADE.)**

PAYS DE PROTECTORAT.

CAMBODGE.

1. Exposition permanente des Colonies, à Paris. — Chapeaux, chaussures, habits, salakos.   **(ESPLANADE.)**

PAYS ÉTRANGERS

RÉPUBLIQUE ARGENTINE.

1. Commission provinciale, à Cordoba (San-Alberto).— Tissus en laine.
(PARC.)

AUTRICHE-HONGRIE.

1. CSAKY (Arnim), à Budapest, VI. Andrassy strasse, 51. — Teinturerie e
nettoyage chimique. (PALAIS.)

BELGIQUE.

1. ALSBERGE (J.) et VANOOST (A.), à Gand, pont de Tronchiennes. —
Fils de lin et d'étoupes blanchis. Tissus de coton, de lin, façonnés et autres.
(PALAIS.)

2. CARON (Emile), à Turnhout. — Fils de lin, étoupes, chanvre, coton, lacets,
rubans, etc., blanchis. (PALAIS.)
Récompenses : Amsterdam 1883 ; Anvers 1885.

3. DUEZ et Fils (C.), à Péruwelz (Hainaut).— Échantillons de teintures. (PALAIS.)

4. GOVAERT Frères, à Alost. — Tapis et tissus teints et imprimés. (PALAIS.)

5. IDIERS (Emile), à Auderghem.— Fils de coton teints en rouge d'Andrinople en
noir et autres. Couleurs grand teint. (PALAIS.)

6. NEEFS (Léon), à Louvain, rue de Bruxelles, 97. — Échantillons de toiles et
cotons teints toutes nuances ; divers genres et achèvements de ces tissus. (PALAIS.)

7. PARMENTIER et Cie, à Gand, rue Ste-Marguerite, 22. — Tissus de cotons
unis et façonnés, blancs et teints, imprimés, apprêts divers. (PALAIS.)

8. Société anonyme belge de produits chimiques (Administrateur-
délégué : **Hanssen**), à Bruxelles, boulevard de la Senne, 118. — Extraits secs et
liquides de teinture et tannants. (PALAIS.)

9. Société anonyme de Loth (Directeur : **Duchêne**), à Loth. — Tissus divers
unis et fantaisies. Laines brutes, filées et laines à tricoter, apprêtées et teintes. (PALAIS.)

10. STAES (A.-J.) et Cie, à Louvain, rue Mi-Mars, 18. — Toiles, calicots, guinées,
basins, tissus divers teints en bleu. (PALAIS.)

11. VANDEWYNCKELE (Charles), à Gand, boulevard d'Akkerghem, 54.
— Fils en débouillis, crémés, 1/4, 1/2, 3/4 et blanc parfait, pour trames et chaînes.
(PALAIS.)

12. VAN LAER (G.-G.), à Gentbrugge-lez-Gand. — Fils, tissus et fourrures
teints par réactions chimiques. (PALAIS.)

13. VAN POPPEL-BEAUFORT (Camille), à Malines, rue Ste-Cathe-
rine, 67. — Toiles, rubans et bas teints en bleu indigo. (PALAIS.)

14. VAN STEENKISTE (Achille), à Bruxelles, quai de Willebroeck, 70. —
Tissus apprêtés et teints ainsi que les fils ramies. (PALAIS.)

BRÉSIL.

(Voir son Catalogue spécial.)

ÉTATS-UNIS.

1. BANCROFT (John) & BLOEDE (Victor G.), à Rockford, near Wilmington, Del. — Stores avec franges teints pour résister à l'action du soleil.   **(PALAIS.)**

2. VIGGINS (H. B.) Sons, à New-York, N. Y., Clinton place, 124. — Étoffes pour stores, pour couvertures de livres, etc.   **(PALAIS.)**

ITALIE.

1. ANGELI (E. de) & Cie, à Milan, corto Vercelli, 135. — Échantillons de tissus de coton, imprimés et teints.   **(PALAIS.)**

JAPON.

1. INOUYE (Kiubei), à Osaka-fu, Kita-Ku. — Étoffes imperméables en coton.   **(PALAIS.)**

NORVÈGE.

1. HVEDING (Fredrik), à Christiania. — Substances tinctoriales pour teindre toutes sortes d'étoffes, laine, coton, lin et soie.   **(PALAIS.)**

PAYS-BAS.

1. WYNSTROOM et Cie, à Leyde. — Caramel concentré et dissous.   **(PALAIS.)**

PORTUGAL.

1. Companhia nacional. — Tissus teints.   **(PALAIS.)**

RUSSIE.

1. Société de la fabrique de Teintures de Moscou, à Moscou. — Teintures.   **(PALAIS.)**

SUISSE.

1. HANHART-SOLIVO (J.), à Dietikon (Zurich). — Tissus de coton teints rouge Andrinople, unis et imprimés.   **(PALAIS.)**

2. HOFMANN (Godfried), à Uznach (Saint-Gall). — Tissus de coton teints en rouge d'Andrinople et autres couleurs.   **(PALAIS.)**

3. RICHARD & Cie, à Zofingue (Argovie). — Extraits ou alpagas de laine provenant des vieux chiffons mi-laine (chaînes coton).   **(PALAIS.)**

4. TRUMPY & IENNY, à Mitlodi. — Tissus imprimés.   **(PALAIS.)**

GROUPE V.

INDUSTRIES EXTRACTIVES. PRODUITS BRUTS ET OUVRÉS.

Classe 47.

Cuirs et peaux.

FRANCE.

1. **ARTHUS (Frédéric)**, à Paris, rue Richer, 23. — Cuirs vernis. **(PALAIS.)**

2. **AUBERT (Étienne N.)**, à Toulon (Var), rue Picot, 6. — Vache lissée, cuirs à bourrellerie, cuirs à courroies, cuirs pour équipement militaire. **(PALAIS.)**

3. **AUBIN (L. & F.)**, à Château-Renault (Indre-et-Loire). — Cuirs tannés. **(PALAIS.)**

4. **AUTRAN Frères**, à Marseille (Bouches-du-Rhône), rue du Séminaire, 2. — Peaux de chèvres, tannées à l'écorce de chêne vert et au sumac. **(PALAIS.)**

   Maison fondée en 1833, par M. Autran père.
   Tannerie de peaux de chèvres.
   Récompense :
   Exposition universelle 1878. Médaille d'argent.

5. **BAL (Les Fils de François)**, à Chambéry (Savoie). — Veaux blancs et cirés, tiges, peaux chamoisées en tous genres. **(PALAIS.)**

   Médailles : Paris 1878 ; de mérite, Vienne, (Autriche) 1873 ; or, Amsterdam 1883.
   Exportation : Amérique du Nord et du Sud, Australie, Angleterre, Italie, Allemagne, Orient, etc.

6. **BARDON (Emile)**, à Paris, avenue de la Grande-Armée, 22. — Cuirs vernis, cuirs jaunes et cuirs gras noirs. **(PALAIS.)**

   Usine à vapeur à Courbevoie. Dépôt à Toulouse.
   Cuirs vernis pour carrosserie et chaussures. Peaux de couleur.
   Cuirs noirs et jaunes pour sellerie et bourrellerie. Spécialité de vache à l'eau.
   Médaille de bronze 1re classe, Paris 1878.
   Médaille d'argent 1re classe, Amsterdam 1883.

7. **BARENNE (Henri)**, à Guise (Aisne). — Cuirs pour cardes et filatures. **(PALAIS.)**

8. **BARRANDE (F. Émile) (Fils de Vve Calixte)**, à Paris, rue des Petites-Écuries, 29. — Chevreaux noirs glacés et dorés. **(PALAIS.)**

9. **BASSET (Adrien) et ses Fils**, à Paris, rue Louis-Blanc, 40. — Chevreaux noirs, glacés, mats et dorés pour chaussures. **(PALAIS.)**

10. BASTIÉ et Cie, à Toulouse (Haute-Garonne), rue des Amidonniers, 43. — **(PALAIS.)** Chèvres corroyées.

Récompenses obtenues : Paris 1878, argent ; Amsterdam 1883, or.

11. BAUMEVIEILLE Frères, à Millau (Aveyron). — Veaux cirés.   **(PALAIS.)**

12. BEAUREGARD (Christian de) & Cie, à Neuvie-sur-l'Isle (Dordogne). **(PALAIS.)** — Basane de tous genres, lavage des laines d'abat.

13. BÉDOUIN (Paul J.), à Paris, rue de Rambuteau, 19. — Peaux et cuirs pour **(PALAIS.)** la chapellerie, maroquinés, quadrillés, fantaisie et grains divers.

14. BEZ et ses Fils, à Léran (Ariège). — Semelle garouille, veaux et cuirs gras **(PALAIS.)** de chèvre.

15. BIARD (Paul M. H.), à Saint-Saëns (Seine-Inférieure). — Cuirs forts étran- **(E. C.) (PALAIS.)** gers.

16. BIENVENU Ainé et Cie, à Château-Renault (Indre-et-Loire). — Cuirs **(PALAIS.)** à semelles, bœufs et vaches pays et étrangers, lissés et battus.

Maison fondée en 1816.
Expositions universelles à Paris 1855-1867, méd. de bronze et d'argent. — 1878, méd. d'or.

17. BINET Père & Fils (Hippolyte, Auguste), à Saint-Saëns (Seine- **(E. C.) (PALAIS.)** Inférieure). — Cuirs forts étrangers.

18. BLOT (E. G.), à Saint-Saëns (Seine-Inférieure). — Cuirs forts étrangers. **(E. C.) (PALAIS.)**

19. BONNEAU (Eugène), à Nevers (Nièvre), rue du Champ-de-Foire, 7. — **(PALAIS.)** Cuirs en croûte, veaux blancs, tans et écorces.

Tannerie et corroierie.
Spécialité de vaches en croûte et lissées. — Veaux cirés.

20. BRAILLE (Jules V.), à Paris, rue du Cygne, 4. — Peaux de chèvres cor- **(PALAIS.)** royées et maroquinées pour chaussures.

21. BRION (Paul) & DUPRÉ (Paul), à Paris, rue de la Glacière, 50. — **(PALAIS.)** Capotes en croûte, croûtes en croûte, croûtes lissées et lissées battues.

22. BRUEL et Fils, à Souillac (Lot). — Cuir noir et fauve pour harnachement **(PALAIS.)** civil et militaire.

Mention honorable, Paris 1878 ;
Hors Concours, Membre du Jury, à Barcelone 1888.

23. BURC (François), à Paris, rue Pascal, 75. — Peaux de toutes couleurs im- **(PALAIS.)** primées.

24. CARDON (Edmond), à Pont-Audemer (Eure), rue Saint-Germain, 11. —Cuirs **(PALAIS.)** forts étrangers pour semelles.

25. Chambre syndicale des patrons Mégissiers (Président : **Mallet** **(PALAIS.)** **Fils),** à Graulhet (Tarn). — Peaux à doublures.

26. CHEREQUEFOSSE (Alfred V.), à La Flèche (Sarthe). — Cuirs lissés. **(PALAIS.)**

27. CHESEAUD (Jean), à Paris, rue du Faubourg-Saint-Martin, 188. — Cuirs **(PALAIS.)** corroyés et vernis pour sellerie, carrosserie et équipements militaires.

28. CHOLLET Neveu et Cie, à Paris, rue du Champ de l'Alouette, 16. — Cuirs **(PALAIS.)** corroyés, quadrillés et grainés pour chaussures.

Médailles aux Expositions universelles internationales, Paris 1855, 1867.

29. CLAVÉ-BERTRAND (Léon), à Coulommiers (Seine-et-Marne).—Cuirs **(PALAIS.)** forts découpés en dessus de sabots.

30. COLIN et VIDECOQ, à Paris, rue Civiale, 1. — Courroies pour toutes industries, croupons et cuirs en tous genres. **(PALAIS.)**

31. COMBE (A.) & ORIOL (A.), à Paris, rue Claude-Vellefaux, 18. — — Peaux de chevreaux mégissées, peaux de chevreaux teintes en noir mat, noir glacé, doré et couleurs. **(PALAIS.)**

Marque Grison, Paris . Méd. de bronze, Paris 1855 ; Méd. d'argent, Paris 1867 ; Méd. d'argent, Paris 1878 ; Méd. d'or, Anvers 1885 ; Dip. d'hon., Bruxelles 1888. — La plus haute récompense, Melbourne 1888. — La plus haute récompense avec mention spéciale, Barcelone1888.

32. CORBEAU, GRUEL & FERET, à Pont-Audemer (Eure). — Cuirs noirs et jaunes pour sellerie, cuirs vernis pour carrosserie et chaussures, courroies et cuirs pour courroies de transmission. **(PALAIS.)**

Maison fondée en 1795.
Paris 1855, médaille d'honneur ; Paris 1867, médaille d'or ; Vienne (Autriche) 1873, grande médaille de progrès ; Paris 1878, rappel de la médaille d'or ; Amsterdam 1883, dip. d'honneur.

33. CORNEILLAN (Victor de) & Cie, à Millau (Aveyron). — Veaux cirés et blancs. **(PALAIS.)**

Maison fondée en 1797, dirigée de père en fils, jusqu'à ce jour.
Médailles de bronze et d'argent aux Expositions universelles internationales de Londres 1862. — Paris 1867 et 1878.

34. CORNILLOT (Théodule H.), à Saint-Saëns (Seine-Inférieure). — Cuirs forts étrangers. **(E. C.) (PALAIS.)**

35. COSTE Cadet (Lazare), à Marseille (Bouches-du-Rhône), rue Saint-Antoine, 15. — Chèvres corroyées. **(PALAIS.)**

36. COULBOIS & GUERREAU, à Avallon (Yonne). — Cuirs lissés, croupons. **(PALAIS.)**

Nouvelle installation mécanique, cuirs lissés. Spécialité de croupons en huile, croûtes cirées. Récompenses ; Londres 1851. — Paris 1878. — Dépôt à Paris, rue de Marseille, 6.

37. COURVOISIER-BOURGOIN & Cie, à Paris, rue Lafayette, 126. — Peaux mégissées et peaux teintes pour ganterie. **(PALAIS.)**

38. DEJOUAS (Henri), à Bergerac (Dordogne). — Cuirs imperméables. **(PALAIS.)**

39. DENANT (Achille), à la Briche-Saint-Denis (Seine). — Cuirs vernis. **(PALAIS.)**

Manufacture de cuirs vernis. Spécialité pour sellerie, carrosserie et chaussures.
Médaille bronze 1878. — Exposition de Barcelone 1888, membre du Jury, Hors Concours.
Dépôt à Paris, 8, rue de Valenciennes.

40. DESACHÉ-BLIN (G.) et Fils, à Tours (Indre-et-Loire). — Cuirs lissés, noirs et fauves, croupons en huile, veaux blancs et cirés, cheval corroyé, vaches à capotes, croûtes cirées. **(PALAIS.)**

41. DESBENOIT, Ainé, à Roanne (Loire). — Cuirs lisses et battus, veaux corroyés. **(PALAIS.)**

42. DESBENOIST Jeune et Cie, à Roanne (Loire). — Cuirs lissés, veaux blancs et cirés. **(PALAIS.)**

43. DEZAUX (Fernand L.), à Guise (Aisne). — Vaches lissées, cuir noir pour bourrellerie, manchons pour peignages de laine, de coton, etc. Courroies, cardes en cuir, rubans pour cardes. **(PALAIS.)**

44. DOMANGE (A.), Successeur de **E. Scellos,** à Paris, boulevard Voltaire, 74. — Cuirs spéciaux pour courroies. **(PALAIS.)**

Courroies en cuir pour transmissions, systèmes perfectionnés. Tannerie à Sens (Yonne).
Deux médailles d'or, Anvers, 1885. — Bruxelles 1888, Médailles d'or et diplôme d'honneur.
Barcelone 1888, Membre du Jury, diplôme hors concours, chev. de la Légion d'honneur.

45. DONAU et Fils, à Givet (Ardennes). — Cuirs forts, bœuf de France, de Buenos-Ayres, de Montevideo, de l'Uruguay, de Rio-Grande.   **(PALAIS.)**

46. DUFORT (J. Hippolyte), à Paris, rue Saint-Charles, 77. — Veaux et chevreaux.   **(PALAIS.)**

47. DUMAS (L.) & RAYMOND, à Saint-Junien (Haute-Vienne). — Agneaux pour ganterie.   **(PALAIS.)**
> Récompense : Exposition universelle 1878.

48. DUMESNIL (Charles), à Paris, rue du Canal-Saint-Martin, 13.— Peaux de chevreaux pour chaussures, en noir glacé, doré, et noir mat.   **(PALAIS.)**

49. DURAND (Achille), à Paris, rue des Cordelières, 31. — Cuirs forts pour semelles.   **(PALAIS.)**

50. DURAND Frères (Fernand et Robert), à Villeneuve-sur-Yonne (Yonne). — Cuirs forts de pays. Cuirs forts étrangers ; bœufs à courroie ; buffles pour équipements.   **(PALAIS.)**

51. DURAND-ROCHE, à Paris, rue de Turbigo, 10. — Veaux, chèvres, moutons, vernis, lissés et grainés.   **(PALAIS.)**

52. ENAULT (A.) et Cie, à Paris, rue d'Angoulème, 23. — Cuirs forts, croupons, veaux, tiges.   **(PALAIS.)**

53. FLOQUET (C.) & Fils, à Saint-Denis (Seine), rue de Paris, 110. — Peaux mégissées, maroquinées et chamoisées, cuirs russes, basanes.   **(PALAIS.)**
> Peaux de porc, housses et schabraques. Maroquins et moutons pour tapisserie, carrosserie, reliure, chaussures, etc. Peaux et cuirs pour chapellerie, gants de chamois, laines brutes et peignées. Huiles, dégras, savons, cirages. Spécialité pour l'exportation. Médailles d'argent Paris 1867; de progrès,Vienne 1873; d'or,Paris 1878.—Diplôme d'honneur Anvers 1885. Dépôts: à Paris, 70, r. des Gravilliers et 40, r. des Blancs-Manteaux ; à Londres, 11, Finsbury square.

54. FORESTIER (P. Adalbert), à Saint-Saëns (Seine-Inférieure). — Cuirs forts étrangers.   **(E. C.) (PALAIS.)**

55. FORTIER-BEAULIEU Jeune, à Roanne (Loire). — Tiges de bottes pour civils et pour l'armée, courroies mécaniques et cuirs pour usines, empeignes et brides à sabots cuir lissé.   **(PALAIS.)**

56. FOUBERT et SAVARY, à Paris, rue du Faubourg-Saint-Martin, 64. — Veaux corroyés et tiges.   **(PALAIS.)**
> Cuirs forts, vaches lissées, veaux blancs et cirés de l'Abat de Paris. Tiges de pays et de Millau. Articles spéciaux pour l'armée.
> Ancienne maison Leclerc. — Fabrique, 17, boulevard Saint-Jacques.
> Médaille de bronze, Paris, 1878.

57. FRANC (Louis), à Annonay (Ardèche). — Cuirs pour chapellerie, carrosserie, chaussures.   **(PALAIS.)**

58. FREMONT (Edmond A.), à Paris, quai Jemmapes, 80. — Cuirs pour sellerie, bourrellerie et carrosserie.   **(PALAIS.)**

59. FREROT & GOUSSARD, Ancienne Maison **Imbault,** à Paris, rue Saint-Bon, 5. — Parchemins et vélins.   **(PALAIS)**
> Médaille de bronze, Paris 1867. Médaille d'argent, Paris 1878.

60. FRIGOT (Emile), à Saint-Saëns (Seine-Inférieure). — Cuirs forts.   **(E. C.) (PALAIS.)**

61. FRILEUX et BACHELET, à Villeneuve-sur-Yonne (Yonne). — Cuirs lissés et battus.   **(PALAIS.)**

62. GALLIEN Frères, à Longjumeau (Seine-et-Oise).—Cuir fort et vache lissée.   **(PALAIS.)**

63. GASQUIEL (A.), DONZEL & Cie, à Paris, rue de Rambuteau, 30. — Cuirs vernis, mégis et cirés.   **(PALAIS.)**

64. GATÉ Fils et Gendre, à Nogent-le-Rotrou (Eure-et-Loir). — Cuirs tannés, cuirs lissés, cuirs corroyés.   **(PALAIS.)**

65. GILLIARD, MOUNET et CARTIER, à Lyon (Rhône), quai de Retz. — Chèvres corroyées.   **(PALAIS.)**

66. GIRAUD Puiné, à Solliès-Pont (Var). — Maroquins et moutons tannés au sumac, laines en suint et lavées.   **(PALAIS.)**

67. GOLDSCHMID (Édouard), à Paris, boulevard Saint-Jacques, 28. — Capotes, croûtes lissées et cirées, vaches et veaux satinés.   **(PALAIS.)**

68. GONDOLO (Vve Paul), à Courbevoie (Seine), rue de la Garenne, 22. — Extraits tanniques de chêne et châtaignier décolorés.   **(PALAIS.)**

69. GOUBÉ et HANOTTE (Paul), à Douai (Nord). — Cuirs pour cardes et équipements militaires.   **(PALAIS.)**

    Expositions : Londres, 1851, Méd. bronze. — Paris, 1878, Méd. d'argent.

70. GOUPY (Gustave), à Paris, rue Charlot, 10. — Cuirs pour sellerie, carrosserie et chaussures.   **(PALAIS.)**

71. GRUCHY (Alexandre N.), à Saint-Saëns (Seine-Inférieure). — Cuirs forts étrangers.   **(E. C.) (PALAIS.)**

72. GUÉRIN Frères, à Saint-Saëns (Seine-Inférieure). — Cuirs forts.   **(E. C.) (PALAIS.)**

73. GUILLEUX (Louis), à Paris, rue Grange-aux-Belles, 39. — Cuirs teints.   **(PALAIS.)**

74. GUILLOU (Marius) et Fils, à Paris, rue Saint-Martin, 241. — Peaux de veau, chevreau, et mouton mégissées. Peaux de chèvre corroyées. Peaux spécialement préparées pour la chaussure.   **(PALAIS.)**

    Maison fondée en 1855 par MM. Salmon et Guillou.
    Peaux de Veau, Chevreau, Chèvre et Mouton préparées spécialement pour la chaussure.
    Mégisserie à Paris, 11 rue des Cordelières.
    Fabrique de Peaux de Chèvres à Lagny (S.-M.).
    Récompenses : M. H., Paris 1855. Méd. de bronze, Paris 1878. Méd. d'or, Barcelone 1888.

75. HALLEY (Émile H.), Successeur de **A. VIAULT**, à Paris, rue Montmartre, 11. — Veaux et moutons chamoisés, veaux et chèvres brunis, chevreaux fantaisie.   **(PALAIS.)**

76. HARSCH Fils (B.), à Bagnolet (Seine), impasse du Château, 6. — Cuirs vernis pour carrosserie, sellerie et chaussures.   **(PALAIS.)**

77. JACOB (Jules) & WOLFERS, à Paris, rue Lafayette, 103. — Veaux blancs, cirés, grainés, satinés, veaux mégis, veaux couleurs unis, chagrinés et autres façons.   **(PALAIS.)**

    Croupons de veau blancs et cirés, croupons de vache quadrillés ou grainés noirs et couleurs, cuirs noirs et blancs pour harnais, cuirs à semelles. Chèvres chagrinées noires et couleurs, chèvres mates lisses et cordovan, chevrettes glacées, dorées, etc. Moutons chagrinés et maroquinés, noirs et couleurs, moutons mats, grainés et unis, façon cordovan, moutons glacés, mégis, (mock hids), etc. Basanes lisses etc. Basanes lisses et autres façons.
    Manufacture au Pré Saint-Gervais (Seine).

78. JOMARON Aîné (Adolphe), à Annonay (Ardèche). — Peaux chevreaux et agneaux mégis et tannées pour ganterie, peaux chevrettes mégis pour chaussures.   **(PALAIS.)**

79. JOSSIER (Gabriel), à Paris, rue Charlot, 7. — Cuirs vernis en tous genres.   **(PALAIS.)**

80. JULLIEN (Édouard) et ses Fils, à Marseille (Bouches-du-Rhône), boulevard National, 386. — Peaux de chèvres et maroquins tannés.   **(PALAIS.)**

81. JUMELLE (Henry), à Paris, rue de Trévise, 35. — Cuirs vernis noirs et de couleurs.   **(PALAIS.)**

82. LANIER (Victor), à Paris, rue Croulebarbe, 12. — Chevreaux mégissés pour chaussures.   **(PALAIS.)**

83. LAPERCHE (Ch.) et VIET (A.), à Paris, rue des Quatre-Fils, 18. — Peaux de moutons maroquinées de couleurs.   **(PALAIS.)**

84. LATIL (Joseph), à Toulon (Var), place d'Iéna, 4. — Cuirs tannés au chêne vert pour semelles.   **(PALAIS.)**
  Médaille de bronze, Paris, 1867.

85. LATOUR & BOUSSON, à Romans (Drôme). — Peaux de chèvres corroyées, chèvres mates lisses.   **(PALAIS.)**
  Manufacture de peaux de chèvres corroyées.
  Spécialité de chèvres mates.

86. LE BASTARD (Edgar) à Rennes (Ille-et-Vilaine). — Cuirs forts et cuirs lisses.   **(PALAIS.)**

87. LECERF et SARDA, à Paris, rue de la Glacière, 58. — Cuirs pour équipements militaires.   **(PALAIS.)**

88. LECOMPTE (René) et GENTILS (Armand), à Pont-Audemer (Eure). Cuirs forts pour semelles.   **(PALAIS.)**
  Manufacture de Cuirs forts.
  Diplôme d'honneur, Anvers, 1885.

89. LEDRU (Arthur), à Paris, rue Montmartre, 64. — Peaux diverses et chamoisées.   **(PALAIS.)**

90. LEFEBVRE (Florentin), à Saint-Saëns (Seine-Inférieure). — Cuirs forts étrangers.   **(E. C.) (PALAIS.)**

91. LEFÉVRE-JOSSET (Elie A.), à Paris, rue Marie-Stuart, 7. — Buffles et moutons chamoisés.   **(PALAIS.)**
  Chamois en tous genres. Huiles, moëllons et dégras. Manufacture à Saint-Denis-le-Ferment (Eure). — Buffles pour Industrie et Equipement militaire. — Mention honorable, 1878.

92. LEHMANN (Fernand) et ROTH (Aron), à Paris, rue Beaurepaire, 26. Veaux mégis.   **(PALAIS.)**

93. LEIDIER Frères (Joseph et Edouard), au Val, près Brignolles (Var). — Bandes de cuir lissé à semelle, boucherie, pays grandeur différente.
                 (PALAIS.)

94. LEMONNIER (Jules), à Saint-Saëns (Seine-Inférieure). — Cuirs étrangers.   **(E. C.) (PALAIS.)**
  Médaille, Exposition Philadelphie 1876 ; Médaille, Exposition collective, 1878 Paris.

95. LENGELLÉ-CAMUS, à Amiens (Somme), rue des Prés-Forêts, 6. — Cuirs corroyés.   **(PALAIS.)**

96. LEPRINCE & MAISSEN, à Paris, rue des Vinaigriers, 30. — Cuirs noirs chair propre, demi façons et à la livre, cuirs jaunes et brunis, cuirs et vaches vernis lisses et graissés, vaches et veaux gras grainés.   **(PALAIS.)**

97. LESAULNIER (Léon), à Paris, rue Censier, 31. — Cheval tanné et corroyé. Cuirs pour sellerie et bourrellerie.   **(PALAIS.)**

98. LESECQ (Edmond), à Saint-Saëns (Seine-Inférieure). — Cuirs forts.
                 (E. C.) (PALAIS.)

99. LEVEN Frères & Fils, à Paris, rue de Trévise, 35. — Veaux blancs et cirés, cheval satin, veaux mats et de couleur, veaux vernis, chèvres vernies lisses et grainées, moutons vernis.   **(PALAIS.)**

100. LORMIÈRE (E.) & MOUTAILLIER (L.), successeurs de **Lormière-Georget**, à Paris, rue Pascal, 11. — Peaux de couleurs pour registres, gainerie, reliure et chaussure.   **(PALAIS.)**

  Médailles aux Expositions universelles de Paris 1855, 1867, 1878.

101. MABIRE (P. L. Robert), à Pont-Audemer (Eure). — Cuirs forts étrangers, molleterie, cuirs de sellerie.   **(PALAIS.)**

102. MACHEREL (Louis), à Paris, rue Palestro, 15. — Chèvres et moutons corroyés.   **(PALAIS.)**

103. MALMAISON (François T.), à Saint-Saëns (Seine-Inférieure). — Cuirs forts étrangers.   **(E. C.) (PALAIS.)**

104. MARANDON Fils (R.), à Argenton (Indre). — Cuirs forts.   **(PALAIS.)**

105. MARCELOT (Léon) et Fils, à Paris, rue Poliveau, 31. — Veaux cirés, tiges, bottines piquées.   **(PALAIS.)**

106. MARCHAND (Vve Charles) et O. LECANTE, à Paris, avenue des Gobelins, 40. — Veaux mégis, blancs, tondus et mouchetés.   **(PALAIS.)**

107. MASUREL et CAEN, à Croix (Nord). — Peaux de moutons fabriquées. Laines peignées.   **(PALAIS.)**

  Exposition universelle, Barcelone 1888. Hors concours, Membre du Jury. — Exposition Universelle, Melbourne 1881.

108. MASURES (Alexandre), à Saint-Saëns (Seine-Inférieure). — Cuirs forts étrangers pour semelles.   **(E. C.) (PALAIS)**

109. MATROD (J.) & RIVAGE (J.), à Paris, rue Grenier-Saint-Lazare, 8. — Peaux tannées et corroyées.   **(PALAIS.)**

  Peaux tannées et corroyées par un nouveau procédé breveté en France et à l'étranger.

110. MENANT (Auguste), à Paris-Bercy, rue de la Lancette, 9. — Cuirs et peaux de cochons pour sellerie et ameublement.   **(PALAIS.)**

111. MÉRENDON (Joseph), à Aubervilliers (Seine), rue Saint-Denis, 14. — Chèvres et moutons vernis lisses et grainés, noir et couleurs. Vaches vernies grainées.   **(PALAIS.)**

112. MÉTAIS (E. V.), à Saint-Saëns (Seine-Inférieure). — Cuirs forts étrangers.   **(E. C.) (PALAIS.)**

113. MEYZONNIER Fils, à Annonay (Ardèche). — Veaux blancs et cirés.   **(PALAIS.)**

114. MICHEL-SALOMON (Edmond), à Paris, rue de Valence, 3. — Peaux, laines, peaux sciées, tannées et fabriquées, peaux teintes pour registres, fleurs sciées mégis pour buses.   **(PALAIS.)**

115. MILLET Frères, à Paris, rue du Faubourg-Saint-Martin, 122. — Cuirs pour bourrellerie, sellerie et équipements militaires, cuirs fauves.   **(PALAIS.)**

  Anciennes maisons Millet et Tesnières réunies. Fournisseurs de l'État ; Mention honorable 1855. Usine à St-Ouen-l'Aumône (S.-et-Oise).

116. MILLION Oncle et Neveu, à Paris, rue de Bondy, 36. — Vaches vernies et grasses, cuirs noirs, jaunes, brunis, veaux, moutons, maroquins.   **(PALAIS.)**

117. MIRABEL-CHAMBAUD, à Valence (Drôme). — Chèvres corroyées.   **(PALAIS.)**

118. MONTEIL (F.) & Cie, à Montpellier (Hérault). — Basanes à l'écorce, basanes du Languedoc.   **(PALAIS.)**

119. MONTIER (Armand), à Pont-Audemer (Eure). —Cuirs de sellerie noirs et brunis. Cuirs vernis lissés et grainés pour carrosserie, sellerie et fabricants de chaussures. **(PALAIS.)**

120. PAILLOUX-MICHEL & Cie, à Moulins (Allier). — Cuirs pour bourrellerie, sellerie, cuirs lissés pour l'exportation, courroies de transmission. **(PALAIS.)**
Spécialité de vaches lissées.
Cuirs pour bourrellerie, sellerie.

121. PÉDAILLÈS (A.), à Paris, rue de Lourcine, 25. — Veaux mégis **(PALAIS.)**

122. PELTEREAU (Auguste), à Château-Renault (Indre-et-Loire). — Vaches et bœufs lissés de France et de l'Étranger, veaux blancs et cirés, cuirs pour courroies. **(PALAIS.)**
Médailles : P. M., Londres 1851 ; 1re classe, Paris 1855 ; Londres 1re classe 1862 ; Argent, Paris, 1867 ; 1re Méd. Progrès, Vienne 1873 ; Méd. d'or, Paris 1878.

123. PELTEREAU Le Jeune Frère (Vve Placide), à Château-Renault (Indre-et-Loire). — Cuirs à semelles, cuirs à courroies, veaux blancs et cirés. **(PALAIS)**
Maison fondée en 1542. — Médailles d'or aux Expositions universelles internationales 1867, 1878. — Légion d'honneur 1847, 1863.

124. PERROCHON-CHOLLET (Henri A. M.), à Aubigny-sur-Nère (Cher). — Croupons de vache, lissés et battus. Croupons de bœuf en croûte. **(PALAIS.)**

125. PÉTEL (Jules), à Paris, rue des Récollets, 11. —Cuirs noirs brunis et vernis.

126. PETITPONT (G.) & Cie, à Choisy-le-Roy (Seine). — Maroquins et peaux de mouton maroquinées. **(PALAIS.)**
Usine fondée en 1796.
Maroquins chevreaux, moutons, veaux, mats, chagrinés ou corroyés pour :
Chaussures, reliure, tapisserie, carrosserie, gainerie.
Dépôt à Paris, 55, rue des Petites-Écuries.

127. PIEDSOCQ (Albert), à Paris, rue Poissonnière, 13. — Cuirs vernis de couleurs. **(PALAIS.)**

128. PINAULT (Eugène), à Rennes (Ille-et-Vilaine). — Cuirs forts et cuirs lissés de pays, de Buenos-Ayres et Montevideo, cuirs propres à l'équipement militaire. **(PALAIS.)**

129. PONCHE (Daniel), à Alençon (Orne). — Cuirs forts. **(PALAIS.)**

130. POULLAIN frères, à Paris, rue de Flandre, 99. — Cuirs pour courroies, usines, filatures, tissages, lithographie, sellerie et bourrellerie. **(PALAIS.)**
Médaille d'or à l'Exposition universelle Paris 1878. Voir expositions des classes 52 et 54.

131. PRÉVOT-CARRIÈRE (J. M.) et Fils, à Millau (Aveyron). — Veaux parés, blancs, cirés et satinés. **(PALAIS.)**
Dépôt à Paris, rue des Vinaigriers, 11. — Récompenses : Londres, 1862, Médaille d'Honneur. — Vienne, 1873, Médaille de Progrès. — Melbourne, 1881, Diplôme de Mérite. — Anvers, 1885, Médaille d'or. — Paris, 1878, Hors Concours, Membre du Jury.

132. PRUNGNAUD (P. E. Félix), à Paris, boulevard de l'Hôpital, 40. — Cuirs spéciaux pour filatures, tissages et usines à vapeur. Courroies simples et doubles collées, sans couture, ni vissage. **(PALAIS.)**
Maison fondée 1864. Tannerie et corroierie. Fabrique spéciale de peaux de veaux à cylindres, pour filatures de coton, frottoirs de bobinoirs en buffle égalisé, et manchons de peigneuses pour filatures de laines, coton et soies, et tous les articles de cuirs pour filatures et tissage.
Usines à vapeur ou hydrauliques.
Médaille de bronze Exposition universelle 1867.

133. QUESNOT (Alexandre), à Pont-Audemer (Eure). —Cuirs forts. **(PALAIS.)**

134. REVENU & GUBIAN, à Lyon (Rhône), quai Fulchiron, 35. — Vaches et mâles lissés, croupons en huile, cuirs pour bourrellerie, sellerie, carrosserie, équipements militaires, cuirs à courroies.   **(PALAIS.)**

> Tannerie et Corroierie à Lyon, quai Fulchiron, 35-36. — (Anc^ne M^on Revenu et Risser frères).
> Tannerie et Hongroierie à Saint-Jean-de-Bournay (Isère). — (Anc^ue M^on Ainé Nugue).
> Dépôt à Paris, rue du Temple, 46.
> Dépositaire : G. Courière.

135. RIVAUX Frères (C. & M.), successeurs de **A. Trouttet et Thevenet,** à Lyon (Rhône), rue de Vendôme, 197. — Peaux de chèvres corroyées.
                    (PALAIS.)

136. ROCHIER (Auguste), à Lyon (Rhône), rue Sébastopol, 17. — Peaux de chèvres mates, chagrinées et fantaisies pour chaussures.   **(PALAIS.)**

137. ROMAIN (Albert), à Pont-Audemer (Eure). — Cuirs pour sellerie et pour courroies de transmission.   **(PALAIS.)**

138. ROSNOBLET Frères (Claude, Joseph et Jean), à La Roche-sur-Foron (Haute-Savoie). — Veaux blancs et cirés, cuirs à semelles.   **(PALAIS.)**

139. ROSSOLIN (Emile C.), à Brignoles (Var). — Cuirs lissés.
                    (E. C.) (PALAIS.)

140. ROULLIER Fils & MESNARD (L.), à Paris, boulevard Voltaire, 228. — Cuirs factices et talons pour chaussures.   **(PALAIS.)**

141. ROUILLON et HEFTLER, à Paris, rue du Faubourg-Saint-Denis, 188. — Peaux de chevraux glacées noires et dorées, dongola.   **(PALAIS.)**

142. ROUX Fils & Cie, à Romans (Drôme). — Cuirs lissés pour semelles.
                    (PALAIS)

143. ROY (Édouard J. B. F.), à Paris, rue Louis-Blanc, 55. — Cuirs tannés par le procédé de tannage rapide, dit « à la phosphatation ».   **(PALAIS.)**

> Installation en Tannerie du système de tannage rapide dit « Tannage à la phosphatation ».

144. SAINT-SAËNS (Exposition collective des tanneurs de la Ville de), à Saint-Saëns (Seine-Inférieure). — Cuirs forts étrangers.   **(PALAIS.)**

BIARD (P.).	GRUCHY (A.).	MASURES (A.).
BINET Père et Fils.	GUÉRIN Frères.	MÉTAIS (E.).
BLOT (E.).	LEFEBVRE (F.).	SERGENT-LEFEBVRE (Ed.).
CORNILLOT (Th.).	LEMONNIER (J.).	THIBAULT (E.).
FORESTIER (A.).	LESECQ (E.).	
FRIGOT (E.).	MALMAISON (F.).	

145. SALASC (Benjamin), à Bédarieux (Hérault). — Laines en suint et lavées, peaux de mouton fabriquées.   **(PALAIS.)**

> Médailles d'argent, Expositions d'Anvers 1885 et Barcelone 1888.

146. SAYER (Désiré), à Paris, rue du Fer-à-Moulin, 38. — Veaux mégis, veaux tondus, blancs et mouchetés, veaux morts-nés.   **(PALAIS.)**

> Récompenses : Paris 1878, Médaille de bronze. — Anvers 1885, Médaille de bronze.

147. SEIGNOBOS (R.), Ancienne maison **Georges Durand et Cie,** à Paris, rue des Gobelins, 17. — Veaux corroyés, tiges, veaux mégis.   **(PALAIS.)**

> Marque C. D. Veaux corroyés et tiges. Récompenses aux Expositions univ., Paris 1855, médaille de 1re classe; Londres 1851, 1862, premières médailles; Paris, 1867, 1878, méd. d'or.

148. SÉNAT (J. M. Achille) & Cie, à Aubervilliers (Seine) rue de la Haie-Coq, 29. — Cuirs vernis pour chaussures, sellerie et carrosserie.   **(PALAIS.)**

149. SERGENT-LEFEBVRE (A. Edmond), Successeur de **Félix Lefebvre,** à Saint-Saëns (Seine-Inférieure). — Cuirs forts étrangers. (**E. C.**) (**PALAIS.**)

150. SERVAIN Frères (Achille et Anatole), à Caudebec-en-Caux (Seine-Inférieure). — Cuirs lissés et corroyés pour chaussures. (**PALAIS.**)

151. SIVADE-VALLANET (Gilbert), à Montluçon (Allier). — Cuirs lissés battus. (**PALAIS.**)

152. Société Anonyme «les Tanneries Simon Ullmo », à Lyon (Rhône), cours Rambaud, 4. — Cuirs tannés et corroyés, veaux blancs et cirés, tiges de bottes. (**PALAIS.**)

153. Société Française de Tannage (Procédé Worms et Balé), à Saint-Rémy-lez-Chevreuse (Seine-et-Oise), Usine Vaugien. — Cuirs tannés. (**PALAIS.**)

154. SOLANET Fils Ainé, à Millau (Aveyron). — Veaux cirés et blancs. (**PALAIS.**)

155. SOLANET (Gustave), Successeur des Anciennes Maisons **Solanet et Solanet Frères,** à Millau (Aveyron). — Veaux cirés légers. (**PALAIS.**)
Hors concours, Membre du jury à l'Exposition universelle internationale de Barcelone 1888.
Agent pour l'exportation : Lefranc, 54, faubourg Poissonnière, Paris.
Dépôt de Semelles et sorte : Macherel, 15, rue Palestro, Paris.

156. SORREL Frères et Cie, à Moulins (Allier). — Cuirs lissés, veaux blancs et cirés. (**PALAIS.**)

157. SOYER (G. Lucien), à Paris, rue Mayran, 4. — Cuirs corroyés et vernis pour sellerie, carrosserie, et chaussures. (**PALAIS.**)

157. SUEUR Fils (T.), à Paris, rue du faubourg Montmartre, 4. — Cuirs corroyés et vernis. (**PALAIS.**)
Tanneur, corroyeur, fabricant de cuirs vernis lisses et grainés pour la carrosserie, la sellerie, la chaussure, l'équipement militaire et l'ameublement. Usine à Montreuil-sous-Bois (Seine).
Récompenses obtenues aux Expositions universelles internationales :
Prize medal, Londres 1851. — Médaille de 1re classe, Paris 1855. — Prize medal, Londres 1862. — Médaille d'argent, Paris 1867.
Médaille de progrès, Vienne 1873.
1re Médaille et décoration de la Légion d'honneur, Philadelphie 1876.
Médaille d'or, Paris 1878.
Diplôme d'honneur, Amsterdam 1883.
Médaille d'or, Barcelone 1888.

158. SUSER (Henri & Jules), à Nantes (Loire-Inférieure). — Veaux blancs et cirés, cuirs, tiges, chamois. (**PALAIS.**)
Récompenses obtenues aux diverses Expositions universelles : 1867, chevalier de la Légion d'honneur ; médailles or, argent et bronze, Paris 1855 ; Londres 1862 ; Paris 1867.

159. TERRAY, MERLIN & Cie, à Grenoble (Isère). — Agneaux de couleur, moutons mégissés, teints ou en blanc, maroquins, chèvres tannées au tumac. (**PALAIS.**)

160. TESTU JODEAU (Arthur), à Château-Renault (Indre-et-Loire). — Cuirs lissés indigènes et étrangers (provenances de la Plata et de Pernambuco). (**PALAIS.**)
Récompenses : Médaille d'argent, Paris 1878. — Médaille d'or, Anvers 1885. — Membre du Jury aux Expositions de Paris, Légion d'honneur 1887.

161. THIBAUD (Mathieu), à Montpellier (Hérault), boulevard Blanquerie, 3. — Veaux blancs et cirés pour l'exportation. (**PALAIS.**)

162. THIBAULT (Emile J.), à Saint-Saëns (Seine-Inférieure). — Cuirs de semelles. (**E. C.**) (**PALAIS.**)

163. TISSIER (Charles), à Paris, boulevard Arago, 44. — Veaux, moutons, agneaux, chevreaux, mégis mat et couleurs. (**PALAIS.**)
Boulevard Arago 49, et rue de Lourcine, 102, 104 et 106. — Chevreaux glacés noirs et mordorés. Moutons et basanes noirs glacés et mordorés, basanes façon cheval.
Bur aux : 46, boulevard Arago.

164. TOUZÉ-QUILLET (François Adolphe), à Pont-Audemer (Eure).— Bœufs, vaches et veaux en croûte, tannés à l'écorce de chêne.   **(PALAIS.)**

165. TRÉFOUSSE et Cie, à Chaumont (Haute-Marne).— Chevreaux mégis teints, ganterie.   **(PALAIS.)**

166. VINCENT Fils (Charles), à Paris, rue des Vosges, 14.— Journaux, livres, albums spéciaux aux industries du cuir, de la chaussure, de la sellerie et de la bourrellerie.   **(PALAIS.)**

COLONIES.

ALGÉRIE.

1. ABDELKADER ben Friha (le Caïd), à Tihaouni (Oran). — Peau de mouton.   **(ESPLANADE.)**

2. ALLAMAND (Marie), à El Ouricia (Constantine). — Cannes et encriers en matière animale.   **(ESPLANADE.)**

3. ALTAIRAC (Frédéric), à Alger. — Cuirs du pays tannés et corroyés, peaux de chèvres et de moutons.   **(ESPLANADE.)**

4. BARODY ben Sadoun, à Mostaganem (Oran). — Peaux de chèvres et de moutons.   **(ESPLANADE.)**

5. BONAND (Adolphe de), à Oued El Aleug (Alger). — Toison de métis Shropshire.   **(ESPLANADE.)**

6. BRIFFA Frères, à Bône (Constantine). — Echantillons de cuirs de diverses espèces, cheval, vache, veau, chèvre, mouton.   **(ESPLANADE.)**

7. Comice Agricole de Souk-Ahras (Constantine). — Peaux. **(ESPLANADE.)**

8. EL HADJ ABDELKADER ben Mouffack, à Constantine, rue des Abeilles, 12. — Peaux de chèvres, de moutons, de vaches, corroyées ou tannées.   **(ESPLANADE.)**

9. EL ROSLI KHAOUAN, à Tlemcen (Oran), rue de la Sikkok. — Peaux de mouton.   **(ESPLANADE.)**

10. HAMOU ben Hadj Mustapha, à Constantine, rue Perregaux, 86. — Peaux de chèvres, de moutons, de bœufs, préparées, tannées et teintes.   **(ESPLANADE.)**

11. SOST (Pierre), à Berrouaghia (Alger).—Peaux de chèvres du Tibet acclimatées en Algérie.   **(ESPLANADE.)**

12. SOULÈS (Jean), à Mustapha l'Abattoir (Alger). — Articles de pelleterie et de plumasserie.   **(ESPLANADE.)**

INDE FRANÇAISE.

1. Comité d'Exposition. — Peau de caïman et peau apprêtée à Pondichéry.   **(ESPLANADE.)**

2. HECQUET-POUPRAYA & Cie. — Peaux tannées de Pondichéry.   **(ESPLANADE.)**

NOUVELLE CALÉDONIE.

1. FOUSSARD, à La Foa. — Cuir jaune pour harnais, cuir vache molle, lissé et cuir fort, veau et chèvre.   (ESPLANADE.)

2. HOFF, à Dumbéa. — Cuir, façon de Hongrie et chevreau mégissé noir.
                                                                                         (ESPLANADE.)

3. NURY, à Bourail. — Cuir tanné.   (ESPLANADE.)

4. PAILLOT, à La Foa, — Cuir fort, jaune, vache jaune, molle, veau jaune, cuir noir pour harnais, etc.   (ESPLANADE.)

RÉUNION.

1. LAPIERRE, à Saint-Denis. — Cuir à semelle.   (ESPLANADE.)

SÉNÉGAL.

1. AMADY NATAGO, Lam Toro, Chef du **Toro,** (protectorat du Toro). — Peau de mouton.   (ESPLANADE.)

2. AMAR SALEUM, Roi des **Maures Trarza.** — Toison de mouton.
                                                                                         (ESPLANADE.)

3. NOIROT, administrateur colonial, au Sénégal. — Peau d'antilope, peau de serpent, peau de lion.   (ESPLANADE.)

PAYS DE PROTECTORAT.

ANNAM-TONKIN.

1. Province de Hanoï. — Cuir.   (ESPLANADE.)

2. Province de Phu-Yen. — Morceau de peau d'éléphant. Morceau de peau de rhinocéros.   (ESPLANADE.)

TUNISIE.

1. MOHAMED el HABILE, à Tunis. — Seaux et outres en peaux.
                                                                                         (ESPLANADE.)

2. SEMO (David L.) à Tunis. — Cuirs et peaux tannés et corroyés.
                                                                                         (ESPLANADE.)

PAYS ÉTRANGERS.

RÉPUBLIQUE ARGENTINE.

1. **AYALA (Jean)**, à Pampa Centrale. — Peaux de chèvres. **(PARC.)**

2. **AYMERIC (Théodore)**, à Santiago-del-Estero. — Échantillons de cuirs tannés. **(PARC.)**

3. **BARAGIOLA (Victor)**, à Santa-Fé. — Semelles. **(PARC.)**

4. **BELTRANS (A.) & Cie**, à Cañada-de-Gomez (Santa-Fé). — Peaux tannées. **(PARC.)**

5. **BERROTARAN (J.)**, à Buenos-Ayres. — Peaux de mouton. **(PARC.)**

6. **BONIFACIO (E.)**, à Buenos-Ayres. — Peaux de mouton. **(PARC.)**

7. **CAMBACÉRÈS (A. C.)**, à Pampa Centrale. — Peaux de bouc. d'angora. **(PARC.)**

8. **CANALI (Jean)**, à Rosario (Santa-Fé). — Semelles. **(PARC.)**

9. **CASAUX (M.)**, à Ayacucho — Peaux de mouton. **(PARC.)**

10. **CASEY (E.)**, à Buenos-Ayres. — Peaux de mouton. **(PARC.)**

11. **CAVILLON (Pierre)**, à San-Luis. — Échantillons de peaux tannées. **(PARC.)**

12. **CERNADAS (P.)**, à Buenos-Ayres. — Peaux de mouton. **(PARC.)**

13. **CERRO, GONZALEZ & Cie**, à Buenos-Ayres. — Peaux de chèvre. **(PARC.)**

14. **CLELAND (Jean)**, à San-Justo (Cordoba). — Cuir de mouton. **(PARC.)**

15. **COHEN Frères**, à Buenos-Ayres. — Peaux de mouton. **(PARC.)**

16. **Commission auxiliaire**, à Catamarca. — Peaux de tigre, chevreau, chien, agneau, etc. **(PARC.)**

17. **Commission auxiliaire**, à Jujuy. — Peaux de brebis et de chèvre. **(PARC.)**

18. **Commission auxiliaire**, à Mendoza. — Peaux diverses. **(PARC.)**

19. **Commission auxiliaire**, Missiones. — Peaux de chèvre. **(PARC.)**

20. **Commission auxiliaire**, à Pampa Centrale. — Peaux de lina, croisement de bouc et brebis. **(PARC.)**

21. **Commission auxiliaire**, à Salta. — Cuirs de mouton mérinos. chèvre. **(PARC.)**

22. **Commission auxiliaire**, à San-Luis. — Peaux de chèvres, cuirs tannés. **(PARC.)**

23. **DEL CARRIL**, à Buenos-Ayres. — Peaux de mouton. **(PARC.)**

24. **DUGGAN Frères**, à Buenos-Ayres. — Cuirs, peaux de mouton. **(PARC.)**

25. **DUGGANTI**, à Lincoln (Buenos-Ayres). — Peaux de mouton. **(PARC.)**

26. **ELLERHORST (A.),** à Buenos–Ayres. — Peaux de renards. (PARC.)

27. **FRANCILLON (Michel),** à Rosario (Santa–Fé). — Cuir tanné. (PARC.)

28. **GALARCE (V.),** à Buenos–Ayres. — Peaux de moutons. (PARC.)

29. **GIBSON Frères,** à Buenos–Ayres. — Peaux de montons. (PARC.)

30. **GOINECHA (J. B.),** à Lobos (Buenos–Ayres). — Peaux de moutons. (PARC.)

31. **GREFFIER & Fils,** à Buenos–Ayres. — Peaux de moutons. (PARC.)

32. **KEEN (E.),** à Buenos–Ayres. — Peaux de moutons. (PARC.)

33. **LANUSSE (A.),** à Mar–del–Plata (Buenos–Ayres). — Peaux de moutons. (PARC.)

34. **LANUSSE (P. & J.),** à Mar–del–Plata (Buenos–Ayres). — Peaux de moutons. (PARC.)

35. **LARRAMENDI (S.),** à Buenos–Ayres. — Cuirs tannés. (PARC.)

36. **LEGUINECHE (V,),** à Buenos–Ayres. — Peaux de moutons. (PARC.)

37. **LLULY (Michel),** à Tunuyan (Mendoza). — Peaux de chèvres d'Angora. (PARC.)

38. **LOUGHLIN (Jean M.),** Colonie Fédérale (Entre–Rios). — Peaux de moutons. (PARC.)

39. **MARTINEZ (Pierre C.),** à Perico–de–San–Antonio (Jujuy). — Peaux tannées. (PARC.)

40. **MOLERÈS & M.,** à La Tigra (Buenos–Ayres). — Peaux de moutons. (PARC.)

41. **Musée du Onze–Septembre,** à Buenos–Ayres. — Cuirs et peaux. (PARC.)

42. **NOVOA (L.),** à Mercedes (Buenos–Ayres). — Peaux de moutons. (PARC.)

43. **OLIVERA & Fils,** à Buenos–Ayres. — Peaux de chat–tigre. (PARC.)

44. **OLIVERA (J) & Frères,** à Buenos–Ayres. — Peaux de mouton. (PARC.)

45. **OLIVERO (François),** à Alvear (Buenos–Ayres). (PARC.)

46. **PEGASSANO Frères,** à Buenos–Ayres. — Peaux. (PARC.)

47. **PEREIRA (L.),** à Buenos–Ayres. — Peaux. (PARC.)

48. **PETILBON (T.),** à Rio–Cuarto. — Cuir de mouton. (PARC.)

49. **PONZINI (H.),** à Buenos–Ayres. — Peaux de mouton. (PARC.)

50. **RAYO (Isaac),** à Perico–de–San–Antonio (Jujuy). — Peaux de brebis. (PARC.)

51. **RIVERA Frères,** à Buenos–Ayres. — Peaux diverses. (PARC.)

52. **ROCA (J. A.),** à Buenos–Ayres. — Peaux de moutons. (PARC.)

53. **ROMERO (Jean),** à Pampa Centrale. — Peaux de chèvres et moutons. (PARC.)

54. **SAENZ (Emile) & Cie,** à Buenos–Ayres. — Peaux de moutons. (PARC.)

55. **Salle du Onze–Septembre,** à Buenos–Ayres. — Peaux de daims. (PARC.)

56. **SANZ (Cayetano),** à Buenos–Ayres. — Peau tannée (PARC.)

57. **SATZÉ,** à Chascomus (Buenos–Ayres). — Peaux de moutons. (PARC.)

58. **SEVEAU (E.),** à Santiago–del–Estero. — Copeau, sciure et extrait de quebracho rouge. (PALAIS.)

59. SOMOZA (J. L.), à Viñas (Buenos-Ayres). — Peaux de moutons.   **(PARC.)**

60. SOTO (N.), à San-Alberto (Cordoba). — **Cuirs de bouc d'Angora.**   **(PARC.)**

61. SOUZA MARTINEZ (F. de), à Buenos-Ayres. — Peaux.   **(PARC.)**

62. TERRASSON (E.), à Bademan (Buenos-Ayres). — Peaux de moutons.
          (PARC.)

63. TEZANOS, PINTO, ALVIÑA & Cie, à Jujuy. — Cebil (Piptadenia communis Benth). Échantillons de cuirs tannés.   **(PARC.)**

64. TORNU (D.), à Rosario-de-Lerma (Salta). — **Cuir d'agneau.**   **(PARC.)**

65. TRITTAN (L.), à Buenos-Ayres. — Peaux de moutons.   **(PARC.)**

66. UNZUÉ (S.) & Fils, à Buenos-Ayres. — Peaux de moutons   **(PARC.)**

67. VIDELA (Jean), à Buenos-Ayres. — Cuirs tannés.   **(PARC.)**

68. XARDY (E.), à Buenos-Ayres. — Cornes, os, tibias   **(PARC.)**

BELGIQUE.

1. BAUGNIES Frères, à Péruwelz. — Cuirs tannés en croûte, lissés et corroyés.
          (PALAIS.)

2. BERTIN (Henri), à Bruxelles, rue de Russie, 21. — Cuirs et peaux de toutes
espèces.   **(PALAIS.)**

3. BIOT-CAIGNE, à Beauraing. — Cuirs forts exotiques pour semelles, tannés à
l'écorce pure de chêne.   **(PALAIS.)**
   Amsterdam 1883, médaille d'or ; Anvers 1885, diplôme d'honneur ; Bruxelles 1888, diplôme
d'honneur.

4. BOCHKOLTZ (Fred.), à Saint-Hubert. — Cuirs à semelles.   **(PALAIS.)**

5. BOUDIER (Auguste-X.), à Cureghem, avenue de l'École, 20. — Tapis en
peaux de moutons, en laines. Cuir de mouton scié à plein, de toutes couleurs pour
chaussures, reliures, ameublement. Peaux de chèvres.   **(PALAIS.)**

6. CARLIER (A.) et Cie, à Bruxelles, rue des Grands-Carmes, 40. — Cuirs
vernis.   **(PALAIS.)**

7. CONSTANT (F.), HEINEN (M.) et Cie, à Tournai. — Vaches lissées
pour semelles.   **(PALAIS.)**
   Successeurs de V. Cherequefosse. — Médaille d'argent, Paris 1867 ; Médaille de progrès,
Vienne 1873 ; Médaille d'or, Paris 1878.
   Diplôme d'honneur, Anvers 1885.

8. D'ANVERS (Charles), à Gand, rue du Ponton, 85. — Veaux pour cylindres.
Cylindres et taquets en cuir. Cuirs généraux pour toute industrie.   **(PALAIS.)**

9. GILLARD et BRANDEBOURG, à Stavelot. — Cuirs forts pour semelles
et machines.   **(PALAIS.)**

10. HOUBEN (Théodore), à Verviers, rue David, 24. — Croupons pour courroies
et cardes ; rubans pour cardes ; plaques pour volants. Courroies, lanières, diviseurs et
manchons frotteurs pour filatures de laine cardée.   **(PALAIS.)**

11. HOUDIN (J.), DELRUE & VAN BÉGIN, à Bruxelles, rue des Bri-
gittines, 17. — Cuirs tannés pour semelles et cuirs corroyés.   **(PALAIS.)**

12. HOUSEZ Frères, à Dour. — Cuirs tannés et corroyés pour l'industrie.
          (PALAIS.)

13. KENSIER Frères, à Péruwelz. — Cuirs tannés et corroyés pour la chaussure et l'industrie. **(PALAIS.)**

14. LEBERMUTH (J.) et Cie, à Bruxelles, rue des Tanneurs, 86. — Peaux de veaux et peaux de chèvres. **(PALAIS.)**

15. MARINOT (Ernest-L.), à Cureghem, rue du Chimiste, 12. — Peaux de chèvres et de moutons tannées et teintes pour ameublement, carrosserie, reliure, etc. **(PALAIS.)**

16. MASSANGE (Antoine), à Stavelot. — Cuirs tannés. **(PALAIS.)**

17. QUANONNE (F.), à Tournay, rue de Morelle. — Cuirs tannés. Vaches lissées indigènes et exotiques. **(PALAIS.)**

18. SABLON WALTENS (Mme), à Cureghem, rue des Goujons, 120. — Peaux de moutons et chèvres tannées, maroquinées et mégissées, teintes en diverses nuances. Cuirs pour chapeaux. **(PALAIS.)**

19. Société anonyme de Quatrecht (administrateur : **Casier**), à Gand. — Cuirs tannés et corroyés. **(PALAIS.)**

20. TAILLARD (Jacques), à Laroche. — Cuirs semelle. **(PALAIS.)**

21. Tannerie et Maroquinerie belges (Société anonyme), à Saventhem. — Divers articles de sa fabrication. **(PALAIS.)**

22. T'SERSTEVENS (Edmond), à Stavelot. — Cuirs tannés entiers, croupons et morceaux, tannés sans chaux pour semelle. **(PALAIS.)**

23. VAN CUTSEM (G.) & Fils, à Soignies. — Cuirs pour courroies ; cuirs lissés. **(PALAIS.)**

Médailles d'or, Amsterdam 1883 et Anvers 1885 ; Diplôme d'honneur, Bruxelles 1888.

24. VAN DE PUTTE-CRICK (J.), à Assche. — Cuirs tannés et corroyés, cuirs d'empeignes. **(PALAIS.)**

25. VERBOECKHOVEN (E. B.), à Bruxelles, boulevard de la Senne, 45. — Cuir verni sur chair, vaches vernies grainées, cuirs vernis sur fleur, vachettes noires-grainées et jaunes, veaux différentes couleurs, fantaisie. **(PALAIS.)**

Exportation de vachettes vernies grainées à capotes et chaussures.
Cuirs vernis sur chair et sur fleur.
Veaux vernis de couleurs.
Vachettes jaunes unies et grainées.
Médailles, Londres 1862, Paris 1867, Vienne 1873, membre du Jury ; Paris 1878, membre du Jury ; Amsterdam 1883, président du Jury ; Anvers 1885, membre rapporteur du Jury ; Bruxelles 1888, président de la collectivité.

26. VERSÉ Frères, à Cureghem-Bruxelles, chaussée de Mons, 191. — Cuirs vernis pour sellerie, carrosserie, chaussures et équipements ; cuirs corroyés. **(PALAIS.)**

27. WATERLOOS (Robert), Successeur de la Tannerie **Schepens**, à Gand, passage Coupure, 47. — Cuirs pour chaussures, selliers et machines. **(PALAIS.)**

28. WOLSTER & BOCK, à Bruxelles, rue Annessens, 10. — Cuirs sauvages à semelles, tannés. **(PALAIS.)**

RÉPUBLIQUE DE BOLIVIE.

1. SCHEIDECKER (George), à Paris, rue de l'Echiquier, 27. — Fourrures et pelleteries. **(PARC.)**

BRÉSIL.

(Voir son Catalogue spécial.)

CHILI.

1. **COLLIN (Carlos)**, à Chillan. — Cuirs et peaux. (PARC.)
2. **DRIEN BERTELZEN**, à Quillota. — Cuirs. (PARC.)
3. **ROESTEL (Othon)**, à Collipulli. — Cuirs et peaux. (PARC.)
4. **SETZ (Erardo)**, à Collipulli. — Cuirs. (PARC.)
5. **STOLZEMBACH (Federico)**, à Union. — Semelles, courroies. (PARC.)
6. **STUMPFOLL & HUBE**, à Osorno. — Cuirs. (PARC.)
7. **WESTERMEYER (Luis)**, à Temuco. — Cuirs et peaux. (PARC.)

DANEMARK.

1. **ZIMMERMAN (W.) & Fils**, à Waalivyk. — Peaux tannées. (PALAIS.)

RÉPUBLIQUE DOMINICAINE.

1. **Commission Provinciale de Azua.** — Peaux de chèvres, écorces pour tannerie. (PARC.)
2. **GIMENEZ (Juan Y.)**, à Monte-Christi. — Dividivi. (PARC.)
3. **LUGO (T. J.)**, à Santo-Domingo. — Peaux de chèvres, semelle. (PARC.)
4. **POLANCO (Marcos)**, à Santo-Domingo. — Peaux de chagrin, semelle. (PARC.)

ÉQUATEUR.

1. **RUEDA (Nicolas)**, à Quito. — Peau de chevreau. (PARC.)

ESPAGNE.

1. **GATINO (Miguel)**, à Barcelone. — Tannerie. (PALAIS.)
2. **HARQUINDEY (Paulino)**, à Puerto-de-Bejar. — Semelles. (PALAIS.)
3. **JARJAS (Miguel)**, à Tarrara (Barcelone). — Tannerie. (PALAIS.)
4. **LABARGA (P.) & Fils**, à San-.Domingo-de-la-Calzada. — Peaux, cuirs. (PALAIS.)
5. **MARGUI Y ESQUENA**, à Olot (Gerona). — Cuirs. (PALAIS.)
6. **MARTIN (Francisco de A.)**, à Valls (Barcelone). — Peaux. (PALAIS.)

7. **MASANA (Ignacio),** à Puycerda (Gerone). — Outres pour vins.   (PALAIS.)

8. **MATAS & Cie,** à Barcelone. — Peaux tannées.   (PALAIS.)

9. **NOBLEA (Pablo),** à Alsasua. — Basanes, peaux de veau, etc.   (PALAIS.)

10. **OSTENCH,** à Olot (Gerone). — Cuirs.   (PALAIS.)

11. **PENAS (Vve),** à Valence. — Peaux de veau.   (PALAIS.)

12. **PRAST (José),** à Gracia (Barcelone). — Peaux pour vins (outres).   (PALAIS.)

13. **SEGUÉ,** à Olot (Gerone). — Cuirs.   (PALAIS.)

14. **SIMON SERRALOSA (Pedro),** à Las-Reibas (Gerone).— Peaux tannées.   (PALAIS.)

15. **TORREBADELL (P.) & Fils,** à Sn. M. Provensals (Barcelone). — Tannerie.   (PALAIS.)

16. **VINET (Joaquin),** à Areyns-de-Mar (Barcelone). — Tannerie.   (PALAIS.)

ÉTATS-UNIS.

1. **BARNET (J. S.) & Brother,** à New-York. N. Y. 27. Spruce street. — Peaux de veau préparées.   (PALAIS.)

2. **OSBORNE (F.) & Co,** à Boston. Mass. 128, Summer street. — Cuirs.   (PALAIS.)

3. **RUSSELL (George H.),** à Newburgh, Pa. — Echantillons de cuirs tannés par un procédé nouveau.   (PALAIS.)

4. **SALOMON (R. G.),** à Newark, N. J. — Cuirs de Cordoue, cuirs de crocodile, de kangourou, de chèvre de Dongolah, de marsouin.   (PALAIS.)

5. **SHARPE CLARKE & Co,** à Chicago, Ill. 195, Lake street. — Cuirs préparés.   (PALAIS.)

6. **Tiffany Chemical Co,** à New-York, N. Y. 21, Spruce street. — Produits divers pour nettoyer les peaux, les assouplir et leur donner de la couleur.   (PALAIS)

GRANDE-BRETAGNE.

1. **DENT ALLCROFT & Co,** à Londres, Wood street, 97, et à Paris, rue des Bourdonnais, 30. — Cuir pour la fabrication des gants.   (PALAIS.)

2. **Eglington Chemical Co (Limited),** à Glasgow, Saint-Vincent's place et Chemical works, à Irvine (Ecosse). — Cuirs tannés au chrôme.   (PALAIS.)

GRÈCE.

1. **CALIA Fils,** à Amphisse (Phtiotide et Phocide). — Cuirs divers.   (PALAIS.)

2. **CALLOUTA (P.)** à Syra (Cyclades). — Cuirs divers.   (PALAIS.)

3. **CAZOUROS (G.)** à Syra (Cyclades). — Cuirs divers.   (PALAIS.)

4. **CONTOGEORGES (Jean),** à Tinos (Cyclades). — Cuirs divers.   (PALAIS.)

5. **CTENAS (Demetrius),** à Athènes. — Cuirs divers.   (PALAIS.)

6. **DIMITRA Frères,** à Amphisse (Phtiotide et Phocide). — Cuirs jaunes.
(**PALAIS.**)

7. **DORTSIS (Athanase),** à Syra (Cyclades). — Cuirs divers.   (**PALAIS.**)

8. **GATTO Frères,** à Amphisse (Phtiotide et Phocide). — Cuir russe.   (**PALAIS.**)

9. **GIZA (Demet.) & Cie,** à Athènes. — Cuirs divers.   (**PALAIS.**)

10. **LECA (Théodore),** à Carvassara (Étolie et Acarnanie). — Cuirs tannés.
(**PALAIS.**)

11. **MAVROS (Constantin),** à Volo (Larisse). — Cuirs teints.   (**PALAIS.**)

12. **NEGREPONTE (C.).** à Andros (Cyclades). — Cuirs divers, tannés, teints, etc.
(**PALAIS.**)

13. **NICOULIS (Saphir) & Cie,** à Volo (Larisse). — Cuirs divers.   (**PALAIS.**)

14. **PAPADAM Frères,** à Syra (Cyclades). — Cuirs tannés.   (**PALAIS.**)

15. **PSILOJANIS (Elie),** à Amphisse (Phtiotide et Phocide). — Cuirs divers.
(**PALAIS.**)

16. **ROUSSAKIS (M.) et Fils,** à Athènes. — Cuirs divers.   (**PALAIS.**)

17. **SALUSTROS & Cie,** à Syra (Cyclades). — Cuirs divers.   (**PALAIS.**)

18. **STRATI HADJI THOMAS & ATHANASSIOU,** à Volo (Larisse).
 — Cuirs divers.   (**PALAIS.**)

19. **TSICRICTZ (Philippe),** à Volo (Larisse). — Cuir tannés et corroyés.
(**PALAIS.**)

20. **VENTOURIS (Antoine),** à Naxos (Cyclades). — Cuirs teints.   (**PALAIS.**

21. **ZACHARAKIS (J.)** à Syra (Cyclades). — Cuirs.   (**PALAIS.**)

GUATEMALA.

1. **AGUIRRE (Francisco),** à Guatemala. — Cuirs tannés.   (**PARC.**)

2. **Municipalité de Chachaclum,** Département de Peten. — Peaux tannées.
(**PARC.**)

3. **Municipalité del Téjar,** Département de Chimaltenango. — Tannerie. (**PARC.**)

4. **Tannerie de la Sierra,** à Guatemala. — Cuirs tannés.   (**PARC.**)

ITALIE.

1. **CHAPOT (Jean),** à Turin, via Consolata, 12. — Cuirs naturels et confits.
(**PALAIS.**)

2. **COHEN (Jacques),** à Gênes, via Garibaldi (Palais Galliera). — Peaux de moutons.
(**PALAIS.**)

3. **EMETAZ (Auguste) & Cie,** à Florence, Campo Biscuzio. — Peaux de veaux tannées.
(**PALAIS.**)

4. **MORA Frères,** à Milan, via Solferino, 35. — Cuirs apprêtés, teints, vernis, dorés à la mode ancienne de Cordoue, Florence et Venise.   (**PALAIS.**)

JAPON.

1. AKAMATSU (Zinshiro), Osaka-fu, Higashi-Nari-Kori. — Cordes pour instruments de musique faites avec boyau d'animal.   (PALAIS.)

2. TAKI (Toyoji), Osaka-fu, Higashi-Ku. — Courroies en cuir.   (PALAIS.)

GRAND-DUCHÉ DE LUXEMBOURG.

1. MAYER (Gabriel), à Luxembourg. — Peaux mégissées pour la ganterie.   (PALAIS.)

NORVÈGE.

1. BRANDT (Carl), à Bergen.— Peaux norvégiennes.Trophées de chasse. (PALAIS.)

2. Commission Norvégienne de l'Exposition Universelle de 1889 à Paris. — Peaux de phoques salées exposées de forme et de fabrication pour l'exportation. La chasse aux phoques a lieu dans les régions arctiques autour du Spitzberg, de Novaia Semla et du Groenland ; leurs peaux s'utilisent dans la sellerie pour sacs, gibernes, etc. — Peaux de cobite tannées. Se produisent le long du littoral septentrional de la Norvège. Industrie nouvelle, ayant déjà trouvé un grand emploi dans la maroquinerie.   (PALAIS.)

3. ENGH (A. O.), à Christiania. — Cuirs et peaux.   (PALAIS.)

4. FRIELE (Berent), à Bergen. — Peaux de cobite tannées.   (PALAIS.)

5. HALVORSEN (P. Ch.), à Christiania. — Cuirs et peaux.   (PALAIS.)

6. HILDISCH (C.), à Christiania. — Cuirs.   (PALAIS.)

7. JŒHNHOLDT (A. H.) et Cie, à Christiania.— Cuirs et peaux.   (PALAIS.)

8. KLEM, HANSEN & Cie, à Trondhjem. — Cuirs de morse.   (PALAIS.)

9. MEYER (Samuel B.), à Bergen. — Cuirs de morse, cuirs à semelles tannées, peaux de bœufs de Buenos-Ayres.   (PALAIS.)

PARAGUAY.

1. Gouvernement de la République du Paraguay, à Assomption. — Peaux diverses.   (PARC.)

2. MONTFORT & RUUTZE, à Assomption. — Cuirs et peaux.   (PARC.)

PORTUGAL.

1. Companhia Carris de ferro de Lisboa, à Lisbonne. — Cuirs. (PALAIS.)

2. MESTRE (Francisco de Brito). — Cuirs.   (PALAIS.)

3. OLIVEIRA & Ca. — Peaux.   (PALAIS.)

4. ROCHA (D.) & Ca. — Peaux.   (PALAIS.)

COLONIES PORTUGAISES.

1. Association industrielle Portugaise, à Lisbonne. — Peau de chèvre (Ile de Santo-Antão, Cap-Vert).   (**PALAIS.**)

2. Banque coloniale Portugaise, à Lourenço Marques. — Collection de peaux diverses.   (**PALAIS.**)

3. Musée des Colonies, à Lisbonne. — Collection de cuirs tannés des provinces d'Angola, Macao et Timor, Cap-Vert, et Inde portugaise.   (**PALAIS.**)

ROUMANIE.

1. ESCHINASY (Tascher), à Crayova. — Cuirs.   (**PALAIS.**)

2. MANDRÉA (M. T.) & Cie, à Bucharest, strada Vülor, 26. — Peaux tannées.   (**PALAIS.**)

3. ROSEMBAUM Frères & MORITZ-GELBER, à Iassy. — Peaux pour semelles.   (**PALAIS.**)

RUSSIE.

1. ALAFOUSOFF (Jean-J.), à Kazan et à Saint-Pétersbourg, 103, canal Catherine. — Cuirs.   (**PALAIS.**)

> Tanneries à Kazan. — Maison fondée en 1860.
> Cuirs blancs, noirs et rouges, bottes et autres objets d'équipement militaire.
> Récompenses : Aigle de l'Empire Russe, Médailles aux Expositions : Londres 1862. — Vienne 1873. — Philadelphie 1876. — Paris 1878. — Amsterdam 1883. — Anvers 1885.

2. APOSTOLI (Paraskeva), à Odessa. — Cuirs pour semelles.   (**PALAIS.**)

3. BROUSNITZYNE (N. A.) & Fils, à Saint-Pétersbourg. — Cuirs.   (**PALAIS.**)

4. CHAMARINE (A.) & Fils, à Kamensk (Gouvernement de Perm). — Cuirs.   (**PALAIS.**)

5. Compagnie pour la fabrication des cuirs, à Sébastopol (Gouvernement de Tauride). — Cuirs.   (**PALAIS.**)

6. CSTCHETKINE (P. R.), à Nijni-Novgorod. — Cuirs.   (**PALAIS.**)

7. DAMROFF (K.) & PHUENER (B.), à Valki (Gouvernement de Kharkov). — Cuirs.   (**PALAIS.**)

8. FOFONOFF (M.), à Slobodzk (Gouvernement de Viatka). — Cuirs.   (**PALAIS.**)

9. FOMINSKY (B. E.), à Koungour (Gouvernement de Perm). — Cuirs.   (**PALAIS.**)

10. KOZLOFF (J.), à Moscou. — Peaux chamoisées.   (**PALAIS.**)

11. PISKOVSKY (V.), à Varsovie. — Cuir apprêté.   (**PALAIS.**)

12. POPLAVSKY (S.), à Vilna. — Cuirs.   (**PALAIS.**)

13. POTAPENKO (O.), à Moscou. — Cuirs.   (**PALAIS.**)

14. RODIONOFF (N. A.), Gouvernement d'Irkoutsk. — Cuirs.   (**PALAIS.**)

15. SAVIN (Théodore), à Saint-Péterbourg et Ostaschkoff (Gouvernement de Tver). — Peaux tannées.   **(PALAIS.)**

  Tanneries cuirs de Russie rouges, pailles, noirs.— Maison fondée en 1730.— Récompenses : 1870 Aigle Impériale de la Russie ; 1873 Vienne, Médaille de progrès ; 1876 Philadelphie, Médaille de bronze ; 1878 Paris, Médaille d'or. — 1888 nobilité héréditaire de la Russie. — Représenté par Walterk G. Gert, 6, Dewgate Hill, à Londres et chez M. J. Ablett, 10, rue d'Uzès, Paris.

16. SCHICK (J.), à Moscou. — Peaux de lapin teintée.   **(PALAIS.)**

17. SOUTIAGUINE (M.), à Moscou. — Peaux de mouton teintées de Kiva.
                                                                            (PALAIS.)

18. THIEL (Ch.), à Moscou. — Cuirs tannés.   **(PALAIS.)**

GRAND-DUCHÉ DE FINLANDE.

1. ASTROEM Frères, à Uleabourg. — Peaux et cuirs tannés.   **(PARC.)**

2. SJOEBLOM (K. Fr.), à Raumo. — Cuirs russés.   **(PARC.)**

SAINT-MARIN.

1. GONZINI (Marino), à Saint-Marin — Cuirs de porcs préparés.   **(PALAIS.)**

SALVADOR.

1. CROMEYER (Docteur **Alejandro),** à San-Salvador. — Cuirs à semelles.
                                                                            (PARC.)

2. Département de San-Salvador. — Peaux de veaux sans poils, peaux de chevreaux.   **(PARC.)**

3. Département de Usulutàn. — Peaux de mapachin.   **(PARC.)**

4. PANIAGUA (Manuel), à Usulutan. — Cuirs à semelles.   **(PARC.)**

5. Village de Joloaiquin. — Semelle tannée.   **(PARC.)**

SERBIE.

1. FYALE (Frédéric), à Kragouyevatz. — Cuirs divers.   **(PALAIS.)**

2. TCHEVAIROVITCH (Sava), à Belgrade. — Peaux de loups.   **(PALAIS.)**

RÉPUBLIQUE SUD-AFRICAINE.

1. Compagnie-Sud Africaine pour la préparation des cuirs, à Pretoria. — Cuirs tannés, corroyés, apprêtés, matières tannantes.   **(ESPLANADE.)**

2. GOUVERNEMENT (Le), à Pretoria. — Cuirs tannés, pelleteries, fourrures apprêtées, couvertures et tapis en peaux.   **(ESPLANADE.)**

SUISSE.

1. BOUCHERLES (César), à Vevey (Vaud). — Cuir fort.   **(PALAIS.)**

2. BRUNNER & Cie, à Oberuzwyl (Saint-Gall). — Peaux de mouton mégis pour chaussures et vêtements imperméables, peaux de moutons et chèvres tannées. Dongola.
(PALAIS.)

3. DEMIEVILLE (Adrien), à Lausanne. — Veaux blancs, veaux cirés, cuirs pour pantalons et culottes militaires.   **(PALAIS.)**

4. HAGNAUER (A.) & Cie, à Aarbourg (Argovie). — Veaux blancs, cirés, noirs sur fleur et tannés en poils.   **(PALAIS.)**

5. HERMANN Frères & Cie, à Wallenstadt (Saint Gall). — Cuirs de veaux, teints noir, de chèvre, de mouton, de bœuf, de kanguroo.   **(PALAIS.)**

6. KAPPELER (Frédéric), à Frauenfeld (Thurgovie). — Cuir fort et cuir pour sellerie.   **(PALAIS.)**

7. KOCH (J. J.), à Berne. — Cuirs pour sellerie, équipement militaire, tiges de bottes.   **(PALAIS.)**

8. KREUTZ (Charles), à Baulmes (Vaud). — Cuir fort, veaux cirés, veaux blancs, et basane lissée.   **(PALAIS.)**

9. KURZ-MATTHEY DORET (F.), aux Isles (Vaud). — Vache lissée en bandes et croupons.   **(PALAIS.)**

10. LIECHTI Frères, à Ruegsauschachen (Berne). — Bandes cuir fort.
(PALAIS.)

    Spécialité de cuirs forts.

11. MERCIER (Jean-Jacques), à Lausanne (Suisse). — Veaux blancs et cirés et déchets de tannerie.   **(PALAIS.)**

    Tannerie et corroierie, Fondée en 1749 par Jean et Pierre Mercier, de Millau (Aveyron). — Récompenses :
    Grandes médailles de bronze, Londres 1851 et 1862. — Argent, Paris 1855. — Or, Paris 1867 et 1878

12. PUNTER (J. J.), à Uerikon (Zurich). — Cuirs forts, tannés.   **(PALAIS.)**

13. REYMOND (Les Hoirs d'Henri), à Morges (Genève). — Cuir fort, vache lissée, veaux blancs et cirés, tiges de bottes et houseaux.   **(PALAIS.)**

14. RICHARD (Louis-Julien), à Nyon (Vaud). — Veaux cirés et blancs, vache lissée et tiges de bottes.   **(PALAIS.)**

15. RUTISHAUSER (J.), à Oberaach (Saint-Gall). — Veaux en poil.
(PALAIS.)

URUGUAY.

1. Association rurale, à Montevideo. — Différentes peaux d'animaux. Colliers pour moutons.   **(PARC.)**

2. CAMBIAZO (Cayetano), à Montevideo. — Collection de peaux de chamois, brebis, daim, petits veaux, chevreaux.   **(PARC.)**

3. CAPRARIO (Barraca), à Montevideo. — Cuirs salés.   **(PARC.)**

4. CARÈRE (German), à Montevideo. — Peaux tannées.   **(PARC.)**

5. Comité d'exposition, à Montevideo. — Peaux, peaux salées.   **(PARC.)**

6. **LAFINE QUEVEDO (Guillerino)**, à Montevideo. — Peaux.   (**PARC.**)

7. **LANZA Frères**, à Montevideo. — Semelles de bœuf. Cuirs, vernis, etc. (**PARC.**)

8. **MARTINEZ (Benjamin)**, à Montevideo. — Peaux tannées.   (**PARC.**)

9. **MARTINEZ (Manuel)**, à Montevideo. — Peau de mouton verni.   (**PARC.**)

10. **ORDINANA (Mme)**, à Agraciada. — Poil d'angora.   (**PARC.**)

11. **ORDONANA (Adela)**, à Montevideo. — Mohair angora.   (**PARC.**)

12. **ORDONANA (Domingo)**, à Montevideo. — Peaux d'angora.   (**PARC.**)

13. **SANBATYON (Antonio)**, à Montevideo. — Peaux de bœuf, peau de chevreuil.   (**PARC.**)

VÉNÉZUÉLA.

1. **Commission de l'État Zulia et de la ville de Maracaïbo.** — Peaux de chèvre, de chevreuil, de cochon sauvage, de mouton, de lapa, de tigre, de canaguaro, de léopard, de onza, de gato melero, de gato salvage, de picure, de renard, d'ours fourmilier, de nutria, de pereza, de porc-épic, de porc domestique.   (**PARC.**)

2. **PONS (Ramon)**, à Maracaïbo. — Peaux de bœuf, de chèvre, de cerf, de chat sauvage, de canaguaro, de nutrias, de léopard, de tigre.   (**PARC.**)

3. **VAN DISSEL, THIES & Cie**, à San-Cristobal. — Peaux tannées. (**PARC.**)

SOCIÉTÉ ANONYME

DES

HAUTS-FOURNEAUX & FONDERIES

de PONT-A-MOUSSON (Meurthe-et-Moselle).

HISTORIQUE. — L'usine de Pont-à-Mousson a été créée en 1856 par MM. Mansuy et Cie, au capital de trois millions de francs, dont 1.600.000 furent appelés. Le 3 novembre 1862 l'exploitation de ces établissements métallurgiques passait aux mains d'une société en commandite au capital de 910.000 francs. Enfin, le 7 août 1886, cette société faisait place à une *Société anonyme* au capital de 2.047.500 francs, représenté par 2.925 actions de 700 francs chacune.

L'administration de la Société est déléguée à un administrateur unique désigné dans l'acte social : Monsieur Xavier Rogé, directeur de l'usine depuis 1859 et associé depuis 1863. Il a été dépensé dans l'usine, depuis sa création environ 6.000.000 de francs qui ont été fournis pour la plus grande partie par les bénéfices annuels.

OBJET ET IMPORTANCE DE LA SOCIÉTÉ. — La société a pour objet l'extraction des minerais ; la fabrication de la fonte et de ses dérivés, le commerce et le transport des diverses matières premières et fabriquées qui sont nécessaires à l'exploitation d'une usine métallurgique ou qui en forment les produits ; et généralement toutes les opérations qui peuvent se rattacher à la fabrication de la fonte et de ses dérivés.

L'usine occupe une surface totale de 240.000 mètres carrés. Sa surface couverte est de 27.600 mètres carrés. Située à un kilomètre de Pont-à-Mousson, elle est en communication par voie d'eau, au moyen du canal de la Moselle qu'elle longe, avec Paris, Rouen, le Havre, Reims, Douai, Lille, Dunkerque, Gray, Lyon, Marseille, Cette, etc. De plus elle est traversée par le chemin de fer de Nancy à Pagny-sur-Moselle et communique ainsi avec tout le réseau européen.

La force motrice employée est de 650 chevaux vapeur ; elle est fournie par des chaudières à vapeur chauffées au gaz. — Le nombre d'ouvriers employés dans les usines et à la mine est de 1300. — Le chiffre des affaires pendant le cours des cinq dernières années présente une moyenne qui se rapproche de 5.000.000 de francs.

USINE. — L'usine comprend : 1° 4 hauts-fourneaux marchant au coke, et produisant chacun environ 45.000 kil. par jour de fonte de moulage ; 2° une immense fonderie transformant en tuyaux et autres objets de fonte moulée, la totalité de la production des hauts-fourneaux ; 3° un atelier de construction et d'entretien.

La société possède en outre plusieurs concessions de mines de fer oolithiques situées dans le département de Meurthe-et-Moselle.

PRODUITS. — L'usine de Pont-à-Mousson est, sans contredit à ce jour en France, la fonderie la plus importante de tuyaux pour canalisations d'eau, de gaz, d'air comprimé, de vapeur, etc. On y coule chaque jour 3000 mètres courants environ de tuyaux de conduite à emboîtement et cordon depuis 0^m040 de diamètre jusqu'à 1^m80 sur 4^m00 de longueur. — 25 fosses ou chantiers de tuyaux coulés verticalement produisent cette énorme quantité de tuyaux. La fabrication des tuyaux de descente est d'environ 400.000 kg par mois. Il faut ajouter à ces deux produits les pièces spéciales de canalisation, les regards, les coussinets de chemins de fer, etc, etc.

DÉBOUCHÉS. — L'usine de Pont-à-Mousson a livré tous les tuyaux destinés à la canalisation de l'Exposition universelle de 1889. Depuis 1878, cette usine a livré au service des eaux de la ville de Paris plusieurs milliers de kilomètres de tuyaux.

Parmi les principales canalisations récemment exécutées par cette usine nous citerons Marseille, Lyon, Perpignan, Annonay, Chambéry, Annecy, Bourg, Mâcon, Besançon, Épinal, Nancy, Mulhouse, Charleville, Roubaix, Tourcoing, Lille, Calais, Amiens, Rouen, Lorient, Nogent-le-Rotrou, Poitiers, Orléans, Versailles, Constantinople, Port-Arthur, Rome, etc, etc.

RÉCOMPENSES. — En 1873, à l'exposition de Vienne, médaille et diplôme de mérite. En 1878, Exposition universelle de Paris, médaille d'Or. En janvier 1883, M. Rogé a été nommé Chevalier de la Légion d'Honneur.

SOCIÉTÉ ANONYME

DES

HAUTS-FOURNEAUX, FORGES & ACIÉRIES

DE DENAIN & D'ANZIN

Les principaux établissements de la Société sont situés à Denain et à Anzin près Valenciennes (Nord).

Ils sont reliés entre eux, d'abord, puis avec le Nord de la France, la Belgique, la mer, et les grandes lignes des chemins de fer français et étrangers, d'une part :

Par le canal de l'Escaut, sur lequel chaque usine possède des garages et des quais, et d'autre part :

Par trois chemins de fer dont les embranchements pénétrent presque dans chacun des ateliers.

Placés au centre du bassin houiller du Nord, ils tirent leurs combustibles des diverses exploitations minières qui les environnent et notamment des houillères d'Anzin et de Douchy.

La Société possède :

Huit hauts-fourneaux de moyenne dimensions ;

Sept cubilots ;

Deux fosses Bessemer avec quatre convertisseurs de dix tonnes ;

Soixante-dix fours à puddler ;

Trois fours pour la fabrication de l'acier sur sole ;

Quarante fours à réchauffer ;

Neuf marteaux-pilons ;

Cent vingt machines à vapeur ;

Cent soixante-quinze chaudières diverses ;

Dix locomotives ;

Soixante fours à coke ;

Un atelier pour la fabrication des produits réfractaires ;

Des fonderies pour fonte, cuivre et pièces en acier de toutes dimensions ;

Des ateliers de charpente, menuiserie et modélerie ;

Des ateliers de forges, chaudronnerie et ajustage, pour l'entretien, la réparation et les constructions des usines.

Ces divers établissements occupent une superficie de plus de quarante hectares dont le tiers environ est couvert.

En outre, pour le transport du minerai d'Espagne, la Société possède deux grands navires à vapeur, et elle a installé, au port de Dunkerque, deux quais de déchargement munis de cinq grues à vapeur.

Elle est concessionnaire de mines de fer à Bilbao (Espagne), Hussigny et Godbrange (Meurthe-et-Moselle, France), et est associée à la Société houillère du Nord du Flénu (Belgique).

À l'entour de ses usines, la Société a créé et elle subventionne pour l'usage exclusif de son personnel :

1° Des salles d'asile, des écoles pour filles et garçons, des ouvroirs et des orphelinats : quinze cents enfants environ y reçoivent gratuitement les soins et l'instruction ;

2° Des cantines et des magasins de subsistances où les ouvriers peuvent se pourvoir dans des conditions réellement économiques des principaux objets de consommation ;

3° Des chapelles, infirmeries, pharmacies et dispensaires, ainsi qu'une hôtellerie pour les ouvriers célibataires.

Enfin, elle a construit pour le logement de ses ouvriers plus de trois cents habitations, qu'elle loue à un taux aussi minime que possible, bien que, de toute manière, elle se soit efforcée de donner à ces maisons ouvrières un véritable confort intérieur, en même temps qu'un aspect agréable, s'éloignant autant que possible du triste type de caserne ou de prison qu'affecte trop souvent ce genre de constructions.

La production de ces usines atteint actuellement :

Cent cinquante mille tonnes de fonte (150.000 tonnes) et cent vingt mille tonnes (120.000 tonnes) de fers et aciers divers livrés au commerce.

Dans cette production, où l'acier entre pour plus de moitié, le contingent de la seule usine de Denain est d'environ les deux tiers du tonnage total.

Les principaux produits finis fabriqués par la Société, sont les suivants :

Les rails d'acier de 5 à 40 kilos.

Les tôles de fer.... de 2.50 de largeur sur 8 mètres de longueur et
Les tôles d'acier. de 0.005 à 0.045 d'épaisseur.

Les larges-plats de fer et d'acier.

Le petit matériel de chemin de fer en fer et en acier, éclisses, selles, etc.

Les fers et aciers profilés. (cornières égales, inégales, T simples, T doubles, barrots, traverses de chemins de fer, etc.)

Les fers et aciers en barres de toutes dimensions et pour tout usage. (Ronds et carrés de 0.005 à 0.120, plats et octogonaux, fers à couteau, etc).

Les moulages d'acier et de fonte.

Les emplois de plus en plus nombreux du

Gr 5.

1

fer homogène pour remplacer les fers de haute qualité, ont conduit la Société de Denain à donner, depuis quelques années, un grand développement aux fabrications de ce métal, et à créer des procédés spéciaux avec un choix de matières d'une grande pureté.

La Société expose spécialement des essais variés de « fer homogène doux, » montrant que ce métal remplace, avec avantage, les fers les plus fins que l'on faisait ordinairement venir de Suède.

Entourées d'importants ateliers de constructions et fournissant habituellement tant aux administrations de l'État (guerre, marine, travaux publics) qu'aux grandes compagnies de chemins de fer et aux Sociétés de constructions maritimes, les usines de Denain et d'Anzin ont toujours apporté les soins les plus assidus dans leur fabrication, afin d'obtenir, en même temps que la belle apparence et la perfection des formes, une qualité de matière donnant une constante satisfaction aux exigences les plus diverses.

Les travaux de laboratoire les plus minutieux, les expériences physiques et mécaniques constamment répétées, ont permis à la Société d'établir une classification de qualité, dont les tableaux qui suivent donnent quelques éléments

CLASSEMENT DES PRODUITS.

FER HOMOGÈNE EXTRA DOUX. — Teneur en carbone de 0,04 à 0,06 %; résistance de 33 à 35 kilos par m/m^2 avec allongement de 29 à 31 %. Ce métal se soude très bien et ne prend pas la trempe. Il sert pour fils télégraphiques, fils pour cardes et clous de cheval découpés.

FER HOMOGÈNE DOUX. — Teneur en carbone de 0,06 à 0,08 %; résistance de 35 à 37 kilos par m/m^2 avec allongement de 27 à 29 %. Ce métal se soude et ne prend pas la trempe; ses applications sont : les tôles pour tubes soudés, pour obus emboutis et pour foyers de chaudières; les ronds pour rivets et chaînes; les billettes pour tréfilage et les lingots pour pièces matricées.

FER HOMOGÈNE POUR CHAUDRONNERIE. — Teneur en carbone de 0,08 à 0,12 %; résistance de 38 à 40 kilos avec allongement de 25 à 27 %. Ce métal se soude et ne prend pas la trempe; on l'emploie pour la confection des chaudières, cornières de toutes dimensions, pièces de forge, frettes de canons, tiges de pistons et pièces mécaniques diverses.

ACIER DOUX POUR CONSTRUCTION. — Teneur de carbone de 0,15 à 0,20 %; résistance de 42 à 46 kilos par m/m^2 avec allongement de 22 à 25 %. Cet acier se soude et ne prend pas la trempe; sert pour la construction des coques de navires, des ponts, des charpentes et différentes pièces mécaniques soumises à de grands efforts de flexion et de torsion.

ACIER DEMI-DOUX POUR CONSTRUCTION. — Teneur en carbone de 0,20 à 0,30 %; résistance de 45 à 50 kilos par m/m^2 avec allongement de 18 à 22 %. Cet acier se soude et prend légèrement la trempe; s'emploie pour la confection des essieux de wagons et de locomotives, bandages et petits rails, ainsi que pour les constructions demandant une grande résistance.

ACIER DEMI-DUR POUR RESSORTS. — Limite d'élasticité de 39 à 41 kilos par m/m^2; résistance : 59 à 62 kilos par m/m^2 avec allongement de 15 à 20 %. Cet acier est employé pour la fabrication des ressorts doux en général.

ACIER DUR POUR RESSORTS — Limite d'élasticité de 45 à 48 kilos par m/m^2; résistance : 65 à 70 kilos par m/m^2 avec allongement de 10 à 15 %. Cet acier s'emploie pour la fabrication des ressorts de voitures et tampons de chemins de fer.

ACIER EXTRA-DUR POUR OUTILS. — Résistance : 70 à 80 kilos par m/m^2 avec allongement de 8 à 10 %. Cet acier s'emploie pour la fabrication des marteaux, fleurets de mines, sabres et armes blanches, limes, glissières de machines, scies et divers outils

Nota : Tous les allongements sont mesurés sur des barreaux de 200 m/m de longueur.

La Société fabrique aussi des pièces moulées en acier de tous modèles et de toutes dimensions telles que roues et coussinets pour wagons de mines, engrenages, cylindres de laminoirs, affûts de marine, corps de presses hydrauliques, etc. etc. La qualité des aciers de moulage, leur résistance et leur allongement varient selon l'usage que l'on veut obtenir des pièces.

Les usines de la Société consomment actuellement environ 150,000 tonnes de coke et 200,000 tonnes de houille crue, soit ensemble près de 450,000 tonnes de charbon.

La consommation en minerais dépasse 300,000 tonnes; 180,000 tonnes environ proviennent de l'étranger, principalement d'Espagne; 120,000 tonnes environ sont des minerais indigènes (Longwy, Nancy, Saint-Rémy)

La castine nécessaire aux Hauts-Fourneaux est extraite par la Société elle-même dans des carrières voisines des usines.

Le nombre des ouvriers et employés de la Société dépasse 4,000, presque tous hommes faits et pères de famille. C'est donc une population de 10,000 habitants environ que la Société fait vivre.

Les enfants ne sont d'ailleurs employés que dans la mesure strictement nécessaire au recrutement des ouvriers.

L'élévation des salaires, l'abondance du travail, assuré même dans les moments de crise par des sacrifices de la Société, la sollicitude constante apportée tant au bien-être matériel qu'aux besoins moraux des ouvriers semble avoir attaché et réuni ce nombreux personnel dans des sentiments tout spéciaux. Aussi, depuis l'époque de la fondation de la première usine (1834), aucune grève n'est venue interrompre le travail, ni troubler les rapports des ouvriers avec la Société.

ACIÉRIES & FORGES DE FIRMINY

(LOIRE).

Société anonyme au capital de **Trois Millions**.

Siège social : Quai de l'Hôpital, 15, à LYON.

ADMINISTRATION & DIRECTION AUX USINES A FIRMINY.

Directeur : **M. Paul Chalmeton**, Ingénieur à **FIRMINY**.

HISTORIQUE. — L'établissement des **aciéries et forges de Firminy** a été fondé en 1854 et constitué en Société en commandite sous la raison sociale F. F. VERDIÉ ET Cⁱᵉ, puis transformé, aussitôt après la promulgation de la loi de 1867, en Société anonyme libre, au capital de 3.000.000 de francs, divisé en **6.000** actions de 500 francs au porteur, entièrement libérées.

Cette Société a plus que doublé son capital social par l'importance de ses réserves, formées par des prélèvements sur les bénéfices; elle a en outre consacré une somme de **10.000.000** de francs à des constructions et à des achats de matériel qui ont été également amortis.

Elle emploie dans ses ateliers **2.000** ouvriers environ. Elle s'est en tout temps préoccupée de leur bien être; en effet, il est à remarquer que la première **Caisse de secours** des établissements métallurgiques de la Loire a été créée à Firminy en 1855. Cette Caisse est alimentée par les ouvriers et par la Société.

En outre, des secours annuels et renouvelables sont accordés par la Société, aux ouvriers que l'âge ou les infirmités rendent incapables de continuer leur travail.

TRAVAUX ET ATELIERS. — Ce sont les usines de Firminy qui les premières ont appliqué, en lui apportant de notables perfectionnements, le **procédé Siémens-Martin**; elles fabriquent également avec grand succès les *aciers fondus au creuset pour outils, les aciers chromés, etc.*

Les fontes sont produites en toutes qualités, fines, mi-fines et ordinaires; de plus, on a installé un **cubilot Rollet** pour produire des fontes qui, comme pureté, peuvent rivaliser avec les meilleures fontes de Suède.

La tréfilerie a été installée il y a sept ans, en utilisant les meilleurs procédés d'Angleterre et d'Allemagne; elle produit des fils d'acier de toute nature et entre autres des *fils de grande résistance pour câblerie*, dont la supériorité a été reconnue par une commission d'ingénieurs; des *cordes de pianos* aussi estimées que celles d'Allemagne ou autres, des *fils pour frettage de canons, etc.*

Tout récemment, il a été donné un grand développement à la fabrication des obus ou projectiles pour l'artillerie et la marine, savoir: *Projectiles en acier moulé, projectiles ordinaires en acier forgé, projectiles chromés forgés*; ces derniers traversent les plaques de blindage les plus épaisses, soit en fer, soit en acier.

Les **Aciéries et Forges de Firminy**, grâce aux perfectionnements successifs apportés à la fabrication et au développement incessant de leurs moyens de production, ont conquis l'un des premiers rangs parmi les plus importants des établissements industriels existants.

Ses usines occupent une superficie de **31 hectares**, et ses principaux ateliers consistent en :

Un haut-fourneau muni d'appareils Whitwell, dont la production journalière atteint 90 tonnes.

Deux fonderies Siémens-Martin, comprenant huit fours à fondre avec gazogènes et fours à réchauffer correspondants.

Trois fours Siémens à fondre l'acier au creuset.

Un grand atelier de mouderie d'acier.

Un atelier de puddlage, comprenant 20 fours à puddler pour aciers naturels et fers fins, avec pilons, etc.

Des halles de laminoirs, comprenant deux gros mills, deux moyens mills, un train cadet, deux petits mills, avec leurs fours à réchauffer, etc.

Deux fours à cémenter.

Quatre martinets d'étirage.

Quatre pilons à ressuer et à corroyer les aciers fins.

Une halle pour laminoir à bandages et fabrication de centres de roues.

Une tréfilerie avec train de serpentage.

Une halle pour grosse forge, comprenant douze pilons depuis 1 tonne jusqu'à 30 tonnes, avec fours, grues, forges à bras, etc.

Un atelier pour la fabrication des ressorts de chemins de fer et de carrosserie.

Un atelier pour la fabrication des outils industriels et aratoires.

Un atelier pour la fabrication des essieux de charrettes et de carrosserie.

Un atelier pour la fabrication des enclumes et bigornes en acier fondu.

Un atelier de montage, de tournage et d'ajustage.

Un atelier d'entretien, comprenant tours à cylindres, ajustage, modèlerie, mouleries de fonte et de bronze, chaudronnerie, charpenterie.

Un laboratoire de chimie avec atelier pour essais physiques.

Un atelier pour la fabrication du chrôme et de ses dérivés.

Bureaux, magasins, dépôts, etc.

Les usines sont reliées à la gare de Firminy par un embranchement à voie normale, desservi par locomotives. Elles sont en outre sillonnées par un réseau de petites voies ferrées de 8 kilomètres de développement desservies par quatre locomotives qui pénètrent dans tous les ateliers jusqu'au pied des fours.

Les moteurs à vapeur sont au nombre de 58 et les chaudières au nombre de 62; cet ensemble représente une force de 3.000 chevaux.

PRINCIPAUX PRODUITS. — Les produits que livrent les Aciéries et Forges de Firminy sont des mieux appréciés et s'exportent dans toutes les parties du monde.

En voici la nomenclature sommaire:

1° Produits pour le commerce, l'agriculture et l'industrie. — Fontes fines, mi-fines et ordinaires; moulages en acier fondu; aciers fondus au creuset et aciers chrômés; aciers fondus Siemens-Martin, aciers naturels ou puddlés; aciers naturels cémentés; aciers corroyés raffinés; fers fins supérieurs et mi-fins; machine et fils d'acier divers; fils à câble; fils pour cordes de pianos; outils industriels; outils d'agriculture; lames de papeterie; ressorts de carrosserie; essieux de charrettes en fer corroyé; essieux avec et sans patins et à patins renforcés; enclumes en acier fondu; bigornes, étaux et soufflets de forge; pièces de grosse et de petite forge; produits mixtes.

2° Matériel pour l'artillerie et la marine. — Tubes, frettes et garnitures pour canons; projectiles en acier, coulés, forgés et en acier chrômé, forgés; essieux et ferrures pour affûts; canons de fusils forgés; aciers et fers pour armes; aciers fondus moulés pour affûts, etc., etc.

3° Matériel de chemins de fer, tramways, mines et terrassement — Bandages en fer ou en acier et en acier supérieur genre Wickers, roues pleines en fer ou en acier; essieux droits; essieux et arbres coudés; essieux montés; ressorts; rails en acier fondu; selles et éclisses en acier fondu; pièces pour machines et appareils.

Les chiffres d'affaires des six dernières années sont les suivants :

    1883.............................. 12.245.425 fr.
    1884.............................. 7.252.635 »
    1885.............................. 5.276.303 »
    1886.............................. 6.363.900 »
    1887.............................. 5.204.500 »
    1888.............................. 6.331.800 »

La diminution des dernières années est due à la crise actuelle, qui a réduit le travail et abaissé en outre considérablement les prix de vente.

RÉCOMPENSES AUX EXPOSITIONS.

PRODUITS MÉTALLURGIQUES

Paris en 1855 Médaille d'or de 1re classe et Croix de Chevalier de la Légion d'Honneur.

Besançon	» 1860	**Médaille d'honneur.**
Londres	» 1862	**Première médaille.**
Bayonne (exposition franco-espagnole)	» 1864	**Médaille d'or.**
Chaumont	» 1865	**Diplôme d'honneur,**
Paris	» 1867	**Médaille d'or.**
Saint-Étienne	» 1868	**Hors concours.**
Lyon	» 1872	**Diplôme d'honneur.**
Vienne (Autriche)	» 1873	**Deux médailles de progrès.**
Paris	» 1878	**Médaille d'or.**
Clermont-Ferrand	» 1880	**Diplôme d'honneur.**
Buenos-Ayres	» 1882	**Premier prix.**
Bordeaux	» 1882	**Diplôme d'honneur.**
Le Havre	» 1887	**Diplôme d'honneur.**
Barcelone	» 1888	**Trois médailles d'or**

SOCIÉTÉ ANONYME

DE

VEZIN-AULNOYE

Capital de 5,000,000 francs.

La Société anonyme de Vezin-Aulnoye a été fondée en 1858 par M. **Joseph Sepulchre**, ingénieur, avec la collaboration de son frère **François Sepulchre**, pour le traitement aux hauts-fourneaux d'Aulnoye (Nord) des minerais oligistes de Vézin (Belgique).

Elle s'est accrue successivement comme suit :

En 1865, des hauts-fourneaux de Maxéville-lès-Nancy ; — en 1866, des laminoirs du Tilleul (Maubeuge) ; — en 1869, des laminoirs de St-Marcel (Hautmont Nord) — Elle a obtenu également et possède des concessions minières à Maxéville, à Pompey à Homécourt-Jœuf (Meurthe-et-Moselle)

En 1882, à la mort de M. Joseph Sepulchre, fondateur et administrateur délégué de la Société, son frère **Alexandre Sepulchre**, docteur en droit, secrétaire du Conseil d'administration, lui succéda en qualité de directeur général.

Le Conseil d'administration est actuellement ainsi composé :

MM Edw. L. Montefiore, ingénieur, Président ;

Etienne Dupont, inspecteur général des mines en retraite ;

A. de Lhoneux, banquier ;

N. Grodent, banquier ;

François Sepulchre, ingénieur.

Le siège de la direction générale est à Maubeuge. L'agence commerciale de Paris est située 13, rue Saint-Lazare.

La Société possède un dépôt de fer à Charleville

USINES-PRODUITS. — Les usines d'Aulnoye et de Maxéville consistent chacune en deux hauts-fourneaux de grande dimension munis de machines et appareils des types les plus perfectionnés. Elles produisent annuellement, par haut-fourneau en activité, 35,000 tonnes de fonte d'affinage, ce qui porte à 140,000 tonnes annuellement la puissance productrice des deux établissements.

Les laminoirs du Tilleul et de St-Marcel peuvent produire 60,000 tonnes annuellement en fers profilés de tous genres en fers marchands et larges plats de toutes sections ; spécialité de fers fendus pour clouterie, de fer cavalier, fers de boulonnerie, feuillards, fers fins, etc. — Ils disposent de 68 fours à puddler, 22 fours à réchauffer, 7 marteaux pilons, 13 trains de laminoirs, les uns de la plus grande puissance pour grands profilés, les autres de dimension moyenne et jusqu'aux plus petits pour feuillards ; 40 chaudières et 60 machines à vapeur représentant une puissance de 3000 chevaux.

Production actuelle : 70,000 tonnes de fonte et 50,000 tonnes de fer annuellement.

La Société de Vezin-Aulnoye occupe de 2000 à 2200 ouvriers, tant à ses exploitations minières et à ses hauts-fourneaux qu'à ses laminoirs. Ses quatre usines sont desservies par chemin de fer et par canaux, de sorte que les fontes de Maxéville et d'Aulnoye peuvent venir aux laminoirs par bateaux.

Les laminoirs de Maubeuge et d'Hautmont sont situés à 15 kilomètres environ du bassin houiller de Mons et à 40 kilomètres de celui du Nord de la France ; leur proximité des ports de Dunkerque et d'Anvers les met dans une position particulièrement favorable pour l'exportation vers l'Amérique et les Indes ; voisins également des ports de Calais, Terneuzen et Bruxelles, ils peuvent en quelques jours rendre leurs produits à Londres ; d'ailleurs, leurs moyens d'action leur permettent de fabriquer avec la promptitude requise pour l'exportation, des tonnages considérables de fers.

RÉCOMPENSES. — Parmi les récompenses que la Société de Vezin-Aulnoye a remportées dans les principales Expositions, nous citerons les suivantes :

Exposition universelle de Paris en 1878, **Médaille d'argent** pour ses produits ; **Diplôme d'honneur** pour ses rapports avec la classe ouvrière ; Exposition de Rouen en 1884, **Diplôme d'honneur** pour ses produits ; Exposition universelle d'Anvers en 1885, **Diplôme d'honneur** pour ses produits.

COMPAGNIE

DES

MINES, FONDERIES & FORGES D'ALAIS

(GARD).

Société anonyme au capital de 9,000,000 de francs.

Siège social : 58bis rue de la Chaussée-d'Antin, à PARIS.

La Compagnie des fonderies et forges d'Alais a été constituée le 7 octobre 1856 en vue de l'exploitation des minerais de fer de la concession d'Alais et de l'installation de hauts-fourneaux et de forges pour le traitement et la transformation de ces minerais.

Le 15 mai 1856 elle afferma, pour une durée de 20 années, à MM. Drouillard, Benoist d'Azy et Cie l'exploitation de ses établissements, et à la fin de ce fermage, par suite d'un règlement amiable intervenu entre les propriétaires et les fermiers ceux-ci entrèrent dans la Société à titre d'actionnaires.

Le 30 juin 1873, l'Assemblée générale approuva une modification de ses statuts, et par décret du 11 avril 1874 elle fut autorisée à prendre la raison sociale : Compagnie des Mines, Fonderies et Forges d'Alais.

Le 16 janvier 1875 elle afferma pour 21 ans ses établissements métallurgiques à la Compagnie de Terre-Noire ; mais en vertu d'une entente entre les deux Compagnies la résiliation de ce bail eut lieu le 31 décembre 1884 et depuis cette époque la Compagnie d'Alais exploite elle-même tous ses établissements. Elle est propriétaire de la concession de houille de Trélys et de plusieurs concessions de minerais de fer.

La Compagnie des Mines, Fonderies et Forges d'Alais possède actuellement :

1° L'usine de Tamaris — Forges d'Alais — Alais (Gard) ;

2° Les Mines de fer d'Alais, de Trélys et Palmesalade, etc. ;

3° La concession de houille de Trélys-Le Martinet-sur-Auzonnet (Gard).

I. USINE DE TAMARIS.

Elle comprend :

(A) ATELIER DE CARBONISATION. — La carbonisation se fait soit dans des fours Smet, au nombre de 44, soit dans des fours, système Carvos, au nombre de 70, formant deux batteries de 35 fours ; ces derniers peuvent donner, annuellement, 48.000 tonnes de coke.

On emploie pour la carbonisation, les houilles grasses des mines de Trélys.

(B) HAUTS-FOURNEAUX. — Les hauts-fourneaux, au nombre de six, produisent toutes les qualités de fontes recherchées par le commerce :

Fontes d'affinage, fontes fines, fontes de moulages, fontes spéciales.

On y traite des minerais de la concession d'Alais, très rapprochée de l'usine, des minerais de Filhols (Pyrénées-Orientales), des minerais de Vittoria, Sériphos, etc.

(C) FORGES ET ACIÉRIE MARTIN. — Les forges se composent de fours à puddler et à réchauffer, de marteaux-pilons, de trains de laminages pour puddlage pour fers marchands et feuillards et de fours Siemens Martin.

Les principaux produits sont les rails et accessoires, en acier fondu, les traverses métalliques (système Sévorac), les cadres de mine métalliques pour galeries ou pour revêtement de puits (brevetés), les fers à plancher, divers fers profilés, les feuillards (cercles, mi-rubans et rubans), les fers fins et les aciers de première qualité pour tous les usages.

La marque DBC-AS (Alais Soudant) est très appréciée du commerce et a fait, ainsi que les feuillards, la réputation de l'usine de Tamaris.

La forge expédie chaque mois de 12 à 1500 tonnes de produits finis, fers marchands ou aciers, et incessamment, en raison de ses nouvelles installations, elle portera ce chiffre à près de 2.000 tonnes.

On emploie uniquement, aux forges, comme combustible, les charbons de Trélys.

(D) ATELIERS DE CONSTRUCTION ET CHAINERIE. — Les ateliers, qui prennent chaque jour plus d'importance, exécutent des travaux de toute sorte :

Pour les chemins de fer : matériel fixe, plaques tournantes, changements de voie, mâts de signal, charbon roulants, etc.

Pour les mines : cuvelages métalliques, chevalements, wagons et wagonnets, lavoirs.

Pour les usines : chaudières, malaxeurs, surchauffeurs, etc.

La chainerie, annexe de ces ateliers, fabrique des chaînes en fer, à étais et sans étais (de 6 jusqu'à 90 m/m) pour navires, pour grues, tonnages, trainages métalliques, etc.

(E) FONDERIE. — La fonderie produit des moulages divers en fonte et en bronze :

Colonnes, rampes pour passerelles et ponts, cylindres de laminoirs, boîtes à rouleaux, coussinets, barreaux de grilles, plaques foyères, etc.

II. MINIÈRES ET MINES DE FER.

Les concessions de minerais de fer de la Compagnie d'Alais sont nombreuses ; la plus considérable est la concession dite « d'Alais » dont le centre d'exploitation est à 2 kilomètres environ de l'usine. Le minerai est très abondant, son rendement est du 40 à 41 %.

L'extraction varie entre 25 et 30.000 T par an.

III. MINES DE TRÉLYS

La concession des mines de Trélys fait partie du bassin houiller du Gard. Elle est comprise entre les concessions de Bessèges et de la Grand-Combe. Le centre de l'exploitation et des expéditions est au Martinet (ligne Martinet-Tarascon).

C'est à quelques mètres de la gare que se trouvent les diverses installations :

Appareils de triage et de criblage, lavoirs Coppée, usines à briquettes, etc.

Les houilles de Trélys sont, suivant les quartiers, grasses, mi-grasses, et maigres. Ces diverses qualités peuvent satisfaire à toutes les demandes du commerce.

L'extraction est de 190 à 200.000 T par an.

L'usine de Tamaris emploie exclusivement les produits de la mine de Trélys. Les charbons maigres sont plus spécialement affectés à la confection des briquettes dont la marque T est recherchée par le commerce et par la navigation.

La Compagnie des Mines, Fonderies et Forges d'Alais peut donc vivre avec ses seules ressources et les conditions avantageuses où elle se trouve placée lui permettent de ne livrer que d'excellents produits.

Forges d'Alais, le 14 février 1889.

COMPAGNIE ANONYME

DES

FORGES DE CHATILLON ET COMMENTRY.

Capital social : 12,500,000 fr.

(25,000 Actions de 500 fr. — La Cie n'a aucune dette obligataire).

SIÈGE SOCIAL A PARIS : 19, Rue de La Rochefoucauld.

NOMBRE D'OUVRIERS OCCUPÉS PAR LA COMPAGNIE : 8,000.

HISTORIQUE.

La Compagnie a été fondée sous forme de Société en commandite en 1845 ; elle a été transformée en Société anonyme en 1862.

ÉTABLISSEMENTS.

USINES.

Hauts-fourneaux, forges, aciéries et ateliers de construction de Montluçon-St-Jacques (Allier).

Hauts-fourneaux et forges de Commentry (Allier).

Hauts-fourneaux de Beaucaire (Gard).

Hauts-fourneaux de Villerupt (Meurthe-et-Moselle).

Forges, tréfileries et pointeries de Ste-Colombe, Ampilly, Mussy et Chamesson (Côte-d'Or).

Forges et tréfileries de Plaines (Aube).

Tréfileries et câbleries de Tronçais (Allier)

Tréfilerie pour produits spéciaux, de Morat (Allier).

Tréfilerie et pointerie de Vierzon (Cher).

MINES ET MINIÈRES.

Du Cher et de l'Indre,

De Villerupt (Meurthe-et-Moselle),

De Butte (Alsace-Lorraine).

HOUILLÈRES.

Bézenet, Doyet, Les Ferrières (Allier) Saint-Eloy (Puy-de-Dôme).

PRODUITS.

1° *Matériel de guerre pour les armées de terre et de mer.*

Les principaux produits de ce genre sont :

A. Les blindages en fer, en métal mixte, en acier laminé et forgé pour la flotte. De 1867 à 1889, la Compagnie a fourni à la marine nationale des revêtements pour les bâtiments suivants :

NOMS DES NAVIRES.	RANGS des navires.	MÉTAL des blindages.	ANNÉES des livraisons	NOMS DES NAVIRES.	RANGS des navires.	MÉTAL des blindages.	ANNÉES des livraisons
Rochambeau	frégate	fer	1867	Dévastation	cuirassé	fer.	1879
Marengo	id.	id.	1868	Foudroyant	id.	id.	1880
Suffren	id.	id.	1870	Terrible	id.	id.	1880
Atmide	corvette	id.	1867	Caïman	id.	métalmixt^e	1883
Reine Blanche	id.	id.	1867	Amiral Baudin	id.	id.	1884
Montcalm	id.	id.	1867	Amiral Baudin	id.	fer	1884
Cerbère	garde-côte	id.	1868	Formidable	id.	métalmixt^e	1884
Tonnerre	cuirassé	id.	1874	Neptune	id.	id.	1887
Colbert	id.	id.	1875	Cécille	croiseur	fer	1887
Fulminant	id.	id.	1878	Suchet	id.	ac^{ier}laminé	en constr.
Turenne	id.	id.	1878	Achéron	canonnière	métalmixt^e	1884
Redoutable	id.	id.	1879	Cocyte	id.	id.	1884

Le tonnage des blindages en fer livrés par la Cie dépasse 14.000.000 kg.; celui des blindages en métal mixte 7.000.000 k.

B. Les blindages en fer, en fonte dure, en acier coulé ou laminé pour tourelles cuirassées.

La Compagnie a construit 21 des 25 tourelles actuellement en service en France. Elle a fourni en 1887 au Gouvernement français, pour les expériences du camp de Châlons, deux tourelles établies sur des types différents, tous deux brevetés, dont l'une, coupole à un canon pour tir indirect, lui appartient exclusivement, et l'autre, tourelle à deux canons, à éclipse, lui appartient en commun avec la Compagnie de Fives-Lille. Elle a également fourni une caponnière du type Hotchkiss.

La Compagnie construit pour le Gouvernement belge 32 des 63 grandes coupoles à un et deux canons de 12 commandées à l'industrie allemande et à l'industrie française pour l'armement des forts de la Meuse.

C. Projectiles en fonte dure, en acier coulé ou forgé, de tous calibres et emboutis. Depuis 1875 la Compagnie a fourni 70.000 projectiles de toutes sortes ; elle a livré en outre, de 1880 à 1885, 200.000 obus Hotchkiss.

D. Tubes pour canons et frettes en acier puddlé ou fondu.

Ces produits sont fabriqués dans les usines de St-Jacques à Montluçon.

E. Filets pare-torpilles. La Compagnie a fourni (1887, 1888, 1889) la totalité des filets commandés par le Gouvernement français pour le service de l'escadre (21 cuirassés) Usine de Tronçais.

F. Tôles pour la marine (chaudières et constructions). Usine de Commentry.

2° Produits de qualité pour le commerce.

A. Aciers au creuset pour outils.

B. Moulages en acier.

C. Produits de chemins de fer. Essieux et bandages de qualité supérieure.

D. Câbles de toute résistance et de toute composition.

E. Fils de fer et d'acier dont la résistance à la rupture varie de 60 à 220 k. par mill. carré.

F. Cordes à pianos.

3° Produits ordinaires pour le commerce.

A. Fers plats, ronds, carrés et fers supérieurs, fers feuillards.

Profilés de toutes formes et de toutes dimensions, en fer et en acier. Cornières, U, T, doubles I.

Aciers corroyés raffinés.

Pointes forgées, pointes en aciers, clouteries.

Tôles galvani sées, tôles noires, fer blanc.

Baleines de parapluie.

B. Fontes ordinaires, fines et mi-fines pour affinage, moulage, etc. Spiegel et Ferro-chrôme (Villerupt et Commentry).

Fonte au Bois (Mareuil).

C. Charbon. Coke. Agglomérés.

E. CAPITAIN-GÉNY & CIE

à BUSSY & MONTREUIL-SUR-BLAISE (Haute-Marne).

Cette Société a pour but l'exploitation des usines de Bussy, Montreuil-sur-Blaise et Tempillon (Haute-Marne) qui appartiennent à M. Capitain-Gény.

Les usines de Bussy créées en 1829 par MM. Capitain frères avaient et ont encore pour objet l'exploitation des minerais de la Haute-Marne, leur réduction en fonte au moyen de deux hauts-fourneaux marchant au charbon de bois. Une fonderie pour moulages divers et des ateliers importants de construction y furent annexés ensuite. Ces usines sont sur le canal de la Haute-Marne et ont un embranchement avec la gare de Joinville.

Les fonderies et fourneaux de Montreuil-sur-Blaise et Tempillon fondés et exploités par la famille Gény frères transmis ensuite à M. Capitain Gény leur neveu, avaient pour objet spécial la fabrication de la poterie et poêlerie. Ces établissements sont reliés à la gare de Vaux-Montreuil par un raccordement spécial.

PRODUCTION DES USINES DE BUSSY ET MONTREUIL.

1° **Fontes de fumisterie et poterie** recherchées pour leur résistance au feu due à la qualité spéciale de la fonte au bois de Bussy.

2° **Fontes d'art et d'ornement, fontes émaillées.** La Société Capitain-Gény, a un album très complet augmenté récemment par l'addition de modèles de la liquidation des usines de Montiers-sur-Saulx.

3° **Fontes pour usines à gaz.** Nombreuses fournitures faites notamment à la Compagnie Parisienne, la Compagnie Française du Centre et du Midi, la Société du gaz général, la Société du Nord et de l'Est, etc. etc.

4° **Fontes diverses,** appareils ajustés et montés pour fabriques de soude, produits chimiques, pièces mécaniques de toutes sortes et fontes pour la construction.

5° **Fontes pour chemins de fer,** grues, plaques tournantes, chariots roulants et autres appareils montés.

6° **Ponts et charpentes** pour l'État, les Compagnies de chemins de fer, les Ponts et Chaussées, etc.

7° **Pièces galvanisées.** Les usines de Bussy ont construit, galvanisé et monté une passerelle en fer de 1 kil. de longueur établie le long du canal de la Haute-Marne.

RÉCOMPENSES :

1 Médaille d'Or et 1 médaille d'Argent, 1re classe Exposition générale à Chaumont 1865.

1 Médaille d'Or, Exposition métallurgique de St-Dizier Haute-Marne.

2 Médailles de Vermeil, Exposition générale à Chaumont 1882.

1 Médaille de Vermeil, Exposition industrielle et horticole de Langres 1873.

1 Médaille de Bronze, Exposition universelle 1878 pièces de chemins de fer.

1 Médaille d'Argent, Exposition universelle 1878 fontes d'art et d'ornement.

M. Capitain a été nommé Chevalier de la Légion d'honneur en 1880.

SOCIÉTÉ FRANCO-BELGE
DES MINES DE SOMORROSTRO

La Société Franco-Belge des Mines de Somorrostro a été fondée en 1876 par les Sociétés

de Denain et d'Anzin, } France.
de Montataire, }
de John Cockerill, Belgique.
et de MM. Ybarra h⁰ˢ et Cie, Espagne.

Le but des fondateurs était d'exploiter un groupe important de mines faisant partie du célèbre gisement de Somorrostro près Bilbao et appartenant à MM. Ybarra h⁰ˢ et Cie, de manière à alimenter leurs établissements métallurgiques.

La Société Franco-Belge se mit rapidement à l'œuvre et donna à ses travaux un développement qui la classa bientôt parmi les plus importantes exploitations du district de Bilbao.

Les mines étant situées sur le plateau de Triano ou de Somorrostro, à 277 mètres en moyenne au-dessus du niveau de la mer et à une distance de 9 à 10 kilomètres du Rio-Nervion, la Société étudia et créa un ensemble de moyens de transport pour les relier à la rivière Nervion qui sert de port, et pour faire descendre le minerai depuis le chantier d'extraction jusqu'à la cale du navire avec le minimum de manutentions et de frais.

Après examen et comparaison des systèmes déjà employés dans le district, la Société se décida pour un chemin de fer principal établi depuis la rivière jusqu'au pied de la montagne et relié aux mines par des plans inclinés et des chaînes flottantes.

Au pied du mont Cadegal, à l'une des extrémités du plateau de Triano, fut installée une gare centrale dont les dépôts peuvent contenir 70,000 tonnes de minerai. Le minerai abattu dans les divers chantiers est amené dans cette gare au moyen de tout un réseau de voies diverses comprenant :

1° Un plan incliné dit n° 1 d'un développement total de 674 mètres présentant une pente qui atteint 36 °/₀ et pouvant transporter 2600 t. par jour.

2° Un plan incliné dit n° 2 situé au-dessus du précédent et desservant les chantiers supérieurs; il a une longueur totale de 355 mètres avec une pente de 50,5 °/₀ et peut transporter 2,000 t. par jour.

3° Une voie ferrée de mine de 230 ᵐ/ de long.

4° Un traînage par chaîne flottante dont les divers embranchements présentent un développement total de plus de 3 kilomètres.

Arrivé à la gare de Cadégal, le minerai est soit mis en dépôt, soit chargé directement au moyen de couloirs spéciaux dans les wagons d'un chemin de fer qui, après un parcours de 6,850 mètres aboutit aux trois embarcadères construits par la Société Franco-Belge sur la rive gauche du Nervion.

Ce chemin de fer est à voie de 1 ᵐ/; les rails sont en acier du poids de 25 k. le mètre. Les locomotives pèsent 25 et 22 tonnes en ordre de marche. Les wagons construits par la maison Taza-Villain d'Anzin portent 9 t. de minerai ; ils se vident par le fond au moyen d'un système de déclanchement très bien étudié et représenté sur le modèle exposé. — On peut décharger un wagon dans le navire en une ou deux minutes et mettre à bord en moyenne 1.200 t. par embarcadère et par jour. On a même pu, dans certaines circonstances exceptionnelles, atteindre ce chiffre en une demi-journée.

Le grand plan d'ensemble qui figure dans l'exposition de la Société, montre la façon dont sont distribuées ses concessions et l'agencement général de ses différents moyens de transport. — Les divers modèles exposés font ressortir les principales dispositions de chacun d'eux, ils représentent un alignement de chaîne flottante avec les mécanismes de ses stations, les machineries des plans inclinés, la situation respective de ceux-ci et la façon dont ils aboutissent à la gare du Cadégal, enfin l'un des trois embarcadères qui servent au chargement des navires. —Ces indications sont complétées par des plans, dessins, photographies et tableaux statistiques, ainsi que par des échantillons des trois variétés principales du minerai exploité : Campanil, Vena et Rubio, ainsi que du fer carbonaté actuellement inexploité, mais qui après grillage donne un excellent minerai et constitue pour l'avenir une précieuse et abondante réserve.

L'ensemble de ces moyens de transports a permis à la Société Franco-Belge de descendre et d'embarquer non seulement ses propres minerais mais encore ceux d'exploitations voisines qu'elle pouvait rattacher à son réseau au moyen d'embranchements de chaînes flottantes.

Le tableau suivant indique la progression des quantités embarquées annuellement

Ex. 1880 — 109.846 T
1881 — 206.347
1882 — 318.409
1883 — 391.738
1884 — 424.188
1885 — 481.802
1886 — 477.428
1887 — 540.808
1888 — 534.847

Dans l'exploitation de ses mines, la Société Franco-Belge s'applique à suivre une méthode rationnelle, de manière à ménager ses richesses minérales pour l'avenir.

Au contraire, le plus grand nombre des exploitants ne jouissant que de contrats à court terme n'a d'autre préoccupation que d'enlever le minerai le plus rapidement possible sans aucun souci des règles de l'art.

Par suite, la Société Franco-Belge et deux ou trois grandes exploitations, conduites d'après les mêmes principes, seront, dans quelques années, les seuls représentants de ce groupe dont la production, poussée à outrance, a livré à l'exportation, en 1887, le chiffre considérable de 4.200.000 tonnes.

A. DURENNE

MAITRE DE FORGES-FONDEUR

26, Rue du Faubourg-Poissonnière, précédemment 30, Rue de la Verrerie,

A PARIS.

M. A. DURENNE est propriétaire-exploitant

DES

Hauts-fourneaux et fonderies de SOMMEVOIRE (Haute-Marne) ;

Fonderies de Petit-Champ à WASSY (Haute-Marne) ;

Hauts-fourneaux et fonderies de BAR-LE-DUC (Meuse) ;

Usine d'Auteuil, 32, rue Félicien David, pour le cuivrage de la fonte par les procédés Oudry.

FONDATION DE LA MAISON. — La maison A. Durenne a été fondée à Paris, il y a quatre-vingts ans, par la famille Boutillier, pour le commerce des fontes ; elle ne fut à l'origine qu'une maison de vente.

TRANSFORMATION. — Reprise en 1848 par M. A. Durenne, elle se développa rapidement ; l'accroissement des affaires décida le successeur à joindre la fabrication à la vente.

USINES. — 1° **Sommevoire.** — C'est en 1855 qu'il fit acquisition de l'usine de Sommevoire, près de Montier-en-Der (Haute-Marne) où l'on ne produisait alors que de la poterie. M. A. Durenne y introduisit la fabrication des fontes d'ornement qu'il a continuée sans interruption, en l'augmentant.

Sommevoire comportait en 1848 un haut-fourneau et un Wilkinson ; il y a aujourd'hui 2 hauts-fourneaux et 3 Wilkinson.

Depuis 1855, M. A. Durenne a ajouté à l'ornement la statue, les vasques, les groupes, et **la fabrication des grands bronzes** pour laquelle il dispose d'une installation perfectionnée.

2° **Petit-Champ à Wassy.** — L'usine de Petit-Champ, à Wassy, consistait en un petit haut-fourneau et un bocard, à proximité des riches minerais de Wassy et de la vallée de la Blaise, sur un terrain de dix hectares propre au développement de l'industrie.

M. A. Durenne l'acheta en 1878, et la transforma pour y fabriquer notamment les grosses fontes et les pièces mécaniques. A la production du saumon de fonte brute souvent ralentie par le chômage et n'occupant que quelques ouvriers, M. A. Durenne substitua la production des moulages ; il apporta la vie, le mouvement dans cette petite usine qui commence à devenir grande et déjà donne du travail incessant à beaucoup d'ouvriers.

Petit-Champ a un port sur le canal de la Blaise, et va se trouver à quelques mètres seulement de la nouvelle gare de Wassy, sur le réseau des chemins de fer de l'État. M. A. Durenne en a fait un auxiliaire de Sommevoire qui est injustement déshérité de toute voie de communication facile.

3° **Hauts-fourneaux et fonderies de Bar-le-Duc.** — Intéressé depuis 1876 dans la Société Bradfer fils et Cie, exploitante des hauts-fourneaux et fonderies de Bar-le-Duc qui produisent les tuyaux pour conduites d'eaux et de gaz et spécialement le tuyau système Lavril, M. A. Durenne a contribué à de nombreuses canalisations tant pour villes de France et d'Algérie qu'au dehors.

Aujourd'hui propriétaire de ces usines, il en continue seul l'exploitation et en développe la production.

4° **Usine électro-metallurgique d'Auteuil.** — Appartient à M. A. Durenne et est exploitée par lui depuis 1884, pour le cuivrage de la fonte de fer par le procédé Oudry ; elle fournit principalement les candélabres de la ville de Paris.

PRODUCTION ET IMPORTANCE. — Les établissements metallurgiques de M. A. Durenne comprennent quatre hauts-fourneaux, six Wilkinsons, et produisent annuellement dix huit mille tonnes de fontes moulées, tant fontes d'art et d'ornement que pièces diverses et tuyaux.

Ils occupent une superficie de 35 hectares et procurent du travail à 1,000 ouvriers.

La maison de Paris centralise les affaires.

PROGRÈS RÉALISÉS. — Se tenant au courant des progrès sans cesse appliqués à l'industrie, M. A. Durenne s'attache à perfectionner le matériel de ses usines d'après les inventions les meilleures et les plus pratiques ; il a amélioré les dispositions des chantiers de manière à éviter l'encombrement toujours dangereux pour les ouvriers ; ses modèles sont travaillés avec le plus grand fini pour simplifier la main d'œuvre tout en obtenant un moulage parfait.

Son album peut donner une idée de sa collection de modèles nouveaux en statues, groupes, vasques et autres qu'il crée constamment avec le concours des premiers artistes.

N'est-ce point à l'honneur national qu'on voit les squares, les rues, les places et les promenades publiques des pays étrangers ornés des produits de l'industrie française qui n'a pas d'équivalent chez eux quant à la fonte d'ornement ?

Les grandes fontaines monumentales dans les diverses parties du globe sortent presque toutes des usines françaises, et M. A. Durenne en a fourni sa large part en Amérique, aux États-Unis et au Brésil, en Italie, en Russie, en Angleterre même, en Espagne, en Allemagne, en Autriche.

DÉBOUCHÉS. — La maison de Paris reçoit une certaine partie de la production des usines qu'elle livre à Paris ou expédie en province ; elle a des représentants et des voyageurs partout où il y a lieu.

SUCCURSALES. — M. A. Durenne a une succursale Paris même, rue de la Chapelle, 19.

Il a des maisons de vente et de dépôt à Rouen et au Havre.

Des représentants dépositaires sont établis dans les principales villes de France et d'Algérie, à Marseille, Lyon, Lille, Angers, Agen, Toulouse, Rennes, Alger et autres.

En Suisse : à Genève et à Bâle.

Un tonnage important est livré à l'exportation.

RÉCOMPENSES OBTENUES PAR M. A. DURENNE

DISTINCTIONS HONORIFIQUES.

2 Médailles, Londres, 1862.

Médaille d'honneur, Porto 1865.

Médaille d'or, Paris 1867.

Diplôme d'honneur, Amsterdam 1869.

Grand prix, Rome 1870.

Grand diplôme d'honneur, Vienne, 1873.

Grand prix de Paris de 1878.

Diplôme d'honneur, Amsterdam 1884.

Chevalier de la Légion d'honneur, Exposition de Londres 1862.

Chevalier de l'ordre du Christ de Portugal, Exposition de 1865.

Officier de la Légion d'honneur, Exposition de Vienne 1873.

USINE DE BROUSSEVAL

(HAUTE-MARNE)

*Un souvenir historique se rattache aux Usines de Brousseval. —
Voltaire fit un séjour au domaine du Champ-Bonin qui en dépend ;
c'est là que, dit-on, il écrivit Zaïre.*

FONDATION DE LA MAISON. — Une loi du 25 Germinal an IV, autorise le citoyen Adrien, alors maître de forges, à Montreuil-sur-Blaise, à transporter son Haut-fourneau à Brousseval, sur la fontaine du Haut-Sond.

La Société actuelle **(Société anonyme des Hauts-fourneaux et Fonderies de Brousseval)** a été constituée le 1ᵉʳ Janvier 1872, elle est dirigée par un Conseil d'administration ayant pour Président, M. P. TARGET ; M. Léon de JOANNIS en est l'administrateur délégué ; elle a une maison à Paris, 4, rue du Terrage ayant pour directeur, M. W. LACOMBE, et divers dépôts à Toulouse, Barcelone, Alger, Tunis, etc.

PRODUCTION ET IMPORTANCE. — La production de l'Usine de Brousseval qui, il y a vingt ans, était de 3.000 tonnes de moulages, atteint aujourd'hui le chiffre de 12.000 tonnes. Une bonne partie de cette production est destinée à l'exportation. Sa superficie, y compris le domaine du Champ-Bonin qui en fait partie, est de 20 hectares.

L'usine de Brousseval comprend :

2 Hauts-fourneaux, tous deux en activité.

5 Fonderies pour seconde fusion.

Le tout pouvant fondre 50 tonnes de moulages par jour.

Elle est située à proximité du canal de St-Dizier, à Brousseval, et des riches minerais de la Blaise.

Elle se raccorde par un embranchement particulier avec le chemin de fer de Wassy, à Doulevant-le-Château, exploité par l'Etat.

Sa production comprend notamment :

Installation de conduites d'eau et gaz. — Tuyaux systèmes Petit et Lavril, à joints de caoutchouc vulcanisé, permettant la dilatation et la contraction sous l'influence des changements de température.

Matériel de distribution d'eau. — Bouches d'arrosage sous trottoir avec ou sans raccords à incendie — Boîtes d'arrosage — Robinets vannes — Culottes de dépôt pour distribution — Clapets de retenue — Robinets divers — Ventouses — Bornes fontaines — Regards, etc.

Matériel d'usines à gaz. — Pièces de foyer de four — Têtes de cornues — Cornues — Trompettes — Plongeurs — Colonnes montantes — Barillets — Condensateurs — Colonnes à coke — Laveurs — Distributeurs — Epurateurs — Siphons — Valves — Colonnes de gazomètres — Régulateurs — Candélabres consoles, etc.

Chauffage. — Calorifères — Appareils de cave — Tuyaux à disque — Tuyaux à lames longitudinales, etc.

Appareils d'hygiène. — Siphons de chasse — Siphons de cour, etc.

Fontes ornées pour bâtiments. — Barres d'appui — Balcons de croisée — Grands balcons — Panneaux de portes et impostes — Consoles — Colonnes unies et ornées — Escaliers tournants, etc.

Fontes pour construction. — Appareils de dilatation — Balustrades — Colonnes, etc.

Fontes d'art. — Entourages funéraires — Croix — Grilles de chapelle — Statues religieuses — Fontaines monumentales, etc.

Spécialités de fontes résistant au feu et aux acides pour les produits chimiques — Poudreries, etc.

Pièces en tous genres sur modèles et dessins — Études — Plans — Devis.

NOMS DES PRINCIPALES VILLES CANALISÉES.

EAU.

Compagnie Générale des Eaux (fourniture d'au moins 300 kilomètres).

Bois de Vincennes (développement 60 kilomètres) — Jardin d'acclimatation du Bois de Boulogne de Paris, — Champ de courses de Longchamps et de St-Ouen,

Arrondissement des Andelys, plateau du Vexin Normand (Alimentation de 50 communes — Développement 200 kilomètres) — Arras — Châ eau-Thierry — Avize — Château-Chinon — Évian-lès-Bains — Toulon — St-Affrique — Maisons-Laffite — Saint-Denis — Saint-Yrieix — Semur — Uzerches — Wassy.

ALGÉRIE. — Oran — Alger — Bougie.
ITALIE. — Civita-Vecchia — Rome.
ESPAGNE. — Barcelone — Alicante — Manreza.
ILE DE LA RÉUNION. — St-Pierre — St-Leu.
GRÈCE. — Pyrgos.

GAZ.

Aubusson — Châtellerault — Béziers — Châteauroux — Bressuire — Blois — Gournay-en-Bray — Issoudun — Bohain — Château-Regnault — Darnetal — Cour-Cheverny — Isigny — Toulouse — Jussey-Lunel — Lisieux — Cherbourg — La Capelle — Lésignan — Château-du-Loir — La Ferté-Bernard — Longeais — La Souterraine — Monaco — Montoire-Mers — St-Affrique — Rochefort — Montataire — Stenay — Senlis — Thiviers — Bourgueil — Wassy — Semur — Thonon.

ALGÉRIE. — Mostaganem.

ESPAGNE. — Grenade — Alméria — Gérone.

EGYPTE. — Le Caire.

SYRIE. — Beyrouth.

L'usine fait actuellement la pose de la canalisation d'Antofagasta (*Chili*). — Longueur développée 314 kilomètres.

PRINCIPAUX TRAVAUX D'ART EXÉCUTÉS PAR BROUSSEVAL.

Fontes ornées de la gare de Madrid.

Colonnes, fontes ornées et candélabres de la gare d'Orléans.

Colonnes ornées de la gare du Nord.

Colonnes de l'Hippodrome.

Colonnes de l'hôtel Terminus (gare St-Lazare).

Exposition Universelle. — Colonnes des annexes des machines.

— Fontes du dôme Central.

— Supports doubles du Palais des machines.

— Fontes ornées du Pavillon du Chili.

DISTINCTIONS HONORIFIQUES.

Médaille de Vermeil........ CHAUMONT (Haute-Marne).	1865
d' d'Argent.......... TOULOUSE (Haute-Garonne)	1865
Grand Diplôme d'Honneur .. CHAUMONT (Haute-Marne).	1882
Diplôme d'Honneur.......... TOULOUSE (Haute-Garonne)	1887
Grande Médaille d'Or..... .. BARCELONE (Espagne).	1888

SOCIÉTÉ DE LA VIEILLE-MONTAGNE
ANGLEUR par CHÉNÉE (Belgique).

CONSEIL D'ADMINISTRATION.

MM Th. **Audéoud**, Président.
Frédéric **Braconier**, Vice-Président.
Baron William **del Marmol**.
Edmond **Nagelmackers-Orban**.
Saint-Paul de Sinçay.

MM. Eudore **Pirmez**.
Léon **Lefébure**.
Baron **de Macar**.
Denormandie.

DIRECTION ADMINISTRATIVE.

MM. **St-Paul de Sinçay**, Administrateur-Directeur-Général
Gaston **de Sinçay**, Sous-Directeur-Général.
H. **Hachette**, Secrétaire-Général à la Direction de Belgique.
E. **Maneuvrier**, Secrétaire-Général à la Direction de France.

L'industrie du zinc en Belgique remonte aux premières années de ce siècle. L'abbé Dony, propriétaire des gîtes célèbres d'Altenberg (Vieille-Montagne) à Moresnet, en fut le créateur. Il eut pour continuateur de son œuvre, Dominique Mosselman dont les héritiers fondèrent en 1837, la Société de la Vieille-Montagne.

En 1846, la Société fut placée sous la direction de M. St-Paul de Sinçay.

A l'origine elle possédait, avec les mines de Moresnet, les deux seules usines métallurgiques de St-Léonard et d'Angleur qui ne produisaient alors que 1800 tonnes de zinc.

Actuellement la Vieille-Montagne consomme par an de 130 à 140,000 tonnes minerais de zinc provenant en grande part de ses exploitations minières de Belgique, Allemagne, Suède, France, Algérie, Espagne et Sardaigne.

Elle fabrique 55,000 tonnes de zinc brut dans ses usines d'Angleur, de Valentin-Cocq et de Flône en Belgique, de Viviez en France, et de Borbeck en Allemagne.

Ses laminoirs sont au nombre de sept, savoir : Angleur, Tilff en Belgique, Oberhausen en Allemagne, Bray, Dangu, Panchot et Hautmont en France. Leur force productive est de 50,000 tonnes de zinc de tous calibres et de toutes dimensions.

Enfin, elle possède deux grandes usines de fabrication de blanc de zinc : Valentin-Cocq près de Liège, et Levallois-Perret près de Paris.

Le nombre des ouvriers occupés dans les établissements de la Vieille-Montagne est de 6,300. Son personnel technique et administratif comprend 250 employés.

La Vieille-Montagne a contribué puissamment à la propagation des emplois du zinc : on connaît la réputation de ses produits. Ses relations commerciales s'étendent à tous les pays. Nous donnons ci-dessous la liste des principaux produits qu'elle livre au commerce :

I. Zinc coulé en lingots de divers poids et dimensions, dit « **zinc brut** ».

a. *Marque laiton* pour la fabrication du laiton, la galvanisation, la désincrustation des chaudières, etc.

b. *Fonte d'art* (Statuettes et autres objets d'art, ornements, etc.)

c. *Raffiné extra-pur* (électricité, laiton pour la fabrication des cartouches, des instruments de musique, etc).

II. **Zinc laminé** en feuilles de différentes dimensions, épaisseurs et formes pour toitures de tous systèmes, doublage de navires, satinage du papier, ustensiles domestiques, articles de Paris nickelés et autres, caisses à poudre et d'emballage, etc

III. **Zincs ouvrés**, estampés, repoussés, perforés, étirés, fils de tous numéros, chevillage pour batteries galvaniques, etc.

IV. **Blancs de zinc** pour la peinture : blanc de neige (cachet vert) blanc n° 1 (cachet rouge) blanc n° 2) cachet bleu) gris-pierre (cachet jaune), pour la peinture des navires au long cours. Types fournis sur commandes. En barriques de 50, 100, 200 et 500 kilogrammes. Blancs broyés à l'huile en bidons (pour l'exportation et pour la marine).

Spécialité de blancs pour la fabrication du caoutchouc.

V. **Poussières de zinc** pour la réduction de l'indigo dans les cuves des teinturiers. Oxyde gris pour préserver de la rouille les objets en fer

La Vieille-Montagne a publié un grand nombre de brochures sur les emplois du zinc ; elle fournit gratuitement des renseignements de tous genres relativement au même objet. Dans toutes les grandes villes, elle a des représentants et des dépôts.

Elle a un siège directorial, à Paris, 19 rue Richer, et des agences de vente dans les principales villes de l'Europe et en Amérique.

Elle a pris part à toutes les grandes expositions et y a obtenu les plus hautes récompenses. Il lui a été décerné par le jury de l'exposition de Paris, en 1867, pour ses institutions de bienfaisance, le grand prix d'honneur de 10,000 francs, qui témoigne suffisamment de l'excellente organisation de ses caisses de secours et de prévoyance, et de l'intérêt qu'elle porte à sa classe ouvrière.

La Société a fêté en 1888 l'anniversaire de la cinquantième année de son existence

LES FILS DE PEUGEOT FRÈRES

Fabricants de QUINCAILLERIE, SCIES et OUTILS, à VALENTIGNEY (Doubs)

Dépôt à Paris : 2, rue Béranger.

FONDATION DE LA MAISON. — L'origine de la maison Peugeot frères à laquelle a succédé la raison sociale actuelle remonte à 1819. Les premiers établissements exploités par la maison étaient situés à Hérimoncourt (Doubs), et en 1853 M. J.-P. Peugeot aidé de ses trois fils fonda l'usine de **Terre-Blanche.**

Cette installation ayant été jugée insuffisante par suite du développement croissant de la fabrication, un nouvel établissement, l'usine de **Valentigney**, fut exploité dès 1843, et celle de **Beaulieu** était fondée en 1857.

Sous la direction de MM. Peugeot qui n'ont jamais rien négligé pour améliorer leurs procédés de fabrication, créer de nouveaux articles, et étendre leurs relations commerciales, la maison s'est développée graduellement, jusqu'à devenir ce qu'elle est aujourd'hui, c'est-à-dire une maison de première importance.

Plus de **4.000 tonnes** de fer et d'acier sortent annuellement des établissements de MM. Peugeot sous les formes les plus diverses, à l'état de métal laminé ou de métal forgé, fournissant les aciers laminés pour scies, ressorts, buscs, etc., les lames et outils nécessaires aux industries les plus différentes, les moulins à café et à poivre, les concasseurs pour graines, les fourches, râteaux, outils, tondeuses etc.

USINES. — Les ateliers de fabrication de la maison sont répartis dans les trois usines de Valentigney, Beaulieu et Terre-Blanche.

A Valentigney, siège social, se trouvent les bureaux d'administration générale, le magasin central, et des ateliers pour le laminage à chaud des aciers pour scies et ressorts divers, pour le finissage de ces articles ainsi que pour la fabrication des fers de rabots. — Valentigney occupe **700 ouvriers.**

L'usine est mise en mouvement par 4 turbines de 60 à 90 chevaux chacune, et 2 machines à vapeur Corliss de 200 et 300 chevaux, **soit une force totale de 830 chevaux.**

Elle produit annuellement **530.000** scies de toutes formes et de toutes dimensions, **600.000** rabots, **un million de kilogrammes** d'aciers laminés, buscs, ressorts etc., etc.

Beaulieu qui est situé à 1 kilomètre de Valentigney contient de vastes ateliers pour le laminage à froid des aciers destinés à la fabrication des scies et ressorts produits par l'usine de Valentigney, et un atelier pour le tréfilage des fers et aciers.

Le laminage des aciers se fait dans cette usine avec une précision surprenante. — L'usine de Beaulieu possède en outre de vastes ateliers pour la fabrication des vélocipèdes, lesquels sont décrits au catalogue du groupe VI.

Elle est mise en mouvement par 5 turbines représentant une force d'environ 270 chevaux, et 2 machines à vapeur Corliss de 180 et 200 chevaux, **soit une force totale de 630 chevaux.** Elle occupe en tout **300 ouvriers**

Terre-Blanche, commune d'Hérimoncourt, est situé à 5 kilomètres de Valentigney. — Cette usine qui occupe **900 ouvriers,** contient des ateliers pour la fabrication des outils de menuisiers et charpentiers, des moulins à café, des fourches et râteaux en acier, des tondeuses pour chevaux et pour hommes.

Elle est supérieurement outillée pour le forgeage, la trempe et le polissage des outils pour le travail du bois et sa production extrèmement variée est énorme.

Elle fabrique par an **350.000** moulins à café, **400.000** fourches, et tout le reste à l'avenant.

Cette usine est mise en mouvement par 2 turbines faisant ensemble 60 chevaux et 3 machines à vapeur de 250, 150 et 40 chevaux, **soit une force totale de 500 chevaux**

DÉBOUCHÉS. — Les articles fabriqués dans ces 3 usines sont répandus dans le monde entier ; Messieurs Peugeot ont des voyageurs attitrés qui visitent non seulement l'Europe, mais les Indes, le Tonkin, l'Amérique et même l'Australie. Leur marque **au Lion** est connue et appréciée partout, et leur grande préoccupation est de conserver à leurs produits la qualité à laquelle ils doivent leur réputation.

INSTITUTIONS DE PRÉVOYANCE. — *Des Sociétés de secours mutuels pour les malades* subventionnées par la maison existent dans chacune des trois usines depuis 37 ans.

Dès 1872 des sommes importantes furent prélevées chaque année sur les bénéfices de la maison pour la création d'une *Caisse de Retraites pour la vieillesse*, chaque membre de la Société arrivant à 59 ans d'âge, et justifiant de 30 ans de services jouit d'une pension de **300 francs** par an tout en conservant son emploi.

Le fonds de retraite est fourni exclusivement par la maison, sans aucune contribution des participants. Il s'élève aujourd'hui à un total de **800.000 francs** pour les 2 Sociétés de Terre-Blanche et Valentigney-Beaulieu.

4 à 5.000 personnes, composant les familles d'ouvriers et d'employés, sont logées dans les cités ouvrières, bâties par MM Peugeot, et plusieurs maisons d'écoles ont été construites à leurs frais.

Des sociétés coopératives ont été créées en 1868, et livrent les denrées de consommation à des prix très modérés. Les bénéfices réalisés sont répartis au prorata de la consommation entre les participants.

SOCIÉTÉ L. LÉTRANGE & Cie

FORMATION DE LA MAISON. — La Maison a été fondée en 1825 par MM. David aîné et Létrange, le grand-père et le père de son chef actuel. En 1854, M. Léon Létrange seul propriétaire mit la Maison en société en commandite par actions au capital de 2.000.000 de francs. Ce capital fut porté à 4.000.000 en 1865.

La Société L. Létrange et Cie ne possédant primitivement que l'Usine de St-Denis, s'augmenta successivement : des Etablissements des fonderies de Romilly-s-Andelle en 1865, puis en 1868 des Usines de St-Christ (Isère) et des mines de zinc de La Poipe, de St-André Lachamp et de St-Julien Molin Molette.

IMPORTANCE. — Les établissements métallurgiques de la Société L. Létrange et Cie comprennent actuellement 65 hectares de propriétés territoriales ; 70 habitations couvrant une superficie de 6000 mètres ; 1500 mètres superficiels de bâtiments industriels.

OUTILLAGE. — L'outillage comprend : 300 chevaux de force hydraulique ; 800 chevaux de vapeur.

Les fours pour la fusion et l'affinage des métaux et pour le réchauffage, les marteaux presses hydrauliques, étirages, tréfileries, enfin tous les appareils que comportent la fusion, l'affinage et les manipulations du plomb, du zinc, du cuivre et de ses alliages avec le zinc et l'étain.

Le nombre des ouvriers occupés dans ses diverses usines est de 700.

Le chiffre d'affaires atteint un million par mois.

USINES. — **L'Usine de St-Denis** était spécialement aménagée pour la fabrication du plomb et du zinc, laminé et ouvré ; depuis on y a adjoint la fabrication du laiton laminé qui y a pris un grand développement pour les fournitures au ministère de la guerre et au commerce, on y lamine également du maillechort pour la guerre et le commerce.

L'outillage entièrement remis à neuf est animé par cinq machines à vapeur d'une puissance de 300 chevaux, construites sur les systèmes les plus modernes.

Les Fonderies et Laminoirs de Romilly ont été fondés en 1781 par le Chevalier Lecaauts de Limare, Ils furent les premiers établissements métallurgiques en France pour le travail du cuivre.

Dès 1819 leurs produits obtenaient la médaille d'or et 13 fois, en 1823-1834-1839-1844-1849-1855-1859-1861-1862 et 1878, cette haute récompense vint constater les progrès constants de son industrie ; 6 de ces médailles ont été obtenues depuis la direction de M. Létrange.

A la première industrie de ces usines qui était le laminage du cuivre rouge, sont venus successivement s'ajouter, le laminage du laiton, le tréfilage et l'étirage des barres et des fils de cuivre rouge et de cuivre allié, l'étirage des tubes sans soudure, le martelage des coupoles et pièces de foyers pour locomotives.

Depuis l'exposition de 1878 tous les moteurs hydrauliques ont été reconstruits.

L'établissement possède en outre 400 chevaux de force fournis par neuf machines à vapeur modernes.

Les principaux débouchés des produits des Usines de Romilly sont toutes nos grandes Compagnies de chemins de fer françaises et quelques-unes à l'étranger ; nos grands ateliers de construction et les administrations de la Guerre et de la Marine.

Les établissements contiennent une ferme et une cantine contenant 25 lits pour les ouvriers célibataires.

M. L. Létrange a établi dans la commune de Romilly des cours du soir pour les ouvriers adultes ; il y a joint une bibliothèque.

L'Usine de St-Christ fondée en 1848, la première en France pour le traitement des minerais de zinc a été arrêtée avec les mines qui en dépendent par suite de la baisse du zinc.

PROGRÈS RÉALISÉS. — M. Létrange a fait dans ses usines l'application de tous les progrès de l'industrie moderne : emplois nombreux de transmissions de mouvements par cordes pour de grandes et petites forces, transmissions téléphoniques, transmissions de force par l'électricité, éclairage électrique dans les ateliers. Il est breveté pour la fabrication de zinc électrolytique et de bronze malléable.

RÉCOMPENSES ET TITRES. — 6 médailles d'or en 1855-1859-1861-1862-1867 et 1878 sont venues successivement récompenser et encourager son industrie. Le principe de la participation est appliqué aux employés et ouvriers de la société suivant le rôle de chacun dans la maison.

28 ouvriers et employés ayant de 34 à 54 ans de services sont proposés pour les médailles d'honneur à décerner en vertu du décret du 16 juillet 1886.

M. Létrange qui travaille dans sa maison depuis 42 ans en est le seul chef depuis 35 ans. Il a été pendant 13 ans, maire de la commune de Romilly-s-Andelle. Il a été pendant 10 ans arbitre gratuit auprès du Tribunal de Commerce.

En 1886-1887-1888 il fut président du comité central des chambres syndicales de Paris.

Il est depuis 14 ans président de la chambre syndicale du commerce des métaux. Il est expert en douane, et membre du jury d'admission à l'exposition universelle de 1889.

COMPAGNIE

DES

HAUTS-FOURNEAUX, FORGES & ACIÉRIES

de la Marine et des Chemins de fer

SOCIÉTÉ ANONYME. CAPITAL : 20 MILLIONS.

SIÈGE SOCIAL : St-Chamond (Loire).

HISTORIQUE. — La Cie des hauts fourneaux, forges et aciéries de la marine a eu comme origine les établissements créés à Rive-de-Gier de 1837 à 1842 par MM. Petin et Gaudet puis à St-Chamond (1850-1853).

En 1854 la formation d'une société en commandite au capital de 22.500.000 fr. adjoignit à ce premier noyau les Aciéries et Forges d'Assailly, les Forges de Lorette et de Persan, les hauts fourneaux au bois de Clavières et de Toga, etc.

De 1854 à 1857 la gérance de la Société est entre les mains de MM. Ch. et William Jackson et MM. H. Petin et J. M. Gaudet ; à partir de 1857 MM. Petin et Gaudet restent seuls gérants jusqu'en 1871.

De 1857 à 1871 de nouvelles acquisitions apportent à la Cie, les hauts fourneaux et forges de Givors (Rhône) et les mines de houille d'Unieux et Fraisse (Loire).

L'organisation de la Société est changée en 1871. Celle-ci est transformée en Société anonyme ; le capital est ramené à 13.000.000 (novembre 1871) et MM. Petin et Gaudet conservent la direction des affaires avec le titre d'administrateurs délégués.

C'est vers cette même époque que la Société pour assurer l'alimentation de ses hauts fourneaux de Toga, achète d'importantes forêts en Corse et en Sardaigne et organise l'exploitation des mines de fer de St-Léon.

En 1871 le départ de MM. Petin et Gaudet amène à la direction générale de la Société, M. A. de Montgolfier, ingénieur en chef des Ponts et Chaussées.

DESCRIPTION. — La Cie des hauts fourneaux, forges et aciéries de la marine portée depuis mai 1881 au capital de 20.000.000 fr., au moment de la construction des usines de l'Adour, comprend aujourd'hui deux centres principaux d'exploitation :

LE PREMIER EST LE GROUPE DE LA LOIRE, avec les importants établissements métallurgiques de *Saint-Chamond*, les laminoirs et *aciéries d'Assailly*, les *forges de Rive-de-Gier* et les *hauts-fourneaux et aciéries de Givors*.

C'est dans les **usines de St-Chamond** que se trouvent concentrées les fabrications spéciales de blindages, de canons, d'affûts, de projectiles et de tourelles, avec tout l'outillage considérable créé dans ce but depuis quelques années : ACIÉRIE pouvant couler des lingots de plus de 100 tonnes et complétée d'une vaste fonderie pour les moulages d'acier. — GRANDS TRAINS de laminoirs, — PILONS de 20, 40 et 100 tonnes, — ATELIER DE TREMPE où l'on peut chauffer et tremper verticalement des canons dépassant 19 mètres de longueur, et comprenant une annexe uniquement outillée en vue de la trempe et du recuit des obus de perforation.

Dans ces mêmes usines de GRANDS ATELIERS de montage munis de trois ponts roulants de 30, 40 et 80 tonnes permettent d'aborder la construction des plus grands canons ou affûts, ainsi que des tourelles de tous diamètres. DES BUREAUX D'ÉTUDE spéciaux préparent les projets du matériel de guerre dont la Cie possède toute une série de types brevetés qui lui sont personnels.

Les **usines d'Assailly** comptent parmi les plus anciennes aciéries de France pour la préparation des aciers au creuset ; elles livrent dans le commerce et dans les arsenaux français des aciers pour outils soit au carbone, soit au chrôme, soit au tungstène, qui rivalisent avec les meilleures marques anglaises ou styriennes ; ces usines comprennent : un PUDDLAGE AU GAZ pour acier, des FOURS A CÉMENTER, QUATRE GRANDS FOURS A CREUSETS chauffés au gaz ; plusieurs TRAINS DE LAMINOIRS pour profilés et tôles fines, des MARTINETS et des PETITS PILONS pour le corroyage des aciers, enfin un ATELIER DE RESSORTS où se fabriquent tous les types les plus divers, ressorts de traction et de choc, ressorts en spirale et ressorts Belleville fabrication « brevetée » dont la Cie est concessionnaire.

Les **forges de Rive-de-Gier**, à côté de leurs NOMBREUX PILONS servant à la fabrication des pièces de forge courantes, ont un OUTILLAGE SPÉCIAL pour l'exécution des grands arbres de bateaux et des pièces compliquées, comme les étambots, les étraves ou les gouvernails, qui entrent dans leur construction. Des ateliers, nouvellement adjoints à ces forges sont particulièrement chargés de la FABRICATION DES ROUES FORGÉES, pleines ou à rayons, entrant dans la construction des wagons ou des locomotives.

Les **usines de Givors** comprennent trois grands hauts-fourneaux et une aciérie Bessemer.

2

LE SECOND CENTRE D'EXPLOITA-
TION de la Cie est dans le Sud-Ouest de la
France près Bayonne, aux **usines du
Boucau**, mises en marche en 1883.

La position exceptionnelle de ces usines à
l'embouchure de l'Adour lui donne les facilités
les plus grandes pour la réception des matières
premières et l'expédition des produits destinés
à l'exportation ; d'autre part, du fait même de
cette situation, l'alimentation des hauts-fourneaux se fait exclusivement avec les minerais
de Bilbao ou de la Bidassoa ; la qualité supérieure des fontes produites dans l'usine est
donc assurée, en même temps que celle des
aciers qui en dérivent.

Les forges du Boucau comprennent trois
grands hauts-fourneaux, des aciéries Bessemer
et Martin, des laminoirs à rails et à poutrelles,
permettant d'aborder tous les profils de cornières des simple T ou double T, des barres
en U ou à barrots, entrant dans les constructions navales ; deux trains de machines com-
plètent pour le moment, ces importantes
usines.

En résumé : dans l'ensemble de ses établissements, la Compagnie aborde les fabrications
les plus diverses, intéressant : le **matériel
fixe** et le **matériel roulant** des chemins
de fer : tous les produits entrant dans les
constructions navales ou **mécaniques** : la Compagnie s'est fait surtout une
spécialité de tous les travaux et de toutes les
constructions qui touchent à l'art militaire,
**Armes portatives de guerre, ca-
nons de campagne**, de siège ou de
place, **canons pour l'artillerie de
marine. Affûts de tous calibres,
projectiles de rupture**, en acier forgé
pour la **guerre** et pour la **marine**. Plaques
de **blindage** en fer, en acier et en métal
mixte. **Cuirassements, tourelles**, etc.

Pour toutes ces fabrications si délicates et
si complexes, la Compagnie occupe un
personnel de plus de 6000 ouvriers en temps
normal.

Sa production annuelle est d'environ 55 à
60.000 tonnes pour une valeur de 24.000.000
de francs.

*La Compagnie a obtenu, dans les expositions
universelles de 1855-1867-1878 les plus
hautes récompenses accordées, " Médaille
d'or ", " Grands Prix " et " Grandes médailles d'Honneur.*

**Les produits exposés par la
Cie, répondant à un grand nombre de spécialités, appartenaient
à trois classes différentes, les
classes (41-61-66). Tous ces produits ont été réunis en une seule
exposition générale, dans la
classe 41 et dans le groupe collectif des usines de la Loire.**

MARCHAL, FALCK & CIE, A TROYES

Anciennement **Imbach et Marchal**,
à Dornach, près Mulhouse (Alsace), successeurs de la maison **Koechlin-Doll-
fus et Cie**, dont ils furent les Directeurs-
Chimistes.

Après les événements de 1870, cette usine
fut transportée à Troyes sous la raison sociale **Albert Marchal** qui devint plus
tard, **Marchal, Falck et Cie**.

Les affaires de cette maison ont pris un
développement considérable. Sa production
qui était de 120.000 kilog. en 1872, a atteint
la quantité de 600.000 kilogr. en 1888,
répartie comme suit :

300.000 kilogr. de laines filées.
200.000 — cotons filés et fils
d'Ecosse.
100.000 douzaines de bas, en teinture et
impression.

Leur outillage est disposé actuellement
pour doubler cette production déjà importante.

Cette Usine modèle, dont la nombreuse
clientèle s'étend non seulement dans toute
la France, mais aussi dans les pays voisins,
s'occupe principalement de la teinture et
de l'impression à façon de tous les articles
de bonneterie et de toutes les matières
filées, laines et cotons, destinées à la fabrication de la bonneterie.

Une récente découverte de **MM. Mar-
chal, Falck et Cie** et brevetée par eux
en France s. g. d. g. et à l'Etranger, leur
permet de produire sur cotons filés et fils
d'Ecosse, des Noirs grand teint nouveau,
garantis indégorgeables et inverdissables.
Ce noir, le seul qui réponde aux besoins
de la consommation, a été, après essais sérieux faits par différentes maisons d'exportation de Paris, reconnu comme étant infi-
niment supérieur à tous les noirs indégorgeables qui ont été présentés jusqu'à ce
jour sur les marchés d'Amérique par des
maisons de bonneterie françaises, anglaises
et allemandes.

Les impressions rougées sur articles de
bonneterie de laine, dont le succès s'est
rapidement affirmé, ont fait aussi l'objet
d'un Brevet d'Invention qui est la propriété
de la maison de **MM. Marchal,
Falck et Cie**.

RÉCOMPENSE. — La médaille unique pour
teinture a été obtenue par la maison
Koechlin-Dollfus et Cie directeurs MM. Imbach et Marchal, à l'Exposition universelle
de Londres en 1862, pour la grande supériorité de ses teintures.

COMPAGNIE ROYALE ASTURIENNE DES MINES,
SOCIÉTÉ ANONYME
POUR LA
PRODUCTION DU ZINC EN ESPAGNE.

SIÈGE SOCIAL, à BRUXELLES, 106, rue Royale ;

DIRECTION GÉNÉRALE, à LIÉGE, 25, boulevard d'Avroy ;

SIÈGE ADMINISTRATIF ET COMMERCIAL, à PARIS, 50ter, rue de Malte.

HISTORIQUE.

Fondée en 1833, la Société reçut du gouvernement espagnol le titre honorifique de compagnie royale pour avoir été la première à entreprendre l'exploitation du charbon sur une grande échelle dans les Asturies.

Transformée en 1853, ses opérations furent étendues à la production du zinc et autres métaux : elle se constitua en Société anonyme belge et le capital social, représenté par 20,000 actions, fut porté successivement à 6,000,000 de francs.

C'est de cette transformation que date le développement progressif de l'entreprise.

IMPORTANCE.

La Compagnie possède actuellement :

En Espagne.

Les mines de charbon d'Arnao et de Santa-Maria del Mar, situées près d'Avilès, dans les Asturies, en exploitation depuis 1833

Les mines de blende et calamine d'Oyarzun, Motrico et Cegama, dans la province de Guipuzcoa, en exploitation depuis 1852

Les mines de galène argentifère de San Narciso et Mocozorrotz Altamira situées près d'Irun, dans la province de Guipuzcoa, en exploitation depuis ... 1853

Les mines de calamine d'Udias et de Comillas, dans la province de Santander, en exploitation depuis 1855

Ces mines ont été étendues par l'achat de nouvelles concessions en 1885.

Les mines de calamine de Reocin, dans la province de Santander, en exploitation depuis 1856

Plusieurs mines de galène argentifère, situées près de Linarès, dans la province de Jaen, en exploitation depuis 1873

Les usines à zinc d'Avilés, dans les Asturies, en activité depuis 1854

Les usines à plomb et à désargentation de Renteria dans le Guipuzcoa, en activité depuis 1858

Le nombre des ouvriers occupés dans ces divers établissements d'Espagne dépasse 2500 et la force motrice employée est de 1500 chevaux environ.

En France.

Les usines à zinc d'Auby près Douai créées par la compagnie en 1868 pour y traiter l'excédent de sa production de minerais en Espagne.

Ces usines comprennent :

Fonderie de zinc — Creuseterie — Laminoirs à zinc — Atelier de zinguerie — Atelier de nickelage — Laminoirs à plomb et presses à tuyaux — Atelier de préparation mécanique des minerais — Atelier de réparations — Cités ouvrières — Chapelle — Ecole — Hôpital — Economat.

Elles occupent 600 ouvriers et déploient une force motrice de 850 chevaux.

La Compagnie vient d'obtenir la concession d'une mine de calamine, située à Menglon (département de la Drôme), qui va être mise immédiatement en exploitation.

PRODUCTION. — DÉBOUCHÉS.

La production générale des mines et usines de la Compagnie, pendant l'année 1888, a été de :

430482 hectolitres de charbon.
27526 tonnes de calamine calcinée.
5891 » de galène argentifère.
16382 » de zinc.
6006 » de plomb.
5128 kilogrammes d'argent.

Le charbon et les minerais sont affectés à l'alimentation des usines.

Le zinc et le plomb sont laminés, découpés et façonnés sous toutes les formes et dimensions requises pour la couverture des bâtiments, la plomberie, et l'industrie en général.

Les produits ainsi élaborés trouvent leur débouché sur les marchés de l'Espagne et de la France où la marque de la Compagnie est très hautement appréciée.

La vente s'effectue directement à la consommation par l'entremise de dépôts et agences établis par la Compagnie dans les principaux centres, savoir :

Pour la France.

A Paris, 50 ter, rue de Malte.
Lille, 19, rue d'Amiens.
Lyon, 35, rue de Condé.
Marseille, boulevard Maritime.
Rouen, 70, quai du Mont-Riboudet.
Amiens, 9, rue des Capettes.
Reims, 23, chaussée du Port.
Dunkerque, 30, quai des Hollandais.
Bordeaux, 44, rue du Hautoir.

Pour l'Espagne.

A Madrid, 2, place de la Encarnacion.
Barcelone, 52, rue Princesa.
Valence, 57 bis, rue de Mar.
Cartagène, 40, rue Jara.
Séville, 36, rue Cuna.
La Corogne, 13, rue Juana de Vega.
Santander, place de la Aduana.
Bilbao, 6, rue de l'Arenal.
Avilés, (Asturies).
Renteria, (Guipuzcoa).

RÉCOMPENSES

La Compagnie a obtenu les distinctions suivantes :

1865 — **Médaille de 2ᵐᵉ classe**, à l'exposition universelle de Paris.
1873 — **id. d'or**, à l'exposition nationale de Madrid.
1878 — **id. id.** à l'exposition universelle de Paris.
1881 — **id. id.** à l'exposition de Matanzas (Ile de Cuba).
1881 — **Diplôme d'honneur**, à l'exposition nationale de Tours.
1883 — **id.** à l'exposition minière de Madrid
1884 — **id.** à l'exposition nationale de Rouen.
1888 — **Médaille d'or**, à l'exposition universelle de Barcelone

Société de Saint-Gobain, Chauny & Cirey

9, rue Sainte-Cécile, PARIS.

PRODUITS CHIMIQUES.

HISTORIQUE. — La compagnie des glaces et produits chimiques de St-Gobain, fondée en 1665, ne posséda pendant longtemps, comme usine de produits chimiques, que la soudière de Chauny.

En 1867, elle devint propriétaire de l'usine d'Aubervilliers; en 1872, elle opéra sa fusion avec la société Perret frères et Olivier de Lyon, et fit l'acquisition de la saline d'Art-sur-Meurthe.

Elle se trouve aujourd'hui à la tête des établissements de produits chimiques de Chauny (Aisne), Aubervilliers (Seine), Sain-Fons (Rhône), L'Oseraie (Vaucluse), Montluçon (Allier), Marennes (Charente-Inférieure), Art-sur-Meurthe (Meurthe-et-Moselle), et des importants gisements de pyrite de fer de Sain-Bel (Rhône).

PROGRÈS INDUSTRIELS. — Toutes ses fabrications se sont beaucoup développées depuis 1878; des ateliers nouveaux, munis de nombreux perfectionnements, ont été créés; les anciens ont été en grande partie transformés; la compagnie a donc pu, dans ses divers établissements, réaliser des progrès sérieux, qui lui ont permis de suivre, dans les limites industriellement possibles, l'abaissement des prix de vente.

ACIDE SULFURIQUE — L'emploi des fours à poussière pour le grillage des pyrites, qui avait été signalé en 1878, s'est généralisé dans les différentes usines; les résidus presque complètement désulfurés, constituent un minerai de fer excellent, recherché par la métallurgie.

Des études comparatives, faites sur les résultats obtenus dans les différents établissements, ont permis d'obtenir des données théoriques et pratiques, grâce auxquelles la consommation des matières premières s'est trouvée amoindrie, pendant que le rendement des appareils était augmenté.

Enfin, par un traitement convenablement approprié, on est arrivé à utiliser les produits résiduaires de l'exploitation des pyrites de Sain-Bel pour l'épuration du gaz d'éclairage.

Cette fabrication ne donne donc plus aujourd'hui de résidus qui n'aient leur emploi.

La production d'acide sulfurique a suivi une marche croissante : elle était en 1878 de 61.000 tonnes; en 1888, elle a atteint 117.000 tonnes calculées en 66°.

SULFATE DE SOUDE ET SOUDE. — Les ateliers de décomposition du sel et de fabrication de la soude par le procédé Leblanc ont subi une transformation complète, notamment pour la fabrication des cristaux de soude.

L'emploi de fours mécaniques pouvant produire 30 à 45 tonnes en 24 heures, a beaucoup facilité le travail autrefois si pénible des fours à bras. Grâce à ces améliorations, on a pu maintenir le chiffre de la décomposition du sel dans ces dix ans.

En 1878, on a décomposé 35.600 tonnes de sel ; en 1888 , 36.900 tonnes.

RÉCUPÉRATION DU SOUFRE DES MARCS DE SOUDE. — La compagnie de Saint-Gobain a été aussi la première à introduire en France un procédé tout récemment breveté en Angleterre pour la régénération du soufre des marcs de soude, et l'utilisation industrielle de ce résidu encombrant des soudières. Un premier atelier a été mis en marche à Sain-Fons au commencement de cette année ; la création d'un second à Chauny est à l'étude. La compagnie appelle l'attention sur les échantillons de soufre qu'elle expose, et qu'elle est à même d'offrir au commerce, concurremment avec le soufre de Sicile, à un plus grand degré de pureté que ce dernier.

ACIDE NITRIQUE. — La consommation toujours croissante d'acide nitrique, par suite de son emploi dans la fabrication des matières explosives, a amené dans les usines de la compagnie un développement de production important, en même temps que la nécessité d'une grande pureté du produit faisait réaliser dans sa fabrication des progrès notables.

La production de 1888 a atteint le chiffre de 4.900 tonnes.

PRODUITS DÉRIVÉS DU CHLORE. — Les divers ateliers ont subi des transformations importantes tant à Chauny qu'à Sain-Fons.

SULFATE DE POTASSE ET SULFATE DE FER. — La compagnie a encore installé depuis 1878, à Chauny et à l'Oseraie, les fabrications du sulfate de potasse et du sulfate de fer, dont les besoins paraissent devoir s'étendre en agriculture.

ENGRAIS CHIMIQUES. — Enfin la compagnie de Saint-Gobain appelle particulièrement l'attention sur le grand développement donné dans ses usines à la fabrication des engrais chimiques. Elle a doté chacun de ses établissements de vastes ateliers mécaniques, et la production des engrais a passé, en dix ans, de 20.000 à 100.000 tonnes par an.

RÉCOMPENSES. — Médaille d'Or à l'Exposition universelle de 1867; rappel de Médaille d'Or 1878. En outre la Société de Saint-Gobain a été récompensée pour l'ensemble de ses produits aux expositions de Paris 1834 Médaille d'Argent, 1839 Médaille d'Or, 1855 Médaille d'Or.

SOCIÉTÉ ANONYME DE PRODUITS CHIMIQUES.
Établissements MALÉTRA
Siège social : 140, rue de Rivoli, à PARIS.

HISTORIQUE. — M. Malétra fonda en 1809, à Petit-Quevilly, près Rouen, la première usine de produits chimiques. MM. Léon, Adolphe et Emile Malétra lui succédèrent d'abord; puis une société fut formée par Malétra et son gendre de Jean Malétra. Enfin, en 1873, la Société Malétra subit une nouvelle transformation et fut constituée sous le nom de *Société anonyme de produits chimiques. Établissements Malétra*

USINES. — Les usines de la société forment cinq centres de fabrication et d'exploitation, savoir: 1° PETIT-QUEVILLY. Cette usine, fondée en 1809, occupe une étendue de 26 h. 1/2. C'est, à beaucoup près, la plus importante et celle où l'on fabrique presque tous les produits de la Société ; 2° LESCURE. L'usine de Lescure, acquise en 1869, a 500 m. de quai sur la Seine et occupe 14 hectares de terrain. On y fabrique surtout des acides, des superphosphates et des sulfates de fer ; 3° ST-DENIS. L'usine de St-Denis, créée en 1869, occupe actuellement 1 hectare 1/2, fabrique des cristaux de soude et sert d'entrepôt aux marchandises livrées par le groupe Quevilly-Lescure et destinées pour Paris et les environs ; 4° ARZEW. (Province d'Oran, Algérie) Usine et Saline d'une étendue de 4500 hectares, à 20 kil. de la ville, reliées au port par un chemin de fer d'intérêt local construit par la société. Arzew a été acquis en 1881 ; 5° CAEN. L'usine de Caen, acquise en 1886, a une étendue de 75 ares et produit les acides et le sulfate de fer.

IMPORTANCE DE LA FABRICATION. — La fabrication dans les différentes usines, a nécessité en 1887 la mise en œuvre de 222.300 tonnes de produits intermédiaires et 81.300 tonnes de matières premières. La transformation de ces matières a nécessité une main d'œuvre de 1.144.614 fr. 30.

PRODUITS. — 1° **Acide sulfurique**. — 17.800 tonnes de pyrites ont été brûlées dans les fours à dalles dits *Fours Malétra* et ont produit de l'acide 53 et 60 dont partie livrée au commerce et à la fabrication du sulfate de soude et des superphosphates. L'autre partie a été transformée en acide 66° dans 6 alambics de platine fournissant 360 touries par jour, soit environ 38.000 k. — 2° **Sulfate de soude.** — Ce produit est livré au commerce ou absorbé par la fabrication de la soude brute. — 3° **Soude brute**. — Trois fours tournants peuvent produire à Petit-Quevilly 90.000 k. par jour. La société fabrique dans ses usines de Petit-Quevilly et de St-Denis 16.500 tonnes de cristaux de soude. — 4° **Acide Muriatique et Chlorures**. — La fabrication a été de 14.712 tonnes en 1887. Partie a été livrée au commerce et partie absorbée par la fabrication du chlorure de chaux sec et liquide, du chlorure de zinc, de soude et autres chlorures métalliques — 5° **Superphosphates**. — L'usine de Lescure produit de 6 à 10 mille tonnes de superphosphates et tous les engrais composés.

PRODUITS SECONDAIRES. — En 1887, il a été fabriqué 2.907 tonnes de sulfate de fer; 939 tonnes d'acide nitrique 36° et 40° ; 740 tonnes de sulfate de soude cristallisé ; 34 tonnes de sulfate de zinc en plaques et en aiguilles; 46 tonnes de bisulfite, sulfite et hyposulfite de soude ; 26 tonnes de silicate de soude liquide; 78 tonnes d'acide sulfureux ; 20 tonnes de chloral ; 31 tonnes de divers sels d'étain; 10 tonnes de chlorure de zinc ; 8 tonnes de nitrate de plomb, cuivre et de fer. La société fabrique encore quelques autres produits moins importants, tels que le chlorure de manganèse cristallisé, le chlorure de fer, le plombite de soude, etc., etc.

NOUVELLES INSTALLATIONS. — La société a monté depuis peu la fabrication des acides sulfurique, chlorhydrique et nitrique *purs* pour lesquels la France était tributaire de l'étranger. Elle a également monté la fabrication de l'acide sulfurique *monohydrate*, produit déjà très apprécié dans les fabriques d'explosifs et dans les industries nécessitant un acide très concentré. C'est la seule fabrique de ce produit existant en France. — La Nouvelle-Calédonie étant à peu près l'unique source des minerais de Cobalt, et l'Allemagne et l'Angleterre traitant seules ces minerais, la société a jugé intéressant de fabriquer l'Oxyde de Cobalt, extrait des minerais de nos colonies françaises. Cette fabrication, en s'étendant, pourra servir à augmenter les échanges de produits entre la métropole et la colonie. — Enfin, une fabrication de sulfate d'ammoniaque est établie depuis quelques mois à Petit-Quevilly.

OUVRIERS. — Pour obtenir des produits irréprochables, la société a créé des *primes* applicables tant au point de vue de la qualité que de la quantité. En outre, elle a créé une *caisse de secours*, dotée par elle, qui assure aux ouvriers une indemnité et les soins médicaux, en cas de maladie, et une retraite après 20 années de services consécutifs dans les usines de la société.

SUCCURSALES : Bordeaux, Nantes, Tours, Reims, Boulogne-sur-Mer, Barcelone, Valence, Oran.

DÉBOUCHÉS : Angleterre, Allemagne, Hollande, Espagne, Portugal, Belgique, Amérique du Sud, Norwège, etc.

CHIFFRE D'AFFAIRES. — La moyenne des cinq dernières années donne, tant à la vente qu'aux achats le chiffre de 7,719,595 fr.

RÉCOMPENSES. — Les principales récompenses obtenues dans les concours antérieurs sont :

1844	Exp. de l'Industrie à Paris	Médaille d'Argent
1855	d° Universelle à Paris	» de 1re classe
1859	d° Régionale à Rouen	» d'Or
	Croix de la Légion d'Honneur à M. Léon Maletra	
1878	Exp. Universelle à Paris...	Médaille d'Or
1881	d° Industrielle à Alençon	Diplôme d'Honneur
1882	d° à Bordeaux	Diplôme d'Honneur
1883	d° à Amsterdam	Médaille de Bronze
	Sel d'Arsem, seul exposé	
1883	d° à Caen	Diplôme d'Honneur
1884	d° à Rouen	Diplôme d'Honneur

COMPAGNIE GÉNÉRALE DES ASPHALTES DE FRANCE.

Siège de la Compagnie et Dépôt de la rive droite
113, 115, 117 & 119, quai Valmy, PARIS.

Dépôt de Roche
ET FABRIQUE DE BITUME ÉPURÉ

13, rue Bordelaise,
à CHARENTON (Seine).

Dépôt de Javel,
10, rue de Javel.

Succursale à LYON,
29, rue du Bât d'Argent.

Direction des Mines et Usines de la Cⁱᵉ à PYRIMONT-SEYSSEL (Ain)

PAVILLON D'EXPOSITION DE LA COMPAGNIE

En face de l'entrée Nord de la grande halle des machines, côté de l'avenue de La Bourdonnais

ORIGINE ET HISTORIQUE. — La Compagnie générale des Asphaltes de France s'est formée en 1855 par la fusion des principales sociétés de mines d'asphalte alors existantes, en vue de combattre plus efficacement l'invasion, déjà audacieuse à cette époque, des contrefaçons de l'asphalte. Elle eût pour premiers administrateurs : MM. Péreire, Eugène Flachat, Verne et Marcuard ; pour directeur, M. Ernest Chabrier et pour ingénieur M. Léon Malo, qui occupe les mêmes fonctions depuis 31 ans.

Elle est aujourd'hui et depuis 1871, sous la direction de M. Delano, ingénieur civil.

IMPORTANCE. — La Compagnie, constituée au capital de 3 millions 750,000 francs, possède, tant en France qu'en Sicile, les mines d'asphalte les plus importantes et les plus renommées d'Europe. Elle est notamment propriétaire de la grande concession devenue célèbre sous le nom de *Seyssel*. Cette concession, située dans le département de l'Ain et qui mesure une surface de 51 kilomètres carrés, est la plus vaste des concessions de mines françaises. A cheval sur le Rhône entre Seyssel et Bellegarde, elle avait été démembrée en 1815 par le fait de la séparation de la Savoie. Le roi de Sardaigne, la tenant purement et simplement pour non-avenue, avait découpé en morceaux et concédé par fragments à des Savoisiens, la partie de ce magnifique gisement située sur la rive gauche du Rhône. Ce morcellement dura un demi-siècle.

Après la restitution de la Savoie à la France, la Compagnie se mit en devoir de reconstituer la concession primitive ; elle racheta successivement toutes les concessions partielles taillées par le gouvernement Sarde dans le périmètre de la grande, dont elle parvint, après de longs efforts et de grands sacrifices, à refaire l'unité complète. Un décret présidentiel du 8 mai 1888 a définitivement prononcé cette reconstitution dans les termes suivants :

« La concession ainsi formée, qui » s'étend dans le département de l'Ain sur » le territoire des communes d'Arlod, » Billiat, Craz, Injoux, L'Hôpital, Belle- » garde, Villes, Surjoux, Vanchy, Seyssel, » Corbonod et Chanay ; dans le départe- » ment de la Haute-Savoie, sur le terri- » toire des communes de Bassy, Chal- » longes, Francleins, Saint-Germain et » Éloise, et se trouve comprise dans les » limites fixées par l'arrêté du Directoire » exécutif du 9 fructidor an V, reconsti- » tuée dans son entier, la concession » primitive de mines d'asphalte instituée » en faveur de Joseph-Marie Serrétan, » par arrêté du Directoire exécutif du 9 » fructidor an V, et prendra le nom de » **Concession des Mines d'As- » phalte de SEYSSEL.**

Ce décret établit nettement et irrévocablement le droit exclusif, dont la Compagnie jouissait déjà en vertu d'un usage immémorial, au nom de *Seyssel*, qui, malgré tous ses efforts, avait trop souvent jusqu'ici servi d'enseigne aux produits factices.

La Compagnie, en outre des gisements d'asphalte considérables qu'elle possède encore à Ragusa (Sicile), est aussi propriétaire en France de concessions de moindre importance, telles que Chavaroche, Bourbonge, Frangy, Forens-Sud, Bastennes, etc.

Ses principales usines de fabrication de mastic d'asphalte sont situées au centre même de la concession de Seyssel, (au lieu dit Pyrimont) où une gare du chemin de fer de Genève a été établie spécialement pour l'expédition de ses produits.

C'est de l'usine de Pyrimont que sort le mastic dit de *Seyssel ;* c'est-à-dire, le seul qui soit fabriqué avec les minerais d'asphalte extraits des gisements de la concession de *Seyssel.* La contrefaçon s'est emparée de ce mot en vue de donner une apparence d'authenticité à ses imitations ; la Compagnie a multiplié les procès pour défendre ses produits contre la fraude ; elle n'y est encore parvenue qu'imparfaitement. Il n'est pas d'ailleurs de produit industriel que la falsification ait plus obstinément visé que le mastic d'asphalte ; et, n'était la marque de fabrique déposée par la Compagnie en

1859 (et dont l'empreinte est à la fin de cet article), marque imprimée sur tous les pains qui sortent de ses usines, il ne serait guère possible de se garantir contre les parasites qui, sous ce titre usurpé de *Seyssel*, empoisonnent le marché d'asphalte et compromettent les travaux publics.

L'usine de Pyrimont, marchant avec les appareils les plus perfectionnés, et les procédés les mieux étudiés, résultat d'une expérience de trente années, pourvue des plus récentes innovations de la science, téléphone, lumière électrique, etc., est montée pour une production journalière de 80 tonnes de mastic; non compris le minerai expédié en nature pour les travaux de chaussées en asphalte comprimé, et le bitume épuré. En temps d'exploitation normale, le nombre d'ouvriers occupés à la fabrication est d'environ 90; ceux employés dans les mines, à peu près 150.

La Compagnie est organisée en même temps pour la production et pour l'application. Ses agences et son matériel exécutent des travaux dans toute la France, pour les principales administrations de l'État, du Génie militaire, des villes et des chemins de fer, P. L. M., Orléans, Est, Ouest et Midi. A Paris, elle est adjudicataire des travaux d'asphalte des : 1, 2, 3, 4, 6, 9, 10, 11, 12, 13, 14, 15 et 16mes arrondissements pour les trottoirs et des 1, 2, 3, 4, 8, 9, 10, 11, 12, 17, 18, 19 et 20mes arrondissements pour les chaussées.

Ses moyens d'action comme exécution dépassent ceux de tous les autres applicateurs d'asphalte réunis. Elle possède à Paris trois vastes usines, quai Valmy, 117 et 119, rue de Javel, et à Bercy-Nicolaï, dont l'outillage évalué à plus d'un million, peut préparer par jour et expédier sur tous les points de la ville et de la banlieue :

Cent cinquante-six locomobiles chargées chacune de mille kilos de mastic sablé prêt à être coulé; c'est-à-dire la valeur de 3,900 mètres carrés de trottoirs à 0,015.

Quatre-vingt-deux voitures de poudre d'asphalte chaude pouvant faire 1,230 mètres carrés d'asphalte comprimé.

RÉCOMPENSES. — Les services que la Compagnie Générale des Asphaltes de France a rendus aux travaux publics en créant de toutes pièces en France l'industrie de l'asphalte, ont été récompensés déjà par de nombreuses distinctions honorifiques. C'est elle en effet qui, dès 1857, a introduit dans Paris les chaussées en asphalte comprimé; c'est elle, en même temps, qui a établi les procédés d'application, étudié et construit l'outillage spécial et formé le personnel qui, depuis, a porté dans toutes les parties de l'Europe et aux Etats-Unis d'Amérique la pratique de l'industrie nouvelle.

Aussi, à la suite de l'Exposition de 1867, son directeur, M. Ernest Chabrier, était-il décoré de la Légion d'Honneur.

Deux ans plus tard, en Août 1869, M. Léon Malo, ingénieur de la compagnie était nommé Chevalier du même ordre pour ses publications sur l'asphalte (1) ainsi que pour les innovations et perfectionnements apportés par lui dans l'outillage et dans la pratique de cette industrie.

En 1878, les mines de Seyssel obtenaient la seule médaille d'or accordée à cette catégorie d'exploitations et M. Malo recevait la médaille d'argent de collaborateur. Dans toutes les expositions étrangères, et les concours régionaux où elle a figuré, la Compagnie a d'ailleurs remporté les récompenses les plus élevées dévolues à sa spécialité.

La Compagnie a exposé dans son pavillon un certain nombre d'échantillons concernant son industrie : mais sa véritable exposition est dans les grands travaux qu'elle a faits et qui sont disséminés sur tous les points de Paris et de la France; elle est, particulièrement, dans les ouvrages d'asphalte exécutés par elle à Paris et dont les principaux spécimens sont les rue de Richelieu, places du Palais-Royal, de la Bourse, pourtour du nouvel Hôtel des Postes et de la Bourse du Commerce, rues Auber, Scribe, des Petits-Champs, avenue de la Grande-Armée. Depuis 1883 elle a fait à Paris pour la ville 143,000 mètres de chaussées.

Il n'est pas inopportun de rappeler, en terminant cette note, que, de 1878 à 1883, la Compagnie, évincée par les hasards d'une adjudication, de la situation d'entrepreneur général des travaux d'asphalte de Paris, a dû céder la place pendant ces six années à des industriels écroulés depuis dans la faillite, mais qui ont eu malheureusement le temps de couvrir nombre de chaussées d'une sorte de pseudo-asphalte, dont certains vestiges existent encore; en quel état ! Les Parisiens le savent trop !

La Compagnie n'est donc aucunement responsable des méfaits qui se sont accomplis à cette époque fâcheuse de la carrière de l'asphalte à Paris, et c'est de 1883 seulement que date l'œuvre nouvelle qu'elle y a accomplie, l'ancienne ayant été toute plus ou moins contaminée par l'entreprise malencontreuse dont nous venons de parler.

(1) Ouvrages publiés par M. Malo sur l'asphalte.

Avant 1869, outre plusieurs études parues dans les journaux scientifiques et dans les annales des Ponts et Chaussées, le guide pratique de la fabrication de l'asphalte chez Eugène Lacroix ; 1866 (aujourd'hui épuisé) livre copié depuis par tous les publicistes spéciaux, français, allemands et américains, qui ont traité la question de l'asphalte.

Après 1869 :

L'Industrie de l'asphalte en 1879 — Annales des Ponts et Chaussées, cahier de novembre 1879.

Conférence donnée au Conservatoire des Arts et Métiers le 14 novembre 1880.

Les Maçonneries Asphaltiques (brochure) — Extrait des bulletins de la Société des ingénieurs civils, séance du 6 octobre 1883.

Les Voies Asphaltées de Berlin (brochure) extrait des bulletins de la Société des ingénieurs civils, séance du 20 février 1888.

L'Asphalte, son origine, sa préparation, ses applications — un vol, Baudry et Cie 1888.

SAVONNERIE Honoré ARNAVON
10 & 12, rue Fort-Notre-Dame,
MARSEILLE.

ORIGINE. — La maison Honoré Arnavon fut fondée vers la fin du siècle dernier par Honoré Arnavon qui faisait le commerce avec la Martinique.

Honoré Pascal Arnavon, acheta en 1808 les deux usines dites « La Neuve » et « La Vieille ».

Honoré Mathieu Arnavon lui succéda. C'est sous son impulsion que se firent les premiers progrès. Il fut nommé Chevalier de la Légion d'honneur en 1860.

Honoré, Louis Arnavon son fils est actuellement le chef de la maison, et le propriétaire des usines.

INSTALLATIONS. — Les usines s'étendent sur un espace de 4.000 mètres entièrement couverts, 14 chaudières d'une capacité totale de 300 mètres cubes servent à la cuisson du savon ; 32 jeux de mises et 20 trempages servent à sa confection.

D'immenses magasins, pouvant contenir 500.000 k. de savon, sont réservés aux savons marbrés pour leur laisser le temps de prendre le manteau.

La vapeur est produite par 4 générateurs de 30 chevaux chacun.

Une machine de 25 chevaux actionne un concasseur, 4 monte-pains, 14 pompes. Une machine spéciale actionne un monte-pâte.

PERSONNEL. — Le personnel se compose d'un ingénieur chimiste, six employés pour la caisse et les écritures, un contre-maître, deux sous contre-maîtres, un mécanicien chef, deux mécaniciens, trois chauffeurs, 80 à 100 ouvriers.

Les chefs sont actuellement Honoré, Louis Arnavon et Émile Martin, associé.

PROGRÈS. — Les améliorations ont constamment progressé depuis 1860.

En 1861, création d'un atelier spécial pour la fabrication des savons de toilette, qui n'existait pas à Marseille.

En 1864, substitution de la vapeur au chauffage à feu nu.

En 1868, des monte-pains à vapeur portent les blocs de savon dans les salles de coupage.

Des monte-pâte à vapeur permettent d'envoyer la pâte chaude à une hauteur de huit mètres dans les salles de séchage.

Le travail de l'ouvrier se trouve ainsi simplifié partout, les chances d'accident sont considérablement diminuées.

PRODUCTION. — Le progrès industriel le plus important est réalisé en ce sens que, seule, la maison Honoré Arnavon fabrique toutes les qualités de savon.

Pour l'industrie, **savons blancs** à l'huile d'olive, **savons verts** à l'huile d'olive extraite par le sulfure de carbone, **savons à l'huile de palme**. Pour le ménage, savons marbrés pâles et marbrés vifs de Marseille, savons recuits pâles et vifs pour l'exportation, savons blancs extra, marque le « Panache », sans addition d'eau, garantis 72 °/₀, corps gras et alcali, savons blancs mousseux, marque le « Phare ». Pour la toilette, savons composés avec des huiles de choix et livrés en pains, en barres, en boîtes, avec les étiquettes les plus élégantes et les plus riches.

La production annuelle en savons de toutes sortes est d'environ 8 millions de k.

Le laboratoire de chimie, dirigé depuis trente ans par M. Baudouin, analyse tous les corps gras et alcalis entrant dans la fabrication du savon, comme tous les produits fabriqués qui sortent des usines.

Des conférences faites au Trocadéro à l'exposition universelle de 1878, sous la présidence de M. Chevreul, des brochures, des tableaux ont été propagés pour vulgariser les moyens d'analyser les savons.

FONDATIONS OUVRIÈRES. — La maison Honoré Arnavon fait soigner à ses frais, par un docteur attaché à l'établissement, tout son personnel ; elle fournit gratuitement les médicaments. Elle a été la première à installer des fourneaux économiques, et à nourrir gratuitement ses ouvriers pendant les épidémies cholériques.

La maison Honoré Arnavon s'est de tous temps préoccupée d'ouvrir des débouchés nouveaux aux savons de Marseille, surtout auprès des grandes industries étrangères. C'est ainsi qu'elle est arrivée à faire pénétrer ses savons d'industrie dans les pays les plus lointains pour la teinture des soies, peignage et filature de laines, teinture en rouge, blanchissages, apprêts etc, etc, en Italie, Suisse, Allemagne, Belgique, Autriche, Russie, Angleterre, Amérique, etc

RÉCOMPENSES. — 1834 Croix de la légion d'honneur ; 1851 Londres, médaille de 1ʳᵉ classe ; 1853 New-York, mention honorable, 1855 Paris, médaille de 1ʳᵉ classe ; 1860 Croix de la légion d'honneur ; 1862 Londres Prize médal ; 1867 Paris, médaille d'or, 1878 Paris, rappel de médaille d'or.

SAVONNERIES MOREL

Savons de la Bonne Mère & du Sacré-Cœur

Les établissements importants connus sous le nom de **Savonnerie Morel**. ont été installés par leur fondateur de façon à remplacer partout la main d'œuvre humaine par le fonctionnement rapide et régulier des opérations mécaniques et à réaliser ainsi le problème qu'il s'était proposé : *Faire bien et à bas prix*. Malgré leur prix, relativement peu élevée, les savons du *Sacré-Cœur* et de la *Bonne-Mère*, ces deux marques universellement connues et appréciées par tous les marchés du monde entier, sont le dernier mot de l'excellence de la fabrication. et défient, comme qualité et comme prix, toute concurrence.

HISTORIQUE. — Charles Morel, le fondateur de ces établissements, est né à Orange en 1837, avait été frappé, dès son enfance, de l'incurie où était restée l'industrie de la fabrication des savons. Arrivé à Marseille en 1860, il s'installa provisoirement dans une modeste savonnerie qu'il outilla rapidement. et qui marcha provisoirement suivant les anciens errements : il arriva en 1864 à prendre rang parmi les premiers fabricants de la ville. grâce aux soins apportés à sa fabrication et au bon choix des matières premières. Il fut un grand propagateur du *savon blanc* qui, jusqu'à lui, n'était guère connu et employé que dans le Midi de la France. Il en développa la vente dans l'Est, l'Ouest, le Centre et le Nord où sa marque ne tarda pas à primer celle de ses concurrents.

Les affaires augmentant : il se trouvait, en 1874, locataire de plus de dix fabriques, qu'il avait progressivement modifiées et outillées de manière à profiter des progrès des industries mécanisme ; il ne pouvait faire ces progrès que lentement car il fallait compter avec la routine des ouvriers. Mais ces fabriques étaient devenues complètement insuffisantes pour satisfaire aux débouchés qui s'ouvraient chaque année, plus importants et plus nombreux. pour ses produits.

C'est alors qu'il réalisa son projet d'installation d'une *savonnerie modèle* qui prit immédiatement la première place parmi les savonneries marseillaises, et où furent introduites tout d'une pièce, toutes les améliorations de l'outillage.

Malgré son importance, cet établissement devint encore insuffisant et en 83 on inaugura un nouveau bâtiment aux proportions monumentales auxquels furent annexés des bureaux. et tous les hangars et magasins nécessaires dans une aussi vaste entreprise,

En 1886, Charles Morel mourut subitement entouré de l'estime général. Madame Charles Morel, qui avait été pendant de longues années, le collaborateur assidu de son mari, ne se laissa pas abattre par son immense douleur. Elle considéra comme son premier devoir de continuer l'œuvre commencée par son mari, et de mettre son fils Alphonse, déjà imbu des traditions de son père, et préparé par de fortes études commerciales et des connaissances techniques. — en mesure de constituer avec le même succès l'œuvre paternelle. Sous cette direction ferme et intelligente, les savonneries Morel sont restées et resteront les premiers établissements de ce genre, et les marques du *Sacré-Cœur* et de la *Bonne-Mère* font toujours prime sur tous les marchés.

PRODUCTION ET IMPORTANCE. — Les usines occupent une superficie totale de 6000

mètres carrés, dont 900 ont été affectés aux bureaux, à la maison d'habitation et aux cours et dépendances. Le reste est exclusivement occupé par les ateliers.

La production annuelle dépasse cinq millions de kilogrammes mais les établissements sont aménagés et outillés de façon à pouvoir produire huit millions de kilogrammes, chiffre que la maison espère atteindre dans un avenir prochain.

PROGRÈS RÉALISÉS. — Il faudrait décrire, ce que nous ne pouvons faire ici, toutes les opérations de la fabrication du savon pour signaler au passage tous les progrès réalisés dans cette industrie par Charles Morel ; car toutes ont été, de sa part, l'objet d'une transformation profonde et importante au point de vue mécanique. Ne citons que les principales.

Le concassage des matières premières, soudes et chaux, qui se pratique encore à bras d'homme au moyen de lourds marteaux appelés *platines*, est fait par des concasseurs mécaniques à vapeur. Le pesage se fait au moyen de balances charretières de 20 tonnes munies d'enregistreurs et vérificateurs automatiques. — Le service des barquieux qui avait lieu, emplissage et vidange, dans des hottes portées à dos d'homme, se fait sur wagonnets en tôle circulant sur un chemin de fer partant des magasins d'arrivée et retournant aux cours de dépôt. — Toutes les manœuvres de la pâte qu'elles qu'elles soient, tous les envois de lessives aux chaudières d'empâtage et de relargage, les retours des lessives épuisées aux barquieux, se font au moyen de pompes actionnées par la vapeur. — Il en est de même du coulage dans les mises qui se fait encore dans la plupart des usines en extrayant de la chaudière à l'aide de cuillères en fer, nommées *praddous*, en la versant dans des *cornues*, vases métalliques que les ouvriers portent sur la tête ou transportent à l'aide de deux poignées, et qu'ils déversent dans les mises ; c'est le jeu d'une pompe rotative à double effet qui, dans les usines Morel, refoule la pâte dans des carneaux d'où on la donne dans les mises. — Il en est de même de toutes les autres opérations : découpage, estampage, tim' rage, etc.

De même toutes les manutentions et tous les transbordements sont simplifiés au moyen de wagonnets en fer circulant dans tous les ateliers, de monte-charges à vapeur, etc.

Enfin on peut encore compter comme améliorations introduites dans l'outillage général, le service mécanique d'élévation et de distribution des eaux nécessaires en si grande quantité à cette industrie ; et l'éclairage au gaz d'huile de schiste que la maison fabrique elle-même dans des appareils et gazomètres qu'elle a installés dans un bâtiment spécial.

DÉBOUCHÉS. — Nous ne pouvons donner aucune indication à ce sujet. La marque de la maison Morel est connue et appréciée dans tout le monde entier, et la maison a, dans toutes les villes importantes, des correspondants qui lui assurent des débouchés considérables avec un service de représentation puissamment organisé.

RÉCOMPENSES. — On conçoit, par les quelques considérations qui précèdent, que la maison Morel ait enlevé de haute main les plus importantes récompenses décernées à l'industrie des savons, dans toutes les expositions et dans tous les concours où elle peut avoir exposé ses produits. Nous ne pouvons en donner la nomenclature complète. Nous indiquerons seulement les principales de celles que la maison a obtenues dans les quinze dernières années.

1871. — Le Havre	**Médaille d'Argent.**
1872. — Lyon	**Premier prix.**
1878. — Paris. — Exposition universelle.	**Médaille d'Argent.**
1885. — Anvers. — » »	**Médaille d'Argent.**
1885. — Nice	**Médaille d'Or.**
1885. — Vesoul. — membre du jury	**Hors concours.**
1885. — Marseille	**Médaille d'Or.**

SAVONNERIE
ROULET Fils & Cie
MARSEILLE

HISTORIQUE. — Ces établissements fondés en l'an 1807 par Monsieur Auguste Roulet et dirigés jusqu'en 1884 par ses fils MM. Charles et Henry Roulet, le sont aujourd'hui par M. Auguste Roulet, petit-fils du fondateur, et M. Emile Roustan, son associé.

PHASES ET TRANSFORMATIONS. — Le fondateur, M. Auguste Roulet ne s'était occupé que de la fabrication des savons marbrés bleu pâle et bleu vif, les savons blancs de ménage, à base d'huiles concrètes, n'étant pas encore connus à son époque. Plus tard, ses fils, tout en conservant à leur marque de savon bleu la supériorité acquise dès le début, commencèrent à fabriquer les savons blancs. Les perfectionnements apportés par la maison Roulet fils et Cie à la fabrication de cette sorte, pendant ces dernières années lui donnèrent une rapide extension, aujourd'hui leur marque « **LE LILAS** » jouit d'une juste réputation.

PRODUCTION ET IMPORTANCE. — L'usine exploitée par M. Roulet fils et Cie se divise en deux parties distinctes, l'une pour les savons bleus et l'autre pour les savons blancs. Deux générateurs produisent la vapeur nécessaire au travail mécanique et à la fabrication proprement dite. Sa superficie totale est de 3.817 mètres carrés, sa production annuelle de 4.500.000 kilogrammes. Elle nécessite, toute l'année, l'emploi d'un personnel de 40 à 50 employés, savonniers, chauffeurs, mécaniciens, caissiers, emballeurs, camionneurs qui, pour la plupart sont depuis de très longues années au service de la maison et ont maintes fois prouvé leur attachement et leur dévouement à leurs patrons ; trois d'entr'eux ont actuellement plus de 25 ans de service et, il y a deux ans s'est éteint, à l'âge de 98 ans, un ouvrier qui depuis 1807 n'avait jamais cessé de faire partie du personnel. Devenu infirme depuis une quinzaine d'années, la maison lui a fourni une pension de retraite jusqu'à sa mort, pension bien méritée par ses longs et loyaux services.

PROGRÈS ET INSTITUTION EN FAVEUR ES OUVRIERS. — Il a été établi, en outre, pour les ouvriers, un économat grâce auquel certains produits alimentaires leur sont fournis au prix du gros. Amie du progrès, la maison Roulet fils et Cie a recherché les précieux enseignements de la science et introduit, dans sa fabrication, divers perfectionnements d'une extrême importance qui lui ont permis d'améliorer sans cesse ses produits, d'en diminuer le prix de revient et de mettre ainsi à la portée de tous les qualités supérieures qu'elle s'est exclusivement bornée à fabriquer depuis sa fondation.

C'est toujours en poursuivant ce but qu'elle extrait actuellement la glycérine contenue dans les huiles employées et qui était jadis complètement perdue.

Un chimiste spécial est attaché à l'établissement.

DÉBOUCHÉS. — La maison Roulet fils et Cie expédie ses savons dans toute la France où elle a de nombreux agents. Elle s'est créé des relations suivies avec la Belgique, la Suisse, l'Italie, la Hollande, la Suède, la Turquie, l'Egypte, l'Amérique du Nord et l'Amérique du Sud.

RÉCOMPENSES. — Londres 1862, prize medal — Toulouse 1865, médaille d'or — Bordeaux 1865, diplôme d'honneur — Exposition universelle de Paris 1867, médaille d'or — Croix de la Légion d'honneur à M. Henry Roulet — Exposition universelle de Paris 1878, deux médailles d'or, Croix de la Légion d'honneur à M. Charles Roulet et grand diplôme d'honneur du syndicat de la savonnerie.

SAVONNERIES
de M. CHARLES ROUX FILS

USINES { 79-81, rue Sainte / et 5, rue Rigord } à MARSEILLE.

HISTORIQUE. — La maison Charles Roux fils a été fondée, le 15 janvier 1828, par M. Charles Roux qui en a conservé la direction jusqu'à sa mort, survenue en 1870. Depuis cette époque, elle est dirigée par son fils M. *Jules Charles Roux*, de concert avec son beau-frère, M. *Charles Canaple*, avec lequel il est associé. La raison de commerce est restée toutefois **Charles Roux fils**.

Pendant les quarante deux années qu'il a dirigé la maison, M. Charles Roux n'avait produit dans la seule usine qu'il exploitait 79 et 81 rue Sainte, que du *savon marbré*, *bleu pâle et bleu vif*. Mais à dater de cette époque, la direction nouvelle entreprit la fabrication du *savon blanc de teinture* à base d'huile d'olive. Elle a acheté l'ancienne et excellente marque **Daumas d'Alléon**; puis elle s'est mise également à fabriquer du *savon unicolore de ménage*, à base d'huiles concrètes, sous la marque **La Cornue**. Ces deux marques sont aujourd'hui bien connues sur tous les marchés où elles jouissent d'une réputation justement méritée.

Cette augmentation a nécessité l'adjonction d'une seconde usine spécialement affectée aux savons blancs. Les deux usines sont mues par la vapeur.

IMPORTANCE. — **PRODUCTION**. — La superficie de l'usine de la rue Sainte est de 3,264 mètres carrés; celle de l'usine de la rue Rigord est de 1,195 mètres carrés, soit au total, 4,459 mètres carrés, qui occupent en moyenne 70 à 80 ouvriers: chauffeurs, savonniers, emballeurs, caissiers, charretiers, etc. etc.

La production annuelle en savon marbré, bleu pâle et bleu vif est	3,500,000 k.
— blanc pour teinture	1,500,000
— blanc de ménage	3,000,000
Production totale	8,000,000 k.

PROGRÈS RÉALISÉS. — Tous les progrès amenés par les découvertes de la chimie moderne et les perfectionnements des sciences mécaniques ont été réalisés dans ces usines; et M. Charles Roux a été le premier savonnier qui ait contribué à sortir la savonnerie de la routine en installant un *Laboratoire de Chimie* pour l'étude des corps gras. Ce laboratoire est actuellement dirigé par M. Caillol de Poncy, licencié ès-sciences, qui, sous le contrôle de M. J. Ch. Roux, examine toutes les matières premières employées et les nouveaux corps gras importés par le commerce.

Les principaux employés sont intéressés dans les bénéfices. Un exemple frappant de la solidarité créée entre les patrons et ouvriers de la maison est la continuité et la longueur des services rendus. Ainsi le caissier actuel compte, dans la maison, 42 ans de service; — le teneur de livres, 40 ans; — le chef de la correspondance, 27 ans; le commis en douanes, 23 ans; — les contre-maîtres, 15 à 18 ans ayant succédé d'ailleurs à leurs devanciers morts au service de la maison.

DÉBOUCHÉS. — La maison Charles Roux fils expédie des savons dans toute la France et a installé des agents dans tous les départements. Elle exporte en Suisse, en Angleterre, en Amérique, en Chine et au Japon.

Le chiffre des affaires varie entre 4,500,000 et 5,000,000 de francs.

RÉCOMPENSES. — A l'Exposition universelle de Paris en 1855; *Médaille de 1ʳᵉ classe*, *personnelle*, en dehors de la Médaille collective accordée à la savonnerie marseillaise, grâce aux efforts de M. Charles Roux. — Exposition universelle, Londres 1862: *Médaille d'or* et *Croix de la légion d'honneur*. — Exposition universelle de Paris, 1867, *Médaille d'or*. — Exposition universelle de Philadelphie, *Médaille et Croix de la légion d'honneur* à M. Jules Charles Roux fils. — Exposition universelle de 1878 à Paris: *Médaille d'or personnelle* en dehors du diplôme d'honneur décerné à la savonnerie marseillaise. — Citons encore: Montpellier, 1868; Marseille, 1861; Nice et Toulouse: dans chacune de ces expositions, la maison Charles Roux fils a obtenu des Diplômes d'honneur.

Ed. JULLIEN et SES FILS,

FABRICANTS-TANNEURS.

à Marseille.

HISTORIQUE. — En 1847, M. Édouard Jullien fondait à Marseille l'établissement qu'il dirige encore aujourd'hui en société avec ses fils, sous la raison sociale **Ed. Jullien et ses fils**, fabricants-tanneurs, à Marseille.

L'objet de cet établissement est le tannage des peaux en tous genres, et spécialement le tannage en croûte des peaux de chèvre pour tous les genres auxquels elles peuvent être appliquées. La tannerie de MM. Ed. Jullien et fils alimente, en effet, toutes les grandes manufactures qui corroient la peau de chèvre tannée en croûtes.

IMPORTANCE. — **USINE**. — La tannerie de MM. Ed. Jullien et fils est, sans contredit, une des plus importantes de toute la contrée. Elle occupe environ 950 personnes, et sa production, en temps ordinaire, est de 5000 douzaines environ de peaux par semaine, soit en totalité 3 120.000 peaux par an. Cette fabrication représente une valeur annuelle de neuf à dix millions de francs.

Cette usine, très vaste, est admirablement outillée et aménagée en vue des résultats à obtenir. Les opérations s'y succèdent dans un ordre méthodique et régulier de nature à éviter toute confusion et toute fausse main-d'œuvre dont le résultat serait d'augmenter le prix de revient. La *division du travail*, ce facteur si fécond de l'industrie moderne, y est rigoureusement appliquée, de façon que toutes les opérations si minutieuses de la tannerie, étant toujours pratiquées par les mêmes ouvriers, sont toutes exécutées dans la plus grande perfection et avec la plus grande célérité.

Au point de vue de l'hygiène des ouvriers, l'aération et la ventilation sont parfaitement aménagées dans tous les ateliers de la Tannerie.

PROGRÈS RÉALISÉS. — MM. Ed. Jullien et ses fils ont progressivement muni leur usine de tous les engins et appareils mécaniques les plus récents et les plus perfectionnés. Cet important outillage est actionné par une machine à vapeur de 60 chevaux. Ils obtiennent ainsi, avec une grande rapidité, et à beaucoup moins de frais des produits qui, pour la bonté de la fabrication, sont les plus estimés.

Les progrès qui ont été réalisés par eux dans cette fabrication ont été hautement appréciés des spécialistes et ont, dans chaque occasion, fixé l'attention des jurys qui ont eu à les examiner. C'est ainsi qu'en 1878, à la suite du rapport du jury des récompenses à l'exposition universelle, à Paris, **M. Ed. Jullien** a été nommé **chevalier de la légion d'honneur**.

EXPOSITIONS DIVERSES. — Cette haute distinction nationale justement méritée, n'est pas la seule récompense que la maison Ed. Jullien et ses fils, ait obtenue. Dans toutes les expositions, dans tous les concours où elle a jugé à propos d'envoyer les produits de sa fabrication, elle a été honorée des plus hautes récompenses attribuées à ce genre d'industrie. Nous ne pouvons en donner la liste complète. Nous nous contenterons de citer les principales.

1861. — **Médaille en vermeil** décernée par la Société de statistique de Marseille.
1861. — **Médaille d'or** à l'exposition de Marseille.
1867. — **Médaille d'or** à l'exposition universelle, à Paris.
1872. — **Diplôme d'honneur** à l'exposition de Lyon.
1873. — **Diplôme hors concours** à l'exposition de Lyon.
1878. — **Médaille d'or** et **Croix de la légion d'honneur**, à l'exposition universelle de Paris.

SOCIÉTÉ D'EXPLOITATION DU MERCURE
A. AUERBACH & C°

SIÈGE SOCIAL : St-PÉTERSBOURG , Moïka , 38.
REPRÉSENTANT A PARIS : M. A. RAQUET Aîné,
23, Passage Saulnier.

HISTORIQUE. — En 1885, l'Ingénieur des mines russe, M. Alexandre Auerbach, a fondé une société pour l'exploitation du gisement de cinabre découvert en 1879 par l'Ingénieur des mines, M. Minenkoff.

Le 14/26 Décembre 1886, l'usine a commencé à fonctionner.

POSITION GÉOGRAPHIQUE. — La mine et l'usine de mercure se trouvent dans la Russie méridionale, au gouvernement d'Ekathérinoslaw, district de Bakmouth, à 4 kilomètres à l'Est de la station Nikitowka du chemin de fer Koursk-Karkoff-Azof.

CONDITIONS GÉOLOGIQUES. — Le gisement de cinabre appartient à la formation houillère. Le cinabre est imprégné dans un grès houiller, mais où il ne s'est pas déposé pendant la formation du grès, mais plus tard, quand a eu lieu le soulèvement des couches. La couche minérale qui a une épaisseur de 4-5 mètres, a la direction de l'Est à l'Ouest, avec une pente de 50° vers le Nord.

INSTALLATIONS DE LA MINE. — La mine possède un puits d'extraction principal, fourni d'une machine d'extraction de 50 chevaux, d'une machine d'épuisement de 40 chevaux, de deux pompes à vapeur directes système Cameron de 40 chevaux chacune, et de 4 puits secondaires fournis de treuils à chevaux.

Prix de revient du minerai, 5-6 fr. la tonne.

Pour le triage du minerai, il y a un atelier à part, fourni de broyeurs et de cribles mécaniques, mis en mouvement par une machine à vapeur de 20 chevaux.

Le minerai est divisé en 4 catégories, savoir :

N° 4, grosseur de 35-150 m. m.
   3,   »   12-35   »
   2,   »   au-dessous de 12 m.m.
   1, le minerai le plus riche, choisi à la main et broyé à une grosseur de 5 m. m. et au-dessous.

Prix de revient du minerai trié, de 8-11 fr. la tonne.

Tous les bâtiments sont éclairés à l'électricité.

INSTALLATIONS DE L'USINE :

Nombre des fours.	DENOMINATION des FOURS.	N. N. du minerai que traitent les fours.	Traitement du minerai par four en 24 heures, en tonnes.	Nombre d'ouvriers employés par four et journée.	Consommation du Combustible en kilogr. par tonne de minerai.	Prix du traitement du minerai par tonne en francs. [1]
1	Four à cuve d'Idria, modifié par A. Auerbach.....	4	20	5 1/3	40	4.0
2	Fours à cuve , système A. Auerbach,	4	10	5 1/3	35	3.3
1	Double four à réverbère d'Idria	3-2	8	7 1/2	125	13.6
1	Double four, système Cermack.........	3-2	10-15	9 1/2	41	3.4
1	Four , système A. Auerbach.....	1	7	3	60	1.0

Tous les fours sont fournis de manteaux en fonte ou en tôle de fer, et fermés hermétiquement pour que les vapeurs de mercure ne puissent passer à travers les murs (des fours) et nuire à la santé des ouvriers.

La condensation des vapeurs se produit dans des condensateurs en fonte, du système Cermack, qui sont actuellement les meilleurs.

PRODUCTION DU MERCURE. — La première année, 1887, l'usine a produit 62.581 kilogr. de mercure, et en 1888, 160.906 kilogr. mais avec le nombre de fours que l'usine possède aujourd'hui, elle est en état de traiter 51.200 tonnes de minerai par an, et comme le rendement du mercure est de 70 kilogr. par tonne, la production annuelle de mercure doit être de 358.400 kilogr.

PRODUITS EXPOSÉS. — Mercure par comme il va au marché.

Collection du minerai et des roches encaissantes.

Collection des produits de l'usine.

Dessins et photographies.

(1) Y compris l'emballage du mercure en bouteilles de fer forgé.

Société Générale des Cirages Français

Siège social : 11, rue Beaurepaire, 11, PARIS.

USINES DE LA SOCIÉTÉ :

SAINT-OUEN-PARIS.

LYON (Rhône), 93, rue de la Pyramide.

SANTANDER (Espagne), route de Miranda.

STETTIN (Allemagne), 3 et 4, Wasserstrasse.

ODESSA (Russie), Moldowanka.

MOSCOU (Russie), rue Domnikowskaya.

FORGES D'HENNEBONT { KERGLAW (Morbihan), Forges et Laminoirs.
LOCHRIST (Morbihan), Laminoirs.

NANTES (Loire-Inférieure), Imprimerie sur métaux.

MAISONS DE LA SOCIÉTÉ :

PARIS. — 168, Rue Saint-Denis.

LYON. — 9, Place de la Plâtière.

MARSEILLE. — 6, Boulevard du Nord.

RÉCOMPENSES:

1888	Barcelone	Hors Concours.
1887	Hanoï	Hors Concours.
1887	Toulouse	Diplôme d'Honneur.
1885	Anvers	Diplôme d'Honneur et une Médaille d'Or.
1884	Boston	Premier Grand Prix.
1884	Odessa	Une Médaille d'Argent.
1883	Amsterdam	Diplôme d'Honneur et une Médaille d'Or.
1882	Moscou	Deux Médailles, dont une en Argent et une en Bronze.
1878	Paris	Une Médaille d'Or et deux d'Argent.
1877	Ville du Cap	(*Exposition Internationale du Sud de l'Afrique*). Médaille d'Argent.
1877	Angers	Diplôme d'Honneur.
1876	Philadelphie	Deux premières Médailles.
1875	Paris	(*Exposition Maritime et Fluviale*). Médaille d'Or.
1873	Vienne	Deux Médailles de Mérite.
1872	Lyon	(*Exposition Universelle*) Médaille d'Argent.
1868	Le Havre	(*Exposition Internationale*) Médaille d'Argent.
1867	Paris	(*Exposition Universelle*) Médaille d'Argent.
1865	Bordeaux	Médaille d'Argent.
1860	Besançon	Médaille d'Argent.
1855	Paris	Médaille de 2ᵉ classe.
1849	Paris	Médaille de Bronze.
1844	Paris	Médaille de Bronze.
1839	Paris	Médaille de Bronze.

Société Générale des Cirages Français

Administration : 11, rue Beaurepaire, 11, PARIS.

La Société générale des cirages français est la plus vaste entreprise exploitant la fabrication des cirages, vernis pour chaussures, encres, noirs d'os et leurs dérivés, ainsi que la pâte à nettoyer et polir les métaux inventée par la société, sous la dénomination de pommade magique.

La Société fabrique ses fers, les étame et les imprime elle-même, avec des machines de son invention, pour la confection de ses propres boîtes et de celles qu'elle livre à toutes les industries.

ÉLÉMENTS DE CONSTITUTION DE LA SOCIÉTÉ.

Née de la fusion des deux plus importantes maisons de cirage en France, celle de MM. E. Berthoud et Cie (successeurs des marques Jacquand père et fils, propriétaires de la marque Dubois et Cie de Rive-de-Gier, fondée en 1825), celle de MM. A. Jacquot et Cie fondée en 1828, la Société générale des cirages français est constituée au capital de huit millions de francs.

Indépendamment des grandes usines de Lyon et de St-Ouen, créées par MM. Berthoud et Cie, la société possède les usines de Santander, Stettin et Odessa fondées par MM. A. Jacquot et Cie, et celle de Moscou, installée récemment par la Société, pour la fabrication des cirages, noirs d'os, vernis, encres, etc., et de tous les sous-produits.

Chacun de ces établissements est pourvu d'étameries pour les fers-blancs, de presses pour l'impression des boîtes, et d'ateliers de mécanique et d'ajustage pour l'entretien et la fabrication de l'outillage.

Pour assurer à ces divers établissements, dont la consommation journalière de tôle noire est de 20,000 à 25,000 kilogrammes, un approvisionnement régulier et à des prix toujours avantageux, la société s'est rendue acquéreur de l'ensemble des usines de Kerglaw, de Lochrist et de Nantes, constituant l'établissement des forges d'Hennebont.

ADMINISTRATION ACTUELLE DE LA SOCIÉTÉ.

La Société générale des cirages français est actuellement dirigée par quatre membres délégués du conseil d'administration : MM. Eugène Berthoud et Auguste Jacquot, à Paris, M. Jean Berthoud, à Lyon, et M. Jules Trottier, à Hennebont.

On voit que les fondateurs mêmes de la société en ont conservé l'entière direction, ce qui ne peut que lui assurer l'incontestable supériorité qui distinguait leurs anciennes maisons.

PRODUCTION DE LA SOCIÉTÉ.

La production en cirage est annuellement de 12 à 15 millions de kilogrammes de pâte, soit une moyenne journalière de 35,000 à 40,000 kilogrammes.

La fabrication des boîtes de toutes dimensions est de un million de boîtes par jour, soit 300 millions par an.

Seize paires de meules, constamment en activité dans les diverses usines, suffisent à l'approvisionnement des noirs que la société produit, tant pour ses besoins que pour la vente, dont la quantité annuelle s'élève à environ 6 millions de kilogrammes.

Seize (1) machines à imprimer, de notre système breveté, et qui sont la propriété exclusive de la société, sont constamment en travail pour ses besoins.

750 Chevaux-vapeur donnent le mouvement aux machines des usines produisant le cirage et les boîtes métalliques.

Le personnel employé est de 4,000 ouvriers, sans aucun chômage.

Les récompenses élevées, obtenues jusqu'à ce jour dans toutes les grandes expositions internationales, et dont nous donnons la liste au seuil de cette notice, témoignent d'ailleurs suffisamment de la supériorité de notre fabrication.

(1) Indépendamment des 12 autres qui fonctionnent à Hennebont.

SOCIÉTÉ DES MINES DE LENS

Propriétaire des Concessions de LENS et de DOUVRIN

Département du PAS-DE-CALAIS.

		LENS et DOUVRIN
Étendue des concessions	Hectares.	6939
Chiffre du personnel		5724
Nombre de maisons d'employés et d'ouvriers		2116
Production annuelle de charbon	Tonnes.	1.500.000
Nombre de couches exploitables		58
Puissance moyenne des couches	Mètre.	0^{m}84
Profondeur des étages	Mètres.	179 à 360

Produits : Charbon domestique. — Charbon à gaz. — Charbon industriel. — Charbon pour coke. — Charbon de forge. — Charbon pour fours à chaux et pour cuisson de briques.

Classements : Tout venant. — Criblé. — Gros. — Gailleterie. — Gailletin. — Grenu. — Noisettes fines. — Poussiers.

Nombre de sièges d'extraction		8
Id. id. en préparation		1
Atelier de réparations		1
Rivage. — Appareils mécaniques de chargement		1
Lavoirs		1
Chemins de fer. — Voies à grande section (garages compris)	Kilomètres.	70^k
Locomotives	Nombre.	19
Wagons de 10 tonnes et divers	Id.	790
Force motrice. — Machines à vapeur	Id.	71
Id. Machines actionnées par l'air comprimé : Pompes et machines diverses	Id.	74
Id. Machines à comprimer l'air	Id.	12
Id. Machines	Chevaux-vapeur.	7406
Id. Chaudières	Nombre.	84

Machines d'extraction à détente variable. — Machine d'extraction à air comprimé, installée au fond et directement au-dessus du puits. — Machines d'épuisement à vapeur et à air comprimé installées au fond. — Ventilateurs Guibal, Lemielle et Fabry.

Trainages souterrains commandés par machines à air comprimé souterraines.

Revêtements souterrains spéciaux : Taquets hydrauliques pour chargement des cages. — Guidage en fer.

Bureaux d'Études.

SOCIÉTÉ DES MINES DE LENS

(PAS-DE-CALAIS).

Siège social : à LILLE (Nord).

Agent Général : M. Ed. BOLLAERT, à LENS (Pas-de-Calais).

La Société des Mines de Lens expose :

1° Un plan de la surface de ses concessions de Lens et de Douvrin, dont la superficie réunie mesure 6930 hectares. Sur ce plan figurent ses puits au nombre de 12, formant 9 siéges d'extraction ; ses ateliers, cités ouvrieres, écoles, etc...... dont l'ensemble représente une dépense de premier établissement s'élevant à 35.737.612 fr. 04.

2° Un atlas de dessins reproduisant l'ensemble et les détails de l'installation du siège n° 7, St-Léonard.

3° Une coupe hypothétique du terrain houiller par les fossès 2, 5, 7 et 8.

4° Une coupe à l'échelle 1/500 des terrains explorés et des couches exploitées.

5° Plan panorama de la région méridionale de la concession.

6° Divers diagrammes de la production et photographies des principaux établissements de la Société.

7° Un spécimen de puits d'extraction dont tous les éléments, sauf le chevalet, sont empruntés aux installations souterraines de la Société des Mines de Lens.

L'organisme exposé a pour objet principal de faire connaître les engins étudiés et appliqués par la Société en vue d'assurer la sécurité des ouvriers qui se rendent à leur travail par la voie des cages d'extraction ; il donne aussi un exemple de l'emploi de l'air comprimé à l'intérieur de la mine et reproduit le type des recettes et du matériel ordinaire utilisé pour le transport et l'extraction des produits.

8° Divers échantillons de houille. — Qualités et classification des produits de la Société.

SOCIÉTÉ S. M. SCHIBAEFF & CIE

MOSCOU-BAKOU.

PÉTROLE & HUILES DE NAPHTE

FONDATION. — Les usines ont été établies en 1880 par Monsieur S. M. Schibaeff et mises en actions en 1885. La Société possède aujourd'hui un :

CAPITAL de 15,000,000 de francs.

SITUATION. — Les fabriques sont situées près de la ville de Bakou (Caucase) au bord de la mer Caspienne. La Société possède d'abondantes sources de naphte d'une très riche nature, situées sur le plateau de Balakhany à 9 kilomètres des usines. Ces puits sont reliés aux raffineries par un tuyautage.

OUVRIERS : L'usine occupe plus de 500 ouvriers. Pour leur habitation la Société a construit 45 bâtiments, en outre il se trouve un hôpital et une école d'enfants dans l'établissement.

PRODUCTION : Les usines sont emménagées selon les plus nouveaux et meilleurs systèmes et elles sont arrivées, sur une exploitation annuelle de 200,000 tonnes françaises de Naphte brute,

à produire :

environ 72,000 tonnes françaises de pétrole

environ 24,000 tonnes françaises d'huiles diverses.

En outre il est produit dans la section chimique de l'établissement :

environ 5,000 tonnes françaises d'acide sulfurique.

MOYENS DE TRANSPORT : Le transport des produits sur les chemins de fer du Caucase et de la Russie se fait, en plus grande partie, au moyen de wagons-citernes au nombre de 300, appartenant à la Société.

Sur la mer Caspienne et le Wolga la Société possède des Vapeurs-Citernes pour le transport de ses pétroles destinés à la consommation russe.

L'EXPORTATION se fait en général viâ Batoum, où la Société a une grande station d'embarquement avec d'importants réservoirs pour le pétrole et de vastes entrepôts pour les huiles. La Société a construit, pour le chargement des Vapeurs, des quais facilement accessibles.

ENTREPOTS EN RUSSIE : outre de grandes stations de réservoirs et de docks à Zarizyn et Nijni-Novgorod la Société entretient des entrepôts dans toutes les grandes villes de l'Empire.

ENTREPOTS A L'ÉTRANGER dans la plupart des grands ports européens, notamment en France, Italie, Espagne, Pays-Bas, Allemagne, Autriche, Angleterre, Skandinavie et en Suisse.

REPRÉSENTATION :

Représentant général,

M. Ernst BRUNTSCH,

Moscou et Lyon.

RÉCOMPENSES :

Grande médaille d'or à Moscou (1882).
Grande médaille d'or à Naples (1884).
Grande médaille d'or à Naples (1884)
Diplôme d'honneur à Odessa (1884).
Grande médaille à Odessa (1884).
Grande médaille à New-Orléans (1884/5).
Gr^{de} médaille d'or à New-Orléans (1885/6).
Diplôme d'honneur à Louisville (1885).
Grande médaille d'or à Anvers (1885).
Médaille d'or à Marseille (1886).
Médaille d'or à Barcelone (1888).

RUSSIE
ROYAUME DE POLOGNE

Exposition collective de Laines pour Drap fin
GROUPE V. — CLASSE 44.

La Collection a été organisée par le Comte Albert POLETYLO, Membre supplémentaire du Comité de Varsovie pour l'Exposition de 1889, délégué pour l'Agriculture et l'Élevage.

56 Exposants par deux Toisons, l'une brute et la deuxième lavée.

Production annuelle : Environ 200,000 kilogrammes.

1 Rozanka. Comte Auguste ZAMOYSKI.

2 Korczew. Comtesse OSTROWSKA.

3 Rozkosr. Comte L. MIELZYŃSKI.

4 Poddebice. Napoléon ZAKRZEWSKI.

5 Chelmo. Boleslas SKORZEWSKI.

6 Falecice. Ladislas MYSYROWICZ.

7 Konstantynów. Comte ALEXANDROWICZ.

8 Wierzchowiska. Jean KOZMIAN.

9 Ustków Malków. Frères PSTROKOŃSKI.

10 Grabanów. Comte GRABOWSKI.

11 Sluzewo. Léon WODZIŃSKI.

12 Slubice. Eugéne GRZYBOWSKI.

13 Kozlówka. Comte Constantin ZAMOYSKI.

14 KOCK. Édouard ZOLTOWSKI.

15 Kruszyna. Prince Eugéne LUBOMIRSKI.

16 Ustrzesz. Édouard RULIKOWSKI.

17 Kluczkowice. Jean KLENICWSKI.

18 Swierze. Mme ORSETTI.

19 Wojslawice Leszczany. Comtes Léopold et Witold POLETYLO.

20 Niedrzwica. Gustave MAZURKIEWICZ.

21 Maluszyn, Praszka, Piaszczyce, Moskorzew. Comtes OSTROWSKI.

22 Brochów. Jean LASOCKI.

23 Luszyn. Adam GRABSKI.

24 Ryki. Henri UNRUG.

25 Stawiski. Stanislas KISIELNICKI.

26 Kijany, Stanislas SONNENBERG.

27 Wola Pekoszewska. Jean GORSKI.

28 Kurowice. Mme JREBICKA.

29 Strzeskowice. Stanislas BRZEZINSKI.

30 Sterdyń. Louis GORSKI.

31 Osuchów. Zdzislas JASIENSKI.

32 Wojcieszków. Cte Thadée ZYBERK-PLATER.

33 Krasne. Comte Louis KRASIŃSKI.

34 Borowina. Grégoire LIPCZYŃSKI.

35 Dolhobyczów. Miecislas d'EPSTEIN.

36 Broguszyce WIERZBICKI.

37 Wola Ossowińska. Alexandre MAKOWSKI.

38 Labunie. Comte Jean JARNOWSKI.

39 Laszczów. Comte SZEPTYCKI.

40 Stobno. Comte Xavier MIKORSKI.

41 Chrzastów. Comte Rodrigue POTOCKI.

42 Podhorce. Marcel WYDZGA.

43 Konary. Adam HELBICH.

44 Rogów. Comte Wlodimir SKORZEWSKI.

45 Kociolki. Venceslas LUSZCZEWSKI.

46 Motkowice. Constantin GORSKI.

47 Oksa. Princesse Ferdinand RADZIWILL.

48 Moczydlo. Louis KUGLER.

49 Branica. Stanislas SZLUBOWSKI.

50 Kobiele-Weilkie. Casimir TYMOWSKI.

51 Beldów. Jean WEZYK.

52 Werbkowice. Antoine SZYDLOWSKI.

53 Obory. Comte Wlodimir POTULICKI.

54 Worotniów. Comtesse MECINSKA.

55 Przewodowo. Gustave PONIKIEWSKI.

56 Rychnów. Auguste KASINOWSKI.

MM. CHAPPAT & CIE

Successeurs de BOUTAREL et Cie

à CLICHY-LA-GARENNE (Seine).

HISTORIQUE. — L'établissement de MM. Chappat et Cie est la plus ancienne teinturerie parisienne industrielle, car elle a été fondée en 1800 par **Pierre Gonin** qui ne s'occupait, dans ses ateliers de l'île Saint-Louis, que de la teinture, en toutes nuances, des écheveaux de laine, de soie et de coton. En 1822, M. François Boutarel, gendre de Pierre Gonin, apportait dans l'usine, dont il devenait l'un des gérants comme associé de son beau-père, la teinture et l'apprêt de toutes les étoffes de laines tissées en écru. Resté seul à la tête de l'établissement en 1828, M. F. Boutarel le dirigea pendant quinze années ; en 1845, il le transporta à Clichy-la-Garenne dans l'emplacement qu'il occupe encore aujourd'hui. De 1850 à 1860 il fut dirigé par M. Aimé Boutarel qui s'associa M. Louis Chappat. En 1870 la direction passa aux mains de MM. Chappat père et fils, et, enfin en 1885, la mort de M. Chappat père, laissait la direction de l'usine à M. F. Chappat, son fils, qui la dirige depuis 30 ans et la maintient à la hauteur où l'ont placée les travaux de son père et de ses devanciers.

PRODUCTIONS. — Les exploitations de l'usine comprennent les teintures et les apprêts des étoffes de laine pure, ou de laine et soie, telles que : *mérinos ; cachemires d'Écosse et de l'Inde ; valencias ; voile ; bagnos ; mousseline ; châles ; vigogne ; armures ; diagonales ; drap amazone ; drap d'été ; articles de Reims, Roubaix, etc. et tous tissus à fouler.* Depuis quelques années, M. Chappat a monté et aménagé un atelier spécial pour le traitement et l'apprêt des *jerseys*, tissu qui a reçu de la mode, le plus brillant accueil.

Depuis sa fondation, l'usine a suivi, quant à l'importance de sa production, une progression considérable. Voici les moyennes des trois dernières périodes décennales.

En 1865, fabrication 119.000 pièces de 80^m soit environ 9.520.000 mètres ; en 1876, 133.000 pièces de 100^m soit 13.300.000 mètres ; enfin de 1876 à 1884 la moyenne a dépassé 150.000 pièces de 100 mètres ; c'est-à-dire plus de 15.000.000^m, soit par jour plus de 500 pièces teintes et apprêtées.

USINE. — L'usine, située à Clichy, entre la rue du Réservoir et la rue Fourrier qui la dessert dans toute sa longueur, occupe une superficie de un hectare et demi. Elle est outillée des machines les plus récentes et les plus perfectionnées pour les opérations multiples qu'elles doivent accomplir : machines à griller, à ébrouir, à fouler et à foularder, à dégorger, à sécher, à tondre, à garnir, à apprêter, à presser, enfin à moudre et à varloper les bois de teinture. — La force est de 125 chevaux ; le nombre des générateurs est de neuf, pouvant produire ensemble 580 chevaux vapeur. — L'eau nécessaire aux opérations et à la production de vapeur est aspirée de la Seine par dix pompes.

Les ateliers, bien aérés, bien ventilés et bien éclairés, sont, en outre, disposés et aménagés dans un ordre méthodique et rationnel qui supprime les fausses mains-d'œuvre, et facilite la surveillance. — L'usine possède en outre une forge, des tours, un atelier de réparations, des voitures et une écurie de 16 chevaux pour les livraisons en ville des pièces teintes et apprêtées.

L'établissement occupe plus de 500 ouvriers dont la plupart ont fait leur apprentissage dans la maison même. Ils sont unis entre eux par une *caisse de secours mutuels* qui assure l'assistance à chacun en cas de maladie ou d'accident. De plus, les directeurs successifs, fortement préoccupés d'assurer le sort de leur population ouvrière ont établi, dans ce but, toute une série d'institutions philanthropiques.

RÉCOMPENSES. — Les récompenses obtenues dans les divers concours ou expositions sont trop nombreuses pour être citées. Rappelons seulement qu'en 1844 l'usine recevait une **médaille d'or** et que peu après, la décoration de la **Légion d'honneur** venait récompenser M. F. Boutarel de ses travaux ; — en 1862 la maison Chappat et Cie recevait à Londres, **une grande médaille d'or;** — en 1867 M. Aimé Boutarel était nommé membre du jury et l'usine placée **hors concours ;** — en 1883, elle obtenait un **diplôme d'honneur** à Amsterdam, etc.

C. LÉVY & J. WILLARD

5 et 7, rue Dieu, et rue Beaurepaire, 18, PARIS.

Plumes, Duvets, Crins, Laines, Soies & Poils

COUVERTURES.

FONDATION. — La maison C. Lévy et I. Willard remonte à 1840. Elle fut fondée à Mulhouse (Haut-Rhin) par M. C. Lévy qui dirigea la maison dans ses débuts, et resta seul à sa tête jusqu'en 1854, époque où il s'adjoignit, M. I. Willard, son beau-frère.

Pendant les vingt premières années, la maison se borna à l'exploitation des produits de la contrée. Jusqu'en 1860, ses opérations se firent dans un cercle relativement restreint, et ce n'est qu'après avoir assuré son fonctionnement par une longue expérience qu'elle commença à étendre ses relations. Elle fit visiter la France et l'étranger, et entreprit un mouvement d'importation et d'exportation qui s'accrut d'année en année. Et pendant que les relations commerciales de la maison prenaient une extension considérable, les fils de C. Lévy, qui se trouvent actuellement à la tête de la maison de Paris, parcouraient l'étranger, étudiaient les besoins et les ressources des diverses régions visitées, et en rapportaient des indications précieuses.

CRÉATION NOUVELLE. — Dans l'industrie des plumes et duvets, ils trouvaient dans la plupart des pays des maisons organisées pour le traitement de ces matières, ayant leurs sources de fournitures et leurs débouchés. Ils reconnurent que ces maisons ne s'adressaient à la production française que dans les cas de rareté des produits dans les régions d'où ils les tiraient habituellement; et que l'intermittence des demandes venues de l'étranger avait sur les prix de nos plumes et duvets un contre-coup qui se manifestait par des mouvements de hausse et de baisse dont les écarts étaient parfois énormes. De cette fluctuation résultaient des pertes considérables pour les producteurs français. Faute d'une industrie nationale entretenant un courant de fournitures et de production, et établissant d'une façon stable l'échelle des prix de la matière première, toute une branche de notre production restait donc à la merci de l'étranger, tiraillée entre des mouvements d'écoulement rapide, et des stagnations sans limite appréciable.

Frappés de cet état de choses, munis d'ailleurs de tous les renseignements nécessaires à la création de nouveaux débouchés aux produits français, disposant en outre des machines les plus perfectionnées en usage en Europe, pour le dégraissage, l'épuration et l'époussetage des plumes et duvets et maîtres d'une manipulation éprouvée, MM. Lévy fils, laissant à M. J. Willard assisté de son frère M. A. Willard la direction de la maison de Mulhouse, prirent le parti de créer une industrie nationale des plumes et duvets. Pour être bien au centre de la production française et disposer, pour l'exportation, des meilleurs moyens de transports, ils organisèrent une maison à Paris, dont ils prirent la direction, et ils firent appel aux producteurs français.

Le plus immédiat et le plus grand résultat de l'organisation de cette maison fut l'affranchissement du commerce français des plumes et duvets, qui jusqu'alors était tributaire des pays étrangers. Bien que nos produits indigènes soient de qualité excellente, ils ne furent jamais appréciés à leur juste valeur, parce que leur préparation incomplète leur faisait préférer des marchandises étrangères bien inférieures de qualité, mais d'aspect plus engageant. Un mouvement s'établit bientôt entre les offres de produits bruts et les demandes de produits fabriqués. La France put se fournir elle-même et, le mouvement s'accentuant petit à petit, MM. Lévy concentrèrent assez de matière première, et étendirent leur industrie sur une échelle assez vaste pour songer à aller combattre les étrangers sur leurs propres marchés. Ils nouèrent des relations très étendues; et parfaitement renseignés sur les éventualités des demandes des autres pays, ils purent régler leur exportation d'une façon méthodique, en quelque sorte définitive; si bien qu'aujourd'hui l'industrie et le commerce des plumes et duvets ont acquis un cours normal.

IMPORTANCE. — Toutefois cette extension leur créa à eux-mêmes de nouveaux besoins. La première installation devenait bientôt trop exiguë pour le fonctionnement de la maison et, après des agrandissements successifs, la création d'une nouvelle usine fut arrêtée.

Aujourd'hui la maison Lévy et Willard dispose à Paris, pour ses ateliers, séchoirs, magasins, salles d'échantillons, bureaux etc., d'une superficie de 8000 mètres.

DÉBOUCHÉS. — Le succès de MM. Lévy et Willard s'accentue par l'afflux des demandes de l'étranger. Ils ont établi des agences dans tous les pays du Nord et exportent en Angleterre, Belgique, Hollande, Danemark, Suède, Norvège, Allemagne, Suisse et Italie. Tout récemment, ils ont créé un comptoir à New-York et ils espèrent diriger de grandes quantités de plumes sur l'Amérique.

Cette maison a donc su organiser, en très peu de temps et d'une façon définitive, une industrie nationale des plumes et duvets; et lui ouvrir les voies de l'exportation.

MM. Lévy font partie du Syndicat Général de l'Union nationale et figurent parmi les *Notables Commerçants* de Paris.

ENCRES D'IMPRIMERIE.

Couleurs. — Produits Lithographiques. — Pâtes à Rouleaux.

MAISON LAFLÈCHE-BRÉHAM

Bureaux et Administration : 26, rue de Condé, PARIS.

Usine à SAINT-OUEN (Seine).

HISTORIQUE. — L'industrie qu'exploite M. Laflèche occupe à Saint-Ouen (Seine) une usine qui fut acquise en 1860 par M. Bréham. Avant cette époque cette industrie constituait en quelque sorte un monopole entre les mains des fabricants anglais. Leurs produits, supérieurs en qualité, tenaient tous les marchés; et la concurrence française n'était pas assez importante pour soutenir avantageusement la concurrence. M. Bréham, désireux d'entreprendre la lutte contre cette prépondérance, et de mettre à la portée des imprimeurs français un produit qu'ils prenaient jusqu'alors à l'étranger, engagea un contre-maître anglais renommé, possédant complètement les secrets de manipulation qui sont la base de la fabrication des Encres. Il outilla son usine sur des plans inconnus jusqu'alors ; et, ainsi organisé, se mit à l'œuvre avec une activité extraordinaire. Malheureusement il ne put jouir longtemps de son succès. En 1871, il mourait, abattu par le poids de la tâche énorme qu'il s'était imposée, et que ses succès avaient alourdie encore. A ce moment M. Laflèche prit, en qualité d'associé de Mme veuve Bréham, la direction de l'exploitation ; et en 1877, il devint seul propriétaire de la maison.

PROGRÈS. — En prenant la direction, M. Laflèche-Bréham avait trouvé une organisation complète de la fabrication des encres noires dans les bâtiments de l'usine de Saint-Ouen. Mais des besoins nouveaux se faisaient sentir. Les imprimeurs, suivant en cela le goût moderne, réclamaient instamment les encres de couleur nécessaires pour satisfaire aux exigences du public, et lui présenter les belles éditions coloriées qu'il demandait. Bien des efforts ont été tentés dans ce sens ; mais il appartenait à M. Laflèche-Bréham de donner toute satisfaction à ce désideratum. Dans ce but il a ajouté en 1887 à sa précédente fabrication, celle des couleurs sèches, qu'il livre à l'industrie sous forme d'encres. — C'est à lui en grande partie que nous sommes redevables des belles épreuves de chromo-lithographie qui sont aujourd'hui vulgarisées et qui dans leurs applications multiples donnent tant de charme aux publications de toute nature auxquelles elles prêtent leur concours.

Si nous ajoutons ce progrès à la nationalisation de la fabrication des encres d'imprimerie qui a été opérée chez nous par M. Bréham, nous serons obligés de constater que cette maison a rendu un service immense à l'industrie française, qu'elle a contribué puissamment à relever en France l'aspect du Livre et du Journal, si nécessaires à notre existence ; et qu'elle a prêté aux Beaux-Arts des moyens de reproduction si longtemps et si vainement désirés.

IMPORTANCE. — Nous ne pouvons malheureusement entrer dans le détail de cette fabrication. Le traitement des huiles de lin, provenant toutes du Nord de la France, la composition des vernis, et finalement la fabrication de l'encre sont des opérations qui présentent dans cette maison un intérêt particulier. L'établissement des diverses qualités qui répondent à des besoins différents, est également curieux à étudier. Nous nous contenterons de signaler les succès obtenus par la maison Laflèche-Bréham en citant quelques-unes de ses fournitures.

Les journaux : « *Temps*, le *Gil-Blas*, l'*Evénement*, le *Gaulois*, le *Matin*, l'*Intransigeant*, l'*Illustration*, la *France Illustrée*; les affiches de l'imprimerie Morris, sont imprimés avec l'encre de cette maison. De très importantes maisons d'édition ou d'impression n'emploient pas d'autres produits; et dans leur nombre nous citerons Gauthier-Villars, Lahure, Guérin, Blot, Belin, Dubuisson, Schiller, etc., les imprimeries Chaix, Appel, Wallet-Minot, Delanchy, etc., à Paris, Mame à Tours, et nombre de maisons de la province et de l'étranger.

Depuis 1879, M. Laflèche-Bréham leur fournit également les produits lithographiques. A cette date il se rendait acquéreur de l'usine Tissot, d'Aubervilliers, qui s'était fait une spécialité de la fabrication de ces produits; et en transportait tout le matériel à St-Ouen. Il se mit également en devoir d'organiser la préparation des papiers lithographiques, et à cet effet il se munissait de traités lui assurant de belles fournitures de papiers provenant directement de la Chine.

Ainsi complétée, la maison Laflèche-Bréham occupe un grand nombre d'ouvriers. Sa superficie de 3000 mètres environ, comprend trois grands bâtiments parallèles et leurs annexes qui se trouvent en bordure de l'avenue Victor-Hugo.

DÉBOUCHÉS. — La maison a des représentants spéciaux qui visitent l'Espagne, l'Italie, la Belgique, la Hollande, la Suisse. Elle a installé des dépôts à Livourne, Naples, Barcelone, Madrid ; à Hambourg où se fournissent l'Allemagne et la Russie. A Buenos-Ayres et à Rio-de-Janeiro elle est également représentée ; et parmi ses clients elle compte la grande imprimerie de Boulacq, au Caire.

RÉCOMPENSES. — Les seules expositions auxquelles elle ait pris part sont celles de Paris 1855, 1867 et 1878, et à chacune d'elles elle remportait une médaille, sanction légitime des grands efforts accomplis et des beaux succès remportés par cette maison.

NICOLAS REGGIO

MARSEILLE

MAISON FONDÉE EN 1828

FABRIQUE D'HUILES DE GRAINES

Sésame, Arachide, Pavot, etc.

SPÉCIALITÉ D'HUILE DE RICIN PHARMACEUTIQUE

MARQUE  DÉPOSÉE

FONDATION. — La maison a été fondée il y a 61 ans par M. Nicolas REGGIO. Elle est dirigée aujourd'hui par son fils M. Alcibiade-Georges REGGIO, Membre de la Chambre de Commerce de Marseille et Administrateur de la Succursale, en la même ville, de la Banque de France.

IMPORTANCE. — L'Huilerie, qui compte 43 presses hydrauliques du modèle le plus perfectionné, et est actionnée par une machine **Counpound** de la force de Cent Chevaux, a trituré en 1888 : 10,171,000 kil. de graines, à savoir :

	kilog.
Sésame du Levant et de l'Inde.	3,432,000
Arachide de l'Inde et de l'Afrique	2,951,000
Pavot du Levant et de l'Inde...	1,709,000
Ricin de Bombay..............	1,526,000
Autres graines	553,000
TOTAL..........	10,171,000

PROGRÈS. — Les appareils nouveaux (ils datent de 1888) pour la fabrication de l'huile de Ricin Pharmaceutique, permettent de livrer à la consommation une qualité d'une saveur absolument neutre et d'une blancheur parfaite, bien que les procédés employés soient entièrement mécaniques.

DÉBOUCHÉS. — Outre les nombreuses agences tant en France qu'à l'Étranger que possède la Maison, elle a les dépôts permanents suivants :

A Paris, 15, rue des Lombards.

A Londres, 21, Ste-Mary Axe.

A Bordeaux, 21, rue Mably.

A Lille, 272, rue de Paris.

A Nantes, 10, rue Lafayette.

En Bretagne et en Vendée : à Pont-L'Abbé, à Concarneau. — Douarnenez. — St-Gilles-sur-Vie. — Les Sables d'Olonne.

A Bruxelles, 4, Quai de la Houille.

A Vienne (Autriche) VI Dambockgasse, 10.

SAVONNERIES
Charles MOREL
MARSEILLE

Savon de la Bonne Mère.

QUALITÉ SUPÉRIEURE

Voir l'Exposition des Produits de la Maison,

Galerie des Sections industrielles,

Groupe V. — Classe 45.

SAVONNERIES
CHARLES MOREL
MARSEILLE

Savon du Sacré-Cœur.

QUALITÉ EXTRA-SUPÉRIEURE

Voir l'Exposition des Produits de la Maison,
Galerie des Sections industrielles,
Groupe V. — Classe 45.

Gr. 5

4

AU BON MARCHÉ

Nouveautés
MAISON ARISTIDE BOUCICAUT

PLASSARD, MORIN, FILLOT & C⁹

Société en commandite par Actions au capital de 20 millions entièrement versé.

Réserves actuellement réalisées : 21.800.000 francs

PARIS

Maison reconnue la plus digne de ce titre par la qualité et le bon marché réel de toutes ses marchandises.

Toute marchandise, qui a cessé de convenir ou qui ne répond pas à la garantie donnée, est sans difficulté échangée ou remboursée.

Vue générale des Magasins du BON MARCHÉ.

Les Magasins du BON MARCHÉ spécialement construits pour un *commerce de Nouveautés* sont les plus grands , les mieux agencés et les mieux organisés ; ils renferment tout ce que l'expérience a pu produire d'utile, de commode et de confortable, et sont à ce titre, une des curiosités les plus remarquables de Paris.

Les récents agrandissements sont très considérables et font de la Maison du BON MARCHÉ un magasin unique au Monde.

Des INTERPRÈTES dans toutes les langues sont à la disposition des Étrangers qui désirent visiter les Magasins et les Agencements.

Le système de vendre tout à petit bénéfice et entièrement de confiance est absolu dans les Magasins du BON MARCHÉ. Ce principe, sincèrement et loyalement appliqué, leur a valu un succès non interrompu et sans précédent.

La Maison du BON MARCHÉ a pour principe de ne mettre en vente, même aux prix les plus réduits, que des marchandises de premier choix et de très bonne qualité.

Envoi franco, sur demande, dans le monde entier, de tous les Échantillons, Catalogues, Prospectus, Albums, etc. Expéditions franco de port des commandes à partir de 25 francs, pour la France, la Belgique, la Hollande, l'Allemagne, l'Autriche-Hongrie, la Suisse, l'Italie continentale, l'Angleterre, l'Écosse et l'Irlande.

Les Magasins du *Bon Marché* figurent à l'Exposition Universelle de 1889 dans le 3ᵉ Groupe (Mobilier et Accessoires), classe 18, Ouvrages de Tapisseries, et dans le 4ᵉ Groupe (Tissus, Vêtements et Accessoires), classe 35, Articles de Lingerie, et classe 36, Habillement des deux sexes.

COMPAGNIE RUSSE.

LES MAISONS

DETMAR et Vve Juliûs HANFF

SONT RÉUNIES A LA

COMPAGNIE RUSSE

MÉDAILLE D'ARGENT.

Paris 1878.

MÉDAILLE D'OR.

Nice 1884.

FOURRURES & MANTEAUX

LABROQUÈRE

CONFECTIONS D'ÉTÉ, HAUTE NOUVEAUTÉ

Spécialité de Manteaux de Loutre

CONSERVATION DES FOURRURES & RÉPARATIONS.

26, RUE DE LA CHAUSSÉE-D'ANTIN
& BOULEVARD HAUSSMANN, 23.

GROS. — DÉTAIL.   ENGLISH SPOKEN.

PARIS

MANUFACTURE

DES

BOUGIES & SAVONS

DE

L'ÉTOILE

Fondée en 1831 par A. de MILLY.

Médailles d'Or, Société d'Encouragement : 1836, 1860.
Médailles d'Or, Expositions Nationales : 1839. 1844. 1849.
Council Medal, Exposition Universelle de Londres : 1851.
Médaille d'Honneur, Exposition Universelle de Paris : 1855.
Hors Concours, Exp^{ons} Univ^{lles} : Londres 1862. Paris 1867.
Médaille d'Or, Exposition Universelle de Paris : 1878.

BOUGIE DE L'ÉTOILE. Chaque Bougie est marquée : ÉTOILE.

BOUGIE DE LA CHAPELLE.

SAVON DE L'ÉTOILE

Savon parfumé de l'Étoile.

GLYCÉRINE DE L'ÉTOILE

178, Avenue de Paris, Plaine Saint-Denis (Seine).

CUIVRES MOUCHEL

Brevet de « Maître de Tréfilerie » à J.-B. MOUCHEL *en* 1772.

Usines de Boisthorel & d'Aube (Orne), & de Tillières-sur-Avre (Eure).

Maison de Vente, 10, rue Commines, PARIS.

ÉLECTRICITÉ.

DÉSIGNATION.	ÉTAT.	APPLICATION.	DEN-SITÉ.	Conduc-tibilité %/₀ de la théorie.	Allon-gement per-manent %/₀	Charge de rupture par ᵐ/ₘ carré.	Coefficient de variation %/₀ par chaque degré de tempéra-ture.
Cuivre pur	Fils recuits.	Câbles et appareils..	8.91	102.50	35 à 38	20 à 25k.	0.40
Bronze chromé, brev.s.g.d.g.	Fils écrouis.	Lignes télégraphiqᵉˢ	8.952	98.50	environ0.50	45 k.	—
Dᵒ dᵒ....	Dᵒ.....	Lignes téléphoniqᵉˢ.	8.942	31.60	Dᵒ 0.50	75 »	—
Cuivre au Magnésium, dᵒ....	Dᵒ.....	Lignes télégraphiqᵉˢ	—	96. »	Dᵒ 0.50	50 »	—
Dᵒ dᵒ dᵒ....	Dᵒ.....	Câbles militaires....	—	80. »	Dᵒ 0.50	60 »	—
Dᵒ dᵒ dᵒ....	Dᵒ.....	Lignes téléphoniqᵉˢ.	—	50. »	Dᵒ 0.50	80 »	—
Bronze au Magnésium, dᵒ....	Dᵒ.....	Dᵒ dᵒ......	8.64	21.50	Dᵒ 0.50	90 »	—
Maillechort...............	Fils recuits.	Résistances	8.65	6.33	40 à 42	44 »	0.0393
Cuivre arsenical...........	Dᵒ.....	Dᵒ............	8.65	3.55	42 à 45	45 »	0.0258

Conducteur téléphonique, composé d'un fil isolé, renfermé dans un tube, pour former ligne complète, évitant les effets d'induction des lignes voisines.

Cuivre pur, haute conductibilité, en planches, bandes, fils plats et triangulaires, etc., pour la construction des machines et appareils.

Les fils sont d'une régularité parfaite, quelle que soit leur longueur : on en livre jusqu'au diamètre de 2/100ᵉˢ de ᵐ/ₘ ; ils sont nus ou étamés, suivant la demande.

NOTA. — La Maison se réserve le droit de *dépasser* les rendements annoncés comme conductibilité, allongement des fils recuits et charge de rupture.

RÉCOMPENSES AUX EXPOSITIONS : Médaille d'Argent, Paris 1881 ; — Croix de Chevalier de l'Ordre François-Joseph d'Autriche, Vienne 1883 ; — Croix de Chevalier de la Couronne d'Italie, Turin 1884 ; — *Diplôme d'Honneur*, Anvers 1885.

INDUSTRIES DIVERSES.

Cuivres fins, en planches, platons, paillons, bâtons, etc., pour plaqué d'or et d'argent.
Planches de laiton et de maillechort, pour chaudronnerie, bijouterie & autres travaux.
Bandes laiton pour douilles de cartouches de chasse & de guerre.
Fils de laiton & fils de fer pour brosserie & tamiserie.
Fils de laiton *spéciaux*, pour dents de peignes à tisser ; vis de chaussures ; ressorts ; toiles de papeteries.
Fils de laiton demi-jaune et demi-rouge (similor & tombac), pour fausse bijouterie & pour toiles métalliques.
Fils de bronze demi-rouge, extrêmement raides & tenaces, pour ressorts d'obus & autres applications.
Fils en bronze des canons, pour toiles métalliques.
Barreaux & tringles de tous diamètres et de toutes formes, jusqu'à 5ᵐ de longueur.

RÉCOMPENSES : Médailles d'Argent, Paris 1806 ; — Médailles d'Or, Paris 1819, 1823, 1827, 1834, 1849 & 1878 ; — Médaille de Platine de la Société d'Encouragement, 1840 ; — Médaille d'Or et Diplôme d'Honneur, Bordeaux 1865 ; — Premiers Prix, Angers 1858 & 1864 ; — Médailles d'Honneur, Paris 1855 et 1867 ; — Médaille d'Or, Anvers 1885 ; — Membre du Jury en 1839 & et 1844 ; — Chevalier de la Légion-d'Honneur en 1844, Officier en 1855.

VERNIS A L'ALCOOL

L. DIDA

Fabrique à DRAVEIL (Seine-et-Oise).

MAISON A PARIS, 108, BOULEVARD RICHARD-LENOIR.

En 1847, M. Alphonse Dida, ingénieur-chimiste, ancien élève de l'Ecole Centrale, ancien chimiste des papeteries de Ste-Marie et du Marais, fonda à Paris une maison de fabrication de vernis fins. Les vernis existant alors laissaient beaucoup à désirer ; ils s'éraillaient, manquaient d'adhérence et de solidité, ne pouvaient offrir que des teintes limitées et peu variées, et la plupart du temps ils n'offraient pas tout le brillant requis par l'industrie et l'art.

M. Alphonse Dida avait trouvé le moyen d'éviter la plupart de ces inconvénients. Ses essais furent modestes, mais la valeur de ses produits s'imposa tout d'abord, et sa clientèle devint aussitôt très nombreuse. Les industriels qui avaient usé du nouveau vernis abandonnèrent les anciens et le vernis Dida fut classé parmi les meilleurs.

L'établissement de la rue Popincourt, N° 9, d'une superficie de mille mètres, devint insuffisant en 1872 et M. Dida dut installer sur des plans spéciaux, une usine à Draveil (Seine-et-Oise) tout en conservant le local de la rue Popincourt à l'état de magasins et de bureaux parisiens. En 1877, M. A. Dida céda sa maison à son fils L. Dida, qui depuis quelques années était le collaborateur de son père, s'occupait très activement de la fabrication, et apportait le bénéfice de diverses découvertes qui devaient encore améliorer la qualité des vernis de sa maison, tout en abaissant leur prix de revient.

Les vernis fabriqués par la maison Dida s'adressent à toutes les branches de l'industrie parisienne et de l'industrie en général. Les vernis pour bronze et imitation de dorure pour fabricants de bronzes d'église ne comportent pas moins de 30 espèces différentes. Ils sont depuis longtemps connus et appréciés ; puis viennent les vernis *surfins* pour fleurs, fruits, feuillages, articles de mode. On compte plus de quatre-vingts espèces de ces vernis correspondant à autant de nuances et de couleurs. Les émaux transparents et opaques employés par les naturalistes, les relieurs et bijoutiers, en fantaisie, peuvent être compris dans cette catégorie.

La maison L. Dida fabrique enfin une collection spéciale de vernis de toutes couleurs qui offrent de très grands avantages aux diverses industries auxquelles ils s'adressent. Ces vernis sont très adhérents et en même temps assez souples pour pouvoir supporter l'estampage et le découpage, sans risquer de s'érailler. Ces vernis qui rivalisent avec les vernis gras ont sur eux la faculté d'être très siccatifs et de n'avoir pas besoin de passer par l'étuve. Ils sont d'un très facile emploi, à cause de leur fluidité.

Viennent enfin une série de vernis dits *conservateurs*, qui ont la propriété de préserver les métaux de toute oxydation et recouvrir plus particulièrement tous les objets en fer ou acier destinés à traverser la mer, parce qu'il les préserve de toute rouille ou détérioration.

M. L. Dida, en prenant la direction de la maison, a établi des appareils nouveaux qui assurent la fabrication continue des vernis *Dida* et leur parfaite homogénéité. La supériorité des produits de cette maison, tient surtout aux méthodes employées, aux procédés minutieux et rationnels qui ne laissent aucune place à la routine et garantissent des produits constants.

Le développement de la clientèle nationale et étrangère a été si grand, que M. L. Dida s'est vu dans la nécessité d'augmenter considérablement l'usine de Draveil ; et de transporter, il y a déjà plusieurs années le siège de ses magasins et bureaux de Paris au 108 du boulevard Richard-Lenoir où sont reçus les ordres pour Paris et l'étranger.

Toutefois, les ordres importants qui sont donnés par correspondance sont préférablement envoyés à l'usine même, d'où ils sont directement expédiés.

Les vernis de la maison L. Dida sont vendus par litre, 1 2, 1/4, 1/10° et 1/20° de litre.

L'étiquette, indiquant le genre de vernis, doit toujours porter le nom DIDA.

On peut recommander les vernis L. DIDA, à tous amateurs, artistes et industriels. Ils sont d'une application toujours facile, et tels qu'ils doivent être dans toutes les mains.

La maison L. Dida a obtenu les plus hautes récompenses : tout d'abord en 1867 une médaille constata les progrès obtenus ; en 1872, à Lyon, elle obtint une médaille d'Or ; Vienne en 1873, Marseille 1874, diplôme d'honneur ; en 1889, la maison L. Dida, saura garder la place distinguée qu'elle a conquise, et qu'elle mérite à tous les titres.

DUVET ACONISÉ

PAR LE SYSTÈME BREVETÉ S. G. D. G.

CAUBÈRE & Cie

USINE A VAPEUR

3, Rue Coupe-Fer & Rue des Feuillantines, 9

TOULOUSE

Cette ancienne et honorable Maison, fondée en **1840** par **M. Caubère père**, dont les débuts furent modestes, mais qui cependant avait acquis une excellente réputation, par la probité avec laquelle il a toujours conduit ses affaires, subit une transformation complète en **1883**, alors que **M. Caubère fils**, venant de terminer ses solides études, apporta des idées de progrès dans son industrie qui l'ont totalement révolutionnée. — Inventeur de procédés nouveaux, brevetés, pour **ÉPURER LE DUVET** & par conséquent **EN DÉSAGRÉGER LES PARTIES GRASSES D'UNE FAÇON ABSOLUE, CE QUI N'AVAIT JAMAIS ÉTÉ FAIT JUSQU'A CE JOUR**, il livra au commerce des marchandises d'une supériorité telle, que les commandes affluèrent et que la maison modeste devint rapidement une grande usine qui, à la veille d'être encore insuffisante, va être reconstruite sur les plans de **M. Caubère fils**, dans des conditions telles qu'elles ne puisse être encore une fois dévastée par l'inondation, comme elle le fut en **1875**, où **M. Caubère père** faillit courageusement perdre la vie, ainsi que tous les siens. Ce qui prouve que l'adversité ne peut rien contre des hommes intelligents et travailleurs comme **MM. Caubère père & fils**, qui sont en train de faire de leur Maison **la première** de leur industrie.

ÉDREDONS EN BOITES

Grâce à un PROCÉDÉ SPÉCIAL de PAQUETAGE MÉCANIQUE

BREVETÉ S. G. D. G..

La Maison **Caubère** se charge de livrer en BOITES, largeur de 0,30ᶜ, longueur 0,45ᶜ, hauteur 0,20ᶜ, c'est-à-dire de la dimension la plus restreinte, un édredon de 1ᵐ 50ᶜ de longueur sur 1ᵐ 30ᶜ de largeur, rempli de DUVET ACONISÉ, dont la complète épuration permet de le réduire en un si petit volume.

Il suffit de sortir cet ÉDREDON de sa BOITE, de le bien secouer, et quelques instants après on constate, par son volume énorme et sa légèreté, la qualité extraordinaire du **DUVET ACONISÉ**. — **Prix variant suivant qualité.**

ADRESSER COMMANDES ET DEMANDES D'ÉCHANTILLONS

à CAUBÈRE & Cie — DUVET ACONISÉ. — TOULOUSE.

SOCIÉTÉ ANONYME DE SCLESSIN
à *TILLEUR* (Belgique).

HAUTS-FOURNEAUX, FONDERIE, LAMINOIRS,
ATELIERS DE CONSTRUCTION.

Directeur-Gérant : M. Georges DEWANDRE.
Adresse Télégraphique : Dewandre-Tilleur.

Hauts-Fourneaux. — Fontes d'affinage, fontes de moulage, fonte Thomas.

Fonderie. — Colonnes, pièces mécaniques, cylindres de laminoirs, pièces diverses.

Laminoirs. — Fers marchands, fers profilés divers, petits rails, poutrelles et fers ⊔ , tôles de construction de 3 millimètres et plus d'épaisseur, tôles striées, larges plats, fers spéciaux pour la construction de ponts et charpentes.

Ateliers de construction. — Constructions mécaniques, comprenant :

1° Matériel fixe de chemins de fer, plaques tournantes et ponts tournants pour wagons et locomotives, grues ou colonnes hydrauliques, disques, signaux, etc. :

2° Transbordeurs de gares pour wagons et locomotives :

3° Grues à main, grues à vapeur et, en général, tous les appareils de levage ;

4° Construction de ponts et charpentes, chaudières à vapeur et autres ponts de chemins de fer, ponts-routes, charpentes de gares de chemins de fer et toute espèce d'édifices et, en général, toute espèce de constructions métalliques ;

5° Construction de ponts portatifs brevetés, de poteaux télégraphiques brevetés, etc.

ÉNUMÉRATION DE QUELQUES TRAVAUX SPÉCIAUX FAITS PAR LA SOCIÉTÉ DE SCLESSIN :

Installation d'une préparation mécanique de minerais, estacades, etc., pour les mines de mercure d'Almaden.

Diverses installations de concassage du porphyre à Lessines, etc.

Installation de laminoirs et appareils divers pour laminoirs : à Kalk (Allemagne) ; à Judenberg (Autriche) ; aux Usines Hohnan (Suède), etc.

Installation de la Poudrerie du Gouvernement Grec et celle du Monopole des poudres en Roumanie, de la fabrique de Clermont (Belgique) et de deux fabriques en Espagne.

Installation d'une fabrique de nitrate au Chili.

Ponts Calabro-Sicilien (Italie et Sicile), Viaduc d'Eski-Hissar (Turquie d'Asie), Johannes-Brucke (Vienne).

En Belgique : Ponts de Lustin, d'Yvoir, d'Engis, du Commerce et de St-Léonard (Liége).

En Portugal : Ponts du Chemin de fer Douro-Minho.

Ponts nombreux : en Serbie, chemin de fer de Belgrade à Nisch ; en Grèce, chemin de fer de Volo à Larissa ; en Italie, chemin de fer de l'Apennin Central ; en Hollande, chemin de fer de Gorinchem à Geldermalsen, etc.

En Russie : Pont sur le Volga à Stzrane (ligne de Moscou à Orenbourg), pont ayant 1439 mètres 270 de longueur en 13 travées.

Charpentes métalliques à Bari et Foggia (Italie), Gare de Slough à Londres.

Gares aux marchandises à Anvers, Bruxelles-Ouest ; gares aux voyageurs à Spa, Ostende.

Gazomètres de Bruxelles : cloches de 35 mèt. de diamètre et 1000 mèt. cubes.

Construction en participation d'une commande de 15000 tonnes environ, réservoirs et colonnes pour le service sanitaire de Buenos-Ayres.

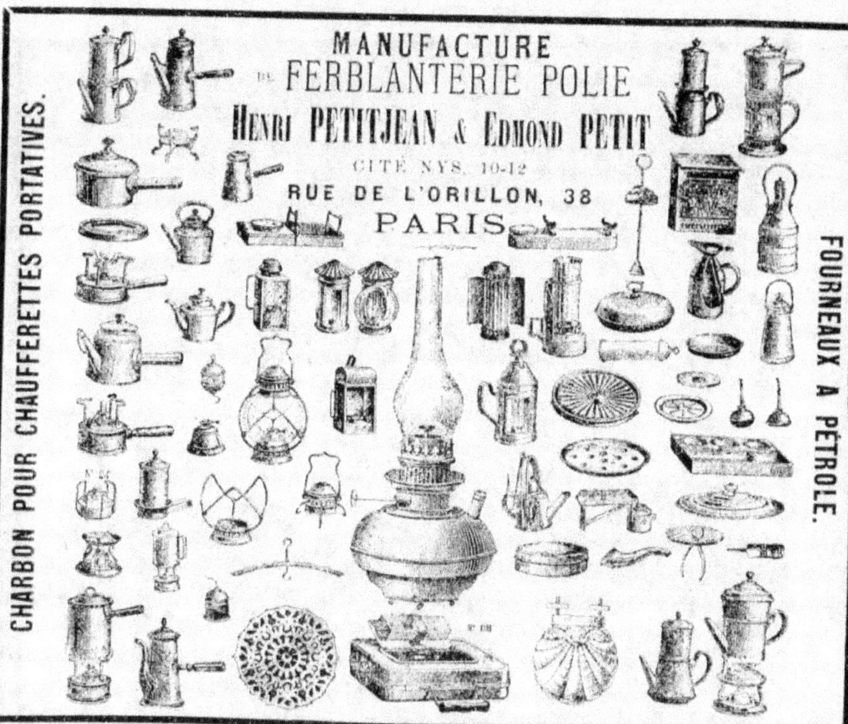

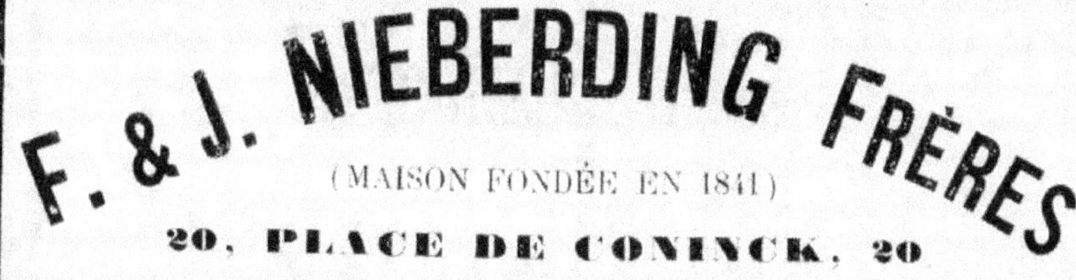

AGENCES MINIÈRES

COMMISSION pour la Vente et l'Achat des Minerais de fer, zinc, plomb, argent, cuivre, manganèse, pyrites, antimoine, cobalt, nickel, chrôme, etc., etc.

REPRÉSENTATION des Vendeurs et (ou) Acheteurs à la livraison et (ou) à la réception des minerais.

ATELIERS SPÉCIAUX pour la formation des échantillons analytiques : Bassin du Canal (quai Est).

FONDERIE SPÉCIALE

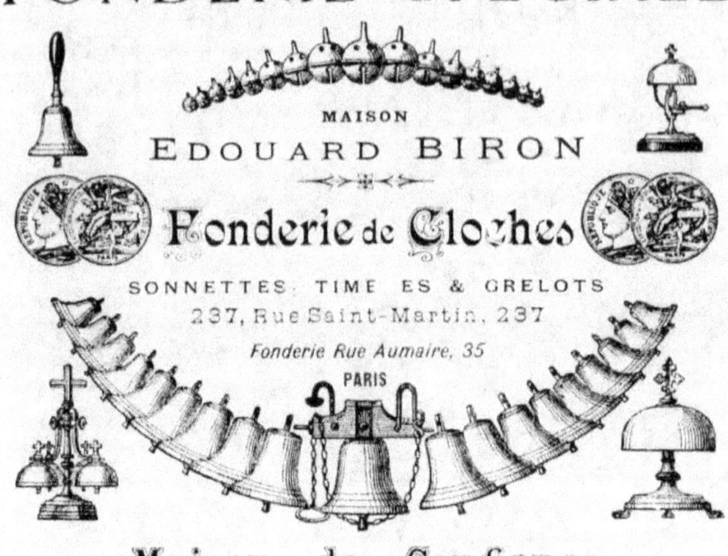

Maison de Confiance

USINES A DENAIN
et à
WALLERS (Nord).

Gustave CLAUDON

BUREAUX & MAGASINS
à
BERCY-CONFLANS (Seine).

ALCOOLS PURS de RIZ, GRAINS, MÉLASSE, BETTERAVES

ALCOOLS MAUVAIS GOUT POUR L'INDUSTRIE

DÉRIVÉS DE L'ALCOOL ET PRODUITS DE FERMENTATIONS

Alcools amyliques, butyliques, propyliques, etc., purs.

ACIDES ORGANIQUES PURS

ETHERS BUTYRIQUES DES DIVERS ALCOOLS

ete., ete.

GLENBOIG UNION FIRE CLAY Cᵒ Lᵉᵈ

Fournisseurs des Gouvernements de Sa Majesté la Reine pour l'Angleterre et les Indes et les principaux Arsenaux nationaux.

JAS. DUNNACHIE,
Directeur.

FABRICANTS
DE
Briques réfractaires
ET
TOUS ARTICLES
en terre réfractaire

JOHN TRENCH.
Secrétaire.

FABRICANTS
DE
Briques de Silice
MARQUE
« **NOCILIS** »

26
MÉDAILLES
d'Or,
d'Argent
et de
Bronze
Les plus hautes
RÉCOMPENSES
à toutes les
EXPOSITIONS.

26
MÉDAILLES
d'Or,
d'Argent
et de
Bronze
Les plus hautes
RÉCOMPENSES
à toutes les
EXPOSITIONS.

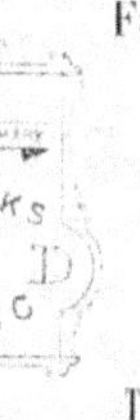

Fabriques à **GLENBOIG** et **CUMBERNAULD**
Près COATBRIDGE.
Bureaux : 4, **WEST REGENT STREET**
GLASGOW (Écosse).

DÉPÔT : *Head of Glebe Street, St. Rollox.*

Adresse télégraphique : « GLENBOIG » GLASGOW
Téléphone à Glasgow Nᵒ 1009. Téléphone à Coatbridge Nᵒ 25
Ports d'embarquement : Glasgow, Greenock, Grangemouth,
Leith, South Alloa, and Bo'ness.

THE STANDARD TARGET CO.

CLEVELAND, OHIO, ETATS-UNIS

Cibles Volantes avec Projecteurs Automatiques

POUR

TIR AUX PIGEONS SANS OISEAUX

Demander le Prospectus

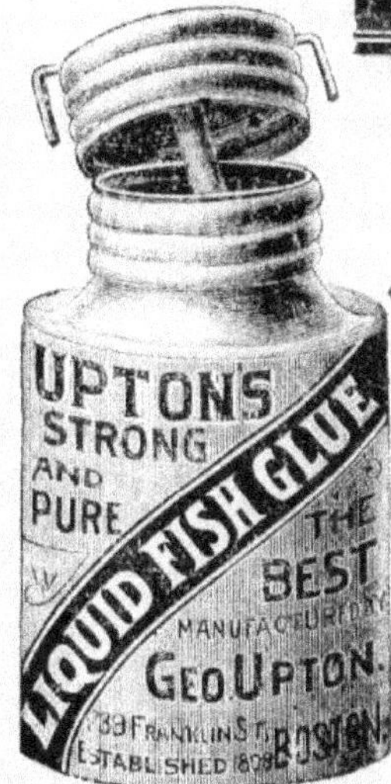

COLLE FORTE LIQUIDE

POUR TOUTES LES MATIÈRES

Usage Immédiat.

PAPIER DE VERRE "BOSTON"

POUR POLIR LE BOIS, LE CUIR, Etc.

COLLE DE POISSON D'UPTON

Pour Clarifier les Vins et les Bières.

GELATINE CRISTALLISÉE

ABSOLUMENT PURE

Voyez l'article, Section Américaine, No. 613.